国防科工委"十五"规划教材. 材料科学与工程

U0211816

# 材料连接原理与工艺

邹家生　主编

哈尔滨工业大学出版社

北京航空航天大学出版社　北京理工大学出版社
西北工业大学出版社　哈尔滨工程大学出版社

## 内容简介

《材料连接原理与工艺》的主要内容覆盖了现代材料连接加工中各种典型的连接方法，着重讨论了熔化焊、压力焊、钎焊、扩散焊及胶接、机械连接的原理，在此基础上分析了连接工艺与材料的合理选择、连接接头质量控制与影响因素，为探索提高金属材料以及陶瓷、复合材料连接质量的新途径提供理论依据。

本书以连接方法为主线，以连接方法的基本原理、连接工艺和连接质量控制为重点，并以培养学生的科研能力为出发点，突出基本概念，注重分析和解决问题的思路，增大信息量。因此，本书作为教材既可用于多学时教学，也可用于学时较少时有选择地加以讲授，同时也可作为材料类专业本科生和研究生的教学参考书；对焊接领域的工程技术人员亦有很大的参考价值。

**图书在版编目(CIP)数据**

材料连接原理与工艺/邹家生主编. —哈尔滨：哈尔滨工业大学出版社，2004.12(2024.2 重印)

ISBN 7 − 5603 − 2012 − 0

Ⅰ. 材…　Ⅱ. 邹…　Ⅲ. 工程材料–连接技术–高等学校–教材　Ⅳ. TB30

中国版本图书馆 CIP 数据核字(2004)第 134489 号

## 材料连接原理与工艺

主　　编　邹家生
责任编辑　杨　桦
出版发行　哈尔滨工业大学出版社
社　　址　哈尔滨市南岗区复华四道街 10 号　邮编 150006
传　　真　0451 − 86414749
印　　刷　哈尔滨圣铂印刷有限公司
开　　本　787×960　1/16　印张 25.25　字数 533 千字
版　　次　2004 年 12 月第 1 版　2024 年 2 月第 8 次印刷
书　　号　ISBN 978 − 7 − 5603 − 2012 − 0
定　　价　68.00 元

# 国防科工委"十五"规划教材编委会

（按姓氏笔画排序）

主　任：张华祝

副主任：王泽山　　陈懋章　　屠森林

# 总　序

　　国防科技工业是国家战略性产业，是国防现代化的重要工业和技术基础，也是国民经济发展和科学技术现代化的重要推动力量。半个多世纪以来，在党中央、国务院的正确领导和亲切关怀下，国防科技工业广大干部职工在知识的传承、科技的攀登与时代的洗礼中，取得了举世瞩目的辉煌成就。研制、生产了大量武器装备，满足了我军由单一陆军，发展成为包括空军、海军、第二炮兵和其它技术兵种在内的合成军队的需要，特别是在尖端技术方面，成功地掌握了原子弹、氢弹、洲际导弹、人造卫星和核潜艇技术，使我军拥有了一批克敌制胜的高技术武器装备，使我国成为世界上少数几个独立掌握核技术和外层空间技术的国家之一。国防科技工业沿着独立自主、自力更生的发展道路，建立了专业门类基本齐全，科研、试验、生产手段基本配套的国防科技工业体系，奠定了进行国防现代化建设最重要的物质基础；掌握了大量新技术、新工艺，研制了许多新设备、新材料，以"两弹一星"、"神舟"号载人航天为代表的国防尖端技术，大大提高了国家的科技水平和竞争力，使中国在世界高科技领域占有了一席之地。十一届三中全会以来，伴随着改革开放的伟大实践，国防科技工业适时地实行战略转移，大量军工技术转向民用，为发展国民经济作出了重要贡献。

　　国防科技工业是知识密集型产业，国防科技工业发展中的一切问题归根到底都是人才问题。50多年来，国防科技工业培养和造就了一支以"两弹一星"元勋为代表的优秀的科技人才队伍，他们具有强烈的爱国主义思想和艰苦奋斗、无私奉献的精神，勇挑重担，敢于攻关，为攀登国防科技高峰进行了创造性劳动，成为推动我国科技进步的重要力量。面向新世纪的机遇与挑战，高等院校在培养国防科技人才，生产和传播国防科技新知识、新思想，攻克国防基础科研和高技术研究难题当中，具有不可替代的作用。国防科工委高度重视,积极探索,锐意改革,大力推进国防科技教育特别是高等教育事业的发展。

高等院校国防特色专业教材及专著是国防科技人才培养当中重要的知识载体和教学工具,但受种种客观因素的影响,现有的教材与专著整体上已落后于当今国防科技的发展水平,不适应国防现代化的形势要求,对国防科技高层次人才的培养造成了相当不利的影响。为尽快改变这种状况,建立起质量上乘、品种齐全、特点突出、适应当代国防科技发展的国防特色专业教材体系,国防科工委全额资助编写、出版 200 种国防特色专业重点教材和专著。为保证教材及专著的质量,在广泛动员全国相关专业领域的专家学者竞投编著工作的基础上,以陈懋章、王泽山、陈一坚院士为代表的 100 多位专家、学者,对经各单位精选的近 550 种教材和专著进行了严格的评审,评选出近 200 种教材和学术专著,覆盖航空宇航科学与技术、控制科学与工程、仪器科学与工程、信息与通信技术、电子科学与技术、力学、材料科学与工程、机械工程、电气工程、兵器科学与技术、船舶与海洋工程、动力机械及工程热物理、光学工程、化学工程与技术、核科学与技术等学科领域。一批长期从事国防特色学科教学和科研工作的两院院士、资深专家和一线教师成为编著者,他们分别来自清华大学、北京航空航天大学、北京理工大学、华北工学院、沈阳航空工业学院、哈尔滨工业大学、哈尔滨工程大学、上海交通大学、南京航空航天大学、南京理工大学、苏州大学、华东船舶工业学院、东华理工学院、电子科技大学、西南交通大学、西北工业大学、西安交通大学等,具有较为广泛的代表性。在全面振兴国防科技工业的伟大事业中,国防特色专业重点教材和专著的出版,将为国防科技创新人才的培养起到积极的促进作用。

党的十六大提出,进入二十一世纪,我国进入了全面建设小康社会、加快推进社会主义现代化的新的发展阶段。全面建设小康社会的宏伟目标,对国防科技工业发展提出了新的更高的要求。推动经济与社会发展,提升国防实力,需要造就宏大的人才队伍,而教育是奠基的柱石。全面振兴国防科技工业必须始终把发展作为第一要务,落实科教兴国和人才强国战略,推动国防科技工业走新型工业化道路,加快国防科技工业科技创新步伐。国防科技工业为有志青年展示才华,实现志向,提供了缤纷的舞台,希望广大青年学子刻苦学习科学文化知识,树立正确的世界观、人生观、价值观,努力担当起振兴国防科技工业、振兴中华的历史重任,创造出无愧于祖国和人民的业绩。祖国的未来无限美好,国防科技工业的明天将再创辉煌。

# 前　言

　　焊接俗称工业的"裁缝"。在众多工业领域尤其是制造业中,焊接是极其重要的关键技术之一,广泛地应用于石油化工、工程机械、电力、航空航天和海洋工程等的结构件制造以及微电子、传感器等工业领域。随着科学技术,特别是新材料的不断发展,主要针对金属材料加工的焊接技术也已发展成为面向所有材料(特别是各种新材料)进行连接加工的科学与技术;材料的连接技术应用日益广泛,发展迅猛,其学科体系日趋完善。为使高等学校材料科学与工程领域的学生系统了解材料连接加工中各种典型连接方法的原理、工艺及应用,编者在原焊接设备与工艺专业的焊接冶金学、电弧焊、压力焊、高能密度焊、钎焊和胶接等知识的基础上,进行了适当的调整和补充,编写了适合于材料加工类本科生使用的《材料连接原理与工艺》。本书内容取材广泛,并有一定的深度,减少了传统连接工艺中过时的内容,加强了材料连接领域的新方法、新工艺、新材料的介绍。

　　熔化焊连接是材料连接技术中应用最广泛的一种方法,故作为本书介绍的重点。原理部分主要讲述熔化焊热源的种类、焊接热循环和焊接温度场、焊接接头形成的主要过程;焊接时各种材料之间的相互作用、焊接化学冶金对焊缝金属成分和性能的影响。联生结晶和各种不同形态的柱状晶是焊缝凝固组织的显著特点;焊缝的固态相变组织主要取决于化学成分和焊接工艺条件,而焊接热影响区的组织则主要由焊接热循环所决定,焊接热影响区的组织控制和焊缝相比要困难得多;控制焊缝金属性能的重点是焊缝韧性的控制,一般可以通过选择合适的焊接材料再配合适当的焊接工艺来保证焊缝性能,而焊接热影响区的性能控制则困难得多;焊接裂纹是各种焊接缺陷中危害最大的,故对常见焊接裂纹的特征、形成机理、影响因素及防治方法亦作了详细讨论。熔化焊方法及工艺讲述了常用焊接方法的特点、工艺及典型应用。对一些目前正在发展的新方法如高能密度焊等亦作了一定介绍。

　　压力焊部分着重介绍了电阻焊连接原理;常用电阻焊连接方法的特

点和应用;电阻焊工艺参数如焊接电流、焊接时间、电极压力等的控制;电阻焊连接质量的控制和影响因素。另外,对摩擦焊、爆炸焊、超声波焊的连接原理和工艺亦进行了详细的分析,介绍了在这个领域出现的新方法(如搅拌摩擦焊)和新的应用(如爆炸复合板)。

钎焊连接在现代国防工业尤其是航空航天工业中的应用极为广泛,它能解决许多其他连接方法无法实现的连接难题。如异种金属、金属和非金属、非金属和非金属、复合材料等之间的连接。对钎焊时液态钎料对固态母材的润湿;液态钎料与固态母材的相互作用;液态钎料的凝固和钎缝组织及金属表面氧化膜去除机制等进行了详尽的讨论。同时介绍了各种常用的钎料、钎剂及其最新发展。对常用钎焊方法(如炉中钎焊、感应钎焊等)的特点、设备、工艺及应用、钎焊接头常见缺陷和质量控制亦进行了阐述。

扩散连接是一种精密连接方法,特别适合于异种金属材料、耐热合金和新材料如陶瓷、复合材料、金属间化合物材料的连接。随着新材料的迅速发展,近年来扩散连接更加引起了人们的兴趣和关注,并在航空航天、电子和原子能等高技术领域得到了广泛应用。以前常把扩散焊归于压力焊范畴,但目前出现的许多扩散连接新技术介于钎焊和压力焊之间,故本书把它单独列为一章进行讨论。扩散连接时控制和保证接头质量的主要因素是连接界面区原子扩散的情况,这正是扩散连接与其他连接方法的不同之处,并因此而得名。编者综合了许多近年来在扩散连接原理、连接方法及工艺参数,连接界面的组织和性能控制方面的研究成果,介绍了扩散连接在新材料领域的应用进展。

本书最后一章简单介绍了机械连接、胶接和电场辅助阳极连接的原理、工艺及典型应用。

本书由江苏科技大学材料科学与工程学院邹家生主编并定稿。其中绪论、第一章、第四章、第五章、第六章由邹家生编写,第二章由严铿编写,第三章由李敬勇编写。本书由北京航空航天大学李树杰、北京理工大学吕广庶审稿。

由于编者水平有限,书中难免存在不当之处,敬请读者批评指正。

编　者

2003 年 7 月

# 目　　录

# 绪 论

在知识经济时代,材料加工和制造技术依然是信息技术、材料科学、生命科学和能源技术四大关键技术的基础,但加工的对象、所用的方法、加工的精度和质量都有很大的不同。材料的连接和焊接是一种重要的材料加工和制造技术,它广泛地应用于石油化工、工程机械、电力、航空航天和海洋工程等的结构件制造以及微电子、传感器等工业领域。随着科学技术,特别是新材料的不断发展,主要针对金属材料加工的焊接技术也已发展成为面向所有材料(特别是各种新材料)进行连接加工的科学与技术,即意味着"连接"比"焊接"的内容更加广泛,在国际上,也开始用"Joining and Welding"代替单一的"Welding",或直接使用连接(Joining)。连接技术的学科体系在日趋完善的同时,连接技术也得到了迅猛发展,特别是新型材料的连接正面临着严峻的挑战。计算机的发展极大地改变了材料加工和制造技术的面貌,使材料加工和制造技术向着智能化、网络化和数字化方向发展。

## 1.材料连接的定义及分类

材料通过机械、物理、化学和冶金方式,由简单型材或零件连接成复杂零件和机器部件的工艺过程称为连接技术。

机械连接技术是指用螺钉、螺栓和铆钉等紧固件将两分离型材或零件连接成一个复杂零件或部件的过程。相互间的连接是靠机械力来实现的,随机械力的消除接头可以松动或拆除。主要用于机架与机器的装配,易损件的连接。

物理和化学连接成型是通过毛细作用、分子间力作用或者相互扩散及化学反应作用,将两个分离表面连接成不可拆接头的过程。它主要有胶接和封接两种工艺,主要用于异种材料和非金属材料之间,以及复杂零件之间的组装连接。

冶金连接成型是通过加热或加压(或两者并用)使两个分离表面的原子达到晶格距离,并形成金属键而获得不可拆接头的工艺过程。主要用于金属材料及金属结构的连接,通常称为焊接。

## 2.冶金连接的物理本质

冶金连接即焊接是材料连接技术中应用最为广泛的技术,它与其他连接技术不同,不仅在宏观上形成了永久性的接头,而且在微观上建立了组织上的内在联系。

众所周知,固体材质是由各类键结合在一起的。就金属而言,是依靠金属键结合在一起的。由图 0.1 可以看到,两个原子间的结合力的大小是引力与斥力共同作用的结果。

当原子间的距离为 $r_A$ 时,结合力最大。对于大多数金属,$r_A \approx 0.3 \sim 0.5$ nm,当原子间的距离大于或小于 $r_A$ 时,结合力显著降低。

因此,为了实现材料原子之间的连接,从理论来讲,就是当两个被连接的固体材料表面接近到相距 $r_A$ 时,就可以在接触表面上进行扩散、再结晶等物理化学过程,从而形成键合,达到冶金连接的目的。然而,这只是理论上的条件,事实上即使是经过精细加工的表面,在微观上也是凹凸不平的,更何况在材料表面上还常常带有氧化膜、油污和水分等吸附层。这样,就会阻碍材料表面的紧密接触。

为了克服阻碍材料表面紧密接触的各种因素,在连接工艺上主要采取以下两种措施。

1) 对被连接的材质施加压力,目的是破坏接触表面的氧化膜,使结合处增加有效的接触面积,从而达到紧密接触。

2) 对被连接材料加热(局部或整体)。对金属来讲,使结合处达到塑性或熔化状态,此时接触面的氧化膜迅速破坏,降低金属变形的阻力。加热也会增加原子的振动能,促进扩散、再结晶、化学反应和结晶过程的进行。

每种金属实现焊接所必须的温度与压力之间存在一定的关系。对于纯铁来讲,金属加热的温度越低,实现焊接所需的压力就越大,如图0.2所示。当金属的加热温度 $T < T_1$ 时,压力必须在 $AB$ 线的右上方($I$ 区)才能实现焊接;当金属的加热温度 $T$ 在 $T_1 \sim T_2$ 之间时,压力应在 $BC$ 线以上($II$ 区);当 $T > T_2 = T_M$($T_M$ 是金属的熔化温度)时,则实现焊接所需的压力为零,此即熔焊的情况($III$ 区)。

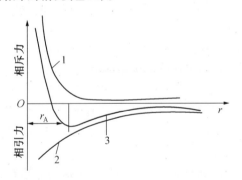

图0.1 原子间作用力与距离的关系
1—斥力;2—引力;3—合力

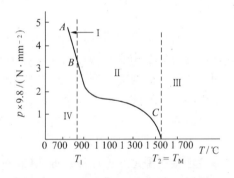

图0.2 纯铁焊接时所需的温度及压力
I—高压焊接区;II—电阻焊区;
III—熔焊区

3.焊接技术的分类

由于冶金连接时热和压力可有多种来源,因而也就出现了多种连接方法,如图0.3所示。与图0.2相比,图0.3中还示出了常用连接方法所需要的时间范围。

关于焊接方法的分类,传统意义上通常分为熔化焊、压力焊和钎焊三类。但随着焊接技术的飞速发展,新的焊接技术不断涌现,原先的分类变得越来越模糊,从冶金角度看,可将连接方法分为液相连接、固相连接和液 – 固相连接。

熔化焊属于最典型的液相连接。将材料加热至熔化，利用液相的相容而实现原子间结合，即为液相连接。液相物质是由被连接母材和填充的同质或异质材料（也可不加入）共同构成的，填充材料就是焊条或焊丝。熔化焊时形成接头主要靠加热手段。因此根据不同的加热手段，可把熔化焊分为气焊、电弧焊、电渣焊、激光焊和电子束焊接等方法。

钎焊属于典型的液-固相连接。材料钎焊连接时，选用比母材熔点低的填充材料（钎料），在低于母材熔点、高于钎料熔点的温度下，借助熔化钎料填满母材间的间隙，并通过钎料与母材的相互作用，然后冷却凝固形成牢固的接头。因此，钎焊时只有钎料熔化而母材保持固态，故为液-固相连接。钎焊和熔化焊一样，加热是主要手段，但钎焊有时可采用加压手段来进一步提高接头质量。

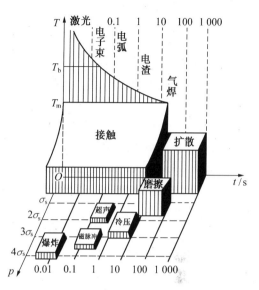

**图 0.3　不同焊接方法作用温度、压力及过程持续时间的对比**

钎焊一般也是根据加热手段来区分不同钎焊方法，如火焰钎焊、炉中钎焊、感应钎焊、电阻钎焊、盐浴钎焊等。

压力焊方法属于典型的固相连接。因为固相连接时，通常连接温度均低于母材金属（或金属中间层）的熔点，因而必须利用压力才能使待连接表面在固态下达到紧密接触，通过塑性变形、再结晶和扩散等作用而实现原子间结合。这里强调了压力对形成接头的主导作用。但在有些压力焊过程中，焊接区金属出现熔化并同时被施加压力，其过程为加热→熔化→冶金反应→凝固→固态相变→形成接头，因此严格地说这种情况属于液-固相连接。压力焊时加压是主要的手段，但为了提高金属塑性、加速扩散、显著减小压力和时间，往往辅助加热手段。电阻焊、摩擦焊、爆炸焊和超声波焊等均属压力焊。

扩散连接是以连接机理命名的，过去一般归属于压力焊范畴。广义的扩散连接可分为两类。一类是温度低、压力大、时间短，通过塑性变形促进表面的紧密接触和氧化膜破裂，塑性变形是形成接头的主要因素，扩散则不是主要因素。属于这类的工艺方法有摩擦焊、爆炸焊、锻焊等，把这类方法归之为压力焊是适宜的。另一类则是通常意义上的扩散连接，温度高、压力小、时间长，且一般要在保护气氛下进行。连接过程中仅产生微量的塑性变形，扩散是形成接头的主要因素。属于这类的工艺方法有热等静压扩散焊、真空扩散焊、共晶液相扩散焊等。以前的教材也常把这类方法归到压力焊范畴，但以扩散为主导因素的扩散连接和以塑性变形为主导的压力焊在连接机理、方法及工艺上是有区别的，特别是近年来随着各种新型结构材料（如陶瓷、复合材料、金属间化合物、非晶态金属材料等）的迅猛发展，扩散连接技术的研究与应用又进入了一个新的阶段,新的扩散连接方法不断涌现,如瞬间液相扩散连接(Transient Liquid Phase Diffusion Bonding,TLP 连接)、超塑性成形－扩散连接(Super Plastic Forming/Diffusion Bonding,SPF/DB 连接)。再把这类方法通称为压力焊已不适宜,现在把以扩散为主导因素的扩散连接列为一种独立的连接方法已逐渐成为大家的共识,故本书把扩散连接列为单独一章进行讨论。

4.材料连接原理与工艺的任务与内容

材料连接原理与工艺是材料成型与控制工程专业和金属材料工程专业的主要专业课程之一,以物理化学、材料科学基础、材料力学性能等课程为基础,概括了原焊接专业的焊接冶金学、焊接方法与设备和钎焊、压力焊、高能密度焊等课程的主要内容。因此,本课程在专业教学中占有重要的地位。

学习该课程的目的就是为将来研究和解决具体实际的材料连接问题打下坚实的基础。学习的主要任务:金属材料在熔化焊时的热过程、有关化学冶金和物理冶金方面普遍性规律;熔化焊连接主要方法及工艺;压力焊连接原理和工艺;钎焊和扩散连接的基本原理与工艺;机械连接、胶接等其他连接技术的原理和应用。在这个基础上来分析各种条件下材料的连接行为,为制定合理的连接工艺、探索提高连接质量的新途径、开发新的连接技术提供理论依据,为实际工程应用打下扎实的理论和实践基础。

## 参 考 文 献

1 任家烈等.近代材料加工原理.北京:清华大学出版社,1999

2 陈伯蠡.焊接冶金原理.北京:清华大学出版社,1991

3 张文钺.焊接冶金学.北京:机械工业出版社,1995

4 J F Lancaster. Metallurgy of Welding. London:George Allen & Unwin,1980

5 K 依斯特林格.焊接物理冶金导论.唐慕尧等译.北京:机械工业出版社,1989

6 张文钺主编.焊接物理冶金.天津:天津大学出版社,1991

7 J F Lancaster. The Physics of Welding. New York:Pergamon Press,1984

8 赵喜华.压力焊.北京:机械工业出版社,1997

9 李志远,张九海等.先进连接方法.北京:机械工业出版社,2000

# 第一章　熔化焊连接原理

　　焊件在焊接过程中,未施加压力,仅通过焊件加热而熔化来完成连接的方法,称为熔化焊。熔化焊是焊接技术中应用最为广泛的一种连接方法。熔化焊时焊接接头的形成,一般都要经历加热、熔化、冶金反应、凝固结晶、固态相变,直至形成接头。熔化焊的本质是小熔池熔炼和铸造。图1.1为熔化焊加热熔化和冷却结晶的示意图。当温度达到材料熔点时,母材和焊丝熔化形成熔池,熔池周围母材受到焊接热循环的影响产生组织和性能变化的区域为焊接热影响区,热源离开后熔池结晶形成焊缝。焊接熔池和一般铸锭结晶相比有如下特点,即熔池温度高,存在时间短,冶金过程进行不充分,氧化严重,热影响区大,冷却速度快,结晶易生成粗大的柱状晶。因此,要获得良好的熔化焊接头必须具备以下条件,合适的热源、良好的熔池保护和焊缝填充金属。下面分焊接热过程、焊接化学冶金、焊接物理冶金三方面来讨论熔化焊连接原理。

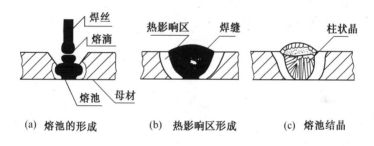

(a) 熔池的形成　　　　(b) 热影响区形成　　　　(c) 熔池结晶

**图1.1　熔化焊过程示意图**

## 1.1　熔化焊热过程及接头形成

　　熔焊条件下,母材受到焊接热源的作用,发生局部受热、局部熔化及传热,因此,在母材中必然进行热量的传递和分布,这就是焊接热过程。它贯穿焊接过程的始终,而且焊接冶金是在热过程中发生和发展的。它与冶金反应、凝固结晶和固态相变、焊接温度场和应力变形等均有密切的关系,是影响焊接质量和焊接生产率的重要因素之一。

**一、熔化焊热源的种类及特征**

　　目前,焊接过程所采用的能源主要是热能和机械能。对于熔化焊来说,主要采用热能。根据热源的种类,熔化焊方法被分为电弧焊、电渣焊、等离子弧焊、电子束焊和激光焊等。熔化焊

5

工艺的发展过程反映了焊接热源的发展过程。从 19 世纪末的碳弧焊发展到 20 世纪末的微波焊,新热源的出现,促进了新的焊接技术的产生。从目前的发展趋势来看,焊接逐步向高质量、高效率、降低劳动强度和能量消耗的方向发展。若从这种趋势出发,焊接热源应具有能量密度高度集中、快速实现焊接过程、保证得到高质量的焊缝和最小的焊接热影响区等特点。

根据对焊接热源的基本要求,满足焊接条件的热源有以下几种。

1) 电弧热。利用气体介质在两电极之间产生的强烈而持久的放电过程所产生的热能来作为焊接热源,这种焊接称为电弧焊。如手工电弧焊、埋弧焊、气体保护焊等多种焊接方法。

2) 电阻热。利用电流通过导体时产生的电阻热作为焊接热源,如电阻焊和电渣焊。

3) 高频热源。利用高频感应产生的二次电流作为热源,对具有磁性的金属材料进行局部集中加热,其实质也是电阻加热的一种形式。

4) 摩擦热。利用机械摩擦所产生的热量进行焊接,如摩擦焊。

5) 等离子弧。利用等离子焊炬,将阴极和阳极之间的自由电弧压缩成高温、高电离度及高能量密度的电弧。利用等离子弧作为焊接热源的熔焊方法称为等离子弧焊接。

6) 电子束。利用真空中被电场加速的集束电子轰击被焊工件表面所产生的热能作为焊接热源。由于热能高度集中和在真空中焊接,故焊接质量很高,如电子束焊。

7) 激光束。通过受激辐射而使放射增强的光(激光),经聚焦产生能量高度集中的激光束作为焊接热源,如激光焊接。

8) 化学热。利用可燃性气体的燃烧热和铝、镁热剂的反应热来作为焊接热源,如气焊、热剂焊。

每种焊接热源都具有不同的特性,如最小加热面积、最大功率密度和正常焊接规范条件下的温度等。这些特性不同,所得到的焊缝质量也不相同。理想的焊接热源应具有加热面积小、功率密度高和加热温度高等特点。表 1.1 列出了各种焊接热源的主要特性,从表中可见,等离子弧、电子束和激光束都是让人比较满意的焊接热源。

表 1.1　各种焊接热源的主要特性

| 热　源 | 最小加热面积/$m^2$ | 最大功率密度/(kW·$cm^{-2}$) | 温度/K |
|---|---|---|---|
| 乙炔火焰 | $10^{-6}$ | $2 \times 10^4$ | 3 473 |
| 金属极电弧 | $10^{-7}$ | $10^5$ | 6 000 |
| 钨极氩弧(TIG) | $10^{-7}$ | $1.5 \times 10^5$ | 8 000 |
| 埋弧焊 | $10^{-7}$ | $2 \times 10^5$ | 6 400 |
| 电渣焊 | $10^{-6}$ | $10^5$ | 2 300 |
| 熔化极氩弧和 $CO_2$ 气体保护焊 | $10^{-8}$ | $10^5 \sim 10^6$ | — |
| 等离子弧 | $10^{-9}$ | $1.5 \times 10^6$ | 18 000 ~ 24 000 |
| 电子束 | $10^{-11}$ | $10^8 \sim 10^{10}$ | — |
| 激光束 | $10^{-12}$ | $10^8 \sim 10^{10}$ | — |

### 二、熔化焊热效率

焊接时,焊接热源所产生的热量因向周围介质辐射和飞溅等原因而不能被工件全部吸收。所以,真正用于焊接的热量只是热源提供热量的一部分。

以电弧焊为例,如果电弧是无感的,此时电能全部转化为热能,则电弧的功率为

$$P = UI \tag{1.1}$$

式中　　$P$——电弧功率,即电弧在单位时间内所放出的能量(W);

　　　　$U$——电弧的电压(V);

　　　　$I$——焊接电流(A)。

若能量不全部用于加热焊件,则加热焊件获得的有效热功率为

$$P_e = \eta UI \tag{1.2}$$

式中　　$\eta$——加热过程中的功率有效系数或称为热效率。

在一定条件下 $\eta$ 是常数,主要取决于焊接方法、焊接规范、焊接材料和保护方式等。不同焊接方法的电弧热效率如表 1.2 所示。

表 1.2　不同焊接方法的电弧热效率 $\eta$

| 焊接方法 | 碳弧焊 | 厚皮焊条手工电弧焊 | 自动埋弧焊 | 电渣焊 | 电子束及激光束 | 钨极氩弧焊 | | 熔化氩弧焊 | |
| --- | --- | --- | --- | --- | --- | --- | --- | --- | --- |
| | | | | | | 交流 | 直流 | 钢 | 铝 |
| $\eta$ | 0.5 ~ 0.65 | 0.77 ~ 0.87 | 0.77 ~ 0.90 | 0.83 | > 0.9 | 0.68 ~ 0.85 | 0.78 ~ 0.85 | 0.66 ~ 0.69 | 0.70 ~ 0.85 |

需要指出的是,焊接热效率 $\eta$ 仅仅反映焊件所吸收的热量的大小,而不能反映热量在焊缝和热影响区上的分配,即热能分配的合理性。电弧焊的热量分配如图 1.2 所示。因为焊件所吸收的热量可分为两部分:一部分用于熔化金属而形成焊缝;另一部分使母材近缝区的温度升高以致发生组织变化从而形成组织和性能都有别于母材的热影响区。实际上,用于熔化金属形成焊缝的热量才是真正的热效率。若从保证焊接质量的角度看,形成热影响区的热量越小越好。

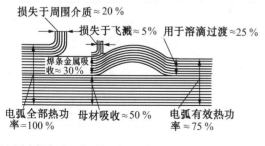

(a) 厚皮焊条手工电弧焊 $(I = 150 \sim 250\,\text{A}, U = 35\,\text{V})$

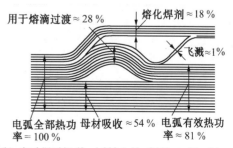

(b) 自动埋弧焊 $(I = 1\,000\,\text{A}, U = 36\,\text{V}, v = 36\,\text{m/h})$

图 1.2　电弧焊的热量分配

### 三、熔化焊温度场

焊接时,由于焊件局部受热致使焊件本身出现很大的温度差,因此,在焊件内部以及焊件与周围介质之间必然发生热的流动。根据传热学的理论,热能传递的基本方式是传导、对流和辐射。焊接时,上述三种传热方式都存在,但焊接方法不同使其主次有别。除了电阻焊和摩擦焊外,大多数焊接方法的热源主要以热辐射和对流的形式来传递热量,母材和焊条获得热能之后则以传导为主向金属内部传递热能。由于焊接传热学主要研究焊件上温度分布和随时间变化的规律性,因此,焊接温度场的研究是以热传导为主,适当考虑对流和辐射的作用。

在热源的作用下,焊件上各点的温度都在随时间的变化而变化,因此,某瞬时焊件上各点温度的分布称为温度场。温度场以某一时刻在某一空间内所有点的温度值来描述,在直角坐标系内为

$$T = f(x, y, z, t) \tag{1.3}$$

式中　　$T$——焊件上某点瞬间的温度;

　　　　$x, y, z$——焊件上某点的空间坐标;

　　　　$t$——时间。

温度场的分布可用等温线或等温面来描述,如图1.3所示。焊件上瞬时温度相同的点连成的线或面称为等温线或等温面,各个等温线或等温面之间不能相交。因为每条线或面之间存在温度差,其大小可用温度梯度 $\left(\dfrac{T_1 - T_2}{\Delta s}\right)$ 表示。温度梯度反映了温度场中任意点温度沿法线方向的变化率。

当焊件上温度场各点温度不随时间变化时,称之为稳定温度场;焊件上各点的温度随时间变化的温度场,称之为非稳定温度场。当恒定功率的热源作用在一定尺

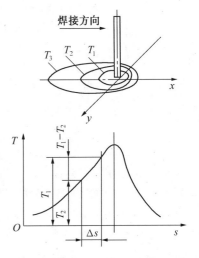

**图 1.3　温度场中的等温线和温度梯度**

寸的焊件上并做匀速直线运动时,经过一段时间后,焊件传热达到饱和状态,温度场会达到暂时稳定状态,并可以随着热源以同样速度移动,这样的温度场称为准稳定温度场。如果采用移动坐标系,坐标的原点始终与热源中心重合,则各点的温度只取决于系统的空间坐标,与热源移动的速度和距离无关。这样可把非稳定温度场转变为稳定温度场。

根据焊件尺寸和热源性质,焊接温度场可分为三维温度场(空间传热,如厚大焊件表面的堆焊)、二维温度场(平面传热,如一次焊透薄板)和一维温度场(线性传热,如焊条和焊丝的加热或细棒的电阻焊)。

焊接方法、焊接工艺参数、材料热物理性质、焊件的板厚及形状等因素均会影响焊接温度场的形状。

### 四、焊接热循环

1. 焊接热循环的主要参数

在焊接热源的作用下,焊件上某点的温度随时间的变化过程称为焊接热循环。焊接温度场反映了某瞬时焊接接头中各点的温度分布状态,而焊接热循环是反映焊接接头中某点温度随时间的变化规律,也描述了焊接过程中热源对焊件金属的作用。图 1.4 为低合金钢手弧焊时焊件上不同点的焊接热循环曲线。离焊缝越近的点其加热速度越大,加热的峰值温度越高,冷却速度也越大。但加热速度远大于冷却速度,对于整个焊接接头来说,焊接中的加热和冷却是不均匀的,这种不均匀的热过程将引起接头组织和性能的不均匀及复杂的应力状态。

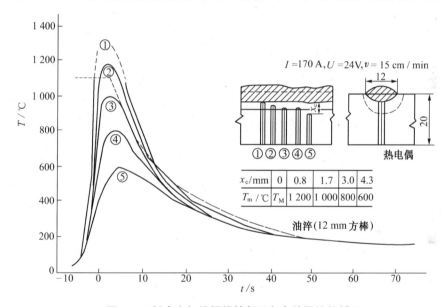

**图 1.4 低合金钢堆焊焊缝邻近各点的焊接热循环**

决定焊接热循环特征的基本参数有以下 4 个,如图 1.5 所示。

1)加热速度 $\omega_H$。焊接热源的集中程度较高,引起焊接时的加热速度增加。较快的加热速度将使相变过程进行不充分,从而影响接头的组织和力学性能。

2)最高加热温度 $T_m$。也称为峰值温度。距焊缝远近不同的各点,加热的最高温度不同。焊接过程中的高温使焊缝附近的金属发生晶粒长大,从而降低材料的塑性。

3)在相变温度以上的停留时间 $t_H$。在相变温度以上停留时间越长,越有利于奥氏体的均匀化过程,增加奥氏体的稳定性,但同时易使晶粒长大。

4)冷却速度 $\omega_c$(或冷却时间 $t_{8/5}$、$t_{8/3}$、$t_{100}$)。冷却速度是决定热影响区组织和性能的主要参数。对低合金钢来说,熔合线附近冷却过程中约 540 ℃ 的瞬时冷却速度是最重要的参数。为便于分析研究,常采用某一温度范围内的冷却时间来代表冷却速度。如 800 ~ 500 ℃ 的冷却时

间 $t_{8/5}$,800 ~ 300 ℃ 的冷却时间 $t_{8/3}$ 和 $T_m$ ~ 100 ℃ 的冷却时间 $t_{100}$ 等。

总之,焊接热循环具有加热速度快、峰值温度高、冷却速度大和相变温度以上停留时间不易控制的特点,这些直接影响到焊缝的化学冶金过程,从而使接头的性能发生变化。

2.焊接热循环参数的数值模拟

根据焊接传热理论,配合一些实验数据,利用数学模型可以计算出焊接热循环的几个主要参数。

(1) 最高温度 $T_m$ 的计算

根据高速热源的传热公式,在不考虑表面散热的条件下,可求得焊件上某点的最高温度 $T_m$。

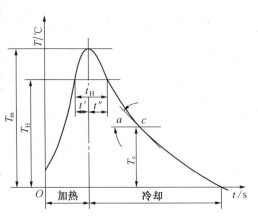

图 1.5　焊接热循环的特征

厚大焊件上堆焊(点热源) 为

$$T_m = T_0 + \frac{0.234E}{c\rho r^2} \tag{1.4}$$

薄板对接(线热源) 为

$$T_m = T_0 + \frac{0.242E}{c\rho\delta y} \tag{1.5}$$

式中　　$E$—— 焊接线能量(J/cm);

　　　　$T_0$—— 焊件初始温度(℃);

　　　　$c$—— 比热容[J/(g·℃)];

　　　　$\rho$—— 密度(g/cm³);

　　　　$\delta$—— 板厚(cm);

　　　　$r$—— 厚焊件上某点距热源运行轴线的垂直距离(cm);

　　　　$y$—— 薄板上某点距热源运行轴线的垂直距离(cm)。

但上式计算值和实验结果相差很大。另外,当 $r = 0$ 或 $y = 0$ 时,$T_m = \infty$,这显然不可能。考虑熔点 $T_M$ 的限制,建立以下经验公式:

点热源　　　　$$\frac{1}{\sqrt{T_m - T_0}} = 2.92r\sqrt{\frac{c\rho}{E}} + \frac{1}{\sqrt{T_M - T_0}} \tag{1.6}$$

线热源　　　　$$\frac{1}{T_m - T_0} = \frac{4.13c\rho\delta y}{E} + \frac{1}{T_M - T_0} \tag{1.7}$$

(2) 瞬时冷却速度 $\omega_c$ 的计算

由于焊缝与熔合线附近的瞬时冷却速度相差不大,因此一般计算焊缝的冷却速度。冷至某瞬时温度 $T_c$ 时的瞬时冷却速度 $\omega_c$ 为:

厚板 
$$\omega_c = 2\pi\,\lambda\,\frac{(T_c - T_0)^2}{E} \tag{1.8}$$

薄板 
$$\omega_c = 2\pi\,\lambda\,c\,\rho\,\frac{(T_c - T_0)^3}{(E/\delta)^2} \tag{1.9}$$

上述冷却速度的计算公式是根据传热学理论推导而来。由于焊接传热过程影响因素众多，故计算值和实际值相差较大，因此在大量实验基础上，建立了许多情况下冷却速度的经验公式。

(3) 相变温度以上停留时间 $t_H$ 的计算

对于焊缝边界高温停留时间 $t_H$ 的计算表达式为：

厚板 
$$t_H = f_3\,\frac{E}{\lambda(T_m - T_0)} \tag{1.10}$$

薄板 
$$t_H = f_2\,\frac{(E/\delta)^2}{\lambda\,c\,\rho\,(T_m - T_0)^2} \tag{1.11}$$

式中 $f_3,f_2$——厚板和薄板的修正系数，是温度无因次系数 $\theta = \dfrac{T - T_0}{T_m - T}$ 的函数。

从上述两式可以看出，在相同线能量下，薄板焊接时比厚板焊接时高温停留时间长，且随着线能量增加，薄板焊接时的 $T_H$ 增加更快，所以薄板比厚板更易过热。

(4) 冷却时间 $t_B$ 的计算

冷却时间的长短直接影响到焊缝金属及过热区的力学性能。对于结构钢来说，主要控制从 $A_{r3}$ 到 $T_{min}$（奥氏体最不稳定的温度）或到 $M_s$（马氏体开始转变温度）的冷却时间 $t_B$。为了方便使用，统一规定 $A_{r3} \approx 800\ ℃$，$T_{min} \approx 500\ ℃$，这样用 $t_{8/5}$ 代替 $t_B$，根据传热学可推得理论公式为：

厚板（三维传热） 
$$t_{8/5} = \frac{E}{2\pi\,\lambda}\Big[\frac{1}{500 - T_0} - \frac{1}{800 - T_0}\Big] \tag{1.12}$$

薄板（二维传热） 
$$t_{8/5} = \frac{(E/\delta)^2}{4\pi\,\lambda\,c\,\rho}\Big[\frac{1}{(500 - T_0)^2} - \frac{1}{(800 - T_0)^2}\Big] \tag{1.13}$$

实际上在高强钢焊接时发现，800～300 ℃ 的冷却时间 $t_{8/3}$ 和 $T_m$～100 ℃ 的冷却时间 $t_{100}$ 对接头的组织性能影响更大，但由于影响因素复杂，目前尚未建立可靠的计算公式，主要通过实验求得。

(5) 临界板厚 $\delta_{cr}$ 的计算

在计算焊接热循环参数时，首先要确定是选用厚板公式还是选用薄板公式。为此引入临界板厚的概念。实验结果表明，当线能量 $E$ 一定时，板厚增加到一定厚度后对 $\omega_c$ 和 $t_{8/5}$ 的影响不大。因此可将对 $\omega_c$ 和 $t_{8/5}$ 不发生影响的板厚称为临界板厚，以 $\delta_{cr}$ 表示。现令式(1.8)与式(1.9)相等，或令式(1.12)与式(1.13)相等，可求得

$$\delta_{cr} = \sqrt{\frac{E}{c\,\rho(T_c - T_0)}} \tag{1.14}$$

$$\text{或} \qquad \delta_{cr} = \sqrt{\frac{E}{2c\rho}\left(\frac{1}{500-T_0}+\frac{1}{800-T_0}\right)} \qquad (1.15)$$

以上两式是等效的。实际上，800 ℃冷却到500 ℃的平均冷却速度与600 ℃时的瞬时冷却速度相当，所以在使用式(1.14)时，参考温度$T_c = 600$ ℃。在计算时，可用实际板厚与临界板厚相比较，若$\delta \geqslant \delta_{cr}$，可以认为属于三维导热的厚板；若$\delta \leqslant \delta_{cr}$，则可认为属于二维导热的薄板。

根据实验结果的分析可知，当$\delta/\delta_{cr} > 0.9$时，采用厚板公式计算的结果与实际相一致；当$\delta/\delta_{cr} < 0.6$时，采用薄板公式计算的结果与实际相一致。但在$\delta/\delta_{cr} = 0.6 \sim 0.9$时，用厚板公式所得到的冷却速度偏高，而用薄板公式所得的冷却速度偏低。这时可随机区分，取$\delta/\delta_{cr} = 0.75$为判据。若$\delta/\delta_{cr} > 0.75$，采用厚板公式；若$\delta/\delta_{cr} < 0.75$，采用薄板公式。应该指出，厚与薄的概念应表明是三维导热或二维导热的情况。若全熔透，就应该为二维导热而不论板厚尺寸如何。另外，$\delta_{cr}$是$E$、$T_0$和$c\rho$的函数，对于一定的$\delta$，$E$、$T_0$和$c\rho$的不同可以使二维导热转变成三维导热或者相反。

最后应指出，$\lambda$、$c\rho$等热物理常数是随温度变化的，在焊接条件下如何正确取值是一个较大的难题。大量实验证明：计算时取$\lambda = 0.29$ J/(cm·s·℃)，$c\rho = 6.7$ J/(cm³·℃)可得到较正确的结果。

3. 多层焊热循环

在焊接生产中，常采用多层焊接来进行厚板的连接，因此研究多层焊接热循环的特点，对提高接头的质量具有重要的实际意义。

多层焊接热循环是许多单层热循环的综合。在多层焊接时，前一层焊道的最低温度，即层间温度对后一层焊道起预热作用；而后一层焊道对前一焊道起后热作用。因此，控制多层焊接热循环要控制每一层的焊接热循环，特别要注意焊接层数和层间温度的影响。在实际生产中，多层焊分为长段多层焊和短段多层焊。

(1) 长段多层焊

所谓长段多层焊是指每道焊缝的长度较长(一般 1 m 以上)，层间温度较低(100 ~ 200 ℃以下)，其焊接热循环的变化如图1.6所示。从图可知，相邻各层之间有依次热处理的作用，为防止最后一层淬硬，可多加一层退火焊道。但长段多层焊对一些淬硬倾向较大的钢种易产生裂纹，故不宜采用。

(2) 短段多层焊

短段多层焊指每道长度较短(50 ~ 400 mm)，层间温度较高( $> M_s$ )。这样既减短了高温停留时间避免晶粒长大，又减缓了$A_{c3}$以下的冷却速度，从而防止淬硬组织产生。故短段多层焊对焊缝和热影响区的组织均具有一定的改善作用，适于焊接晶粒易长大而又易于淬硬的钢种。短段多层焊的热循环如图1.7所示。但短段多层焊工艺繁琐、生产率低，只有在特定情况下才被采用。

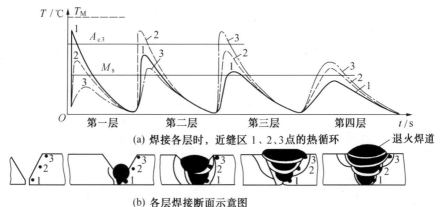

(a) 焊接各层时，近缝区 1、2、3 点的热循环

(b) 各层焊接断面示意图

**图 1.6 长段多层焊热循环**

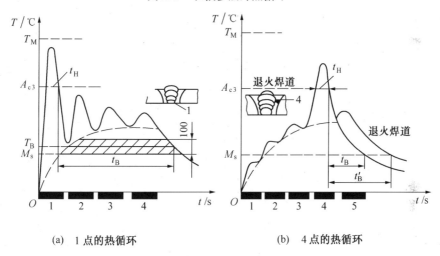

(a) 1 点的热循环　　　　　　　　　　　(b) 4 点的热循环

**图 1.7 短段多层焊接热循环**

$t_B$— 由 $A_{c3}$ 冷至 $M_s$ 的冷却时间

4.焊接热循环的影响因素

对焊接热循环影响较大的因素有被焊材料的材质、接头的形状尺寸和焊接工艺条件等。

1) 材质的影响。母材不同，材料的热物性参数不同，$c\rho$ 和 $\lambda$ 的变化将影响到焊接热循环的各个特性参数，从而得到不同的热循环曲线。但在金属材料一定的情况下，焊件形状、尺寸、线能量和预热温度等对焊接热循环曲线也有很大的影响。

2) 接头形状尺寸的影响。接头形状尺寸不同，导热情况会有差异。如板厚相同的 T 型接头和对接接头相比，前者的冷却速度约为后者的 1.5 倍，如图 1.8 所示。同一坡口形式，板厚增加时，冷却速度也随之增大。

3) 焊道长度的影响。在焊接条件和接头形式一定的条件下，焊道长度越短，如小于 40 mm

时,冷却速度会急剧增大,如图 1.9 所示。因此定位焊的焊道不能过短。

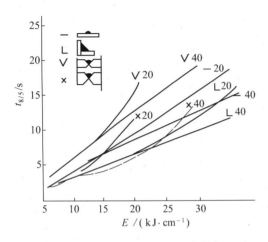

图 1.8　接头形式对 $t_{8/5}$ 的影响

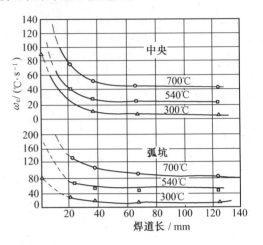

图 1.9　焊道长度对 $\omega_c$ 的影响

4) 预热温度的影响。提高 $T_0$,可增加 $t_H$ 和 $t_{8/5}$,$T_0$ 对在 $T_m$ 附近的停留时间影响不明显,但 $T_0$ 的增加会使热影响区宽度增加。

5) 线能量的影响。$E$ 的提高会使 $T_m$、$t_H$ 和 $t_{8/5}$ 增大,而 $\omega_c$ 随之降低。图 1.10 显示不同焊接方法下线能量 $E$ 的影响程度。从该图可知,在线能量 $E$ 相同时,手弧焊的冷却速度最快,埋弧焊的冷却速度最慢,而氩弧焊和 $CO_2 + O_2$ 焊的冷却速度基本相同,且均比埋弧焊的冷却速度快一些。造成这种差异的原因是各种焊接方法在 $E$ 相同时所选定的

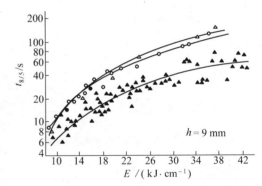

图 1.10　焊缝边界 $t_{8/5}$ 与线能量 $E$ 的关系

○—$CO_2 + O_2$ 焊 ; ●—MIG ; ▲—SAW ; ▲—SMAW

焊接电流和焊速可能相差悬殊,引起焊缝形状和熔透深度发生变化,从而影响到焊件的热传播过程。现有的理论只假设了点热源或线热源的集中作用,忽略了焊缝尺寸形状的影响,这应是产生误差的原因之一。

**五、熔化焊接头的形成**

**1.焊接材料熔化与熔池形成**

**(1) 焊接材料熔化**

熔焊过程中,焊接材料(焊条、焊丝等)在焊接热源作用下将被熔化。在电弧焊条件下用于熔化焊接材料的热能,主要是电弧热和电阻热。对于药皮焊条手工电弧焊接,如果焊接电流过大,电流通过焊芯时产生的电阻热,将使焊芯和药皮的温升过高,引起诸如飞溅增大、药皮脱落

并丧失冶金作用、焊缝成形变坏甚至产生气孔等缺陷。由于电阻热的原因所导致的不锈钢焊条药皮发红问题就是生产中经常碰到的难题,关于焊条的熔化,有如下基本参数需要了解。

1) 焊条金属的平均熔化速度 $g_M$。在单位时间内熔化的焊芯质量或长度。试验表明,在正常焊接条件下,焊条金属的平均熔化速度与焊接电流成正比。

2) 损失系数 $\Psi$。在焊接过程中由于飞溅、氧化和蒸发而损失的金属质量与熔化的焊芯质量之比。

3) 焊条金属的平均熔敷系数 $g_H$。焊接过程中并非所有熔化的焊条金属都能进入熔池,即由于损失系数不等于零,故把单位时间内真正进入焊接熔池的那部分金属质量称为平均熔敷速度。

以上三个参数之间有如下相互关系,即

$$g_H = (1 - \Psi)g_M \tag{1.16}$$

(2) 熔滴过渡

焊条端部熔化形成的滴状液态金属称为熔滴。当熔滴长大到一定的尺寸时,便在各种力(如电磁力、电弧力等)的作用下脱离焊条,以滴状的形式向熔池过渡。用药皮焊条焊接时,熔滴过渡主要有三种形式,短路过渡、颗粒过渡和附壁过渡。

熔滴的表面积 $A_g$ 与其质量 $\rho V_g$ 之比称为熔滴的比表面积 $S$,即

$$S = \frac{A_g}{\rho V_g} \tag{1.17}$$

熔滴与周围介质的平均相互作用时间 $\tau_{cp}$ 可表示为

$$\tau_{cp} = \left(\frac{m_0}{m_{tr}} + \frac{1}{2}\right)\tau \tag{1.18}$$

式中　$m_0$——熔滴脱落后残留在焊条端部的液体金属质量;

　　　$m_{tr}$——过渡的熔滴质量;

　　　$\tau$——熔滴的存在时间。

熔滴的温度目前还不能从理论上精确计算,实际测量表明:对手工电弧焊接低碳钢,熔滴的平均温度为 2 100 ~ 2 700 K。上述几个参数是描述熔滴阶段焊接冶金反应不可缺少的重要参数。熔滴的比表面积越大,熔滴与周围介质的平均相互作用时间越长,熔滴温度越高,越有利于加强冶金反应。

(3) 熔渣过渡

焊条药皮熔化后在焊条端部会形成药皮套筒,药皮套筒的长度对焊接工艺性、熔滴过渡形态和化学冶金反应等都有影响。因此必须控制药皮套筒的长度。药皮熔化后形成的熔渣向熔池过渡,有两种过渡形式:一是以薄膜形式包在熔滴外面或夹在熔滴内同熔滴一起落入熔池;二是直接从焊条端部流入熔池或以滴状落入熔池。当药皮厚度大时才会出现第二种形式,熔渣的平均温度不超过 1 900 K。

(4) 熔池的形成

在焊接材料熔化的同时,被焊金属也发生局部熔化。母材上由熔化的焊条金属与局部熔化的母材共同组成的具有一定几何形状的液体金属区域称为熔池。如果焊接时不使用焊接材料(如钨极氩弧焊),则熔池仅由局部熔化的母材组成。

熔池的形成需经过一个过渡时期,此后就进入准稳定期,这时熔池的形状、尺寸和质量不再发生变化。图 1.11 为电弧焊时熔池的形状示意图。可以看出,熔池为不标准的半椭球,其外形轮廓处为温度等于母材熔点的等温面。

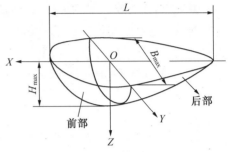

图 1.11　电弧焊熔池形状示意图

熔池的宽度与深度沿 $X$ 轴方向连续变化。随着焊接电流的增加,熔池的最大深度 $H_{max}$ 增大,熔池的最大宽度 $B_{max}$ 相对变小;随着电弧电压的升高,$H_{max}$ 减小,$B_{max}$ 增加。熔池的长度 $L$ 可表示为

$$L = q_2 P = q_2 UI \tag{1.19}$$

式中　$q_2$—— 比例常数;

　　　$P$—— 电弧功率;

　　　$U$—— 电弧电压;

　　　$I$—— 焊接电流。

实验表明:$q_2$ 和熔池的表面积都取决于焊接方法和焊接工艺参数。

手工电弧焊时熔池的质量通常在 0.6 ~ 16 g 的范围之内,一般为 5 g 以下。实验表明:手工电弧焊时,熔池的质量与 $P^2/v$ 成正比。而在埋弧焊自动焊时,由于焊接电流值较大,熔池的质量也较大,但熔池的质量一般也小于 100 g。

由于熔池的体积和质量较小,其存在的时间一般只有几秒至几十秒,因此,熔池中的冶金反应时间是很短的,但比熔滴阶段存在的时间要长。熔池在液态时存在的最大时间 $t_{max}$ 为

$$t_{max} = \frac{L}{v} \tag{1.20}$$

式中　$L$—— 熔池的长度(cm);

　　　$v$—— 焊接速度(cm/s)。

由熔池质量确定的熔池平均存在时间 $t_{cp}$ 为

$$t_{cp} = \frac{G_p}{\rho v F_w} \tag{1.21}$$

式中　$G_p$—— 熔池的质量(g);

　　　$\rho$—— 熔池液态金属的密度(g/cm³);

$v$———焊接速度(cm/s)；

$F_w$———焊缝的横断面积$(cm^2)$。

焊接方法和焊接工艺不同,熔池的最大存在时间和平均时间也不同。

实验表明:熔池各点的温度是不均匀的,如图1.12所示。在熔池的前部,由于输入的热量大于散失的热量,所以随着焊接热源的向前移动,母材不断被熔化。在电弧下的熔池中部,具有最高的温度。在熔池的后部,由于输入的热量小于散失的热量,温度逐渐降低,于是产生金属凝固的过程。熔池的平均温度主要取决于母材的性质和散热条件。对低碳钢来说,熔池的平均温度约为$(2\ 050 \pm 100)$ K。

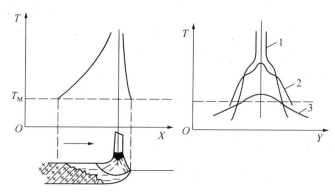

**图1.12　熔池的温度分布**

1— 熔池中部;2— 前部;3— 后部

（5）熔池中液相的运动状态

在焊接过程中,熔池中的液相发生强烈的搅拌作用,将熔化的母材与焊丝金属充分混合和均匀化。其产生液相运动的原因有以下几点。

1）熔池中温度分布不均匀引起液态金属密度差,使液相从低温区向高温区流动,产生对流运动。

2）熔池中温度分布不均匀引起表面张力分布不均匀,产生的表面张力差将使液相发生对流运动。

3）焊接热源作用在熔池上的各种机械力使熔池中的液相产生搅拌作用。

研究表明:焊接工艺参数、电极直径、焊炬的倾斜角度等对熔池中液相的运动状态都有很大的影响。搅拌作用有利于熔化金属更好混合,使成分均匀化,也有利于气体和杂质的排除,以提高焊缝的质量。但是,在液态金属与母材的交界处,常出现成分的不均匀性。

2.熔池的保护

为了提高焊缝金属质量,把熔焊方法用于制造重要结构,尽量减少焊缝金属中有害杂质的含量和有益合金元素的损失,使焊缝金属得到合适的化学成分,必须对焊接区内的金属进行保护,以免受空气的有害作用。

熔焊过程中采用的保护方式主要有渣保护、气保护和渣气联合保护,见表1.3。采用的保护材料有焊条药皮、焊剂、药芯焊丝中的药芯和保护气体等。

表1.3 熔焊方法的保护方式

| 保护方式 | 熔 焊 方 法 |
|---|---|
| 熔渣 | 埋弧焊、电渣焊、不含造气成分的焊条和药芯焊丝焊接 |
| 气体 | 气焊,在惰性气体和其他保护气体(如 $CO_2$、混合气体) 中焊接 |
| 熔渣和气体 | 具有造气成分的焊条和药芯焊丝焊接 |
| 真空 | 真空电子束焊接 |
| 自保护 | 用含有脱氧剂、脱氮剂的自保护焊丝焊接 |

应该指出,在焊接过程中仅仅机械地保护熔化金属还不足以保证得到优质的焊接接头,必须对熔化金属进行冶金处理,控制冶金反应的发展,才能获得要求的焊缝成分和性能。这将在下一节讨论。

3.焊接接头的形成与焊接性

熔焊时焊接接头的形成过程包括加热、熔化、冶金反应、凝固结晶、固态相变。这些过程随时间和温度的变化,如图1.13所示。为了便于分析,可归纳为三个相互联系的过程,即焊接热过程、焊接化学冶金过程、熔池凝固和相变过程。

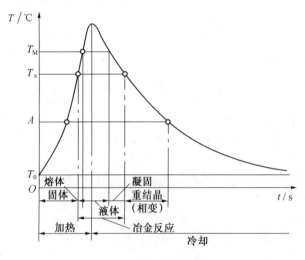

图1.13 焊接接头的形成过程

$T_M$— 金属熔化温度;$T_s$— 金属的凝固温度;$A$— 钢的 $A$ 相变点;$T_0$— 初始温度

(1) 焊接接头的组成

熔合区和近焊缝两侧的母材,焊接时也同样受到热的作用,如图1.14所示。靠近焊缝的金属在焊接温度场分布以内的区域受到焊接热循环的作用后,在一定范围内发生组织和性能变化的区域称为热影响区(Heat Affected Zone,HAZ)或称近缝区(Near Weld Zone)。由此看来,焊接接头主要由焊缝和热影响区两大部分所组成,其间有过渡区,称为熔合区。焊接时除必须保证焊缝金属的性能外,还必须保证焊接热影响区的性能。在焊接高强钢、铝合金、钛合金等材料时,热影响区存在的问题比焊缝更为突出,解决起来也更为困难。

(2) 熔化焊接头形式

熔化焊焊接接头可有多种形式,最常见的典型接头有对接接头、角接接头、丁字接头、搭接接头等。为使待焊部位满足焊接工艺要求以形成优质的焊接接头,如为了满足熔透和成形的要求或为了保证焊接电弧的可达性要求,常需要将待焊部位预先加工成一定形状,通称为坡口加工。一些典型坡口形式如图1.15所示。

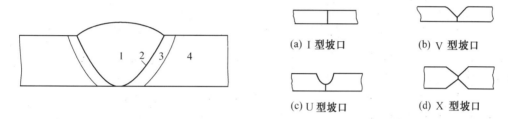

图1.14　焊接接头示意图

1— 焊缝;2— 熔合区;3— 热影响区;4— 母材

(a) I 型坡口　　(b) V 型坡口

(c) U 型坡口　　(d) X 型坡口

图1.15　熔焊坡口形式示意图

(3) 熔合比

一般熔焊时,焊缝金属是由填充金属和局部熔化的母材组成的。在焊缝金属中局部熔化的母材所占的比例,称为熔合比,如图1.16所示,熔合比 $\theta$ 可大致表示为

$$\theta = \frac{F_p}{F_p + F_d} \tag{1.22}$$

式中　　$F_p$—— 焊缝截面中母材所占的面积;

　　　　$F_d$—— 焊缝截面中填充金属所占的面积。

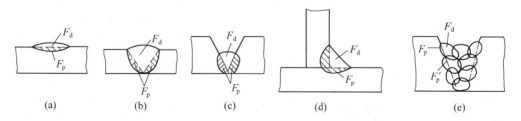

(a)　　　(b)　　　(c)　　　(d)　　　(e)

图1.16　熔合比计算示意图

熔合比与焊接方法、焊接工艺参数、接头尺寸形状、坡口形状、焊道数目以及母材热物理性能等有关。由于熔合比不同,即使采用同样的焊接材料,焊缝的化学成分也不相同,从而导致性

能上的差异。当熔合比等于零时,表明焊缝金属完全由填充金属熔敷而成,这种焊缝金属特称为熔敷金属。堆焊时的焊缝金属可认为是熔敷金属,一般焊缝均是由熔敷金属和母材按一定熔合比混合而成。假设焊接时母材中的合金元素的质量分数为 $w_B$ 全部过渡到焊缝中,熔敷金属中合金元素的质量分数为 $w_D$,则焊缝金属中合金元素的实际质量分数 $w_W$ 为

$$w_W = \theta w_B + (1 - \theta)w_D \tag{1.23}$$

$w_B$、$w_D$、$\theta$ 可由技术资料查得,或用化学分析和试验的方法得到,从而就可计算出焊缝的化学成分。

(4) 焊接性概念

焊接性是指金属材料(同种或异种)在一定焊接工艺条件下,能够焊成满足结构和使用要求的焊件的能力。它代表金属材料对焊接加工的适应性及获得优质焊接接头的难易程度。焊接性的具体内容包括:接合性能,即焊接时形成缺陷的敏感性,也称为工艺焊接性;使用性能,即焊成的焊接接头满足使用要求的程度,也称为使用焊接性。还应注意,这两者并不一定一致,即焊接缺陷敏感性小,未必焊接接头性能就好,反之亦然。焊接性好坏是一个相对概念,在简单焊接工艺条件下,接合性能和使用性能均能满足要求时表明焊接性优良,如必须采用复杂的焊接工艺才能实现优质焊接时则认为焊接性较差。

焊接性的影响因素可用图 1.17 表示。

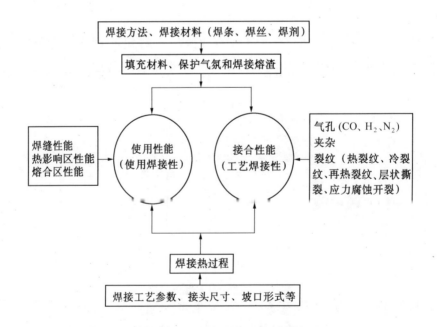

**图 1.17　金属焊接性的影响因素**

# 1.2　熔化焊接化学冶金

　　熔焊时,金属、熔渣与气相之间进行一系列的化学冶金反应,如金属氧化、还原、脱硫、脱磷、渗合金等,称为焊接化学冶金过程。这些冶金反应可直接影响到焊缝的成分、组织、性能以及焊接工艺性能等。焊接化学冶金学主要研究在各种焊接工艺条件下,冶金反应与焊缝金属化学成分、性能之间的关系及其变化规律。本节以低碳钢和低合金钢手工电弧焊工艺的冶金过程为重点,从热力学的角度来阐明焊接化学冶金的一般规律,为分析其他熔焊方法及材料的冶金问题打下基础。

## 一、焊接材料

### 1.焊接材料类型

　　焊接时所消耗的材料统称为焊接材料。常用的焊接材料概括为:

　　焊接方法不同,采用的焊接材料不同。例如,手工电弧焊的焊接材料是焊条,埋弧焊或电渣焊时采用焊剂与焊丝的组合作为焊接材料,气体保护焊的焊接材料则是焊丝和保护气体。

### 2.焊条

　　焊条由焊芯和药皮两部分组成。焊芯是焊条中间的金属芯。药皮是焊条中压涂在焊芯表面上的涂料层,主要由各种粉料和粘接剂按一定比例配制而成。

　　(1) 焊芯

　　焊芯作为电极,起导电的作用,产生电弧,提供焊接热源。焊芯受热熔化成为焊缝的填充金属,因此,可以通过焊芯调整焊缝金属的化学成分。焊芯一般采用焊接专用金属丝。碳钢和低合金钢焊条的焊芯一般选用低碳钢焊芯,其牌号为 H08A 或 H08E,H 表示焊条钢的“焊”,是汉语拼音。08 表示焊芯的平均含碳量为 0.08%(质量分数)。A 表示优质钢,E 表示特级钢,即对硫、磷等杂质的限量更加严格。焊芯的含碳量在保证与母材基本等强度的条件下越低越好,一般应低于 0.10%(质量分数)。有害杂质要少,可有一定的合金元素含量。高合金钢焊条的焊芯成分采用与母材成分相近的合金钢焊丝,而有色金属及合金选用相应特殊成分的合金焊丝。典型焊条焊芯的牌号及应用见表 1.4。

表 1.4　典型焊条焊芯牌号及应用

| 焊芯牌号 | 特　点 | 应　用 |
|---|---|---|
| H08 | 普通低碳钢 | 普碳结构钢 |
| H08A | 高级优质 | 普碳结构钢 |
| H08E | 特级优质 | 优质结构钢 |
| H10Mn2 | 普通低合金 | 低合金结构钢 |
| H08CrMoA | 高级优质合金 | 低合金结构钢 |
| H0Cr20Ni10Ti | 不锈钢 | 不锈钢 |
| H00Cr21Ni10 | 超低碳不锈钢 | 重要不锈钢 |

(2) 药皮

焊条药皮对保证手工电弧焊的质量极为重要。焊条药皮的作用主要有:① 保护作用。在焊接过程中药皮产生气体,隔离空气,保护熔滴、熔池和焊接区,防止有害气体侵入焊缝。② 冶金作用。焊接时药皮的组成参与冶金反应,去除有害物质,保护和添加有益的合金元素,改善焊缝的力学性能。③ 改善焊接工艺性。焊条药皮可以使电弧易燃,焊接飞溅小,焊缝易脱渣和成形美观。

焊条药皮的组成物按其作用分为稳弧剂、造气剂、造渣剂、脱氧剂、合金剂、粘接剂等,药皮的原材料主要有四类,矿石、铁合金、化工制品和有机物。各种药皮组成物均制备成一定粒度的药粉,按配比要求机械混合后,再用粘接剂混匀,压涂于焊芯周围,烘干后即为焊条。常用焊条药皮成分及作用如表 1.5 所示。

表 1.5　常用药皮原料的成分及作用

| 原料种类 | 原料成分 | 作　用 |
|---|---|---|
| 稳弧剂 | $K_2CO_3$、$Na_2CO_3$、长石、钛白粉、钠水玻璃、钾水玻璃 | 改善引弧性,提高电弧燃烧稳定性 |
| 造气剂 | 木粉、淀粉、纤维素、大理石 | 高温分解出大量气体,隔绝空气,保护焊接区中的金属 |
| 造渣剂 | 大理石、菱苦土、萤石、长石、锰矿、钛铁矿、钛白粉、金红石 | 使熔渣具有合适的熔点、粘度和酸碱度,以便有利于脱渣、脱硫、脱磷等 |
| 脱氧剂 | 锰铁、硅铁、钛铁、铝铁、石墨 | 降低气氛氧化性、熔池中脱氧,锰还起脱硫的作用 |
| 合金剂 | 锰铁、硅铁、钛铁、钼铁、钒铁 | 使焊缝金属获得必要的合金成分 |
| 粘接剂 | 钠水玻璃、钾水玻璃 | 将药皮牢固地粘在焊芯上 |

(3) 焊条的分类和性能

焊条按用途可分为碳钢焊条、低合金钢焊条、不锈钢焊条、铸铁焊条、堆焊焊条、铜和铜合金焊条、铝和铝合金焊条等。按熔渣性质分为酸性焊条和碱性焊条。焊条的性能包括工艺性能和冶金性能。焊条的工艺性能指焊条在焊接操作中的性能。主要包括:焊接电弧的稳定性、焊缝成形、全位置焊接性、飞溅、脱渣性、焊条的熔化速度、药皮发红的程度及焊条发尘量等。焊条的冶金性能最终反映在焊缝金属化学成分、力学性能以及抗气孔、抗裂纹的能力等各个方面。碱性焊条和酸性焊条的性能有很大差别。使用时要注意,不能随便地用酸性焊条代替碱性焊条。

（4）焊条的选用

焊条选用的原则是要求焊缝和母材具有相同水平的使用性能。结构钢焊条的选用方法,一般是根据母材的抗拉强度,按等强原则选择相同强度等级的焊条。例如,16 Mn 的 $\sigma_b$ 为520 MPa,因此一般应选用 J502 或 J507、J506。在承受变动载荷、冲击载荷对焊缝性能要求较高的重要结构焊接时,或者当环境温度低、结构刚度大、工件厚度大等易产生裂纹时,应该选用碱性焊条。

不锈钢焊条和耐热钢焊条的选用方法,是根据母材化学成分类型,选择相同成分类型的焊条。这两种焊条通过保证化学成分相同,达到性能相同的要求。

3.焊剂

焊剂是焊接时能够熔化形成熔渣和气体,对熔化金属起保护和冶金处理作用的一种颗粒状物质。焊剂应保证热源的稳定,具有低的硫、磷含量,熔点和粘度合适,脱渣性要好,不析出有害气体,不吸潮等特点。焊剂有熔炼焊剂和非熔炼焊剂两类。非熔炼焊剂又分为粘接焊剂和烧接焊剂。熔炼焊剂主要起保护作用,非熔炼焊剂除了起保护作用外,还可以起渗合金、脱氧、脱硫等冶金作用。为了区别,用 SJ 表示烧接焊剂,而用 HJ 表示熔炼焊剂。

熔炼焊剂是由 $SiO_2$、MnO 及 $CaF_2$ 等组成,根据其中 Si、Mn、F 的含量不同,可分为无锰、低锰、中锰和高锰型。我国熔炼焊剂牌号可查 GB5293—85,几种典型熔炼焊剂及用途见表 1.6。

表 1.6　焊剂的牌号、名称及用途

| 焊剂牌号 | 名　称 | 用　途 | 电源种类 |
|---|---|---|---|
| 焊剂 130(HJ130) | 无锰高硅低氟 | 用于低碳钢的焊接 | 交流或直流反接 |
| 焊剂 150(HJ150) | 无锰中硅中氟 | 用于合金钢的焊接 | 交流或直流反接 |
| 焊剂 172(HJ172) | 无锰低硅高氟 | 用于合金钢的焊接 | 直流反接 |
| 焊剂 230(HJ230) | 低锰高硅低氟 | 用于低合金钢的焊接 | 交流或直流反接 |
| 焊剂 260(HJ260) | 低锰高硅中氟 | 用于低合金高强钢的焊接 | 直流反接 |
| 焊剂 251(HJ251) | 低锰中硅中氟 | 用于低合金高强钢的焊接 | 直流反接 |
| 焊剂 350(HJ350) | 中锰中硅中氟 | 用于低合金高强钢的焊接 | 直流反接 |
| 焊剂 430(HJ430) | 高锰高硅低氟 | 用于低合金结构钢的焊接 | 交流或直流反接 |

**4.焊丝**

焊丝是焊接时作为填充金属或同时作为导电的金属丝,是埋弧焊、气体保护焊、自保护焊、电渣焊等各种焊接工艺方法的焊接材料。本文介绍气体保护焊的实芯焊丝和药芯焊丝。

**(1) 实芯焊丝**

将热轧焊条钢线材经拉拔加工而成,常称为焊丝。常用钢焊丝的成分因所焊对象及所用焊接方法的不同而有所不同。表1.7列出最常见结构钢焊接用焊丝的成分。其中 H08A、H08MnA、H10Mn2、H08MnMoA 主要用于埋弧焊;而 H08Mn2SiA 和 H08Mn2SiMoA 则用于 $CO_2$ 气体保护焊。埋弧焊时,采用的焊丝必须与一定成分的焊剂相配合。需要注意的是,由于 $CO_2$ 在焊接时具有强氧化作用,焊丝中必须含有足够量的脱氧合金元素,H08Mn2SiA 用于焊接低碳钢及 16Mn 钢,H08Mn2SiMoA 可用于焊接 $\sigma_b \geqslant 600$ MPa 低合金高强度钢。

表1.7 结构钢焊丝的成分

| 牌 号 | 主要成分 $w_B$/% | | | | | | |
|---|---|---|---|---|---|---|---|
| | C | Mn | Si | Mo | S | P | Ti |
| H08A | ≤0.10 | 0.30~0.55 | ≤0.03 | — | ≤0.03 | ≤0.03 | — |
| H08MnA | ≤0.10 | 0.80~1.10 | ≤0.07 | — | ≤0.03 | ≤0.03 | — |
| H10Mn2 | ≤0.12 | 1.50~1.90 | ≤0.07 | — | ≤0.04 | ≤0.04 | — |
| H08MnMoA | ≤0.10 | 1.20~1.60 | ≤0.25 | 0.06~0.11 | ≤0.03 | ≤0.03 | 0.15 |
| H08Mn2MoA | 0.06~0.11 | 1.60~1.90 | ≤0.25 | 0.06~0.11 | ≤0.03 | ≤0.03 | 0.15 |
| H08Mn2SiA | ≤0.11 | 1.80~2.10 | 0.65~0.95 | — | ≤0.03 | ≤0.03 | Cu≤0.50 |
| H08Mn2SiMoA | ≤0.11 | 1.70~2.10 | 0.65~0.95 | 0.06~0.11 | ≤0.025 | ≤0.025 | Cu≤0.50 |

**(2) 药芯焊丝**

是在薄钢带卷成圆形钢管或异形钢管的同时,填满一定成分的药粉,经拉制而成的一种焊丝。图1.18示出几种典型药芯焊丝的截面形状。一般采用样式①和⑦。样式①的特点是简单,易制造。但要求焊接电流小,溶深浅,焊丝直径不能大,合金加入量多时常采用这种形式。其它的样式形状复杂,其目的是为了增大焊接电流,加大溶

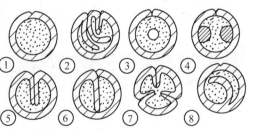

图1.18 药芯焊丝的截面形状

深及改善焊丝的熔化情况,但要求焊丝的直径不能细,合金加入量不能多。

由于药芯焊丝类似药皮焊条,因此可以单独应用于生产,无需与焊剂和保护气体配合使用。与药皮相比,药芯对熔化的要求不完全相同,引起其成分的差异。根据药芯的组成分类,有高钛型(酸性渣)、钙-钛型(中性或碱性渣)及钙型(碱性渣)药芯焊丝。

5．保护气体

焊接时的保护气体常用单一气体 $CO_2$、Ar、He 或混合气体 Ar + $CO_2$、Ar + $O_2$。结构钢焊接时常用 $CO_2$ 及 Ar + 20％$CO_2$（质量分数）。若要获得单面焊双面成形的效果，常用 Ar 保护。

6．焊接材料发展

目前我国焊接材料产量为世界第一，但和工业发达国家相比，在品种和质量方面还有很大差距。表 1.8 为我国和其他国家及地区焊材结构比例。从表中可以看出，为了适应焊接技术向高效率、高质量、低成本及自动化方向发展，不断减少手工电弧焊焊条，增加自动焊焊接材料是一个必然的发展趋势，我国在这方面尚需加快发展步伐。

表 1.8　我国和其他国家及地区焊材结构比例　　　　　　　　　　（％）

| 国家及地区 | 焊　条 | 气保护实芯焊丝 | 药芯焊丝 | 埋弧焊材 |
|---|---|---|---|---|
| 日本 | 19.4 | 39.1 | 29.3 | 12.2 |
| 美国 | 29 | 31 | 30 | 10 |
| 西欧 | 26 | 56 | 7 | 11 |
| 中国台湾 | 54 | 27 | 9 | 10 |
| 中国内地 | 78 ~ 80 | 10 | 1 | 10 |

在焊条方面，必须降低在焊接材料中的比率；提高焊条效率，发展铁粉焊条、重力焊条、立向下焊条等；提高焊条质量，发展低尘低害焊条、高效不锈钢焊条、超低氢难吸潮焊条等；增加产品品种，研制纤维素型焊条、低氢型立向下全位置焊条、交直流两用碱性焊条以及配合新钢种的配套焊条等。

气体保护实芯焊丝应向低飞溅高性能方向发展，提高产品质量的关键是解决焊丝的化学成分和表面镀铜及绕卷问题。药芯焊丝能实现自动化、半自动化生产，熔敷速度快、飞溅小，因而生产效率高。而且，药芯焊丝调整熔敷金属成分方便，综合成本低，虽然目前在焊材中的比率很小，但在我国是最有发展前景的品种。药芯焊丝发展重点是细直径的 $CO_2$ 气保护焊丝和高质量不同用途的药芯焊丝，如不锈钢、耐热钢、耐磨堆焊用药芯焊丝。另外，大力开发研制自保护药芯焊丝，加速药芯焊丝的配套工作，加强药芯焊丝冶金过程机理和制造技术方面的研究工作。

我国目前使用的埋弧焊剂以熔炼焊剂为主，大约占 80％。而美国、日本、西欧均以烧接焊剂为主，日本在 70％以上，美国和西欧为 90％。因此，我国的发展重点为烧接焊剂。烧接焊剂和熔炼焊剂相比，具有无污染，易于机械化、自动化生产，焊剂碱度调节范围大，可以添加合金元素，适用于大热输入等特点。但烧接焊剂对药粉的均匀度要求高，应配备较为先进的检测手段和自动化生产系统。今后的发展方向应为向大规模的生产方向发展，尽力改进和提高制造质量，如提高烧接焊剂的颗粒强度，减少使用中的粉化损耗，提高焊剂的抗吸潮性等。

**二、焊接熔渣**

焊接时焊条药皮或焊剂熔化后,经过一系列化学变化而形成的覆盖在焊缝表面上的非金属物质称为焊接熔渣。焊接熔渣在焊接过程中有机械保护作用、改善焊接工艺性能和冶金处理作用。

**1.焊接熔渣的组成**

根据熔渣的组成,可将熔渣分为三大类:① 盐类熔渣。主要由金属的氟酸盐、氯酸盐和不含氧的化合物组成。属于这类型的熔渣有 $CaF_2 - NaF$、$CaF_2 - NaF - BaCl_2$、$KCl - NaCl - Na_2AlF$、$BaF_2 - MgF_2 - CaF_2 - LiF$ 等渣系。这类熔渣的氧化性小,主要用于焊接铝、钛等易氧化的金属及合金和含有易氧化元素的高合金钢。② 盐 - 氧化物型熔渣。由氟化物和强金属氧化物组成。常用的熔渣有 $CaF_2 - CaO - Al_2O_3$、$CaF_2 - CaO - SiO_2$、$CaF_2 - CaO - Al_2O_3 - SiO_2$、$CaF_2 - CaO - MgO - Al_2O_3$ 等渣系。此类熔渣的氧化性比较小,主要用于焊接高合金钢和合金。③ 氧化物型熔渣。主要由各种金属氧化物组成。常用的有 $MnO - SiO_2$、$FeO - MnO - SiO_2$、$CaO - TiO_2 - SiO_2$ 等渣系。其特点是含有较多的弱氧化物,氧化性较大,主要用于焊接低碳钢及低合金钢。表1.9列出一些常用焊条焊剂的熔渣成分。

**表 1.9　常用焊条焊剂的熔渣成分**

| 焊条焊剂类型 | 熔渣成分 $w_B/\%$ | | | | | | | | | | 熔渣碱度 | | 熔渣类型 |
|---|---|---|---|---|---|---|---|---|---|---|---|---|---|
| | $SiO_2$ | $TiO_2$ | $Al_2O_3$ | $FeO$ | $MnO$ | $CaO$ | $MgO$ | $Na_2O$ | $K_2O$ | $CaF_2$ | $B_1$ | $B_2$ | |
| 钛铁矿型 | 29.2 | 14.0 | 1.1 | 15.6 | 26.5 | 8.7 | 1.3 | 1.4 | 1.1 | — | 1.26 | - 0.1 | 氧化物型 |
| 钛型 | 23.4 | 37.7 | 10.0 | 6.9 | 11.7 | 3.7 | 0.5 | 2.2 | 2.9 | — | 0.45 | - 2.0 | 氧化物型 |
| 钛钙型 | 25.1 | 30.2 | 3.5 | 9.5 | 13.7 | 8.8 | 5.2 | 1.7 | 2.3 | — | 0.74 | - 0.9 | 氧化物型 |
| 纤维素型 | 34.7 | 17.5 | 5.5 | 11.9 | 14.4 | 2.1 | 5.8 | 3.8 | 4.3 | — | 0.81 | - 1.3 | 氧化物型 |
| 氧化铁型 | 40.4 | 1.3 | 4.5 | 22.7 | 19.3 | 1.3 | 4.6 | 1.8 | 1.5 | — | 1.22 | - 0.7 | 氧化物型 |
| 低氢型 | 24.1 | 7.0 | 1.5 | 4.0 | 3.5 | 35.8 | — | 0.8 | 0.8 | 20.3 | 1.44 | + 0.9 | 盐 - 氧化物型 |
| 焊剂 430 | 39.5 | — | 1.3 | 4.70 | 43.0 | 1.7 | 0.45 | — | — | 6.0 | 1.29 | - 0.334 | 盐 - 氧化物型 |
| 焊剂 251 | 18.2 ~ 22.6 | — | 18.6 ~ 23.0 | < 1.0 | 7.0 ~ 10.0 | 3.0 ~ 6.0 | 14.0 ~ 17.0 | — | — | 23.0 ~ 30.0 | 1.37 ~ 1.54 | + 0.048 ~ 0.49 | 盐 - 氧化物型 |

**2.焊接熔渣的结构**

熔渣的物化性质及熔渣与金属的作用都与液态熔渣的结构有关,关于熔渣的内部结构有两种理论,即分子理论和离子理论。

**(1) 分子理论**

分子理论的要点为:焊接熔渣主要由分子氧化物组成,有时还有氟化物;各化合物呈自由状态,也可呈复合状态,氧化物与其复合物处于平衡状态;只有自由氧化物才能参与和金属的反应。

根据钢用焊剂中氧化物的酸碱性,可分为酸性氧化物($SiO_2$、$TiO_2$、$ZrO_2$ 等)、碱性氧化物($CaO$、$MgO$、$MnO$、$FeO$、$Na_2O$ 等)和中性氧化物($Al_2O_3$、$Fe_2O_3$ 等)。造渣就是在焊接过程中,酸性氧化物与碱性氧化物中和生盐的过程。如

$$2CaO + SiO_2 = (CaO)_2 \cdot SiO_2 \qquad (1.24)$$

$$2CaO + TiO_2 = (CaO)_2 \cdot TiO_2 \qquad (1.25)$$

从上式可知,强酸性氧化物与强碱性氧化物最易结合。温度升高时复合化合物均易分解。由于各氧化物间的结合力强弱不同,某一复合物中的氧化物可能被亲和力更强的化合物所取代,也可能被浓度更高的化合物取代。如

$$(FeO)_2 \cdot SiO_2 + 2CaO = (CaO)_2 \cdot SiO_2 + 2FeO \qquad (1.26)$$

焊接熔渣是一种理想溶液,熔渣与熔融金属间的冶金反应符合质量作用定律。但只有熔渣中的自由氧化物才能与熔融金属进行作用。例如只有熔渣中自由的 $SiO_2$ 才参与下面的反应,即

$$(SiO_2) + [Fe] = [Si] + (FeO) \qquad (1.27)$$

本书中,( )表示熔渣的成分,[ ]表示焊缝金属中的成分。

分子理论简明扼要地解释熔渣与金属间的冶金反应,其应用十分广泛。但它无法解释熔渣的导电现象,并且其所假设的熔渣结构与实际不符,因此,出现了熔渣的离子理论。

(2) 离子理论

离子理论是在研究熔渣电化学的基础上提出来的。

液态熔渣是由阴阳离子组成的电中性溶液。X 光结构分析表明,熔渣在液态下是离子结构,是由简单离子与复杂离子组成的溶液。其中简单正离子有 $K^+$、$Ca^{2+}$、$Mn^{2+}$、$Mg^{2+}$、$Fe^{2+}$、$Fe^{3+}$、$Ti^{4+}$ 等;简单负离子有 $F^-$、$O^{2-}$ 等;复杂离子有 $SiO_4^{4-}$、$Al_2O_3^-$ 等。

离子间的相互聚集、作用及离子的分布取决于离子的综合矩,离子的综合矩可表示为

$$综合矩 = \frac{Z}{r} \qquad (1.28)$$

式中　$Z$——离子的电荷(静电单位);

　　　$r$——离子半径(nm)。

离子的综合矩越大,其静电场越强,对其他离子的作用力越强。离子综合矩大的正负离子最容易结合成复杂离子。但是离子的静电作用,使离子形成不同的离子基团,造成熔渣呈现微观上的不均匀性。

熔渣与金属的作用是熔渣中的离子与金属原子交换电荷的过程。例如,硅还原(铁氧化)的过程是熔渣中的硅离子与铁原子在熔渣与金属的界面上交换电荷的过程。即

$$(Si^{4+}) + 2[Fe] = 2(Fe^{2+}) + [Si] \qquad (1.29)$$

结果是硅进入金属,铁变成离子进入熔渣。

由于熔渣结构比较复杂,无论是分子理论还是离子理论,都不能十分合理、完善地解释熔

渣的结构,这方面的问题还有待于进一步研究。目前在焊接化学冶金领域仍以分子理论的应用为主。

(3) 焊接熔渣的碱度

为了了解熔渣的冶金活性或了解熔渣的碱性或酸性强弱程度,人们提出了碱度的概念,碱度的倒数即为酸度。根据焊接熔渣结构理论,碱度的表达式分为分子理论表达式和离子理论表达式。

按照分子理论,最简单的表达式为

$$B_1 = \frac{\sum 碱性氧化物质量分数}{\sum 酸性氧化物质量分数} \tag{1.30}$$

当 $B_1 > 1.0$ 时,为碱性渣;$B_1 < 1.0$ 时,为酸性渣。由于未考虑各氧化物碱性强弱程度,不太符合实际。为此,人们参照国际焊接学会推荐的计算式,建议采用下式计算碱度,即

$$B_1 = \frac{w(CaO) + w(MgO) + w(K_2O) + w(Na_2O) + 0.4[w(MnO) + w(FeO) + w(CaF_2)]}{w(SiO_2) + 0.3[w(TiO_2) + w(ZrO_2) + w(Al_2O_3)]} \tag{1.31}$$

一般 $B_1 > 1.5$,为碱性熔渣;$B_1 < 1.0$,为酸性熔渣;$B_1 = 1.0 \sim 1.5$,为中性熔渣。

离子理论将液态熔渣中自由氧离子的浓度(或氧离子的活度)定义为碱度。若焊接熔渣中自由氧离子的浓度越大,熔渣的碱度就越大,按照离子理论,熔渣碱度的计算公式为

$$B_2 = \sum_{i=1}^{n} a_i x_i \tag{1.32}$$

式中　$a_i$——熔渣中第 $i$ 种氧化物的碱度系数(见表 1.10);

　　　$x_i$——熔渣中第 $i$ 种氧化物的摩尔分数;

　　　$B_2$——熔渣碱度。

当 $B_2 > 0$,为碱性熔渣;$B_2 < 0$,为酸性熔渣;$B_2 = 0$,为中性熔渣。根据熔渣的碱度可将焊条分为碱性焊条(低氢型焊条)和酸性焊条(非低氢型焊条)。

表 1.10　焊接熔渣中常见氧化物的酸碱性强弱顺序及 $a_i$ 值

| 氧化物 | $K_2O$ | $Na_2O$ | $CuO$ | $MnO$ | $FeO$ | $MgO$ | $Fe_2O_3$ | $Al_2O_3$ | $TiO_2$ | $SiO_2$ |
|---|---|---|---|---|---|---|---|---|---|---|
| 正离子 | $K^+$ | $Na^+$ | $Cu^{2+}$ | $Mn^{2+}$ | $Fe^{2+}$ | $Mg^{2+}$ | $Fe^{3+}$ | $Al^{3+}$ | $Ti^{4+}$ | $Si^{4+}$ |
| $a_i$ | +9.0 | +8.5 | +6.05 | +4.8 | +3.4 | +4.0 | 0 | −0.2 | −4.77 | −6.32 |
| 酸碱性 | ←碱性增加 | | | | | | 中　性 | | 酸性增加→ | |

3. 焊接熔渣的物理性质

焊接熔渣的物理性质主要包括熔点、粘度、导电性及表面张力等,它对焊条和焊剂的工艺性能及冶金反应都有很大的影响。

（1）熔渣的熔点

熔渣的熔点指熔渣开始凝固的温度,它与药皮的熔化温度不同。对于药皮焊条,首先药皮熔点要合适,过高则套筒太长,容易断弧;过低则药皮提前熔化,失去保护作用,并使电弧不稳。一般,药皮熔点低于焊芯金属熔点 $100 \sim 200$ ℃,由于药皮熔化后才能形成熔渣,所以熔渣的凝固温度要低于药皮的熔点温度。

熔渣的熔点(凝固温度)过高,则其凝固超前于熔池金属而不能均匀覆盖在焊缝表面,产生压铁水现象,使成形恶化。熔点过高,还会使熔渣与液态金属间的冶金反应不能充分进行,易导致接头中产生冶金缺陷。若熔点过低,当焊缝金属凝固时,熔渣尚处于液态,不能很好地覆盖焊缝,使保护效果下降,破坏接头成形。因此,一般要求焊接熔渣的熔点在低于焊缝金属熔点的 $200 \sim 450$ ℃范围内。

由于焊条或焊剂的组成物较多,其熔渣的凝固温度不是一点而是一个范围,可通过调整焊条药皮或焊剂的组成来改变熔渣的凝固温度,所以,对于药皮或焊剂造渣的第一个要求就是使其具有合适的凝固温度范围。

（2）熔渣的粘度

熔渣的粘度表征了熔渣抗剪切或抗其内摩擦力大小的性质。熔渣的粘度取决于离子间的相互作用力和离子的半径。离子间的相互作用力越大,熔渣相对运动时的内摩擦力越大而使粘度增大。离子半径越大,其相对运动时的阻力越大,粘度也随之增大。

熔渣组成物不同,熔渣粘度不同。实验证明:在一定组成的熔渣中,添加少量渣中原来没有的其他氧化物时,有降低熔渣粘度的效果。在酸性熔渣中添加适量的碱性氧化物,可降低粘度;但添加数量太多,将提高熔渣的粘度,其最佳添加量因熔渣的组成而异。

温度上升时,熔渣粘度随之减小。如图 1.19 所示。但碱性渣和酸性渣粘度下降的趋势不同。从图中可以看到,含 $SiO_2$ 较多的酸性渣随温度升高,粘度下降缓慢。而碱性渣当温度高于液相线时,粘度急剧下降。一般把粘度随温度变化而急剧变化的熔渣称为短渣,把粘度随温度变化而缓慢变化的熔渣称为长渣。显然,温度下降时,短渣可以在较小的温度范围内粘度迅速增长,使之有利于立焊及仰焊。总之,焊接时,熔渣粘度过大或过小都将破坏接头的成形质量。粘度过大时将妨碍熔渣与金属液体间冶金反应的充分进行,不利于熔池中气体的逸出。

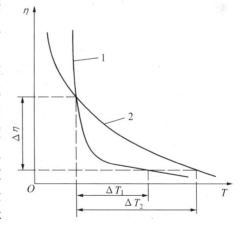

图 1.19　熔渣粘度与温度的关系

1—碱性渣;2—含 $SiO_2$ 较多的酸性渣

（3）焊接熔渣的表面张力

熔渣的表面张力对熔滴过渡、脱渣性、焊缝成形及冶金反应有着重要影响。主要取决于熔渣组元质点间化学键的性质和温度。原子间的键能越大,则表面张力也越大。由于金属键的键能最大,所以液态金属的表面张力最大;具有离子键的物质,如 $FeO$、$MnO$、$CaO$、$MgO$ 等具有较大的键能,其表面张力也较大;具有共价键的物质,如 $TiO_2$、$SiO_2$、$B_2O_3$、$P_2O_5$ 等,键能较小,故其表面张力也较小。

在熔渣中加入酸性氧化物 $TiO_2$、$SiO_2$ 等,由于它们形成的阴离子综合矩较小,而使其表面张力减小。若在熔渣中加入碱性氧化物 $CaO$、$MgO$ 等,可以增加表面张力。另外,加入 $CaF_2$ 也能降低焊接熔渣的表面张力。

升高温度可使熔渣的表面张力下降。因为升高温度使离子的半径增大,离子间的距离增大,综合矩减小,这样就减弱了离子之间的相互作用力。

(4) 熔渣的线膨胀系数

熔渣在固态下的线膨胀系数均小于母材金属,但不同类型的熔渣与母材之间的线膨胀系数差不同,这将使熔渣的脱落产生差异。如 J421 熔渣与低碳钢的线膨胀系数差值就大于 J427,因此 J421 的脱渣性要优于 J427。

### 三、焊接化学冶金反应区

焊接化学冶金反应实质上是金属在焊接条件下再熔炼的过程。与炼钢过程相比,焊接化学冶金反应无论是原材料还是冶炼条件都有很大的不同。

焊接冶金过程是分区连续进行的,即反应区不止熔池一处,且反应有阶段性。不同的焊接方法有不同的反应区。以手工电弧焊为例,焊接冶金反应分为三个区,即药皮反应区、熔滴反应区和熔池反应区。这三个阶段虽然分开进行,但又是相互连续的。焊接冶金反应具有超高温特征,利于冶金反应强烈进行。焊接冶金反应的界面大,可促使冶金反应的完成。焊接冶金反应过程短促,不利于焊接冶金反应达到平衡状态。焊接熔池中的对流和搅拌现象,有利于加强熔池成分均匀化和冶金反应的进行。

1. 药皮反应区

药皮反应区的加热温度低于药皮的熔化温度,此时进行固态药皮物质的分解和分解产物间的反应,反应的结果形成一些气体和熔渣。

当加热温度超过 100 ℃时,药皮吸附的水分开始蒸发;当温度超过 300 ~ 400 ℃,药皮组成物中的结晶水和化合水开始析出。结晶水是化合物晶体的组成部分,要除去这类水比较困难,它不易蒸发。对于多价金属氧化物的化合水,如 $Al(OH)_3$、$SiO_2$ 的水合物,由于具有胶体性质,其分解蒸发反应须分步进行,并要继续到很高温度。尤其难以除去的水分是铝硅酸盐的水合物,其水分主要以 $OH^-$ 形式存在。这类水合物的脱水反应要继续到随后的焊接冶金过程中。总之,脱水反应的存在,使电弧空间有一定数量的水蒸气。

温度超过 200 ~ 250 ℃时,药皮中的有机物开始分解,析出 CO 和 $H_2$。继续升高温度,药皮中的碳酸盐和高价氧化物发生分解,形成 $CO_2$ 和 $O_2$。此时反应形成的气体一方面对熔化金属起机械保护作用;另一方面对母材和药皮中的锰铁和钛铁等合金起强烈的氧化作用。

药皮加热中形成的 $O_2$、$CO_2$ 和 $H_2O(g)$ 气均有一定的氧化性。当温度达到 600 ℃以上时,药皮中的铁合金发生明显氧化,其结果使气相中的氧化性大大下降,这个过程称为先期脱氧。

总之,药皮反应区的反应产物为熔滴阶段及熔池阶段提供了反应物,将对整个焊接化学冶金过程和焊接质量产生重要影响。

2.熔滴反应区

从熔滴的形成、长大到过渡到熔池中这一阶段都属于熔滴反应区。这个区具有以下特点:①温度高,熔滴的平均温度可达到 1 800 ~ 2 400 ℃,而熔滴金属上的活性斑点处温度甚至接近金属的沸点。②熔滴的比表面积大,使其与气相和熔渣的接触面积很大。③相间作用时间短,熔滴在焊条末端的停留时间仅有 0.01 ~ 0.1 s,通过弧柱区的时间只有 0.000 1 ~ 0.001 s,因此熔滴阶段的反应主要在焊条的末端进行。④熔滴金属与熔渣发生强烈混合反应,熔滴形成、长大和过渡时,不断改变自己的形态和尺寸,使局部表面收缩和拉长,而使熔滴表面的熔渣进入熔滴内部,从而增加了相间接触面积且有利于物质的扩散迁移,反应速度加快。由上述特点可知,熔滴反应区是冶金反应最激烈的部位。该区进行的主要物理化学反应有金属的蒸发、气体的分解和溶解、金属及其合金成分的氧化还原以及焊缝金属的合金化等。因此,焊接熔滴区对焊缝金属成分有明显的影响。

3.熔池反应区

熔滴和熔渣进入熔池后,各相之间进一步发生物化反应,直至金属凝固,形成焊缝金属。与熔滴阶段相比,熔池反应区的平均温度比较低,比表面积较小,但反应时间较长,熔池同时处于一定的运动状态下,这不但有利于加快熔池中的冶金反应速度,也有利于熔池中气体和非金属夹杂物的逸出。因此,熔池反应区直接影响到焊缝的最终化学成分。由于焊接热源的作用,熔池的温度分布不均,熔池头部属于升温阶段,故熔滴反应区的一些主要物化反应如金属的氧化及焊缝金属的合金化等继续进行。而熔池尾部属于降温阶段,从而使熔池的尾部可以进行和头部同一冶金过程相反方向的反应,如焊缝金属的脱氧、脱硫及脱磷等。熔池反应区中反应物的浓度与平衡浓度之差比熔滴阶段小,故在相同条件下反应速度要慢。另外,熔池反应区中反应物质是不断更新的。在一定的焊接工艺参数下,这种物质的更替过程可以达到相对稳定的状态,从而得到成分均匀的焊缝金属。

从上述分析可知,熔池阶段的反应速度比熔滴阶段慢,并且在整个反应过程中的贡献也较小。但在某些情况下,熔池中的反应也有相当大的贡献。

**四、焊接气氛及其与金属的相互作用**

1.焊接区的气体

焊接过程中,大量的气体在焊接区存在。弄清这些气体的来源、产生、成分及其分布,可以理解气体与熔化金属的相互作用,为进一步改善焊接接头的质量,提供科学的依据。

(1) 气体的来源

焊接区的气体主要来源于以下几个方面。

1) 焊接材料。焊条药皮、焊剂和焊丝药芯中都含有造气剂,这些造气剂在焊接时析出大量的气体。气体保护焊时,焊接区的气体主要来自外界通入的保护气体。实验证明,焊接区气体主要来源于焊接材料。

2) 热源周围气体介质。热源周围的空气是难以避免的气体来源,而焊接材料中的造气剂所产生的气体并不能完全排除焊接区内的空气。手工电弧焊时,空气在电弧区约占3%(质量分数)左右。

3) 焊丝和母材表面上的杂质。粘附在焊丝和母材上的杂质如铁锈、油污、涂料和吸附的水分等在电弧温度下分解,会析出较多的气体进入电弧气氛中。

(2) 气体的产生

除直接输送和侵入焊接区内的气体以外,焊接区内的气体主要是通过以下物化反应产生的。

1) 有机物的分解和燃烧。焊条药皮中常含有淀粉、纤维素、糊精和藻酸盐等有机物和焊接材料上的油污等,这些有机物加热到 $220 \sim 250$ ℃以后,发生复杂的分解和燃烧反应,反应产物主要为 $CO_2$,并且还有少量的 CO、$H_2$、烃和水气。这说明,对含有机物的焊条,烘干温度应控制在 150 ℃左右,不应超过 200 ℃。

2) 碳酸盐和高价氧化物的分解。焊接材料常用的碳酸盐有 $CaCO_3$、$MgCO_3$、$BaCO_3$ 和白云石 $CaMg(CO_3)_2$ 等。当加热超过一定温度时,碳酸盐开始分解。$CaCO_3$ 和 $MgCO_3$ 的分解反应及分解压可表示为

$$CaCO_3 \Longrightarrow CaO + CO_2 \tag{1.33}$$

$$\lg p_{CO_2} = -\frac{8\,920}{T} + 7.54 \tag{1.34}$$

$$MgCO_3 \Longrightarrow MgO + CO_2 \tag{1.35}$$

$$\lg p_{CO_2} = -\frac{5\,785}{T} + 6.27 \tag{1.36}$$

假设电弧气氛的总压力为 $p = 101$ kPa,并且认为 $p_{CO_2} = p = 101$ kPa,则可计算出 $CaCO_3$ 和 $MgCO_3$ 剧烈分解的温度分别为 910 ℃和 650 ℃。可见在焊接条件下它们是能够完全分解的。另外,空气中 $CO_2$ 的分压为 30.4 Pa,利用式(1.34)、(1.36)可计算出在空气中 $CaCO_3$ 和 $MgCO_3$ 的分解温度分别为 545 ℃和 325 ℃。故对于含碳酸钙的焊条,选择的烘干温度不应超过 450 ℃,对于含碳酸镁的焊条则不应超过 300 ℃。这也是低氢焊条为何常用大理石,而不用菱苦土、白云石的原因。

焊接材料中常用的高价氧化物有 $Fe_2O_3$、$Fe_3O_4$ 和 $MnO_2$,在焊接过程中它们发生强烈的分解反应,即

$$6Fe_2O_3 \Longrightarrow 4Fe_3O_4 + O_2 \tag{1.37}$$

$$2Fe_3O_4 \Longrightarrow 6FeO + O_2 \tag{1.38}$$

$$4MnO_2 \Longrightarrow 2Mn_2O_3 + O_2 \tag{1.39}$$

$$6Mn_2O_3 \Longrightarrow 4Mn_3O_4 + O_2 \tag{1.40}$$

$$2Mn_3O_4 \Longrightarrow 6MnO + O_2 \tag{1.41}$$

反应结果是产生大量的氧气和低价氧化物。这些氧化物均较碳酸盐难分解,在药皮熔化成渣前往往达不到完全分解的程度,以致在熔渣中还可保留少许未分解的 $Fe_2O_3$ 或 $MnO_2$。

3) 材料的蒸发。焊接过程中,焊接材料中的水分、金属元素和熔渣的各种成分在电弧的高温作用下发生蒸发,形成大量的蒸气。在一定温度下,物质的沸点越低越容易蒸发。从表 1.11可知,金属元素中 Zn、Mg、Pb 和 Mn 的沸点较低,因此它们在熔滴反应区最容易蒸发。

表 1.11　纯金属和氟化物的沸点

| 物质 | 沸点/℃ | 物质 | 沸点/℃ | 物质 | 沸点/℃ | 物质 | 沸点/℃ |
|------|--------|------|--------|------|--------|------|--------|
| Zn | 907 | Al | 2 327 | Ti | 3 127 | LiF | 1 670 |
| Mg | 1 126 | Ni | 2 459 | C | 4 502 | NaF | 1 700 |
| Pb | 1 740 | Si | 2 467 | Mo | 4 804 | $BaF_2$ | 2 137 |
| Mn | 2 097 | Cu | 2 547 | $AlF_3$ | 1 260 | $MgF_2$ | 2 239 |
| Cr | 2 222 | Fe | 2 753 | KF | 1 500 | $CaF_2$ | 2 500 |

总之,焊接过程中的蒸发现象使气相中的成分和冶金反应复杂化,并且造成合金元素的损失,甚至产生缺陷。由于蒸发也产生了焊接烟尘并造成环境污染,影响焊接操作人员的身体健康,因此在实际工作中应注意解决蒸发问题。

(3) 气体的分解

气体不同的状态对气体在金属中的溶解和与金属的作用有较大的影响,在焊接温度(5 000 K)下,氢和氧的分解度很大,大部分以原子状态存在。而氮的分解度很小,基本上以分子状态存在。$CO_2$ 几乎完全分解为 CO 和 $O_2$。而水蒸气的分解是比较复杂的,分解产物有 $H_2$、$O_2$、OH、H 及 O 等。这不仅增加了气相的氧化性,而且增加了气相中氢的分压,其最终结果使焊缝金属增氧和增氢。

(4) 气相的成分

焊接时气相的成分和数量随着焊接方法、焊接工艺参数、焊条或焊剂的类型等因素的不同而变化,如表 1.12 所示。通过比较发现,使用低氢型焊条进行手工电弧焊接时,气相中含 $H_2$ 和 $H_2O$ 很少,故称"低氢型"。埋弧焊和采用中性焰气焊时,气相中含 $CO_2$ 和 $H_2O$ 很少,因而氧化性很小;但是手工电弧焊时气相的氧化性就相对较大。总之,电弧区内的气体是由 CO、$CO_2$、$H_2O$、$N_2$、$H_2$、$O_2$、金属和熔渣的蒸气以及它们分解或电离的产物所组成的混合物。其中对于焊接质量影响最大的是 $N_2$、$H_2$、$O_2$、$CO_2$ 及 $H_2O$ 等。

**表 1.12　焊接碳钢时气相冷至室温的成分**

| 焊接方法 | 焊条和焊剂类型 | 气相成分 $w_B$/% | | | | | 备　注 |
|---|---|---|---|---|---|---|---|
| | | CO | $CO_2$ | $H_2$ | $H_2O$ | $N_2$ | |
| 手工电弧焊 | 钛钙型 | 50.7 | 5.9 | 37.7 | 5.7 | — | 焊条在 110 ℃ 烘干 2 h |
| | 钛铁矿型 | 48.1 | 4.8 | 36.6 | 10.5 | — | |
| | 纤维素型 | 42.3 | 2.9 | 41.2 | 12.6 | — | |
| | 钛型 | 46.7 | 5.3 | 35.5 | 13.5 | — | |
| | 低氢型 | 79.8 | 16.9 | 1.8 | 1.5 | — | |
| | 氧化铁型 | 55.6 | 7.3 | 24.0 | 13.1 | — | |
| 自动埋弧焊 | HJ330 | 86.2 | — | 9.3 | — | 4.5 | 焊剂为玻璃状 |
| | HJ431 | 89～93 | — | 7～9 | — | <1.5 | |
| 气焊 | $\dfrac{w(O_2)}{w(C_2H_2)}=1.1\sim1.2$(中性焰) | 60～66 | 有 | 34～40 | 有 | — | |

**2.氢与金属的作用**

对许多金属和合金来说,氢对焊接质量是有害的。电弧气氛中的氢主要来源于焊接材料中的水分及有机物、吸附水和结晶水、表面杂质及空气中的水分等。焊接区中的氢可因被焊金属的种类不同而不同程度地与被焊金属作用,一部分金属可与氢形成稳定的化合物,这些金属有 Zr、Ti、V、Nb 等,这些金属可以在 300～700 ℃ 的固态下大量吸收氢,但若再升高温度,氢化物分解,氢由金属中析出,含氢量反而下降。因此,焊接这些金属时要注意防止接头在固态下对氢的吸收,否则将严重影响焊接接头的性能。另一部分金属,如 Fe、Cu、Ni 等,它们不与氢发生化合反应,但氢可以溶解在这些金属中而使焊接质量受到影响。所以,必须弄清氢在这些金属中的溶解情况。

**(1) 氢在金属中的溶解**

焊接方法不同,氢向金属中溶解的途径也不同。电渣焊时,氢通过渣层熔入金属;而气体保护焊时,氢通过气相与液态金属的界面以原子或质子的形式溶入金属;而手工电弧焊和埋弧焊时,上述两种途径兼而有之。

在熔渣保护的条件下,氢首先溶入熔渣中,以 $OH^-$ 形式存在,然后在熔渣与金属的相界面上通过交换电子生成氢原子,以原子氢的形式溶入金属中。氢从熔渣向金属中过渡的反应为

$$(Fe^{2+}) + 2(OH^-) = [Fe] + 2[O] + 2[H] \tag{1.42}$$

$$[Fe] + 2(OH^-) = (Fe^{2+}) + 2(O^{2-}) + 2[H] \tag{1.43}$$

$$2(OH^-) = (O^{2-}) + [O] + 2[H] \tag{1.44}$$

若渣中含有氟化物,则发生如下反应,即

$$(OH^-) + (F^-) = (O^{2-}) + HF \tag{1.45}$$

因此,氢通过熔渣溶入金属时,其溶解度取决于气相中氢和水蒸气的分压、熔渣的碱度、氟化物

的含量和金属中的含氧量等因素。

当氢通过气相向金属中溶解时,其溶解度取决于氢的状态。若氢以分子状态存在,那么它在金属中的溶解度符合平方根规律,即

$$s_{H_2} = K_{H_2}\sqrt{p_{H_2}} \tag{1.46}$$

式中　　$s_{H_2}$——氢在金属中的溶解度;

　　　　$K_{H_2}$——氢溶解的平衡常数;

　　　　$p_{H_2}$——气相中分子氢的分压。

如果气相中氢以分子及原子状态存在,则氢的溶解度为

$$s_{H_2} = K_{H_2}\sqrt{p_{H_2,H}^{1+\alpha}} \tag{1.47}$$

式中　　$K$——氢溶解的平衡常数;

　　　　$\alpha$——在给定温度下氢的分解度;

　　　　$p_{H_2,H}$——分子和原子氢的分压。

氢在铁水中的溶解度与温度有关,即随着温度的升高,氢的溶解度增加。但温度接近沸点时,由于金属的蒸发,氢的溶解度急剧下降为零,如图 1.20所示。在变态点处溶解度发生突变,这往往是造成气孔、裂纹等焊接缺陷的主要原因之一。

由于氢在面心立方晶格中的溶解度大于在体心立方晶格中的溶解度,当铁发生固态相变时,氢的溶解度将发生突变。由于氧能减少金属对氢的吸附,若焊接气氛中存在氧,可以有效地降低液态铁中氢的溶解度。另外,合金元素对氢在铁中的溶解度有较大的影响。C、Si、Al 可降低氢在液态铁中的溶解度;

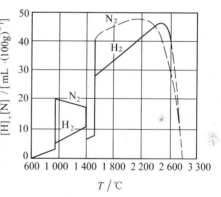

**图 1.20　氢和氮在铁中的溶解度与温度的关系**

Ti、Zr、Nb 及一些稀土元素可以提高氢的溶解度;而 Mn、Ni、Cr 和 Mo 对氢的溶解度影响不大。

(2) 焊缝中的氢

溶于金属中的氢由于原子半径较小,因而在钢中与 $\alpha - Fe$ 或 $\gamma - Fe$ 形成间隙固溶体并且具有很强的扩散能力。在焊缝中,一部分原子或离子状态存在并可在晶格中自由扩散迁移的氢,被称为扩散氢。如果氢扩散到金属的晶格缺陷、显微裂纹和非金属类杂质等非连续缺陷中时,可以结合成氢分子,由于氢分子的半径大而不能扩散,因此这部分氢称为残余氢。在钢焊接的接头中,氢主要是扩散氢。由于氢的扩散运动,随着时间的延长,焊缝中的一部分扩散氢从接头中逸出而使氢的溶解度降低;另一部分扩散氢转变为残余氢,使残余氢量随着时间延长而增加,如图 1.21 所示。为了获得准确的数据,许多国家都制定了熔敷金属扩散氢测定的标

准。常用的测氢方法有水银法、甘油法等。

由于氢的扩散能力强,焊缝中的氢可向周围近缝区不断扩散,使氢沿焊缝长度方向的分布是不均匀的,如图 1.22 所示。接头中的含氢量最大处位于熔合线附近。氢在接头横断面上的分布特征与母材成分、组织、焊缝金属的类型等因素有关。从图上可以看出,氢不仅在焊缝中存在,而且还向近缝区中扩散,并且扩散深度较大。

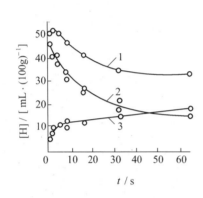

图 1.21 焊缝金属中的含氢量与焊后放置时间的关系
1—总氢量;2—扩散氢;3—残余氢

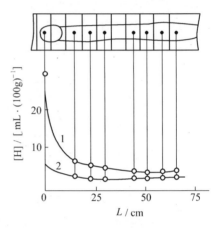

图 1.22 氢沿焊缝长度 $L$ 的分布
1—熔敷金属;2—焊缝金属

(3) 氢对焊接质量的影响

氢对很多金属及合金焊接质量的影响都是有害的。氢对结构钢焊缝的有害作用主要有以下几方面。

1)氢脆。由氢引起钢的塑性严重下降的现象称为氢脆。钢中含氢易造成材料的塑性明显下降,但对材料的强度几乎没有影响。氢脆产生的机理,通常解释为氢原子扩散聚集于钢的显微缺陷中,结合成分子氢,引起缺陷内产生很高的压力,阻碍金属塑性变形的发展,导致金属变脆。接头金属的氢脆性与其含氢量、试验温度、变形速度及焊缝的组织结构有关。接头的含氢量越大,氢脆的倾向越大。接头经消氢处理,其塑性可以恢复。

2)白点。碳钢和低合金钢焊缝金属含有许多氢时,可在其抗拉试件的断口上发现呈圆形或椭圆形并在中心有一凹点的银白色斑点,这个斑点称为白点。它主要在外力作用下,氢在微小气孔或夹杂物处的集结造成脆化。白色斑点区常显示有从中心向四处的放射线结构,微观上显示为小的解理断口。焊缝金属对白点的敏感性与含氢量、金属的组织及变形速度等因素有关。当接头中含氢量较多时,出现白点的可能性就比较多。铁素体和奥氏体钢的接头不出现白点。因为氢在铁素体中的扩散快,易于逸出;而在奥氏体中溶解度大,且扩散慢,所以不易出现白点。碳钢和用 Cr、Ni、Mo 等元素合金化的焊缝,容易出现白点。如果试件经过去氢处理,可以消除白点。

3)冷裂纹。焊接接头冷却到较低温度时产生的焊接裂纹称为冷裂纹。焊接冷裂纹的危害性很大,它的产生与焊接接头中的含氢量、热处理时的马氏体相变和结构的刚度有关。

4)气孔。当熔池中溶入大量的氢时,在熔池冷却到熔点时,由于氢的溶解度急剧下降使氢呈现过饱和状态,因此氢大量析出并以气泡的形式向外逸出,如果气泡的逸出速度小于熔池的结晶速度便形成气孔。

5)组织变化。氢是奥氏体稳定化元素,在奥氏体中的溶解度较大。当焊缝中含氢量较大时,含氢奥氏体的稳定性增加,不易形成铁素体和珠光体,而容易转变为马氏体,从而造成氢的局部富集产生氢脆,并在内应力的作用下产生显微裂纹。

(4) 控制含氢量的措施

1) 限制氢的来源。首先要限制焊接材料中的含氢量。在制造焊条和焊剂时要尽量选用不含氢或含氢量少的原材料,如有机物和含有结晶水的白泥、云母等。在生产中,焊前要对焊条和焊剂进行严格的烘干。烘干温度与焊条和焊剂的种类有关。对于低氢焊条在 350 ~ 450 ℃、1 ~ 2 h;对于钛钙型焊条在 150 ~ 200 ℃、1 ~ 2 h。焊条和焊剂在烘干后立即使用。在贮存中要注意防止吸潮。

另外,气体保护焊所用的气体,焊丝和工件表面的油污、铁锈和水分等都是氢的重要来源。在焊接前一定要注意检查和采取相应措施来减低焊接材料的含氢量。

2) 进行冶金处理。通过适当的化学冶金反应,可以在高温下形成稳定且不溶于金属的氢化物(OH,HF),降低气相中的氢分压,从而降低氢在液态金属中的溶解度。

在焊条药皮中加入 $CaF_2$、$MgF_2$ 和 $BaF_2$ 等氟化物,可以不同程度地降低焊接接头的含氢量。最常用的是 $CaF_2$,在药皮中加入质量分数为 7% ~ 8% 的 $CaF_2$,可急剧降低接头中的含氢量。试验表明,在高硅高锰焊剂中加入适当比例的 $CaF_2$ 和 $SiO_2$,可以显著降低焊接接头的含氢量。关于氟化物去氢的机理比较复杂,目前有许多假说,有待进一步研究。

3) 控制焊接材料的氧化还原势。熔池中氢的平衡浓度可表示为

$$c(H) = \sqrt{\frac{p_{H_2} p_{H_2O}}{c(O)}} \qquad (1.48)$$

从上式可以看出,增加熔池中的含氧量或气相的氧化性可以减少熔池中氢的平衡浓度,因为氧原子可夺取氢生成很稳定的 OH。碱性焊条中含有较多的碳酸盐,它们受热分解,析出大量的 $CO_2$,通过下式可达到去氢的目的,即

$$CO_2 + H \Longrightarrow CO + OH \qquad (1.49)$$

$CO_2$ 气体保护焊即使气体中含有一定的水分,焊缝含氢量仍不很高。氩弧焊时在氩气中加入少量的氧气或 $CO_2$ 可控制接头的氢气孔,都是以此理论为基础的。

药皮中高价的氧化物的分解不但增加了气氛的氧化性,也增加了熔池的氧化性。这时通过[O] + [H]══OH,可以降低熔池中的含氢量,但必须控制氧化性气氛的量,否则焊缝增氧同

样会影响焊缝质量。

4) 在焊条药皮或焊芯中加入微量的稀土元素或稀散元素。加入微量的钇、碲等元素可以大幅度降低扩散氢含量,提高焊缝的韧性。

5) 控制焊接工艺参数。手工电弧焊时增大焊接电流会使熔滴吸收的氢量增加,同时电流的种类和极性对焊缝的含氢量也有影响。但是调整焊接工艺参数来控制焊缝含氢量有很大的局限性。

6) 焊后脱氢处理。焊后把工件加热到一定温度,促使氢扩散外逸的工艺叫脱氢处理。生产上对于易产生冷裂纹的焊件常要求进行脱氢处理。由于奥氏体钢中的氢扩散速度较慢,其脱氢处理效果不明显。

总之,对氢的控制,首先应限制氢的来源;其次应防止氢溶入金属;最后应对溶入金属的氢进行脱氢处理。

3. 氮与金属的作用

焊接区的氮主要来源于焊接区周围的空气。根据氮与金属作用的特点,大致可分为两种情况:一种是不与氮发生作用的金属,如 Cu 和 Ni 等,它们既不溶解氮,又不形成氮化物,因此可用氮作为焊接这类金属的保护气体;另一种是与氮发生作用的金属,如 Fe、Ti、Mn、Cr 等,它们既能溶解氮,又能与氮形成稳定的氮化物,焊接这类金属时,必须防止焊缝金属的氮化。

(1) 氮在铁中的溶解

氮在铁中的溶解度与温度的关系如图 1.20 所示。随着温度的升高,氮在液态铁中的溶解度增加。但温度达到 2 200 ℃左右后,温度升高将使气相中铁的分压增加,而氮的分压下降,这将引起氮在铁中的溶解度下降。由于氮在固态铁中的溶解度远小于在液态铁中的,当液态铁凝固时,氮的溶解度突降,易引起焊缝中氮的过饱和。

电弧焊时的气体溶解过程比普通的气体溶解过程要复杂得多,此时熔化金属吸收的氮量常高于其平衡含量。原因在于:电弧中受激的氮分子,特别是氮原子的溶解速度比没受激的氮分子要快得多;电弧中的氮离子可在阴极溶解;在氧化性气氛中形成的 NO,遇到温度较低的液态金属分解为 N 和 O 原子,并迅速溶入金属中。

(2) 氮对焊接质量的影响

氮是沉淀强化元素,在合金钢中加入适量氮,与其他合金元素(如 Ti、Nb、Zr 等)配合,可以起到沉淀强化和细化晶粒的作用。但更多的是对焊接质量的损害,主要表现为以下几点:①造成气孔,高温时大量的氮溶解在液态金属中,由于氮的溶解度随着温度的下降而降低,在液态金属凝固时氮的溶解度突然下降,引起过饱和的氮以气泡的形式从熔池中逸出,当熔池金属的结晶速度大于氮的逸出速度时就形成气孔。②引起时效脆化,氮是促进时效脆化的元素,如果熔池中溶入较多的氮,在焊缝凝固后,由于 $\alpha - Fe$ 中氮的溶解度很小,此时氮在固溶体中呈饱和状态,随着时间的延长,过饱和的氮将以针状氮化物($Fe_4N$)的形式析出,分布在晶界或晶内,使焊缝金属的塑性和韧性降低(见图 1.23 和图 1.24)。③氮可以降低焊缝的塑性、韧性而使强度提高,但如果把氮的溶解度限制在 0.001% 以下时,则对接头的力学性能无明显影响。

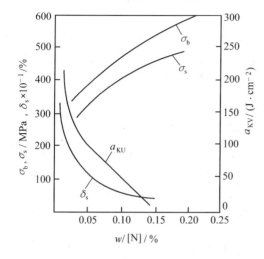

图 1.23 氮对焊缝金属常温力学性能的影响

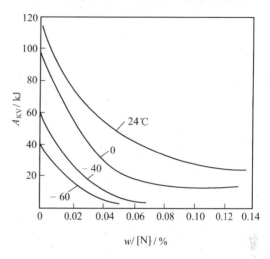

图 1.24 氮对低碳钢焊缝金属低温韧度的影响

(3) 控制含氮量的措施

由于焊接区中的氮主要来自空气,因此,必须加强对焊接区机械保护。不同焊接方法的保护手段和效果是不同的,见表 1.13。

焊接工艺参数对焊缝含氮量有明显影响。增加电弧电压,由于弧长增加使保护效果下降,同时熔滴存在时间增长,导致焊缝含氮量提高。因此,为减少焊缝中的气体含量应尽量采用短弧焊。若增加焊丝直径,则熔滴尺寸增大,使其比表面积减少,引起含氮量下降。在多道焊时,由于氮的多层积累,使焊缝的最终含氮量高于单道焊。在其他条件不变时,增加焊接电流时,熔滴的过渡频率增加,氮与熔滴作用时间缩短,引起含氮量的降低。直流正接比直流反接焊缝金属含氮多的原因可能与氮离子的溶解有关。

表 1.13 用不同方法焊接低碳钢时焊缝的含氮量

| 焊接方法 | $w[N]/\%$ | 焊接方法 | $w[N]/\%$ |
|---|---|---|---|
| 光焊丝电弧焊 | 0.08 ~ 0.228 | 气焊 | 0.015 ~ 0.020 |
| 纤维素焊条 | 0.013 | 熔化极氩弧焊 | 0.006 8 |
| 钛钙型焊条 | 0.015 | 药芯焊丝明弧焊 | 0.015 ~ 0.04 |
| 钛铁矿型焊条 | 0.014 | 埋弧焊 | 0.002 ~ 0.007 |
| 低氢焊条 | 0.010 | $CO_2$ 保护焊 | 0.008 ~ 0.015 |

利用合金元素,控制焊缝的含氮量。碳的氧化引起熔池沸腾,有利于氮的逸出,同时碳氧化生成 $CO$、$CO_2$,加强焊接区的保护,降低了氮的分压,因此碳可以降低氮在金属中的溶解度。选用含有能够生成稳定氮化物元素(Ti、Zr、Al 和稀土元素)的焊丝进行焊接。这些元素与氮有

很大的亲和力,易形成稳定的氮化物,并可通过熔渣排出这些氮化物,因此能有效地控制焊缝中的含氮量。

综上所述,目前的试验表明,加强保护是控制焊缝含氮量的最有效措施。

4.氧与金属的作用

不同金属与氧的相互作用特点也不同。Al、Mg 等金属在焊接时可与氧发生激烈氧化而破坏焊接的工艺性能,但它们无论在固态和液态都不溶解氧;Fe、Cu、Ni、Ti 等金属在焊接时也发生氧化,但它既能有限溶解氧,又能够溶解相应的金属氧化物,如 FeO 可溶于铁及其合金中。这里主要介绍氧与铁的作用。

(1) 氧在金属中的溶解

氧是以原子氧和氧化亚铁两种形式溶于液态铁中。含氧量与温度有关。由于溶解过程吸热,因此温度升高,氧在液态铁中的溶解度增大,在 1 700 ℃ 左右时,含氧量可达 0.4%(质量分数)左右。但在室温下,氧几乎不溶于 $\alpha - Fe$ 中。如果与液态铁平衡的是纯 FeO 熔渣,则溶于液态铁中的氧达到最大值,用 $w[O]_{max}$ 表示。它与温度的关系为

$$\lg w[O]_{max} = -\frac{6\,320}{T} + 2.734 \qquad (1.50)$$

当液态铁中含有其他合金元素时,随着合金元素含量的增加,氧的溶解度下降。

在铁的冷却过程中氧的溶解度急剧下降。焊缝金属和钢中含有的氧绝大部分是以氧化物(FeO、$SiO_2$、MnO、$Al_2O_3$ 等)和硅酸盐夹杂物的形式存在。因此焊缝含氧量既包括溶解在金属中的氧量,又包括非金属夹杂物中的氧量。

(2) 氧化性气氛对金属的氧化

按照物理化学理论,金属氧化物的分解压 $p_{O_2}$ 可作为金属氧化还原的判据。假设电弧气氛中氧的实际分压为 $\{p_{O_2}\}$,如果 $\{p_{O_2}\} > p_{O_2}$,则金属被氧化;若 $\{p_{O_2}\} < p_{O_2}$,则金属被还原;若 $\{p_{O_2}\} = p_{O_2}$,则处于平衡状态。热力学计算表明:在焊接温度下 FeO 的分解压很小,气相中只要有微量氧,就可使铁氧化。焊接时,不管采用何种保护措施,氧总能或多或少地侵入焊接区,高价氧化物等物质受热分解也会产生氧气,使得气相中的自由氧分压大于 FeO 的分解压,导致铁氧化。另外,钢中的合金元素对氧的亲和力比铁大时,也会被氧化。

焊接区的 $CO_2$ 可能来源于焊接材料中碳酸盐的分解,也可能来自保护气体。在焊接温度下,$CO_2$ 将发生分解,随着温度的升高,$CO_2$ 的分解度增加。在液态铁的温度范围内,$CO_2$ 分解所形成的氧分压 $\{p_{O_2}\}$ 远大于 FeO 的分解压 $p_{O_2}$,这说明在高温下 $CO_2$ 对铁和许多金属元素来说都是活泼的氧化剂。当温度为 3 000 K 时,$CO_2$ 分解所形成的氧分压 $\{p_{O_2}\}$ 约等于空气中氧的分压。所以,高于 3 000 K 时,$CO_2$ 的氧化性超过了空气。$CO_2$ 与液态铁的反应及平衡常数 $K$ 为

$$CO_2 + [Fe] \Longrightarrow CO + [FeO] \qquad (1.51)$$

$$\lg K = \lg \frac{p_{CO} p_{O_2}}{p_{CO_2}} = -\frac{11\,576}{T} + 6.855 \qquad (1.52)$$

可见,随着温度的升高,反应的平衡常数增大,反应向右进行,促使铁被氧化。这说明 $CO_2$ 在熔滴阶段对金属的氧化程度比在熔池阶段的大。这说明,用 $CO_2$ 作保护气体,可以防止氮氢侵入焊接区,但同时对被焊金属有较强的氧化作用。在焊接气氛中,$CO_2$ 较多时,必须在焊接材料中加入适量脱氧剂,来获得优质的焊缝。

焊接区的水蒸气在高温下分解,既使焊缝金属增氢,又使液态铁及其他合金元素被氧化。其反应式及平衡常数 $K$ 表示为

$$H_2O(g) + [Fe] \Longrightarrow H_2 + [FeO] \qquad (1.53)$$

$$\lg K = \lg \frac{p_{H_2} p_{O_2}}{p_{H_2O}} = -\frac{10\,200}{T} + 5.5 \qquad (1.54)$$

由式(1.54)可知:随着温度的升高,水蒸气的氧化性增强。若与 $CO_2$ 相比,在液态铁存在的温度下,$CO_2$ 的氧化性大于水蒸气的氧化性。另外,在气相中含有较多水蒸气时,仅仅脱氧是不行的,为了确保焊缝的质量,还必须去氢。

实际焊接区气体常是由 $CO_2$、$CO$、$H_2$、$H_2O$、$O_2$ 等多种气体成分组成的混合物,各气体成分之间可能发生相互作用而改变气体的平衡组成。在一定温度下,根据平衡时系统的 $\{p_{O_2}\}$ 与 $FeO$ 的分解压 $p_{O_2}$ 的大小比较,可确定混合气体是否使金属氧化。表1.14 显示钛铁矿型、低氢型两种焊条的电弧气氛中氧的分压 $\{p_{O_2}\}$ 和 $FeO$ 的分解压 $p_{O_2}$。从表中可见,钛铁矿型焊条析出的气体在 2 500 K 以上时是氧化性;而在接近熔池结晶温度时是还原性的。低氢型焊条析出的气体在高于熔池结晶温度时是氧化性的。因此,它需要更多的脱氧剂。

表 1.14 电弧气氛中氧的分压 $\{p_{O_2}\}$ 和 $FeO$ 的分解压 $p_{O_2}$( $\times 101$ kPa)

| 温度 | 钛 铁 矿 型 | | 低 氢 型 | |
|---|---|---|---|---|
| /K | $\{p_{O_2}\}$ | $p_{O_2}$ | $\{p_{O_2}\}$ | $p_{O_2}$ |
| 1 800 | $2.52 \times 10^{-10}$ | $1.40 \times 10^{-9}$ | $2.12 \times 10^{-9}$ | $5.49 \times 10^{-11}$ |
| 2 000 | $9.47 \times 10^{-10}$ | $8.42 \times 10^{-9}$ | $8.02 \times 10^{-8}$ | $3.30 \times 10^{-10}$ |
| 2 500 | $4.98 \times 10^{-6}$ | $2.16 \times 10^{-7}$ | $6.30 \times 10^{-5}$ | $8.47 \times 10^{-9}$ |
| 3 000 | $2.96 \times 10^{-4}$ | $1.88 \times 10^{-6}$ | $5.35 \times 10^{-3}$ | $7.38 \times 10^{-8}$ |

(3) 氧对焊接质量的影响

氧无论以何种形式存在于焊缝中,都将使焊缝的性能受到明显的影响。随着焊缝含氧量的增加,焊缝的强度、硬度、塑性和韧性明显下降,尤其是焊缝的低温冲击韧度急剧下降,如图1.25 所示。此外还引起焊缝金属的红脆、冷脆和时效硬化倾向增加,导电性、导磁性及抗蚀性等物理化学性能恶化。

溶解在熔池中的氧可以与碳反应而生成 $CO$,如果 $CO$ 自熔池中来不及逸出,将在焊缝中

形成 CO 气孔。与此同时,高温下在熔滴中产生的 CO 受热膨胀还将引起较多的金属飞溅,破坏焊接过程的稳定性。焊接过程中合金元素的氧化损失将恶化焊缝的性能。

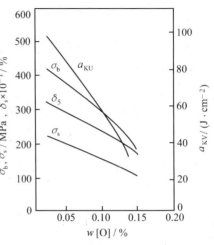

图 1.25  氧对低碳钢常温力学性能的影响

综上所述,氧对焊接过程及焊缝金属性能的影响是有害的。但是,在特殊情况下使焊接材料具有氧化性是有利的。例如在焊接耐热钢时,为了抑制硅的还原,有时要加入氧化剂;铸铁冷焊时,为了烧损多余的碳来改善焊缝性能,需要在药皮中加入氧化剂;为了减少焊缝金属中的含氢量,改进电弧的特性等,也需要在焊接材料中加入适量的氧化剂。

(4) 控制氧的措施

在正常焊接条件下,焊缝中的氧来源于焊接材料和工件、焊丝表面的铁锈及氧化膜等。因此控制氧首先要控制焊接材料的含氧量。在焊接活性金属及某些合金钢时,应尽量采用不含有氧的焊接材料,选用高纯度的惰性气体作为保护气体,在焊接前要认真清理焊丝和工件表面等。其次要控制焊接工艺参数。在手工电弧焊时,为了降低焊缝金属的含氧量,应降低电弧电压,采用短弧焊,防止空气侵入焊接区。必须指出:采用控制焊接工艺参数来减少焊缝的含氧量的方法是有局限性的,最后要采用合理的冶金方法进行脱氧,这是实际生产中行之有效的方法,将在下面介绍。

**五、焊接熔渣与金属的相互作用**

焊接熔渣与液态金属可以发生一系列物化反应,从而对焊缝金属的化学成分产生很大影响。在一定条件下,熔渣可以去除焊缝中的有害杂质,如脱氧、脱硫、脱磷、去氢,还可以使焊缝金属合金化。总之,通过控制熔渣和液态金属的冶金反应,可以在很大程度上调整和控制焊缝金属的成分和性能。

1.活性熔渣对焊缝金属的氧化

除了焊接气氛中的氧化性气体对焊缝金属的氧化以外,活性熔渣对焊缝金属也发生氧化,主要有扩散氧化和置换氧化两种形式。

(1) 扩散氧化

在焊接过程中,FeO 既能溶于铁液中又能溶于熔渣中,应服从分配定律。即在一定温度下,一种物质在互不相溶的相中的平衡分配应为一常数。对于 FeO 的分配常数 $L$ 为

$$L = \frac{w(\text{FeO})}{w[\text{FeO}]} \tag{1.55}$$

在温度不变的条件下,当增加熔渣中 FeO 的质量分数时,它将向熔池中扩散,使焊缝中含氧量增加,如图 1.26 所示。

FeO 的分配常数与温度和熔渣的性质有关。在 $SiO_2$ 饱和的酸性渣中为

$$\lg L = \frac{4\ 906}{T} - 1.877 \tag{1.56}$$

在 CaO 饱和的碱性渣中为

$$\lg L = \frac{5\ 014}{T} - 1.980 \tag{1.57}$$

由式(1.56)和式(1.57)可知,随着温度上升,$L$ 值减小,即在高温时 FeO 向液态钢中分配。所以扩散氧化主要是在熔滴阶段和熔池高温区进行。但在焊接温度下,$L > 1$,即 FeO 在渣中的分配量总是大一些。

熔渣的性质对 FeO 的分配有很大影响。钢铁冶炼的研究成果表明,在同样温度下,碱性渣中 FeO 更易向金属分配。即在熔渣含 FeO 量相同的条件下,碱性渣时焊缝含氧量比酸性渣时多,如图 1.27 所示。这种现象可用熔渣的分子理论解释。因为碱性渣中含 $SiO_2$、$TiO_2$ 等酸性氧化物较少,FeO 的活度大,故易向金属中扩散,使焊缝增氧。其实,在生产中已经认识到,采用碱性焊条,钢板表面的铁锈会使焊缝显著增氧且引起气孔缺陷。所以,碱性焊条对铁锈敏感或抗锈性不良。

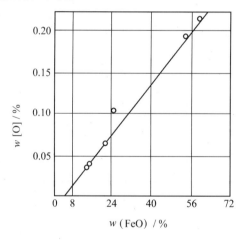

图 1.26　熔渣中 FeO 含量与焊缝含氧量的关系

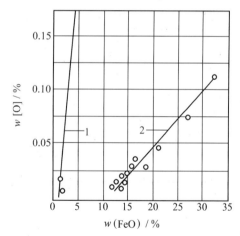

图 1.27　渣的性质与焊缝含氧量的关系

1—酸性渣;2—碱性渣

熔渣的碱度对 FeO 的分配也有影响。在 FeO 含量相同的条件下,碱度为 1.7 时,FeO 的活度最大;碱度增大或降低,FeO 的活度均会减少。碱性焊条熔渣的碱度在 2 左右,最易使 FeO 的活度增大并向金属中分配。而酸性焊条或高碱性焊剂,由于渣中 FeO 活度较小,反而对铁锈不敏感。

（2）置换氧化

在应用熔炼焊剂 HJ431 时，焊丝 H08A 中 $w(Mn) = 0.45\%$，但不含硅，却在焊缝中出现渗 Si 和渗 Mn 的现象。这说明焊接熔渣与液态铁发生了如下冶金反应，即

$$(FeO)$$
$$\uparrow$$
$$(SiO_2) + 2[Fe] = [Si] + 2FeO \qquad (1.58)$$
$$\downarrow$$
$$[FeO]$$

$$\lg K_{[Si]} = \frac{\{w(FeO)\}^2 w[Si]}{w(SiO_2)} = \frac{13\ 460}{T} + 6.04 \qquad (1.59)$$

$$(FeO)$$
$$\uparrow$$
$$(MnO) + [Fe] = [Mn] + FeO \qquad (1.60)$$
$$\downarrow$$
$$[FeO]$$

$$\lg K_{[Mn]} = \frac{w(FeO) w[Mn]}{w(MnO)} = -\frac{6\ 600}{T} + 3.16 \qquad (1.61)$$

反应结果使焊缝中增加 Si 和 Mn，同时使铁氧化，生成的 FeO 大部分进入熔渣，小部分分配到液态钢中，使焊缝增氧。这即是渗 Si 和渗 Mn 反应。

上述置换氧化反应的方向和限度，取决于温度，渣中 MnO、SiO₂、FeO 的活度和金属中硅、锰的浓度以及焊接工艺参数等因素。由式（1.59）和式（1.61）可知，温度升高，反应向右进行。故置换氧化主要发生在熔滴阶段和熔池前部的高温区。在熔池后部，由于温度下降上述反应向左进行，已还原的硅和锰有一部分又被氧化，所生成的 SiO₂、MnO 往往在焊缝中形成非金属夹杂物。但在熔池后部温度低反应慢，所以总的来说，焊缝中的硅、锰、氧含量还是增加的。

上述渗 Si 和渗 Mn 反应的剧烈程度与熔渣的冶金活性有关。焊接熔渣的活性可用活性系数 $A_f$ 来表示，即：

$$A_f = \frac{w(SiO_2) + 0.5 w(TiO_2) + 0.4[w(Al_2O_3) + w(ZrO_2)] + 0.42 B_2^2 w(MnO)}{100 B_2} \qquad (1.62)$$

按 $A_f$ 大小可将熔炼焊剂区分为高活性（$A_f > 0.6$）；中等活性（$A_f = 0.3 \sim 0.5$）；低活性（$A_f = 0.1 \sim 0.3$）及惰性（$A_f < 0.1$）四种。随着熔渣活性系数的增加，熔敷金属越易增氧。若仅就（SiO₂）而言，熔渣的冶金活性系数为

$$A_{f(SiO_2)} = -\frac{w(SiO_2)}{100 B_2} \qquad (1.63)$$

若仅就（MnO）而言，熔渣的冶金活性系数为

$$A_{f(MnO)} = \frac{0.42 B_2 w(MnO)}{100} \tag{1.64}$$

从上式可知,随着碱度 $B_2$ 的增加,活性系数 $A_{f(SiO_2)}$ 降低, $A_{f(MnO)}$ 则增加。所以,碱度增大有利于渗 Mn,而不利于渗硅。其实,在熔渣中 $(SiO_2)$ 和 $(MnO)$ 的质量分数一定时,改变碱度,熔敷金属的 $[Si]$、$[Mn]$ 及 $[O]$ 的含量也发生变化。

如果在焊丝或药皮中含有对氧亲和力比铁更大的元素(如 Al、Ti、Cr 等),它们将与 $SiO_2$ 和 $MnO$ 发生更激烈的渗 Si 和渗 Mn 反应,反应结果使焊缝中非金属夹杂增加,含氧量升高。这就是为什么焊接高合金钢和合金的焊条或焊剂中不能含有 $SiO_2$ 的原因。

除了发生渗硅和渗锰反应外,熔渣中的 $(TiO_2)$ 或 $(B_2O_3)$ 也能通过置换反应进行渗钛和渗硼,但置换反应速度极慢,需要对氧亲和力比铁更强的元素,如 Al。随着熔渣碱度的增大和铝含量的增加,渗钛反应越易进行,即

$$(TiO_2) + \frac{4}{3}[Al] = \frac{2}{3}(Al_2O_3) + [Ti] \tag{1.65}$$

若按 $TiO_2$ 为酸性氧化物的观点,无法解释反应向右进行并渗钛的现象。但根据物理化学分析,$TiO_2$ 在 2 460 K 以上易分解为更稳定的弱碱性氧化物 $Ti_2O_3$,并放出氧,即

$$4TiO_2 = 2Ti_2O_3 + O_2 \tag{1.66}$$

这表明在高温下酸性氧化物 $TiO_2$ 会转变成弱碱性氧化物 $Ti_2O_3$,熔渣的性质会发生变化。所以 $TiO_2$ 在焊接熔渣中具有独特的性质。

2.焊缝金属的脱氧

如前所述,氧对焊接质量有严重的危害性,因此,在焊接时如何防止金属的氧化,以及如何去除或减少焊缝中的含氧量,是保证焊接质量的重要问题。防止金属氧化的有效措施,是减少氧的来源,而对已进入焊缝的氧,则必须通过脱氧将其去除。

(1)脱氧剂的选择

脱氧是一种冶金处理措施,它是通过在焊丝、焊剂或焊条药皮中加入某种对氧亲和力较大的元素,使其在焊接过程中夺取气相或氧化物中的氧,从而来减少被焊金属的氧化及焊缝的含氧量。用于脱氧的元素及合金叫脱氧剂。

脱氧的关键在于脱氧剂。选择脱氧剂时,必须从全局出发,既要考虑到脱氧效果,又要考虑到脱氧剂对焊缝成分、性能及焊接工艺性能的影响。因此,脱氧剂的选择,必须遵循下述原则。

1)在焊接温度下脱氧剂对氧的亲和力必须比被焊金属大。在其他条件相同的情况下,脱氧剂对氧的亲和力越大,脱氧能力就越强。因此,焊接钢时常用 Mn、Si、Ti、Al 等元素的铁合金或金属粉(如锰铁、硅铁、钛铁和铝粉等)作脱氧剂。

2)脱氧产物应熔点低、不溶于液态金属,而且其密度也应小于液态金属的密度。因为脱氧的目的是尽量减少焊缝的含氧量,这不但要减少在液态金属中溶解的氧,还要减少氧化物夹杂

在焊缝中的数量。如果脱氧产物处于固态,或排不出去,则会以夹杂物形式存在。

脱氧反应是分阶段或区域进行的,按其进行的方式和特点分为先期脱氧、沉淀脱氧和扩散脱氧。

(2) 先期脱氧

在焊条药皮加热阶段,固态药皮中进行的脱氧反应叫先期脱氧。药皮受热时,其中的高价氧化物或碳酸盐受热分解出的氧、二氧化碳和药皮中的脱氧剂发生反应,如

$$Fe_2O_3 + Mn === MnO + 2FeO \qquad (1.67)$$

$$FeO + Mn === MnO + Fe \qquad (1.68)$$

$$MnO_2 + Mn === 2MnO \qquad (1.69)$$

$$3CaCO_3 + 2Al === 3CaO + Al_2O_3 + 3CO \qquad (1.70)$$

$$2CaCO_3 + Ti === 2CaO + TiO_2 + 2CO \qquad (1.71)$$

反应结果使气相的氧化性减弱。由于 Al、Ti 对氧的亲和力比 Si、Mn 大,因此,它们常在先期脱氧的过程中被消耗,从而保护 Si、Mn 的过渡。由于药皮反应区的加热温度低、反应时间短,故先期脱氧是不完全的。

(3) 沉淀脱氧

降低焊缝金属含氧量,关键是沉淀脱氧,即利用溶于熔池中的脱氧剂,将已溶于熔池金属中的[FeO]或[O]转化为不溶于金属的氧化物,并脱溶沉淀转入熔渣中的一种脱氧方式。

锰是最常用的脱氧剂,一般加在药皮或焊丝中,它们的脱氧反应为

$$[Mn] + [FeO] === [Fe] + (MnO) \qquad (1.72)$$

锰脱氧的效果不仅与锰在金属中的含量有关,而且与脱氧产物 MnO 在渣中的活度有关,增加锰的含量及减少 MnO 的活度,都可使脱氧效果提高。从减小渣中 MnO 活度这一因素分析,锰的脱氧效果与熔渣的性质有很大关系。在含 $SiO_2$ 和 $TiO_2$ 较多的酸性渣中,因脱氧产物可转变成 $MnO \cdot SiO_2$ 和 $MnO \cdot TiO_2$ 复合物,减小了 MnO 的活度系数所以脱氧效果较好。然而,碱性渣中 MnO 的活度系数大,因此是不利于锰脱氧的。而且熔渣的碱度越大,锰的脱氧效果越差。正是由于这个原因,一般酸性焊条多用锰脱氧,而碱性焊条则不单独用锰作脱氧剂。

硅对氧的亲和力比锰还大,硅的脱氧反应为

$$[Si] + 2[FeO] === 2[Fe] + (SiO_2) \qquad (1.73)$$

显然,要提高硅在焊接时的脱氧效果,除了应增加其在液态金属中的含量,还应提高熔渣的碱度来减小反应物 $SiO_2$ 的活度,似乎碱性渣时用硅脱氧效果好。但因硅脱氧后生成的 $SiO_2$ 熔点高、粘度大,既易在焊缝中形成夹杂,又不利于冶金反应的进行,故碱性渣实际上也不单独用硅脱氧。

可以把上述锰、硅脱氧反应简化为

$$m[Me] + n[O] === (Me_mO_n) \qquad (1.74)$$

脱氧结果可用下式表示为

$$\lg[\,w(\mathrm{O})\,] = -\frac{A}{n}B_1 - \frac{m}{n}\lg[\,w(\mathrm{Me})\,] + \frac{1}{n}\lg[\,w(\mathrm{Me}_m\mathrm{O}_n)\,] - \frac{1}{n}(C - nD) \qquad (1.75)$$

式中　$B_1$——熔渣碱度；

　　$A,C,D$——与脱氧元素有关的常数。

从上式看出,脱氧效果或焊缝含氧量,不仅与脱氧元素数量和脱氧产物数量有关,并且和熔渣碱度有关。[Me]越多,$(\mathrm{Me}_m\mathrm{O}_n)$越少,脱氧效果越好。另外,熔渣性质应与脱氧产物性质相反,这样最有利于降低脱氧产物在熔渣中的活度,也有利于熔渣吸收脱氧产物,如图 1.28 和图 1.29 所示。

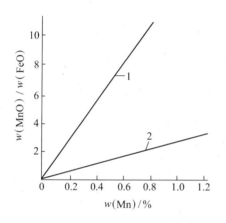

图 1.28　熔渣性质对锰脱氧效果的影响
1—酸性渣;2—碱性渣

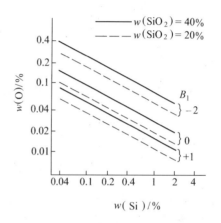

图 1.29　熔渣碱度对硅脱氧效果的影响

把硅和锰按适当比例加入金属中进行 Si – Mn 联合脱氧,可以等到较好的脱氧效果。Mn 与 Si 对氧的亲和力不及 Al、Ti 的强,能从焊接材料进入熔池中,在 $w[\mathrm{Mn}]/w[\mathrm{Si}]$ 比值为 3 ~ 6 时,其脱氧产物为不饱和液态硅酸盐 $\mathrm{MnO \cdot SiO_2}$,其熔点较低、密度较小,在熔池中易于聚合长大为大颗粒,并浮出被熔渣吸收,从而减少焊缝金属中的夹杂物和含氧量。图 1.30 表示 $w[\mathrm{Mn}]/w[\mathrm{Si}]$ 比值与脱氧产物形态和含氧量的关系。可见,当 $w[\mathrm{Mn}]/w[\mathrm{Si}]$ 比值过大或过小时,均会出现固态脱氧产物,导致焊缝夹杂物增加。

根据硅锰联合脱氧的原则,在 $\mathrm{CO_2}$ 保护焊时,常用加入适当比例的锰和硅的合金钢丝焊接低碳钢。其他焊接方法或焊接材料也可以利用此原则。

采用含两种以上脱氧元素的复合脱氧剂是今后发展的方向。因为这种脱氧剂熔点低、熔化快,各种脱氧反应在同一区域进行,有利于低熔点脱氧产物的形成、聚合和排除。例如,硅钙合金就是一种很好的复合脱氧剂。

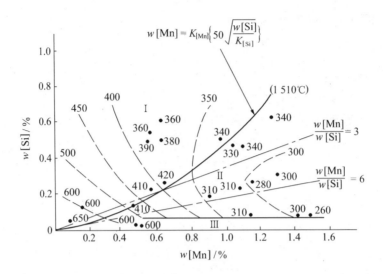

**图 1.30**　$w[Mn]/w[Si]$ 对脱氧产物形态和含氧量的影响（图中数字为焊缝含氧量/$10^{-6}$）

Ⅰ—固态 $SiO_2$ + 液态硅酸盐；Ⅱ—液态硅酸盐；Ⅲ—固态 MnO + 液态硅酸盐

（4）扩散脱氧

利用氧化物能溶解于熔渣的特性，通过扩散使它自熔池金属进入熔渣，从而降低焊缝含氧量的过程，叫做扩散脱氧。扩散脱氧是在液态金属和熔池界面上进行的，以分配定律为理论基础。由式（1.56）和式（1.57）可知，当温度下降时 FeO 在渣中的分配常数增大，这时就可产生 [FeO]→（FeO）的过程。说明熔池后部的低温区发生扩散脱氧。

扩散脱氧除取决于温度，还取决于 FeO 在熔渣中的活度。在温度不变的条件下，FeO 在渣中的活度越低，脱氧效果越好。当渣中含有较多的强酸性氧化物如 $SiO_2$、$TiO_2$ 时，它们和 FeO 易于形成复合物，因而将使渣中 FeO 的活度减小，此时为保持分配系数为常数，液态金属中的 FeO 便会不断向渣中扩散。因此酸性渣有利于扩散脱氧，而碱性渣中 FeO 的活度大，扩散脱氧能力就比酸性渣差。

由此可见，扩散脱氧是一个扩散过程，它主要产生于熔池的凝固阶段。此时，熔池金属和熔渣的粘度增大，不利于 [FeO] 向渣中扩散。因此，扩散脱氧有很大的局限性，焊缝金属中脱氧的主要着眼点还应放在沉淀脱氧上。

在焊接过程中，液体金属同熔渣均要向熔池尾部流动。但在电弧气流的作用下，熔渣的移动速度大于液体金属的移动速度。这样熔渣对液体金属产生冲洗作用，使液体金属中的氧化物易于被吸收到熔渣中。这不仅有利于沉淀脱氧，而且有利于扩散脱氧。

如上所述，脱氧的方式有许多种，但在具体焊接条件下脱氧的特点及效果又究竟如何，则取决于许多因素。例如，就熔渣的酸碱性而言，酸性渣含有较多的酸性氧化物（$SiO_2$、$TiO_2$），有利于扩散脱氧及锰脱氧，因而其脱氧能力较强。但由于这类熔渣中的氧化物较多，所以其焊缝含氧量仍较高;而碱性渣中含 $SiO_2$、$TiO_2$ 的数量本来就不多,加上大量强碱性氧化物如 $CaO$ 的存在,更减小了其活度,显然不利于扩散脱氧及锰脱氧,只能通过硅 – 锰联合脱氧,但由于渣中氧化物的数量少,所以正常情况下焊缝的含氧量仍较低。图 1.31 为手工电弧焊时几种焊条熔敷金属的含氧量。可见,熔敷金属的含氧量随焊条类型而异,其中低氢型和钛型焊条熔敷金属的含氧量较低。

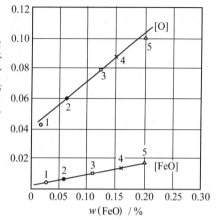

**图 1.31 焊条熔敷金属中总含氧量 $w[O]$ 和 $w[FeO]$ 含量与药皮中 $w(FeO)$ 含量的关系**

1—低氢型;2—钛型;3—有机物型;
4—钛铁矿型;5—氧化铁型

3.焊缝金属中硫、磷的控制

硫和磷都是钢中有害的杂质,正常情况下,它们在母材和焊芯(焊丝)中的含量都很低,一般不会对焊缝金属带来危害。但焊条药皮或焊剂的某些原材料中常含有相当数量的硫和磷,如在使用前未经很好的处理,则焊条药皮和焊剂在焊接化学冶金过程中将会把硫和磷过渡到焊缝金属中,造成危害。

(1) 焊缝中硫、磷的危害

硫在钢中主要以 FeS 和 MnS 形式存在。MnS 在液态中溶解度极小,很容易排到熔渣中去,即使有少量残存于焊缝中,也因其熔点高并呈弥散质点形式分布,而危害性不大。FeS 可无限溶解于液态铁中,但室温下在固态铁中溶解度很小,只有 0.015% ~ 0.02%。这样,熔池凝固时它即析出,形成 Fe + FeS(熔点为 985 ℃)或 FeO + FeS(熔点为 940 ℃)等低熔点共晶。这些低熔点共晶不仅增加了焊缝金属产生结晶裂纹的倾向,同时也降低了焊缝的冲击韧性和耐腐蚀性。由于硫与镍作用产生的 NiS 可与镍形成熔点低达 644 ℃ 的共晶,所以焊接合金钢,尤其是高镍合金钢时,硫的危害更严重。在碳钢焊缝中,随含碳量增加,硫的偏析加剧,从而增加它的危害。

磷在钢中主要以磷化物($Fe_2P$、$Fe_3P$)的形式存在。磷在液态铁中的溶解度是很大的,但在固态铁中的溶解度却很小,仅千分之几。磷与铁、镍也可形成低熔点共晶。如 Fe + $Fe_3P$(熔点为 1 050 ℃)和 Ni + $Ni_3P$(熔点为 880 ℃)共晶。这些低熔点共晶在熔池快速凝固的情况下在晶界偏析,削弱了晶粒间的结合力,也可促进热裂纹的产生(比硫的影响小些)。此外,磷化铁硬而脆,它的存在还会使焊缝金属的冷脆性增大,即冲击韧性降低、脆性转变温度升高。

(2) 焊缝金属中硫、磷的控制

由于硫、磷都是焊缝金属中极为有害的杂质,因而应尽量减少它们在焊缝金属中的含量。对于低碳钢焊缝,应控制 $w(S) < 0.035\%$、$w(P) < 0.045\%$。对于合金钢焊缝,由于硫和磷的危害更大,因而应将它们的含量控制在更低的范围内。

控制焊缝含硫、磷的措施,主要从两方面着手。一方面是采取工艺措施限制其来源,另一方面是采取冶金措施将其通过熔渣排除。

1) 限制焊接材料中硫、磷的含量。焊缝金属中的硫和磷主要来源于母材、焊芯(焊丝)和药皮(焊剂),因此限制它们在这些材料中的含量是保证焊接质量的关键。硫和磷在母材中的含量一般很少,在焊芯(焊丝)中的含量国家也有严格的控制标准。焊条药皮和焊剂的许多原材料如锰矿、赤铁矿及锰铁等都含有一定数量的硫和磷,它们在焊接过程中可通过冶金反应将部分硫和磷过渡到焊缝中去,这是焊缝金属中增硫、增磷的主要原因。所以在制造焊条药皮和焊剂时,应严格限制硫和磷在原材料中的含量,当它们的含量较高时,应预先采取处理措施,使它们的含量降到要求的范围内。

2) 冶金方法脱硫、脱磷。为减少焊缝含硫量,可选择对硫亲和力比铁大的元素进行脱硫。锰和硫的亲和力比铁大,是焊接化学冶金中常用的脱硫剂,其脱硫反应为

$$[FeS] + [Mn] \Longrightarrow (MnS) + [Fe] \tag{1.76}$$

$$\lg K = \frac{8\,220}{T} - 1.86 \tag{1.77}$$

反应产物 MnS 由于不溶于钢液,所以大部分都进入溶渣。由式(1.77)可见,锰的脱硫反应为放热反应,温度降低平衡常数增大,说明只有在温度较低的熔池尾部才有利于脱硫反应的进行。然而,熔池尾部的冷却很快,反应时间很短,并不利于脱硫反应的充分进行,所以只有增加熔池中的含硫量($w(S) > 1\%$),才有可能取得较好的脱硫效果。

在焊接化学冶金中,还常常利用熔渣中的碱性氧化物,如 MnO、CaO、MgO 等进行脱硫,其反应为

$$[FeS] + (MnO) \Longrightarrow (MnS) + (FeO) \tag{1.78}$$

$$[FeS] + (CaO) \Longrightarrow (CaS) + (FeO) \tag{1.79}$$

$$[FeS] + (MgO) \Longrightarrow (MgS) + (FeO) \tag{1.80}$$

反应生成物 CaS 和 MgS 类似于 MnS,不溶于钢液而进入熔渣。

冶金方法脱磷需通过两个过程才能实现。首先 FeO 将磷氧化生成 $P_2O_5$,反应式为

$$2[Fe_3P] + 5(FeO) \Longrightarrow P_2O_5 + 11[Fe] \tag{1.81}$$

由于 $P_2O_5$ 在高温时很不稳定,容易分解,必须使其变成稳定的复合物而进入熔渣,才能促进式(1.81)的进行,因而必须有第二过程,利用渣中的碱性氧化物与酸性的 $P_2O_5$ 复合成稳定的磷酸盐。渣中的 CaO 可起此作用,其反应式为

$$P_2O_5 + 3(CaO) \Longrightarrow ((CaO)_3 \cdot P_2O_5) \tag{1.82}$$

$$P_2O_5 + 4(CaO) \Longrightarrow ((CaO)_4 \cdot P_2O_5) \tag{1.83}$$

将上述反应与式(1.81)合并,可得磷的冶金清除反应为

$$2[Fe_3P] + 5(FeO) + 3(CaO) \Longrightarrow ((CaO)_3 \cdot P_2O_5) + 11[Fe] \tag{1.84}$$

$$2[Fe_3P] + 5(FeO) + 4(CaO) \Longrightarrow ((CaO)_4 \cdot P_2O_5) + 11[Fe] \tag{1.85}$$

根据质量作用定律可知,增加作用物的浓度或减少生成物的浓度,都可促进反应的进行。

因此,增加 MnO、CaO 及 MgO 或减少 FeO 在渣中的含量,有利于脱硫,如图 1.32、1.33 所示。而只有同时增加渣中 CaO 和 FeO 的含量,才有利于脱磷反应的进行。

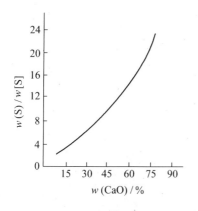

图 1.32　(CaO)对脱硫的影响

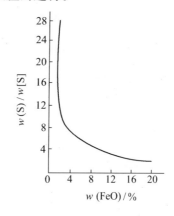

图 1.33　(FeO)对脱硫的影响

增加熔渣的碱度,可以提高脱硫、脱磷的能力。渣中含有相当数量的 $CaF_2$ 能降低熔渣的粘度,也有利于脱硫、脱磷反应的进行。因而,碱性渣有较高的脱硫能力,其形成的焊缝含硫量也较低,如图 1.34、1.35 所示。

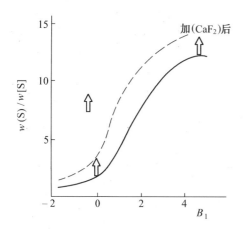

图 1.34　熔渣碱度及($CaF_2$)对脱硫的影响

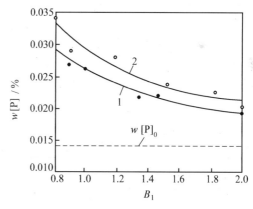

图 1.35　焊剂碱度对脱磷的影响

焊剂含磷:1—0.03%;2—0.05%;$w[P]_0$—焊缝原始含磷量

但焊接熔渣的碱度受焊接工艺性的制约,不可过分增大;碱性渣中不允许含有较多的 FeO,否则既不利于脱硫,也会使焊缝显著增氧,甚至产生气孔。因此碱性渣不利于脱磷反应第一进程的进行,脱磷的效果是很不理想的。酸性渣中含有 FeO 的量比碱性渣高,有利于磷的氧化,但因碱度低,所以脱磷的能力更低。由此可见,焊接时的脱磷比脱硫更困难。对于溶解到焊缝中的磷,无论是酸性渣还是碱性渣都很难将其清除掉。只有严格控制磷在原材料中的含量才是控制焊缝含磷量的根本措施。

### 六、焊缝金属的合金化

焊缝金属的合金化,就是把所需要的合金元素通过焊接材料过渡到焊缝金属(或堆焊金属)中去的过程。

#### 1.合金化的目的及方式

在焊接过程中,熔池金属中的合金元素由于氧化和蒸发等原因造成损失。为了使焊缝金属的成分、组织和性能符合预定的要求,就必须根据损失的情况向熔池中添加一些合金元素,这种补偿就属于合金化的主要目的之一。此外,通过合金化还可提高焊缝的质量或提高工件的表面性能。例如,通过合金化向焊缝过渡适量的锰,可消除因硫引起的热裂纹;过渡微量的钛、硼等元素,可细化晶粒,提高焊缝金属的塑性及韧性;在工件的表面上过渡一层含 Cr、Mo、W、Mn 等合金元素的堆焊层,可提高工件表面的耐磨、耐热和耐蚀等性能。

合金化的方式有许多种。通过从金属氧化物中还原金属的方法就是其中的一种,如通过置换氧向焊缝中过渡硅和锰。但这种方法的效果不理想,通过这种方式过渡的合金元素数量有限,还有烧损其他合金元素并使焊缝增氧的副作用。在焊接中广泛采用的,是通过填充金属(焊芯、焊丝、带材等)、焊条药皮或焊剂等焊接材料使焊缝金属(或堆焊金属)合金化。

手工电弧焊时,过渡合金的方式一般有两种:一种是通过焊芯,即利用合金焊芯过渡;一种是通过焊条药皮过渡,有时这两种方式同时兼用。通过焊芯过渡合金,就是把所需要的合金元素加到焊芯中,这是一种简单而有效的方法。其优点是焊缝成分稳定、均匀,合金利用率高。但不是在任何情况下均可制造这样的焊芯,当要过渡硬质合金元素时就不能使用此方法。通过药皮过渡合金,就是将所需要的合金元素以纯金属或铁合金的形式加入焊条药皮中,在焊接时合金元素直接过渡到焊缝金属中。这种方法在生产上应用的较广,其优点是简单方便,可灵活地调整成分,但是合金的利用率较低。

气体保护焊时,过渡合金的方式主要是通过焊丝或带材,其方式及特点与手工电弧焊时的焊芯过渡相同。此外,还可通过药芯焊丝过渡或直接采用合金粉末过渡。通过药芯焊丝过渡,是将焊丝制成管状,中间添加了要过渡的合金粉末。焊丝在热源作用下熔化后,就可将合金粉末过渡到焊缝金属内。这种方式具有合金成分可任意调整、合金损失较少的优点,但也具有不易制造、成本高的缺点。直接应用合金粉末过渡的方式,是将所需要的合金按比例制成一定颗粒的粉末,直接涂敷在被焊件表面或坡口内,在热源作用下它与金属熔合就形成合金化的焊缝金属。这种方法更简单方便,但焊缝成分的均匀性较差。

埋弧焊时除可通过填充材料过渡外,还可通过陶质焊剂过渡合金,其过渡方式及特点与手工电弧焊时的药皮过渡相类似。

当合金元素向焊缝金属(或堆焊金属)中过渡时,在焊接高温的作用下,常常因蒸发和氧化而要损失掉一部分。此外,在熔渣中还可能残留一部分,因而并非全都过渡到熔敷金属中。为了说明合金元素利用率的高低,需引入合金过渡系数的概念。合金元素的过渡系数 $\eta$ 等于它在熔敷金属中的实际含量与其原始含量之比,即

$$\eta = \frac{w_D}{w_E} \qquad (1.86)$$

式中　　$\eta$——合金元素的过渡系数;

　　　　$w_D$——某元素在熔敷金属中的质量分数;

　　　　$w_E$——某元素在焊接材料中的质量分数。

若为药皮焊条,且通过药皮添加合金元素,须考虑药皮质量系数 $K_c$ 的影响,此时 $w_E$ 为

$$w_E = w_F + K_c w_C \qquad (1.87)$$

式中　　$w_F$——焊芯中某元素的质量分数;

　　　　$w_C$——药皮中某元素的质量分数。

这样将药皮中的元素转化为相当于焊丝中的含量。若通过焊剂或药芯焊丝的药芯渗合金时,也存在上面的关系式,此时 $K_c$ 为药粉率,即每熔化 1 g 焊丝或药芯焊丝钢皮同时熔化的药粉量(g)。

通过药皮添加合金时的过渡系数 $\eta_c$ 应为

$$\eta_c = \frac{w_D - \eta_f w_F}{K_c w_C} \qquad (1.88)$$

如通过焊丝添加合金时,则

$$\eta_f = \frac{w_D - \eta_c K_c w_C}{w_F} \qquad (1.89)$$

对于气体保护焊,不存在药皮,此时过渡系数为 $\eta_f = \eta$,则

$$\eta_f = \frac{w_D}{w_F} \qquad (1.90)$$

必须结合具体条件进行合金的过渡系数的测定,并进行焊缝的成分计算。

合金过渡系数的引出,在焊接中有十分重要的意义,它是估算焊缝金属(堆焊金属)成分的重要工具。例如,若已知某合金元素的 $\eta$ 值及其他有关数据,则通过式(1.86)可先计算出该合金元素在熔敷金属中的质量分数 $w_D$。若已知熔合比 $\theta$,把 $w_D$ 代入式(1.23),即可求出它在焊缝金属中的含量。反过来,也可根据焊缝金属(或堆焊金属)对成分的要求,求出某合金元素在焊芯(焊丝)或药皮(焊剂)中应具有的含量。因而,合金过渡系数对焊接材料的设计和选择具有实用价值。

2.影响过渡系数的因素

为了提高合金元素的过渡效率以便更有效地控制焊缝金属的成分,就必须了解影响过渡

系数的因素。在合金化过程中,合金元素主要损失于氧化、蒸发和残留在渣中。因此,凡能减少合金元素损失的因素,都可提高其过渡系数。影响合金过渡系数的主要因素有以下几方面。

(1) 合金元素的物理化学性质

这是影响过渡系数的主要因素,它主要指合金元素对氧的亲和力大小及沸点高低的影响。

合金元素对氧的亲和力越大,该合金越易氧化而损失掉,过渡系数也就越小。例如,钛、铝等对氧的亲和力很大,焊接时的氧化损失非常严重,则过渡系数极小,因而除非采用低氧或无氧的焊接条件,否则很难过渡到焊缝金属中去。而钨、钼、铬等对氧的亲和力较弱,氧化损失较小,故它们的过渡系数一般较大。

合金元素的沸点越低,在焊接高温下因蒸发造成的损失越大,因而其过渡系数越小。如锰的沸点仅 2 027 ℃,在焊接的高温下极易蒸发,故它的过渡系数较小。

(2) 合金元素的含量

提高合金元素(尤其是对氧亲和力较大的合金元素)在焊条药皮或焊剂中的含量,会同时产生两个不同方向的结果。一方面,因使药皮或焊剂中其他成分(包括氧化剂)的含量相对减少,减弱了药皮或焊剂的氧化性,而使合金过渡系数提高。另一方面,却会使合金元素在渣中的残留损失增加,而使合金过渡系数减少。当合金元素的含量较小时,前者作用大些,随着合金元素含量的增加,后者的影响逐渐增大。

(3) 合金剂的粒度

合金元素的氧化损失取决于其比表面积,即取决于其粒度,粒度越小,比表面积越大,与氧作用的机会越多,损失就越大。因而适当提高合金元素的粒度,可减少其因氧化造成的损失,增加过渡系数。但是合金元素的粒度不宜过大,否则会因其不易熔化而使残留损失增大,过渡系数反而减小。表 1.15 反映了合金剂粒度与过渡系数之间的关系。

表 1.15　合金剂粒度与过渡系数之间的关系

| 粒度/μm | 过 渡 系 数 η | | | |
| --- | --- | --- | --- | --- |
| | $w(Mn)/\%$ | $w(Si)/\%$ | $w(Cr)/\%$ | $w(C)/\%$ |
| < 56 | 0.37 | 0.44 | 0.59 | 0.49 |
| 56 ~ 125 | 0.40 | 0.51 | 0.62 | 0.57 |
| 125 ~ 200 | 0.47 | 0.51 | 0.64 | 0.57 |
| 200 ~ 250 | 0.53 | 0.58 | 0.67 | 0.61 |
| 250 ~ 355 | 0.54 | 0.64 | 0.71 | 0.62 |
| 355 ~ 500 | 0.57 | 0.66 | 0.82 | 0.68 |
| 500 ~ 700 | 0.71 | 0.70 | — | 0.74 |

(4) 药皮或焊剂的成分

由于氧化损失是导致合金过渡系数下降的主要原因之一,所以合金的过渡系数与气相及熔渣的氧化性、熔渣的碱度有关,因而其也必然与焊条药皮或焊剂的成分有关。增加高价氧化物和碳酸盐在药皮或焊剂中的含量,不仅使气相的氧化性增大,而且也使熔渣的氧化性增大,由于合金氧化损失的增大,过渡系数必然减小。熔渣碱度对过渡系数的影响如图 1.36 所示。可见,当合金元素的氧化物与熔渣酸碱性的性质一致时,有利于合金元素的过渡,使过渡系数提高;性质相反时,则降低过渡系数。例如,MnO 是碱性的,锰的过渡系数随熔渣碱度的增加而增大;$SiO_2$ 是酸性的,硅的过渡系数则随熔渣碱度的增加而降低。

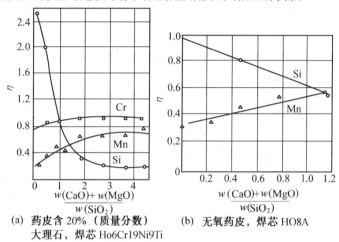

(a) 药皮含 20%(质量分数)
大理石,焊芯 Ho6Cr19Ni9Ti

(b) 无氧药皮,焊芯 HO8A

**图 1.36 熔渣碱度与过渡系数的关系**

(5) 药皮或焊剂的相对数量及焊接规范

试验表明,在合金元素含量不变的情况下,合金过渡系数随药皮或焊剂相对数量的增多而减小。因为药皮或焊剂相对数量的增多,会使合金元素往金属中过渡所需通过的路程增加,因而增大了氧化损失及残留损失。埋弧焊时,焊接规范对合金过渡系数的影响也很大。

**七、典型焊接材料冶金特性分析**

焊接材料的冶金性能最终反映在焊缝金属化学成分、力学性能以及抗气孔、抗裂纹的能力等各个方面。因此,为了获得优异的焊接接头和防止产生缺陷,必须要求焊接材料具有良好的冶金性能。下面分析一些典型焊接材料的冶金性能。

1.典型焊条的冶金性能

我国手工电弧焊在结构钢焊接中还占有很大比重,在结构钢焊条中最典型的两种焊条为钛钙型 E4303(J422)焊条和低氢型 E5015(J507)焊条。

(1) 钛钙型 E4303(J422)焊条的冶金性能

E4303(J422)焊条的典型配方,焊芯及焊缝金属的化学成分以及焊缝金属的力学性能分别见表 1.16、1.17、1.18。焊接熔渣组成及电弧气氛气体成分见表 1.9 及表 1.12。

材料连接原理与工艺

表 1.16　钛钙型 E4303(J422)焊条药皮配方

| 人造金红石 | 钛白粉 | 白云石 | 钛铁矿 | 白泥 | 云母 | 锰铁 |
|---|---|---|---|---|---|---|
| 28 | 9 | 10 | 6 | 14 | 10 | 14 |

表 1.17　钛钙型 E4303(J422)焊芯及焊缝金属化学成分

| 化学成分 | $w[C]/\%$ | $w[Mn]/\%$ | $w[Si]/\%$ | $w[S]/\%$ | $w[P]/\%$ | $w[N]/\%$ | $w[O]/\%$ | $[H]/[ml \cdot (100\ g)^{-1}]$ |
|---|---|---|---|---|---|---|---|---|
| 焊芯 | 0.077 | 0.41 | 0.02 | 0.017 | 0.019 | 0.003 – 0.004 | 0.02 | |
| 焊缝金属 | 0.072 | 0.35 | 0.1 | 0.019 | 0.035 | 0.02 – 0.03 | 0.07 | 46.2 |

表 1.18　钛钙型 E4303(J422)焊缝金属力学性能

| 试验项目 | $\sigma_b$/MPa | $\sigma_{0.2}$/MPa | $\delta_5$/% | $A_{KV}$/J | |
|---|---|---|---|---|---|
| | | | | 0℃ | – 20℃ |
| 保证值 | ≥420 | ≥330 | ≥22 | ≥27 | ≥47 |
| 一般结果 | 430 ~ 490 | ≥330 | 22 ~ 32 | 70 ~ 115 | ≥47 |

　　从焊条药皮配方中看出,药皮成分中加入了大量的造渣剂和相当数量的造气剂,形成气 – 渣联合保护,焊缝增氮不多,说明保护正常。

　　从表 1.17 中可知,在保护正常的情况下,焊缝增氧。说明电弧气氛中的氧化性气体使铁氧化、熔渣中(FeO)向熔滴金属中分配氧化以及熔渣中(MnO)、(SiO₂)的置换氧化是存在的。其中熔渣中(MnO)、(SiO₂)的置换氧化是主要增氧途径。

　　焊缝金属中锰基本不变,而药皮中加入了大量的锰铁,显然锰铁除了少量补偿焊芯中锰的烧损和残留损失以及参与脱硫反应外。大部分作为脱氧剂在先期脱氧和沉淀脱氧过程中消耗了,熔渣中存在 $w(MnO) = 13.7\%$ 证实了上述反应的存在。

　　从焊缝成分看,[Si]大大增加,说明渗硅反应的激烈进行,熔渣中含有大量 SiO₂ 及 Mn – Fe 增加了渗硅反应的可能性,所以钛钙型焊条具有相当强的由熔渣向焊缝过渡硅的能力,保证焊缝所必需的硅。但在熔池后部,[Si]可能参与沉淀脱氧,钛钙型焊条焊缝金属中存在的 SiO₂ 非金属夹杂说明了该反应可能存在。

　　由表 1.12 可知,气氛中氢的分压很高,且药皮中含有大量的脱氧剂,导致焊缝金属含氢量很高。从熔渣的组成可知,钛钙型焊条熔渣是酸性渣,碱度低,CaO、MnO 的含量相对较少,所以熔渣脱硫、脱磷的能力不强,焊缝中的硫、磷比焊芯中有所增加,故对钛钙型焊条必须严格限制焊接材料中的硫、磷含量。因药皮中有大量的 Mn – Fe,脱硫相对比脱磷好。由于气氛中 $p_{CO}$ 较高,且药皮中大量的中碳锰铁,所以焊缝含碳变化不大。

56

第一章 熔化焊连接原理

如果增大钛钙型焊条熔渣的氧化性,在冶金反应中生成的 CO 气体就会增多。反之,如果降低熔渣的氧化性,则会增加焊缝中的[H]。所以对于钛钙型焊条应当调整好熔渣的氧化性,以减少或消除 CO 和 $H_2$ 两类气孔。

根据表 1.18 数据并结合上述分析,由于钛钙型焊条焊缝中 S、P、N、O、H 较高,所以焊缝金属具有较大的热裂敏感性和冷脆性;焊缝中氧化夹杂多,韧性差;抗冷裂能力低。但钛钙型焊条的焊接工艺性能非常好,在生产中主要用于焊接低碳钢和强度级别较低的低合金钢。

(2) 低氢型焊条 E5015(J507)的冶金性能

E5015(J507)焊条的典型配方、焊芯及焊缝金属的化学成分以及焊缝金属的力学性能分别见表 1.19、1.20、1.21。焊接熔渣组成及电弧气氛气体成分见表 1.9 及表 1.12。

表 1.19 低氢型焊条 E5015(J507)药皮配方

| 钛白粉 | 大理石 | 萤石 | 锰铁 | 钛铁 | 石英 | 纯碱 | 低度硅铁 |
|---|---|---|---|---|---|---|---|
| 2 | 44 | 24 | 4 | 13 | 7 | 1 | 2.5 |

表 1.20 低氢型焊条 E5015(J507)焊芯及焊缝金属化学成分

| 化学成分 | $w[C]/\%$ | $w[Mn]/\%$ | $w[Si]/\%$ | $w[S]/\%$ | $w[P]/\%$ | $w[N]/\%$ | $w[O]/\%$ | $[H]/[ml \cdot (100\ g)^{-1}]$ |
|---|---|---|---|---|---|---|---|---|
| 焊芯 | 0.085 | 0.45 | 痕迹 | 0.020 | 0.010 | 0.003 ~ 0.004 | 0.02 | |
| 焊缝金属 | 0.065 | 1.04 | 0.56 | 0.011 | 0.021 | 0.010 | 0.03 | 6.8 |

表 1.21 低氢型焊条 E5015(J507)焊缝金属力学性能

| 试验项目 | $\sigma_b/MPa$ | $\sigma_{0.2}/MPa$ | $\delta_5/\%$ | $A_{KV}/J$ | |
|---|---|---|---|---|---|
| | | | | −20℃ | −30℃ |
| 保证值 | ≥490 | ≥410 | ≥22 | ≥47 | ≥27 |
| 一般结果 | 510 ~ 570 | ≥410 | 24 ~ 32 | 60 ~ 230 | 55 ~ 200 |

低氢焊条亦是渣 – 气联合保护,但低氢焊条药皮里加了大量的大理石、萤石作为造气、造渣剂,保护效果比钛钙型焊条更好,所以焊缝含氮更低,从表 1.20 数据中可知,$w[N] = 0.01\%$。

从表 1.9 中的数据可知,低氢焊条熔渣的碱度 $B_1 = 1.86$,是碱性渣。在碱性渣中 $SiO_2$ 的活度小,抑制了渗硅反应的进行;低氢焊条气氛的氧化性小;焊条药皮中的钛铁、硅铁和锰铁联合脱氧,使脱氧效果强于钛钙型焊条。根据上述分析,低氢焊条焊缝中的[O]应比钛钙型焊条低,表 1.20 的数据证实了这一点。

低氢焊条之所以低氢的原因主要是药皮中加了一定数量的萤石。另外气氛较低的氢分压,药皮中大量的大理石以及低氢焊条的烘干温度高等因素均有利于降低焊缝中的[H]。利

55555

用萤石脱氢的主要冶金反应式为

$$CaF_2 + 2H \Longrightarrow Ca + 2HF\uparrow \tag{1.91}$$

$$CaF_2 + H_2O \Longrightarrow CaO + 2HF\uparrow \tag{1.92}$$

$$2CaF_2 + 3SiO_2 \Longrightarrow 2CaSiO_3 + SiF_4 \tag{1.93}$$

$$SiF_4 + 3H \Longrightarrow SiF + 3HF\uparrow \tag{1.94}$$

$$SiF_4 + 2H_2O \Longrightarrow SiO_2 + 4HF\uparrow \tag{1.95}$$

$$Na_2O \cdot nSiO_2 + H_2O \Longrightarrow 2NaOH + nSiO_2 \tag{1.96}$$

$$2NaOH + CaF_2 \Longrightarrow 2NaF + Ca(OH)_2 \tag{1.97}$$

$$2NaF + H_2O + CO_2 \Longrightarrow Na_2CO_3 + 2HF\uparrow \tag{1.98}$$

低氢焊条熔渣中大量的碱性氧化物 CaO 有利于脱硫、脱磷,所以低氢焊条焊缝中硫、磷含量低于钛钙型焊条。但焊接熔渣的碱度受焊接工艺性能的制约,不可过分增大。故焊接时通过冶金方法脱硫、脱磷的能力有限,而且脱磷比脱硫更困难,表 1.20 的数据说明了这一点。

分析表 1.20 的数据,显然,锰、硅元素向焊缝进行了过渡。由于药皮中的钛基本作为脱氧剂消耗掉了,因而保护了锰、硅的过渡。因为 MnO 属于碱性氧化物,因此在碱性渣中不利于锰的沉淀脱氧,而有利于锰的过渡,所以药皮中的锰铁其实主要作为合金剂。在碱性渣中有利于硅的脱氧,显然,硅铁参与了脱氧;但由于碱性渣中 SiO_2 的活度小,渗硅反应基本被抑制,因此,焊缝增硅主要靠药皮中未被氧化硅铁的过渡。所以,药皮中的硅铁有一部分作为脱氧剂起作用,另一部分作为合金剂过渡合金元素。

低氢焊条熔渣氧化性很小,一旦有氢侵入熔池将很难排除。所以,低氢焊条对于铁锈、油污、水分很敏感,必须严格控制氢的来源才能保证焊接质量。但低氢焊条的焊缝金属中 S、P、H、O、N 含量均比钛钙型焊条低,所以焊缝金属的力学性能和抗裂性均比钛钙型焊条好,特别是韧性远远超过钛钙型焊条,故主要适用于焊接各种重要的焊接结构和大多数的低合金钢。低氢焊条的不足是工艺性能方面,主要是稳弧性不良,不适于交流焊接。另外,焊接过程中产生的大量可溶氟的烟尘,也有害焊工健康。

2.埋弧焊焊接材料的冶金性能

埋弧焊焊接材料主要是焊丝和焊剂。同一焊剂与不同焊丝组合,或同一焊丝与不同焊剂组合,均会产生不同的冶金反应,因而可获得不同成分的熔敷金属,其性能自然有所不同。下面以熔炼焊剂为例来分析冶金性能。

由于熔炼焊剂中没法直接加合金剂,所以合金元素锰、硅过渡需和焊丝配合,才能使焊缝具有合适的化学成分,获得满意的接头性能。如焊接低碳低合金钢时,HJ130(无锰高硅低氟焊剂)需和 H10Mn2(高锰焊丝)配合,而 HJ431(高锰高硅低氟焊剂)则和 H08A(低碳钢焊丝)配合。

微量合金元素 Ti、B、V、Mo、Nb 等则一般通过焊剂化学冶金反应还原过渡,以细化晶粒,提高焊缝金属韧性。

焊剂的碱度提高,焊缝金属的含氧量下降。熔炼焊剂一般用焊剂的活度来衡量。焊剂活度提高,焊缝金属的含氧量也相应增加。所以,相同条件下采用碱性焊剂焊缝金属的韧性高于酸性焊剂;采用惰性焊剂焊缝金属的韧性高于氧化性焊剂。

CaO、MnO含量高的碱性焊剂具有较强的脱硫能力,所以其焊缝金属抗热裂纹的能力大于酸性焊剂。焊缝金属的含磷量主要通过焊剂过渡,一般锰矿中含有较高的磷,所以采用高锰焊剂焊缝金属含磷量较高,从而增大焊缝的冷脆性。

提高焊剂的氧化性可以降低焊缝中的氢,但提高氧化性势必增加焊缝金属的含氧量,降低焊缝韧性。增加焊剂中 $CaF_2$ 的含量可以降低焊缝金属中的[H],但 $CaF_2$ 的含量过高将使电弧稳定性变差,并产生大量有毒气体。焊剂中添加K、Na、Ca等的氧化物可以提高电弧稳定性,但将会增大氢气孔的敏感性。

一般熔炼焊剂中为了兼顾焊缝金属的氢、氧含量和工艺性能,焊剂成分基本按照氟硅互补的原则,即高硅低氟、低硅高氟、中硅中氟。寻找一种焊缝金属含氢量少、韧性高的两者兼顾的熔炼焊剂是国内外研究的重要课题。在中硅无锰焊剂基础上加入相当数量的FeO,得到的中硅氧化性焊剂是国内研制的一种含氢少且韧性良好的焊剂。

3.气体保护焊接材料冶金性能

气体保护焊接材料主要是保护气和焊丝。保护气体有两类:惰性气体与活性气体。惰性气体保护焊时,焊丝成分一般可认为不发生损失,其成分应与熔敷金属的成分相近。而活性气体保护焊时,由于气氛的氧化性,焊丝合金过渡系数降低,熔敷金属成分将与焊丝成分有较大差异。所以,焊丝必须与保护气体匹配。$CO_2$ 焊焊丝用于富氩条件下,熔敷金属合金含量会偏高;反之,富氩条件所用焊丝用于 $CO_2$ 焊时,合金含量必嫌不足。

例如,采用实芯焊丝 $CO_2$ 焊时,$CO_2$ 焊作为保护气体可以有效地防止空气侵入焊接区。但是由于 $CO_2$ 具有较高的氧化性,使焊丝中有益合金元素在焊接过程中被剧烈烧损,反应式可表示为

$$CO_2 + [Fe] =\!\!=\!\!= (FeO) + CO \tag{1.99}$$

$$CO_2 + [Mn] =\!\!=\!\!= (MnO) + CO \tag{1.100}$$

$$2CO_2 + [Si] =\!\!=\!\!= (SiO_2) + 2CO \tag{1.101}$$

此外,$CO_2$ 在高温下分解出的原子氧也会使合金元素氧化。由于合金元素的烧损,必然影响焊缝金属的化学成分与力学性能。另一方面如果焊丝中不含脱氧元素或含量较低,导致脱氧不足,使熔池中[FeO]含量提高,熔池结晶后期易产生CO气孔。因此 $CO_2$ 气体保护焊的焊丝必须含有较高的 Mn、Si 等脱氧元素。为了保证脱氧效果,一般按一定比例同时加入 Mn、Si 联合脱氧。如焊接低碳低合金钢($\sigma_s \leqslant 500$ MPa),一般选用 H08Mn2SiA 焊丝。当焊接强度级别较高的钢种时,则应选用焊 Mo 的焊丝,如 H10MnSiMo 等。

# 1.3  熔化焊接头的组织与性能

由于焊接过程的特点,决定了冷却后形成的焊接接头具有与母材不同的特点。

1) 由于两种以上的金属在高温下混合且伴随各种化学冶金反应,随后冷却使焊缝金属和母材相比,其成分、组织、性能均发生了巨大的变化。

2) 在热影响区没有化学成分变化的区域,由于焊接热循环的作用,相当于对它进行了一次短时高温热处理,发生了组织改变,带来性能上的变化。

3) 由于化学冶金反应的不均匀,造成接头部分成分不均匀,有时区域偏析很大,因此造成组织和性能的差异。

4) 由于焊接热效应的不均匀,使材料随加热温度的不同而形成组织梯度。

目前,随着焊接技术的发展,焊接方法日益增多,给焊接接头的组成带来新的变化。手工焊、埋弧焊的接头是由焊接材料(焊条或焊丝、焊剂)与母材组成焊缝。等离子、电子束及摩擦焊,接头均由母材自身组成。另外,不同的焊接方法具有不同的热过程,因此也影响接头成分、组织和性能。

**一、焊缝金属的组织**

焊接热循环作用下的焊缝形成有几个重要的热过程,首先是把母材及焊接材料加热到熔化温度使其熔化,然后是熔化金属的结晶,结晶后的固态焊缝金属有一个连续冷却的固态相变过程,所以焊缝从开始形成到室温,经历了加热熔化、结晶、固态相变三个热过程。故控制和调整焊缝金属的凝固和相变过程,就成为保证焊缝性能的关键。

1.焊缝金属的结晶

焊接熔池结晶也遵守一般结晶规律。现代结晶理论指出,过冷是凝固的条件,并且通过萌生晶核和晶核长大而进行的。但在焊接熔池这种非常过热的条件下,在开始凝固时,均匀成核的可能性是极其微小的。特别是在过热度最大的熔池中心区域尤其困难。实际上,在邻近熔池边界区域,虽然过热度较低,均匀成核的可能性也是不大的。从金属凝固理论可知,现成固相表面往往最易促使晶核的形成。这就是非自发形核。

在焊接条件下,熔池中存在有两种所谓现成表面:一种是合金元素或杂质的悬浮质点(在一般正常情况下所起作用不大);另一种就是熔合区附近加热到半熔化状态基本金属的晶粒表面,非自发晶核就依附在这个表面上,并以柱状晶的形态向焊缝中心成长。形成所谓交互结晶(或称联生结晶),如图1.37、1.38所示。

焊接时,为改善焊缝金属的性能,通过焊接材料加入一定量的合金元素(如钼、钒、钛、铌等)可以作为熔池中非自发晶核的质点,从而使焊缝金属晶粒细化。

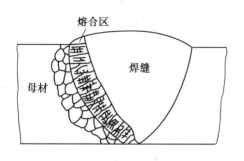

图1.37　熔合区母材晶粒上成长的柱状晶

图1.38　紫铜等离子焊熔合区中半熔化的
晶粒上外延生长出新晶体(50×)

熔池中晶核形成之后,就以这些新生的晶核为核心,不断向焊缝中成长。但是,长大的趋势各不相同,有的柱状晶体严重长大,一直可以成长到焊缝中心,有的晶体却只成长到半途而停止。当晶体最易长大方向与散热最快方向(或最大温度梯度方向)相一致时,则最有利于晶粒长大,便优先得到成长,可以一直长至熔池的中心,形成粗大的柱状晶体。有的晶体由于取向不利于成长,与散热最快的方向又不一致,这时晶粒成长就停止下来,这就是焊缝中柱状晶体选择长大的结果。由于焊缝凝固是在热源不断移动的情况下进行的,随着熔池向前推进,最大的温度梯度方向不断地改变,因此柱状晶长大的有利方向也随之变化。一般情况下,熔池呈椭圆状,柱状晶垂直于熔池边缘弯曲地长大,如图1.39所示。

2.焊缝金属的凝固组织

固相晶体从液体中形成、长大的过程称为初次结晶或凝固,其组织即初次组织或凝固组织。焊缝中的凝固结晶组织主要有柱状晶和等轴晶两类。由于结晶条件的不同,柱状晶可以有胞状晶、胞状树枝晶及柱状树枝晶三类形态。图1.40为焊缝中胞状晶和胞状树枝晶的形态。

凝固组织的金相形态和结晶时固液界面前方液相中成分过冷程度有关。一定成分的合金凝固组织随成分过冷有显著变化,成分过冷的影响因素主要是温度梯度、成长速度和溶质浓度。

对一定成分的合金焊缝,液相温度梯度起决定作用。随温度梯度降低,成分过冷区将增大,焊缝的凝固组织将相继是平滑界面、胞状晶、胞状树枝晶、柱状树枝晶和等轴树枝晶组织。焊缝凝固组织的最大特点主要表现在各种形态的柱状晶组织。

研究焊缝中的一次组织形态的变化、粗细程度及化学成分不均匀的程度,可以判断焊缝的力学性能和对裂纹的敏感性。一般来说,细密的一次组织具有比较良好的性能。

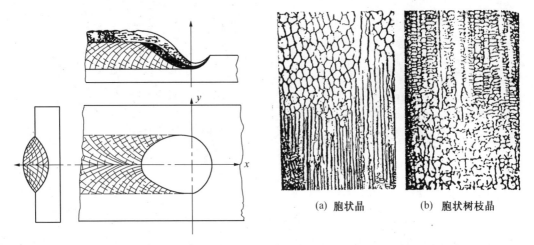

<table>
<tr><td>　　　　　　　　</td><td>(a) 胞状晶</td><td>(b) 胞状树枝晶</td></tr>
</table>

图 1.39　焊缝中柱状晶方向决定于散热方向　　图 1.40　焊缝中的胞状晶和胞状树枝晶(400×)

　　焊接速度、焊接线能量等焊接工艺条件对一次组织的结构有很大的影响。熔化焊时熔池在运动状态下结晶,熔池形状及结晶组织形态受焊接速度影响。可以证明熔池结晶速度 $v_R$ 和焊接速度 $v_S$ 有如下关系:

$$v_R = v_S \cos \alpha \tag{1.102}$$

式中　$\alpha$——$v_R$ 与 $v_S$ 之间的夹角。

　　研究表明:当焊接速度越大时,$\alpha$ 角越大,结晶生长方向的曲线族越接近直线,很少弯曲,形成对生的柱状晶焊缝结构。当焊速越小时,则晶粒的生长方向越弯曲,如图 1.41 所示。故当高速焊时,最后结晶的低熔点夹杂物被推移到焊缝对生中心,形成中心弱面,导致焊缝中心易出现纵向裂纹,如图 1.42 所示。这就是热裂敏感性大的奥氏体钢和铝合金焊接时不能采用大焊速的主要原因。

(a)　焊速150 cm/min　　　　　　　　　　　　(b)　焊速 25 cm/min

图 1.41　工业纯铝 TIG 焊时焊速对晶粒生长的影响(2×)

　　当焊接电流小时,线能量减小,熔合区附近过热程度小,结晶时温度梯度大,成分过冷减小,形成胞状晶。随电流加大,热输入增加,母材过热程度增加,温度梯度减小,成分过冷增加,焊缝结晶组织成为胞状树枝晶。当电流进一步加大,焊缝中的树枝晶也随之粗大,这是焊接过

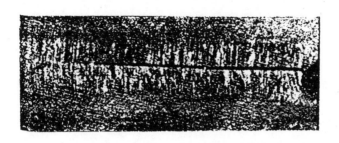

**图 1.42　大电流高速焊时焊缝中对生柱晶造成的纵向裂纹(2×)**

热区母材晶粒粗大,影响与之连生结晶的柱状晶也更粗大的结果。

3.焊缝金属的化学成分不均匀性

在熔池进行结晶的过程中,由于冷却速度很快,已凝固的焊缝金属中化学成分来不及扩散,合金元素的分布是不均匀的,出现所谓偏析现象。与此同时,在焊缝的边界处——熔合区,还出现更为明显的成分不均匀,常成为焊接接头的薄弱地带。

(1)焊缝中的偏析

焊缝结晶过程的偏析根据偏析的特点分为两类:宏观偏析和微观偏析。

宏观偏析是由于柱状晶倾向性方向使杂质偏聚于晶间及部分地区溶质浓度升高。在大范围内从断面即可发现引起宏观组织改变甚至产生裂纹。主要有以下 4 类:

1)层状偏析。周期性分布产生于焊缝的层状偏析,是结晶速度周期性变化引起的。从焊缝经侵蚀后的断面上发现有颜色不同的分层组织。图 1.43 为焊缝层状偏析的示意图,图1.44 显示的是硫的层状偏析。

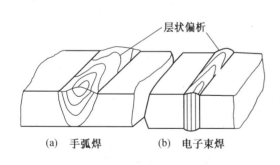

图 1.43　焊缝层状偏析示意图

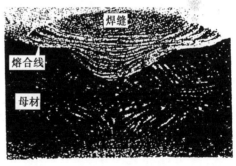

图 1.44　铁素体钢堆焊焊缝中硫的层状偏析(5×)

2)焊缝中心偏析。结晶由未熔化母材处开始向焊缝中心结晶,使杂质推往最后凝固的熔池中心而形成。在应力作用下,容易产生焊缝纵向裂纹。

3)焊道偏析。多道、多层焊时在层间、道间形成的成分偏析。特别在不同材料堆焊和异种钢焊接时极易产生。

4）弧坑偏析。收弧处熔池未能填满，凝固时大量杂质无法排出及成分扩散不均匀而导致偏析。一般应设法将其引出接头为好。

焊缝结晶过程中，先结晶的固相含溶质浓度低，而后结晶的固相含溶质的浓度较高，并富集了较多的杂质。由于焊接快速冷却，结晶后的成分来不及趋于一致，而在相当大的程度上又保持着结晶有先后的规律，从而使晶界、晶内的亚晶和树枝晶之间都存在着不同程度的显微偏析。胞状晶中心和胞晶之间溶质浓度不同引起的偏析为胞晶偏析；树枝状晶树干与侧枝及晶间成分不一致引起的偏析为树枝状晶偏析。

焊缝中的凝固组织由于结晶形态不同，也会具有不同的偏析程度。例如，有人测得低碳钢焊缝中 $w(C) = 0.19\%$，$w(Mn) = 0.50\%$，锰在胞状晶中心含量为 $w(Mn) = 0.47\%$，而在胞状晶界为 $w(Mn) = 0.57\%$，在树枝晶界则达 $w(Mn) = 0.59\%$。说明树枝晶界的偏析较胞状晶界的偏析更严重。晶粒细化，由于晶界增多，偏析分散，将会减弱偏析的程度。

（2）焊接熔合区

焊缝金属和母材热影响区之间的分界，通常谓之熔合线。它实质上并非一个规整的面，而是一个三维的薄层，叫做熔合区。熔合区往往是接头的薄弱环节，常可成为裂纹的起始点或扩展通道。

除极少数纯金属焊接之外，被焊金属均属于异分结晶的成分，结晶和熔化均是在一个温度区间完成。如图 1.45 所示的一种单相固溶合金，在熔池的边沿有一个半熔化区，根据相图，该区中已经液化的部分和仍保持固态的部分的成分不同。例如 $T_c$ 处，此时仍然保持固态的金属（在该区中原晶粒内部，靠母材一侧越多些）的成分已发生了变化，为 $c_S$；与之相平衡的液相（多半在原晶界处）的成分也不是原来的平均成分，而是 $c_L$。对于多相合金，半熔化区的情况就更为复杂。由于半熔化区中两相共存，固相中的溶质元素将向液相转移，力求达到平衡。这样的液相在焊接的快速冷却条件下，很难在结晶时将合金元素完全往回转移到固相中去，其结果是这些液化部位冷却后的成分和组织将不同于焊接之前，即不同于稍远处的母材。原来单相合金的晶界可能出现二次相，甚至共晶体。原有共晶组织的部位，共晶数量将不同程度地增加，形态也会有所变化。由图 1.46 所示 ZG4Cr25Ni20 钢的熔合区，可明显地看出共晶组织的变化。

根据上述分析，液化区的低熔合金元素浓化，固相则相对地发生贫化，因而熔合区的性能和组织的不均匀性较母材上其他任何区都大。另外，在焊接条件下，在熔合区元素的扩散转移是激烈的。如强偏析元素 C、S、P 在熔合区完全凝固之后的冷却过程中，将发生相反的扩散过程，即由焊缝向母材扩散，对于同种钢焊接，由于碳在铁中的扩散能力较强，故在高温时可以来得及均匀化，而 S、P 的扩散能力较弱，故偏聚于熔合区。对于异种钢或异种金属焊接时，其熔合区两侧在熔池存在时间内虽有强烈的元素扩散转移，但由于材料本身各种性能的差别，在凝固后熔合区附近存在合金元素极大的不均匀。

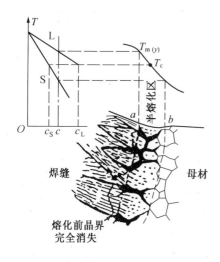

**图 1.45　固溶合金半熔化区示意图**

**图 1.46　HK40 合金（ZG4Cr25Ni20）熔合区共晶组织的变化（400×）**

（3）合金元素对焊缝成分不均匀性的影响

加入微量合金元素,可细化焊缝一次组织,提高焊缝的性能。但是随着合金元素含量的增加,会增大焊缝的偏析程度,不适当的加入合金元素甚至引起焊缝性能恶化。故应控制合金元素在焊缝中的含量,而不是越多越好。元素的偏析程度表示为

$$K = \frac{w_A + w_B}{w_X} \times 100\% \qquad (1.103)$$

式中　$K$——元素的偏析系数（%）;

$w_A$——开始结晶晶轴上某元素的质量分数（%）;

$w_B$——最后结晶晶界处某元素的质量分数（%）;

$w_X$——某元素在液相时的原始平均质量分数（%）。

偏析系数 $K$ 值越大时,偏析的程度越严重,各元素 $K$ 值的大小如表 1.22 所示。

从表 1.22 看出,硫和磷是极易偏析的元素,而 Ni 在焊缝中不存在偏析。C 在焊缝树枝晶间存在着很大偏析。特别是随着含碳量的提高焊缝中其他合金元素的偏析程度比在低碳焊缝中明显提高,对 Mn 和 Mo 影响最严重。

表 1.22　钢中各元素的偏析系数 K　　　　　　　　　　　（%）

| 元素 | S | P | W | V | Si | Mo | Cr | Mn | Ni |
|------|-----|-----|-----|-----|-----|-----|-----|-----|-----|
| K | 200 | 150 | 60 | 55 | 40 | 40 | 20 | 15 | 5 |

4.焊缝固态相变组织

焊缝金属经凝固完成一次结晶过程,随着连续冷却过程的进行,对于低碳低合金钢来讲,在一次结晶组织的基底上产生过冷奥氏体转变。随冷却速度的不同,可以有铁素体转变、珠光体转变、贝氏体转变和马氏体转变,转变后的组织可分为以下几类。

(1)先析铁素体

先析铁素体是指从过冷奥氏体高温首先析出且转变机制是扩散型的铁素体。先析铁素体根据其形态、分布的不同,可将其进一步划分如下。

1)晶界自由铁素体。晶界自由铁素体是在较高温度下,由奥氏体晶界上形核,然后长大形成完全扩散型的转变产物,其形态呈块状、等轴状、网状等,如图1.47所示。

2)魏氏组织铁素体。对低碳低合金钢来说,魏氏组织的形成有三个条件,即粗大的奥氏体晶粒;含碳量在0.1%~0.5%(质量分数)左右;较快的连续冷却速度。焊接时,在低碳低合金钢接头的过热区易满足上述三个条件,故常出现魏氏组织。有时焊缝的某些区域也会满足形成魏氏组织的条件,从而形成魏氏组织,如图1.48所示。粗大的魏氏组织一般将恶化韧性。

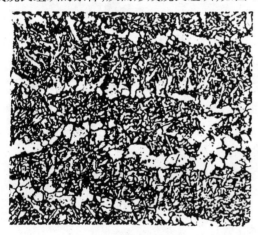

图 1.47　晶界自由铁素体(300×)

晶内针状铁素体

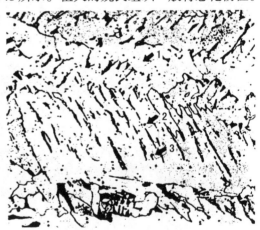

图 1.48　焊缝中魏氏组织铁素体(300×)

1—先析铁素体;2—魏氏组织铁素体;3—珠光体

3)晶内等轴铁素体。晶内等轴铁素体在原奥氏体晶内形核,具有不规则的弯曲晶界,或者具有轮廓分明的晶体学特征。这类铁素体在焊缝中不多见。

4)晶内针状铁素体。晶内针状铁素体主要存在于低碳低合金钢的焊缝中,其形成温度要低于魏氏组织铁素体,它在原始奥氏体晶粒内以平行的针状(片状)构成一定的几何形状,即所谓筐篮状结构,一般针状铁素体都是 $2~\mu m$ 厚,相邻铁素体晶粒之间取向大于 $20°$,针与针之间分布着过冷奥氏体的转变产物,它可能是珠光体型的铁素体 – 碳化物复相组织,也可能是 M – A 组织。图 1.47 中晶内即为针状铁素体。焊缝组织中晶内针状铁素体细小密集、数量多,能使焊缝金属韧性提高。

(2)共析转变产物

共析转变产物是指过冷奥氏体在 $Ar_1$ 以下温度转变为珠光体族的相关产物,转变机制是扩散型。随着转变温度的降低,珠光体转变越快越小。高温转变形成的珠光体,其片层间距大约在 $150~\sim 450~nm$ 之间,光学显微镜可显示其片层结构;较低温度下形成的细片状珠光体,其片层间距在 $80~\sim 150~nm$ 之间,工业上叫做索氏体;在更低温度下形成的片层间距为 $30~\sim 80~nm$ 的极细片状珠光体,工业上叫做屈氏体。屈氏体的组织形态要通过电子显微镜才能观察到。

片状珠光体的性能主要取决于片层间距,片层间距越小,则珠光体的强度和硬度越高,同时塑性和韧性也变好。此外渗碳体的形状对珠光体的性能也有重要影响。在相同硬度下,粒状珠光体比片状珠光体的综合力学性能优越得多。

(3)贝氏体

贝氏体是过冷奥氏体中温转变产物,转变机制是扩散 – 切变型。即形核是扩散型,但长大却是切变型。贝氏体转变的温度区域是在珠光体、马氏体转变之间,所以亦有中间转变之称。但由于形成条件不同,转变后形成的贝氏体可分为无碳贝氏体、粒状贝氏体、上贝氏体和下贝氏体等,其形态和性能差别很大。

无碳贝氏体的铁素体板条大致平行,板条较宽,板条之间的距离较大,板条之间为 M – A 组元,在低碳低合金钢的焊接接头中,有时也能看到无碳贝氏体的存在,但它常与魏氏组织铁素体、针状铁素体、粒状贝氏体等组织共存,要注意加以区分。关于无碳贝氏体是否能称为一种单独转变机制的组织目前还无定论,有人把无碳贝氏体当做粒状贝氏体的一种特殊形态。

粒状贝氏体转变温度高于上贝氏体转变温度,其特征是铁素体基体上分布着许多岛,外形不规则可以呈块状、板条状、哑铃状、粒状等。而这些小岛为富碳奥氏体的转变产物。粒状贝氏体对焊缝金属强度和韧性的影响也没有取得统一的结论。有的研究表示,粒状贝氏体会降低韧性。有的研究认为,粒状贝氏体可提高韧性。这两种相反的观点,主要是由于粒状贝氏体上的岛可有不同的转变或分解特征。当岛内奥氏体在冷却过程中部分地转变为马氏体(形成 M – A 组元)时,则韧性下降。而岛内奥氏体也可能在较缓慢冷却时,部分分解为铁素体和渗碳体并有残余奥氏体,则韧性上升。

钢中典型上贝氏体的形态呈羽毛状。上贝氏体形成温度较高,铁素体晶粒和碳化物颗粒较粗大,碳化物呈短杆状平行分布在铁素体板条之间,铁素体和碳化物的分布有明显的方向性,这种组织状态使铁素体条间易产生脆断,铁素体本身也可能成为裂纹扩展的途径。故上贝氏体不但硬度低,而且韧性也显著降低。焊接接头中一般应避免上贝氏体组织的形成。

下贝氏体典型形态呈针片状。下贝氏体中铁素体针细小而均匀分布,而且在铁素体内又沉淀析出大量细小且弥散分布的碳化物,故位错密度很高。因此下贝氏体不但强度高,而且韧性也很好,即具有优良的综合力学性能。

(4)马氏体

当钢中含碳量偏高或合金元素较多时,在快速冷却条件下,奥氏体过冷到 $M_s$ 温度下将发生切变型转变得到马氏体,根据含碳量的不同可形成不同形态的板条马氏体、片状马氏体等。

板条马氏体又称位错马氏体、低碳马氏体等。光学显微镜下的形态是约 $0.5~\mu m$ 左右宽度的板条为单元构成定向、平行排列的马氏体束,在每束中取向相同的相邻板条以小角度晶界分开,不同取向的板条之间则以大角度晶界分开。在一个奥氏体晶粒中可以存在多束板条。板条内部结构是交错复杂的位错缠结,很少存在孪晶。

片状马氏体又称针状或竹叶状马氏体、孪晶马氏体、高碳马氏体等。片状马氏体的显微组织特征为片间不相互平行,在一个奥氏体晶粒内最早形成的一片马氏体比较粗,往往贯穿整个奥氏体晶粒,使以后形成的马氏体大小受到限制。因此片状马氏体的大小不一,越是后形成的马氏体片越小。片状马氏体的亚结构主要为孪晶。

低碳马氏体既具有相当的强度,还具有良好的韧性,这主要是亚结构属于位错型所致。此外,低碳马氏体的 $M_s$ 点较高,有自回火现象。自回火能改善马氏体的韧性。高碳马氏体硬度很高,但极脆,几乎没有什么韧性可言。

(5)低碳钢焊缝组织

低碳钢的焊缝金属含碳量很低,故二次结晶组织大部分是铁素体加少量珠光体。由于铁素体一般首先沿原奥氏体晶界析出,往往勾画出一次组织的柱状轮廓,故又称为柱状铁素体,其晶粒十分粗大。此外焊缝中的一部分铁素体还具有魏氏组织的形态,如图 1.49 所示。

在焊接线能量小条件下,冷却速度较大时,焊缝组织中柱状晶细长,先析铁素体多以片状析出,魏氏组织铁素体片薄,片间距也较窄;反之,当焊接线能量大,冷却速度相应减小时,沿晶分布的先析铁素体则多以块状出现,魏氏组织铁素体片也厚,片间距较宽。在很快的冷却速度下(如水下焊接),先析铁素体量减少,甚至消失,此时魏氏组织铁素体也较难出现。在这种情况下,随成分与冷却速度的不同,有可能出现无碳贝氏体、粒状贝氏体,还有可能出现马氏体,如图 1.50 所示。

多层焊或热处理对焊缝金属的组织和性能将起改善作用,使焊缝获得细小的铁素体和少量珠光体,并消除柱状晶组织。

(6)低合金钢焊缝组织

低合金钢焊缝固态相变后的组织比低碳钢焊缝组织要复杂得多,由于合金元素的加入,往往使连续冷却转变曲线(CCT图)右移,而贝氏体转变部分向左突出。因此,在实际的焊缝金属中,各种组织如铁素体、珠光体、贝氏体、马氏体等都可能出现,形成复杂的组织形态。应当指出,低合金钢焊缝中的铁素体、珠光体,与低碳钢焊缝中的铁素体、珠光体虽然在组织结构上相同,但在形态上确有很大的差别,因此也会反映出不同的性能。

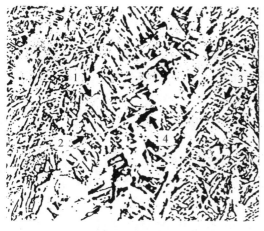

图 1.49　20 钢埋弧焊焊缝组织(450×)

1—先析铁素体;2—魏氏组织铁素体;

3—针状铁素体;4—共析转变产物

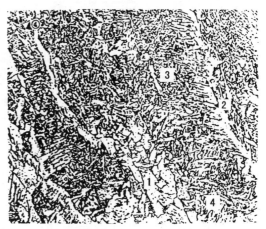

图 1.50　$A_3$ 钢水下 $CO_2$ 焊焊缝组织(200×)

1—先析铁素体;2—无碳贝氏体;

3—针状铁素体;4—粒状贝氏体

当合金元素较少时,低合金钢焊缝组织与低碳钢相近。在一般焊接冷却条件下为铁素体加少量珠光体,冷却速度增大时常常会出现粒状贝氏体。

当焊缝中合金元素较多,淬透性较好时,则出现多种形态的贝氏体组织,如图 1.51 所示。当冷速较快时也会出现贝氏体和马氏体混合组织,如图 1.52 所示。此外,在焊接条件下,焊缝中的气体的含量往往比母材高 10 倍之多,氧含量可达 $10^{-4}$ 数量级。这样高的含氧量将会影响组织转变,从而影响焊缝金属的性能。

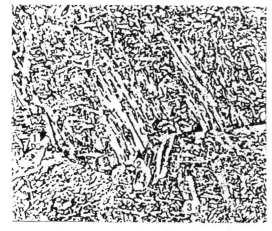

图 1.51　13MnNiMoNbR 钢手弧焊焊缝组织(500×)

1—先析铁素体;2—无碳贝氏体;3—针状铁素体;

4—粒状贝氏体(预热 150 ℃)

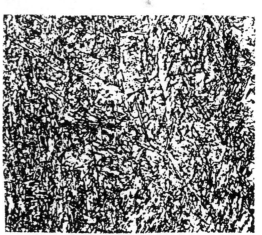

图 1.52　14MnMoNbB 钢手弧焊角焊缝组织(500×)

### 二、焊缝金属性能的控制

焊缝金属的力学性能是影响接头使用可靠性的重要因素,其中强度与韧性是最关键的性能指标。低合金高强度结构钢在工程中占有极其重要的地位,应用范围广,有一定的典型意义,所以本节主要讨论结构钢焊缝金属的强韧性问题。

各类金属材料所采用的强化方式大体有以下几种:固溶强化;细晶强化(变质处理);冷作强化;沉淀强化(弥散强化);相变强化。

焊缝金属的强化,要比各类母材困难得多,提高焊缝金属的强度,通常还是采用固溶强化和细晶强化。固溶强化和细晶强化属于两种不同强化机制。焊缝中合金元素的种类很多,所起的作用很复杂,有的主要是固溶强化(如 Mn、Si 等),有的主要是细晶强化(如 Ti、B、Zr、稀土等),有的兼有两种作用(如 V、Nb、Mo 等)。细晶强化不仅可提高焊缝的强度,还能改善焊缝韧性和抗裂性。一般不希望采用沉淀强化或马氏体相变强化,因为这二类属于热处理强化方式,焊后须进行适当的热处理。如果焊后有条件进行热处理,并且为保证热影响区性能或为了消除焊接残余应力,而要求必须进行某种热处理时,则焊缝金属的化学成分就应尽可能与母材接近,以便在同一热处理温度下能获得与母材相当的性能水平。这时的焊缝金属就自然不再属于单纯的固溶强化。例如中碳调质钢焊缝金属焊态下一般均为马氏体或马氏体 + 贝氏体组织,因此,焊后必须进行热处理,或者单一回火,或者淬火加回火。对于耐热钢接头,焊后均须经高温回火。

但应指出,焊后回火处理对于某些合金有时不但不能改善焊缝的韧性,反而可能使韧性恶化,即出现脆化现象。如含 Nb、V 或 Ti 的焊缝回火时往往可能产生脆化,Cr – Mo 钢焊缝也可能发生回火脆性。因此,对焊后热处理的适用性,应有科学的分析。

冷作强化要求对材料进行形变加工,故这种方式在焊接中极少采用。

保证焊缝金属的强度和母材匹配是比较容易的。为了防止结构的脆性破坏,对如何提高结构钢焊缝金属的韧性则是一个既重要又困难的问题。

焊缝金属力学性能的影响因素众多,但主要因素是焊缝的化学成分(包括杂质元素)和冷却条件(焊接工艺)。

#### 1.焊缝化学成分的影响

焊缝化学成分对性能的影响是比较复杂的,尤其是对韧性的影响。焊缝的化学成分包括合金元素和有害杂质,其存在形态可以是固溶于基体,也可以形成析出相,或者析集于晶界,不仅可以直接影响到韧性,也可以通过改变相变过程及其产物形态而影响韧性。

对于低合金结构钢的焊缝金属,最有害的脆化元素是 S、P、N、O、H,必须加以限制。强度级别越高的焊缝,对这些杂质的限制应该越严。合金元素对韧性的影响极其复杂,每一合金元素的影响,因合金系统及焊接工艺条件的不同,而有一定的差别;其影响效果不仅与其数量有关,而且和共存的其他元素的种类和数量有很大关系。

（1）锰和硅对焊缝性能的影响

Mn 和 Si 是一般低碳钢和低合金钢焊缝中不可缺少的合金元素，它们一方面可使焊缝金属充分脱氧，另一方面可提高焊缝的抗拉强度（属于固溶强化），但对韧性的影响比较复杂。Mn、Si 含量过低，焊缝组织中出现粗大的先析铁素体，使韧性降低；Mn、Si 含量过高，焊缝组织中出现魏氏组织，甚至出现无碳贝氏体、上贝氏体，亦使韧性降低；只有 Mn、Si 含量适中，焊缝组织为细针状铁素体，才能提高韧性。

应当指出，单纯采用 Mn、Si 提高焊缝的韧性是有限的，特别是在大线能量进行焊接时，仍难以避免产生粗大先析铁素体和魏氏组织。因此，必须向焊缝中加入其他细化晶粒的合金元素才能进一步改善组织，提高焊缝的韧性。

（2）铌和钒对焊缝韧性的影响

经研究表明，适量的 Nb 和 V 可以提高焊缝金属的冲击韧性。因为 Nb 和 V 在低合金钢焊缝金属中可固溶，从而推迟了冷却过程中奥氏体向铁素体的转变，抑制焊缝中先析铁素体的产生，而促进形成细小的针状铁素体组织。另外，Nb 和 V 还可以与焊缝中的氮化合成氮化物（NbN、VN）从而固定了焊缝中的可溶性氮，这也会引起焊缝金属提高韧性。但是，采用 Nb 和 V 来韧化焊缝，当焊后不再进行正火处理时，V 和 Nb 的氮化物，以微细共格沉淀相存在，使焊缝金属强度大幅提高，而焊缝的韧性则下降。

（3）钛、硼对焊缝韧性的影响

经研究表明，低合金钢焊缝中有 Ti、B 存在可以大幅度地提高韧性。但 Ti、B 对焊缝金属组织细化的作用是很复杂的，它与氧、氮有密切的关系。微量 Ti、B 改善焊缝金属韧性的机理主要有两方面的因素。一是 Ti 与氧的亲和力很大，使焊缝中的 Ti 以微小颗粒氧化物的形式（TiO）弥散分布于焊缝中，促进焊缝金属晶粒细化。这些小颗粒状的 TiO 还可以作为针状铁素体的形核质点，在 $\gamma \rightarrow \alpha$ 转变阶段促进形成针状铁素体。根据研究，Ti 与 N 也有上述类似的作用。另一方面 Ti 在焊缝中保护 B 不被氧化，故 B 可以作为原子态偏聚于晶界。这些聚集在 $\gamma$ 晶界的 B 原子，降低了晶界能，抑制了先共析铁素体的形核与生长，从而促使生成针状铁素体，改善了焊缝组织的韧性。但是低合金钢焊缝中 Ti 和 B 的最佳含量和氧、氮的含量有关。

（4）钼对焊缝韧性的影响

低合金钢焊缝中加入少量的 Mo 不仅提高强度，同时也能改善韧性。研究表明，焊缝中的 Mo 含量少（$w(Mo) < 0.20\%$）时，$\gamma \rightarrow \alpha$ 固态相变温度上升，形成粗大的先析铁素体；当 Mo 含量太高（$w(Mo) > 0.50\%$）时，转变温度随即降低，易形成无碳贝氏体、上贝氏体板等组织，使韧性显著下降。只有 Mo 的质量分数在 $0.20\% \sim 0.35\%$ 时，才有利于形成均一的细针状铁素体。如向焊缝中再加入微量 Ti，更能发挥 Mo 的有益作用，使焊缝金属的组织更加均一化，韧性显著提高。

（5）镍对焊缝韧性的影响

焊缝金属中 Ni 含量的影响与焊后是否经过调质处理有密切关系。在焊态下，如图 1.53 所示，焊缝 Ni 的质量分数未超过 2.5% 时，韧性随 Ni 的质量分数提高而提高；当 Ni 的质量分数超过 2.5% 以后，韧性反而变坏，这是因为焊缝中会出现上贝氏体（或无碳贝氏体）和马氏体组织,而且含碳量越高韧性的下降越明显。只有经调质处理使焊缝具有细小的铁素体组织,焊缝韧性才随 Ni 含量的增高而提高。

Ni 的有利作用的体现,须以限制 S、P、C 等有害杂质为前提。否则不仅难以获得良好的韧性,还可促使产生结晶裂纹。因此 IIW – ISO 规定,焊丝 Ni 的质量分数为 0.4% ~ 1.6% 时,S、P 的质量分数分别为不大于 0.02%;焊丝 Ni 的质量分数超过 1.6% 时,S、P 的质量分数分别为不大于 0.01%。

(6)稀土元素对焊缝金属性能的影响

关于稀土在焊缝中的作用已有许多研究,如稀土降低焊缝中的扩散氢含量,改善焊缝的抗热裂倾向,特别是稀土能改善焊缝金属的韧性。稀土在焊缝中改善韧性的作用机理至今尚无统一的结论。有

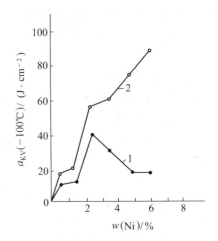

图 1.53  Ni 对焊缝韧性的影响
1—焊态;2—调质态

的研究表明,焊缝中加入一定量的重稀土钇,对焊缝金属的组织有改善作用,并能改善夹杂物分布,从而提高了韧性。关于轻稀土(铈)对焊缝金属的韧化也作了许多研究。研究表明,轻稀土元素加入焊缝之后,会富集在硅酸盐夹杂物中,使夹杂物球化,并以弥散状态分布,从而有利于针状铁素体的形核,抑制了先析铁素体,使焊缝组织得到细化,因此,提高了焊缝金属的韧性。

综上所述,采用微合金元素改善焊缝金属的组织和韧性是一项十分复杂的问题,特别是不同合金体系最佳韧化效果的合适微量元素,有时很难从理论上给以解释。但是,不管采用何种微量元素,其最终都能改善焊缝的微观组织。对于低合金钢焊缝来讲,就是增加焊缝金属中的针状铁素体,抑制先析铁素体的形核长大,这是最重要的韧化机制。

2.焊接工艺的影响

焊接工艺条件,诸如焊接参数(常以线能量 $E$ 表征)、焊接材料性质、接头尺寸形状以及预热或后热等,均对焊缝的成形及其冷却条件产生明显的影响,从而影响到 $\gamma \rightarrow \alpha$ 转变,最终影响到焊缝金属的性能。

(1)焊接线能量

焊接线能量的影响,不仅是通过改变熔池过热程度和冷却速度而使 $\gamma$ 柱晶尺寸及 $\gamma \rightarrow \alpha$ 转变发生变化,还可通过改变熔合比而影响焊缝化学成分,从而使焊缝的组织与性能发生变化。

(2)焊接材料

焊接材料类型不同(包括熔渣系统或碱度、保护气体类型等),可直接影响焊缝金属中有害杂质(H、O、N、S、P 等)的数量及其存在形式,从而影响焊缝的韧性。此外,焊接材料类型不同,还可对焊缝成形(熔深及熔宽)发生影响,因而也会对焊缝性能发生影响。

(3)接头形式

接头尺寸形状及其施焊方式,一方面影响焊缝冷却条件,一方面也影响熔合比,因而焊缝

化学成分及组织均会有所变化。

（4）多层焊接

对于相同板厚焊接结构，采用多层焊接可以有效地提高焊缝金属的性能。这种方法一方面由于每层焊缝变小而改善了凝固结晶的条件，另一方面，更主要的原因是后一层对前一层焊缝具有附加热处理的作用，从而改善了焊缝固态相变的组织。

（5）焊后热处理

焊后热处理可以改善整个焊接接头的组织，当然也包括焊缝的组织。能充分发挥焊接结构的潜在性能。因此，一些重要的焊接结构，一般都要进行焊后热处理，以改善结构的性能。但对某些复杂的大型焊接结构采用整体热处理仍有困难，因此常采用局部热处理来改善焊接接头的性能。

（6）振动结晶

改善熔池凝固结晶结构的另一途径就是采用振动的方法来破坏正在成长的晶粒，从而获得细晶组织。

（7）锤击焊道表面

锤击焊道表面既能改善后层焊缝的凝固结晶组织，也能改善前层焊缝的固态相变组织。因为锤击焊道可使前一层焊缝（或坡口表面）不同程度地晶粒破碎，使后层焊缝在凝固时晶粒细化，这样逐层锤击焊道就可以改善整个焊缝的组织性能。此外，锤击可产生塑性变形而降低残余应力，从而提高焊缝的韧性和疲劳性能。

（8）跟踪回火处理

所谓跟踪回火，就是每焊完一道焊缝立即用气焊火焰加热焊道表面，温度控制在 $900 \sim 1\ 000\ ℃$ 左右。采用跟踪回火，不仅改善了焊缝的组织，同时也改善了整个焊接区的性能，因此焊接质量得到显著的提高。

3. 焊缝金属与母材的强韧匹配

对低合金高强钢焊接接头采用何种焊接材料的匹配问题已进行了许多研究。长期以来，无论是施工、设计还是试验研究，多采用等强匹配的原则。然而近年来发现，对某些强度级别较高的钢种（$\sigma_b \geqslant 700\ \mathrm{MPa}$），除考虑强度问题之外，还必须考虑接头的韧性和裂纹敏感性。这种情况采用等强匹配就不一定是最好的，而采用低强匹配更为合理。

经验及研究指明，对于 C – Mn 钢之类低强度钢，按等强原则选用焊接材料，焊接接头可具有足够的韧性储备。而适当超强，也确实有利于提高接头抗脆断性能。

但对于高强钢（特别是超高强钢），如要求焊缝与母材等强，则焊缝的韧性储备不够高，若为超强的情况，韧性储备就会更为低下，甚至可能低到安全限以下。此时，如少许牺牲焊缝强度而使韧性储备有所提高，可能更有利些。实验表明，低强焊缝，即焊缝强度低于母材强度，若焊缝有足够的韧性，其接头抗脆性破坏的性能并不比等强或超强匹配差。

**三、焊接热影响区的组织**

在早些年代里，制造焊接结构所使用的材料主要是低碳钢，焊缝质量是至关重要的，只要焊缝不出问题,焊接热影响区也不会出问题。因此,当时人们在考虑焊接质量时,把主要注意力集中在解决焊缝中存在的问题。

但是,随着生产规模的发展,要求高参数、大容量的成套设备不断增多,各种高温、耐压、耐蚀、低温的容器,深水潜艇,宇航装备以及核动力装置、管道等也不断建造。因此所采用的金属材料自然就被各种高强钢、不锈钢、耐热钢以及某些特种材料所代替(如铝合金、钛合金、镍基合金、复合材料和陶瓷等)。在这种情况下焊接质量不仅仅决定于焊缝,同时也决定于焊接热影响区,有些金属焊接热影响区存在问题比焊缝更为复杂。

焊接热影响区在组织性能上是一个非均匀的连续体。由于距焊缝远近不同,在组织性能上差异较大,特别是熔合区和粗晶区是焊接接头的薄弱环节。造成焊接热影响区组织性能不均匀的根本原因是各部位所经历的热循环不同。焊接热循环是焊接接头经受热作用的过程,它对于焊接接头的应力变形、组织和力学性能等的影响都是十分重要的。

1.焊接热影响区的组织转变

焊接条件下的组织转变与热处理条件下的组织转变相比,其基本原理是相同的。但由于焊接过程的特殊性,使焊接条件下的组织转变又具有与热处理不同的特点。对于低合金高强钢来说,钢的固态相变规律仍是分析焊接热影响区组织转变的基础。

(1) 焊接过程的特殊性

焊接热过程概括起来有以下特点。

1)加热温度高。一般热处理时加热温度最高在 $A_{c3}$ 以上 $100 \sim 200\ ℃$,而焊接时加热温度远超过 $A_{c3}$,在熔合线附近可达 $1\ 350 \sim 1\ 400\ ℃$。

2)加热速度快。焊接时由于采用的热源强烈集中,故加热速度比热处理时要快得多,往往超过几十倍甚至几百倍。

3)高温停留时间短。焊接时由于热循环的特点,在 $A_{c3}$ 以上保温的时间很短(一般手工电弧焊约为 $4 \sim 20\ s$,埋弧焊为 $30 \sim 100\ s$),而在热处理时可以根据需要任意控制保温时间。

4)自然条件下连续冷却。在热处理时可以根据需要来控制冷却速度或在冷却过程中不同阶段进行保温。然而在焊接时,一般都是在自然条件下连续冷却,个别情况下才进行焊后保温或焊后热处理。

另外,焊接局部加热,将产生不均匀相变及应变,组织转变在应力状态下进行。

(2) 焊接加热过程的组织转变

焊接快速加热,首先将使各种金属的相变温度比等温转变时有大幅提高。对于低碳钢和低合金钢焊接时,不同焊接方法的加热速度如表 1.23 所示。

表 1.23　不同焊接方法的加热速度

| 焊　接　方　法 | 板厚 $\delta/mm$ | 加热速度 $\omega_H/(℃·s^{-1})$ |
|---|---|---|
| 手工电弧焊(包括 TIG 焊) | $5 \sim 1$ | $200 \sim 1\ 000$ |
| 单层埋弧自动焊 | $25 \sim 10$ | $60 \sim 200$ |
| 电渣焊 | $200 \sim 50$ | $3 \sim 20$ |

大量的试验结果表明,加热速度越快,不仅被焊金属的相变点 $A_{c1}$ 和 $A_{c3}$ 提高,而且 $A_{c1}$ 和 $A_{c3}$ 之间的间隔越大,如图 1.54 所示。钢中含有较多的碳化物形成元素(Cr、W、Mo、V、Ti、Nb 等)时,随加热速度的提高,对相变点 $A_{c1}$ 和 $A_{c3}$ 的影响更为明显。这是因为碳化物形成元素的扩散速度小(比碳小 1 000~10 000 倍),同时它们本身还阻碍碳的扩散,因而大大地减慢了奥氏体的转变过程。

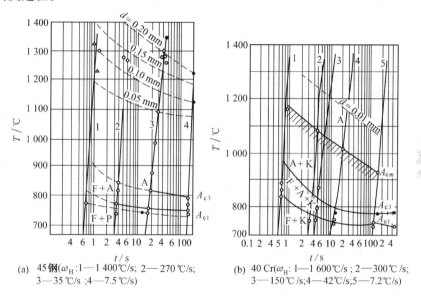

(a)　45钢($\omega_H$:1—1 400℃/s; 2—270℃/s; 3—35℃/s ;4—7.5℃/s)

(b)　40Cr($\omega_H$:1—1 600℃/s ; 2—300℃/s; 3—150℃/s;4—42℃/s;5—7.2℃/s)

**图 1.54　焊接快速加热对 $A_{c1}$、$A_{c3}$ 和晶粒长大的影响**

加热速度除对相变点有影响外,还影响奥氏体的形成过程。从金属学的原理可以知道,加热时奥氏体的形成过程包括形核、长大和均匀化三个阶段。随着加热速度的提高,上述各过程都移向更高的温度范围,这是连续加热转变的特点。

首先随加热速度的提高,奥氏体形成的孕育期缩短,开始转变温度提高,完成转变所需的时间缩短。另外,随加热速度的提高,奥氏体形核率的增加倍数大大高于长大速度的提高。因此,加热越快,奥氏体初始晶粒越细小。焊接加热很快,在 $A_{c3}$ 以上不太高的温度范围(900~1 100 ℃)可以获得细小的奥氏体晶粒。但当加热到很高温度(1 100 ℃以上如熔合线附近时),奥氏体晶粒长大成为矛盾的主要方面,因而将得到粗大的组织。

加热速度对奥氏体的均质化过程也有重要的影响。由于奥氏体的均质化过程属于扩散过程,因此加热速度快,相变点以上停留时间短,不利于扩散过程的进行,从而均质化的程度很差。这一过程必然影响冷却过程的组织转变。

(3)焊接时冷却过程的组织转变

根据化学成分和冷却条件的不同,固态相变一般可分为扩散型相变和非扩散型相变。焊接过程中这两种相变都会遇到。焊接条件下的组织转变特点不仅与等温转变不同,也与热处理条件下的连续冷却组织转变不同,而且在组织成分上比一般热处理条件下更为复杂。

焊接过程属于不平衡的热力学过程。在这种情况下,随冷却速度增加,平衡状态图上各相变点和温度线均发生偏移。如图 1.55 所示的 Fe－C 合金,随冷却速度增加,$A_{r1}$、$A_{r3}$、$A_{rm}$ 等均向更低的温度移动,同时共析成分已经不是一个点 $w(C)=0.8\%$,而是一个成分范围。如当冷却速度 $\omega_c=30$ ℃/s(相当于手工电弧焊线能量为 17 kJ/cm 的情况)时,共析成分范围为 $w(C)=0.4\%\sim0.8\%$,也就是说在快速冷却的条件下,$w(C)=0.4\%$ 的钢就可以得到全部为珠光体的组织(伪共析)。

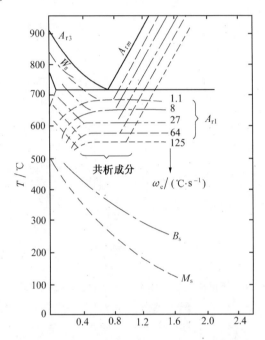

**图 1.55　冷却速度对 Fe－C 平衡状态图的影响**

$A_{r1}$—珠光体开始形成温度;$B_s$—贝氏体开始形成温度

$M_s$—马氏体开始形成温度;$W_s$—魏氏组织开始形成温度

　　钢中除碳之外,尚有多种合金元素(如 Mn、Si、Cr、Ni、Mo、V、Nb、Ti、B、Re 等),它们对平衡状态图的影响也十分复杂。

　　当冷却速度增加到一定程度之后,珠光体转变将被抑制,发生贝氏体或马氏体转变。

　　近年来许多国家十分重视建立焊接条件下连续冷却组织转变图(CCT 图)的工作。它可以比较方便地预测出焊接 HAZ 的组织和性能,同时也能作为选择焊接线能量、选择预热温度和制定焊接工艺的依据。

　　图 1.56 是 16Mn 钢的 CCT 图及组织和硬度的变化。从图可知,只要知道焊接条件下熔合区附近的冷却时间 $t_{8/5}$,就可以在图上查出相应的组织和硬度。从而可以判断该焊接条件下接头的组织和性能,也可以预测该钢种的淬硬倾向及产生冷裂纹的可能性。同时也可以作为调节焊接工艺参数和改进工艺的依据。

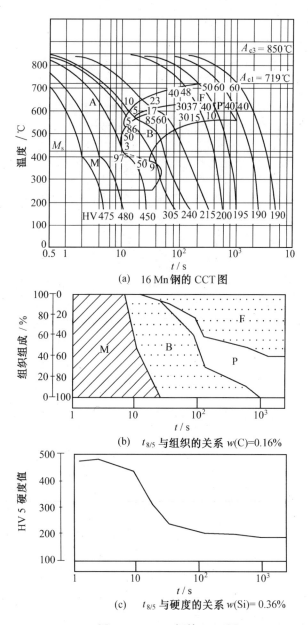

(a)  16 Mn 钢的 CCT 图

(b)  $t_{8/5}$ 与组织的关系 $w(C)=0.16\%$

(c)  $t_{8/5}$ 与硬度的关系 $w(Si)= 0.36\%$

**图 1.56  16Mn 钢的 CCT 图**

$w(Mn) = 1.53\% , w(S) = 0.028\% , w(P) = 0.014\% ; \sigma_b = 570$ MPa;

$\sigma_s = 393$ MPa; $T_m = 1\ 300$ ℃

影响 CCT 图的因素很多,其中主要有母材的化学成分、冷却速度(或冷却时间)、峰值温度、晶粒度和应力应变等。

2.焊接热影响区的组织分布

用于焊接的结构钢,从热处理特性来看,可分为两类:一类是淬火倾向很小的,如低碳钢及含合金元素很少的普通低合金钢,称为不易淬火钢;另一类由于含碳量较高或合金元素较多的钢,能通过热处理淬火强化,如中碳钢,低、中碳调质合金钢等,称为易淬火钢。由于淬火倾向不同,这两类钢的焊接热影响区组织也不同,下面分别讨论之。

(1) 不易淬火钢的热影响区组织

一般常用的低碳钢及强度级别较低的普通低合金钢(如 16Mn、15MnV、15MnTi 等),在一般焊接条件下,淬火倾向较小,属于不易淬火钢,这类钢焊接热影响区的组织分布根据特征,可分为以下 4 个区,如图 1.57 所示。

1)熔合区。焊缝与母材之间的过渡区域,常称熔合区。该区的范围很窄,温度处于 $T_1 \sim T_s$ 之间,在焊接条件下,由于母材边界的不均匀熔化结果产生局部熔化和局部不熔化部位,宏观上呈不规则的锯齿状曲线,故亦称熔合线或半熔化区。熔合区最大的特征是具有明显的化学不均匀性,从而引起组织、性能上的不均匀性,所以对焊接接头的强度、韧性都有很大的影响。在许多情况下熔合区常常成为焊接接头最薄弱的部位,是产生裂纹、脆性破坏的发源地。

2)过热区。此区的温度范围是处在固相线 $T_s \sim T_g$($T_g$ 为晶粒急剧长大温度,约为 1 100 ℃左右)之间,金属处于过热的状态,奥氏体晶粒发生严重的粗化,冷却

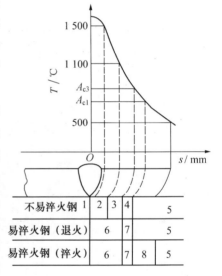

图 1.57 焊接热影响的分布特征

1—熔合区;2—过热区;3—相变重结晶区;
4—不完全重结晶区;5—母材;6—淬火区;
7—部分淬火区;8—回火区

之后便得到粗大的组织,并极易出现脆性的魏氏组织,故该区的塑性、韧性较差。焊接刚度较大的结构时,常在过热粗晶区产生脆化或裂纹。过热区的大小与焊接方法、焊接线能量和母材的板厚等有关。过热区与熔合区一样,都是焊接接头的薄弱环节。

3)相变重结晶区。该区的母材金属被加热到 $T_g \sim A_{c3}$ 温度范围,铁素体和珠光体将发生重结晶,全部转变为奥氏体,形成的奥氏体晶粒尺寸小于原铁素体和珠光体,然后在空气中冷却就会得到均匀而细小的珠光体和铁素体,相当于热处理时的正火组织,故亦称正火区。由于组织细密,此区的塑性和韧性均较高,是低碳钢热影响区中性能最佳的区段。

78

4)不完全重结晶区。焊接时处于 $A_{c1} \sim A_{c3}$ 之间范围内的热影响区属于不完全重结晶区。因为处于 $A_{c1} \sim A_{c3}$ 范围内只有一部分组织发生了相变重结晶过程,成为晶粒细小的铁素体和珠光体,而另一部分是始终未能溶入奥氏体的剩余铁素体,由于未经重结晶仍保留粗大晶粒。所以此区特点是晶粒大小不一,组织不均匀,因此力学性能也不均匀。

低碳钢的热影响区组织如图 1.58 所示,过热区主要是魏氏组织。对于一些淬硬倾向较小的低合金钢,除了过热区的组织以外,其他部位的热影响区组织基本相同。而 16Mn 由于合金元素 Mn 的加入,使过热区还出现少量粒状贝氏体。15MnTi 则由于过热区加热温度高,除 Mn 以外,还有部分钛的碳化物、氮化物溶入奥氏体,提高了奥氏体的稳定性,因此过热区全部获得粒状贝氏体组织。

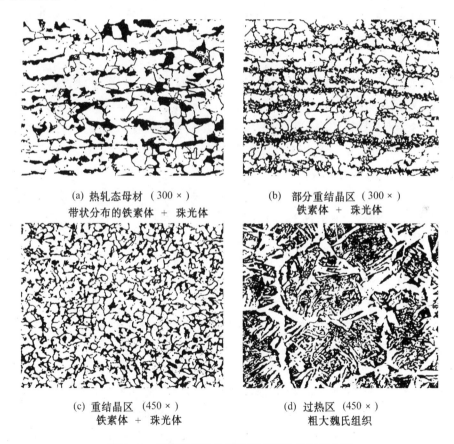

(a) 热轧态母材 (300×)
带状分布的铁素体 + 珠光体

(b) 部分重结晶区 (300×)
铁素体 + 珠光体

(c) 重结晶区 (450×)
铁素体 + 珠光体

(d) 过热区 (450×)
粗大魏氏组织

图 1.58 低碳钢焊接热影响区各部位的显微组织

必须指出,热影响区的组织变化除决定于母材的化学成分外,还受板厚、接头形式以及焊接规范等的影响,因此需根据具体情况分析。例如 16Mn 钢在点焊的情况下,过热区也可能出现低碳马氏体。

（2）易淬火钢热影响区的组织

至于焊接淬硬倾向较大的钢种，包括低碳调质高强钢（如 18MnMoNb）、中碳钢（如 45 钢）和中碳调质高强钢（如 30CrMnSi）等，焊接热影响区加热温度高于 $A_{c1}$ 以上的区域的组织分布可分为两类。

1)完全淬火区。焊接时热影响区处于 $A_{c3}$ 以上的区域，与不易淬火钢的过热区和正火区相对应，铁素体和珠光体全部转变为奥氏体。由于这类钢的淬硬倾向较大，焊后冷却时很易得到淬火组织(马氏体)，故称淬火区。在紧靠焊缝相当于低碳钢过热区的部位，由于晶粒严重粗化，故得到粗大的马氏体。而相当于正火区的部位则得到细小的马氏体，但在实际焊接接头中，由于焊接用钢一般淬硬性不会太高，并在实际施焊时注意了恰当选择焊接规范，加之该处的奥氏体均匀性差，故出现贝氏体、索氏体等正火组织的可能更大，从而形成了与马氏体共存的混合组织。

2)不完全淬火区。母材被加热到 $A_{c1} \sim A_{c3}$ 温度之间的热影响区，在快速加热条件下，奥氏体化不完全。铁素体很少溶入奥氏体，而珠光体、贝氏体、索氏体等转变为奥氏体。在随后快冷时，奥氏体转变为马氏体。原铁素体保持不变，并有不同程度的长大，最后形成马氏体 + 铁素体的混合组织，故称不完全淬火区。如含碳量和合金元素含量不高或冷却速度较小时，奥氏体也可能转变成索氏体或珠光体。

热影响区加热低于 $A_{c1}$ 以下的区域的组织分布与母材焊前的热处理状态有关。如果母材焊前是正火或退火状态，一般不发生组织变化，即保持其原始组织；若焊前为淬火态，则可获得不同的回火组织。紧靠 $A_{c1}$ 的部位，相当于瞬时高温回火，故得到回火索氏体。而离焊缝较远的区域，由于温度较低则相应获得回火马氏体；如果母材在焊前是调质状态，组织和性能发生变化程度决定于焊前调质的回火温度。如焊前调质时的回火温度为 $T_t$，那么低于此温度的部位，其组织性能不发生变化，而高于此温度的部位，组织性能将发生变化，出现软化现象。

由此看来，热影响区的组织和性能不仅与母材的化学成分有关，同时也与焊前的热处理状态有关。图 1.59 为退火态 30CrMnSiA 钢埋弧焊热影响区的金相组织。

至于高合金钢、铸铁、有色金属和某些特种合金等焊接热影响区的组织特征，比起低碳钢和低合金钢要复杂得多，这些问题将结合具体的金属材料焊接进行讨论。

总括以上，焊接热影响区的组织分布是不均匀的。其中近缝区常是影响接头性能的关键部位，是整个焊接接头的薄弱地带。以上所讨论的焊接热影响区组织特征，仅仅是一般的情况，实际上由于各种因素的影响可能出现某些特殊问题，这就要根据母材和施焊的具体条件进行分析。

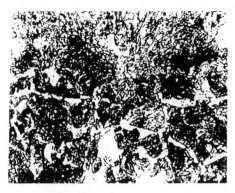

(a) 退火态母材 (200×)

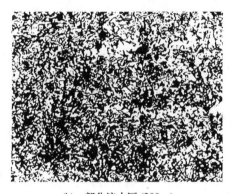

(b) 部分淬火区 (200×)

(c) 过热淬火区 (150×)

**图 1.59 退火态 30CrMnSiA 钢埋弧焊热影响区的金相组织**

**四、焊接热影响区的性能**

根据前面的讨论可以知道,焊接热影响区的组织分布是不均匀的,因而在性能上也不均匀。焊接热影响区与焊缝不同,焊缝可以通过化学成分的调整再配合适当的焊接工艺来保证性能的要求,而热影响区性能不可能进行成分上的调整,它是在焊接热循环作用下才产生的不均匀性问题。对于一般焊接结构来讲,主要考虑热影响区的硬化、脆化、韧化、软化,以及综合的力学性能、抗腐蚀性能和疲劳性能等,这要根据焊接结构的具体使用要求来决定。

1.焊接热影响区的硬化

焊接 HAZ 的硬度主要决定于被焊钢种的化学成分和冷却条件,其实质是反映不同金相组织的性能。由于硬度试验比较方便,因此,常用 HAZ 的最高硬度 $HV_{max}$ 判断 HAZ 的性能,也可以间接预测 HAZ 的韧性、脆性和抗裂性等。近年来已把 HAZ 的 $HV_{max}$ 作为评定焊接性的重要标志。

对于一般低合金高强钢不同比例混合组织的宏观维氏硬度和相应金相组织的显微硬度如

表1.24所示。

表1.24　金相组织及不同混合组织的硬度

| 金相组织百分比/% | | | | 显微硬度 HV | | | | 宏观维氏硬度 |
|---|---|---|---|---|---|---|---|---|
| F | P | B | M | F | P | B | M | HV |
| 10 | 7 | 83 | 0 | 202～246 | 232～249 | 240～285 | | 212 |
| 1 | 0 | 70 | 29 | 216～258 | | 273～336 | 245～283 | 298 |
| 0 | 0 | 19 | 81 | | | 293～323 | 446～470 | 384 |
| 0 | 0 | 0 | 100 | | | | 454～508 | 393 |

应当指出,即使同一组织,也有不同的硬度。这与钢种的含碳量、合金成分有关。例如高碳马氏体的硬度可达600HV,而低碳马氏体只有350～390HV,同时二者在性能上也有很大不同。前者属脆硬相(孪晶马氏体),后者硬度虽高,但仍有较好的韧性。

（1）化学成分的影响

HAZ的硬化倾向,从根本上说取决于母材的化学成分,焊接工艺条件只是能否出现硬化的外界因素。首先是含碳量,它显著影响奥氏体的稳定性,对硬化倾向贡献最大。含碳量越高,越容易得到马氏体组织。但马氏体数量增多,并不意味着硬度一定大。马氏体的硬度随含碳量的增高而增大。如35CrMnSi与20CrMnSi相比,在离熔合线0.5 mm处均为100%马氏体,但该处35CrMnSi的硬度高于20CrMnSi。

合金元素的影响与其所处的形态有关。溶于奥氏体时提高淬硬性(和淬透性);而形成未溶碳化物、氮化物时,则可成为非马氏体相变产物非均匀形核的核心,从而细化晶粒,导致淬硬性下降。

碳当量是反映钢中化学成分对硬化程度的影响,它是把钢中合金元素(包括碳)按其对淬硬(包括冷裂、脆化等)的影响程度折合成碳的相当含量。世界各国根据具体情况建立了许多碳当量公式,实践证明,这些碳当量公式对于解决本国的工程实际问题起到了良好的作用。

在20世纪40至50年代,当时钢材以C－Mn强化为主,为评定这类钢的焊接性,先后建立了许多碳当量公式,其中以国际焊接学会推荐的$CE_{(IIW)}$和日本焊接协会的$Ceq_{(WES)}$公式应用较广。这两个公式为

$$CE_{(IIW)} = w(C) + \frac{w(Mn)}{6} + \frac{w(Cu) + w(Ni)}{15} + \frac{w(Cr) + w(Mo) + w(V)}{5} \qquad (1.104)$$

$$Ceq_{(WES)} = w(C) + \frac{w(Mn)}{6} + \frac{w(Si)}{24} + \frac{w(Ni)}{40} + \frac{w(Cr)}{5} + \frac{w(Mo)}{4} + \frac{w(V)}{14} \qquad (1.105)$$

式(1.104)主要适用于中等强度的非调质低合金钢($\sigma_b = 400～700$ MPa);式(1.105)主要适用于强度级别较高的低合金高强钢($\sigma_b = 500～1\ 000$ MPa),调质和非调质的钢均可应用。根据文献报导,这两个公式均适用于含碳量0.18%(质量分数)以上的钢种;而含碳量在0.17%(质量分数)以下时,不可采用式(1.104)和式(1.105),这是根据试验条件和统计的精度而确定的。

20 世纪 60 年代以后,为改进钢的焊接性,世界各国大力发展了低碳微量多合金元素的低合金高强钢。在这种情况下,采用式(1.104)和式(1.105)已不适用。为此,日本的伊藤等人采用 Y 形坡口对接裂纹试验对 200 多个低合金钢进行研究,建立了 $P_{cm}$ 公式,即

$$P_{cm} = w(\mathrm{C}) + \frac{w(\mathrm{Si})}{30} + \frac{w(\mathrm{Mn}) + w(\mathrm{Cu}) + w(\mathrm{Cr})}{20} + \frac{w(\mathrm{Ni})}{60} + \frac{w(\mathrm{Mo})}{15} + \frac{w(\mathrm{V})}{10} + 5w(\mathrm{B})$$

$$(1.106)$$

式(1.106)主要适用于 $w(\mathrm{C}) \leqslant 0.17\%$,$\sigma_b = 400 \sim 900$ MPa 的低合金高强钢。

近年来为适应工程上的需要,日本的铃木和百合冈等人通过大量试验,把钢的含碳量范围扩大到 $0.034\% \sim 0.254\%$(质量分数),提出了一个新的碳当量公式,即

$$\mathrm{CEN} = w(\mathrm{C}) + A(\mathrm{C})\left[\frac{w(\mathrm{Si})}{24} + \frac{w(\mathrm{Mn})}{16} + \frac{w(\mathrm{Cu})}{15} + \frac{w(\mathrm{Ni})}{20} + \frac{w(\mathrm{Cr}) + w(\mathrm{Mo}) + w(\mathrm{V}) + w(\mathrm{Nb})}{5} + 5w(\mathrm{B})\right]$$

$$(1.107)$$

式中　$A(\mathrm{C})$——碳的适应系数。

为方便起见,$A(\mathrm{C})$ 与钢中 $w(\mathrm{C})$ 的关系为

| $w(\mathrm{C})/\%$ | 0 | 0.08 | 0.12 | 0.16 | 0.20 | 0.26 |
|---|---|---|---|---|---|---|
| $A(\mathrm{C})$ | 0.500 | 0.584 | 0.754 | 0.916 | 0.980 | 0.998 |

分析表明,当钢中 $w(\mathrm{C}) \geqslant 0.18\%$,CEN 近似 $\mathrm{CE_{(IIW)}}$;而 $w(\mathrm{C}) \leqslant 0.17\%$ 时,CEN 则近似于 $P_{cm}$。它们之间有如下关系,即

$$\mathrm{CEN} = w(\mathrm{C}) + A(\mathrm{C})[\mathrm{CE_{(IIW)}} - w(\mathrm{C}) + 0.012]$$ $$(1.108)$$

$$\mathrm{CEN} = w(\mathrm{C}) + A(\mathrm{C})[3P_{cm} - 3w(\mathrm{C}) - 0.003]$$ $$(1.109)$$

综上所述,CEN 无论是应用范围,还是评定淬硬倾向的精度,都比 $\mathrm{CE_{(IIW)}}$ 和 $\mathrm{Ceq_{(WES)}}$ 为优越。

近年来随着冶炼技术水平的提高,已研制出许多新的适合于焊接的低合金高强钢,如 CF 钢、细晶粒钢、TMCP 控轧钢和管线钢等,因而大大提高了这些钢的焊接性。

对于评定这些低碳微合金化(Mo、V、Ti、Nb、B 等)的控轧钢和细晶粒钢淬硬程度,必须考虑有效含量。为此,伊藤等对 $P_{cm}$ 又进行了若干改进,提出新的碳当量公式,即

$$P'_{cm} = w(\mathrm{C}) + \frac{w(\mathrm{Si})}{30} + \frac{w(\mathrm{Mn})}{20} + \frac{w(\mathrm{Cu})}{20} + \frac{w(\mathrm{Ni})}{60} + \frac{w(\mathrm{Cr})}{20} + \frac{w(\mathrm{Mo})}{5} + \frac{w(\mathrm{V})}{10} + 23w(\mathrm{B})^*$$

$$(1.110)$$

式中　$w(\mathrm{B})^*$——硼的有效含量(%),且

$$w(\mathrm{B})^* = w(\mathrm{B})(\text{总量}) - \frac{10.8}{14.1}\left[w(\mathrm{N})(\text{总量}) - \frac{w(\mathrm{Ti})}{3.4}\right]$$

$$(1.111)$$

当 $w(\mathrm{N}) \leqslant \frac{w(\mathrm{Ti})}{3.4}$ 时,$w(\mathrm{B})^* = w(\mathrm{B})(\text{总量})$。

近年来微合金化元素中 Nb 的应用日益广泛,因为它在合适范围内,既提高钢的强度,又

改善钢的韧性。一般钢中含 $w(\mathrm{Nb}) < 0.04\%$ 时,对淬硬倾向无何影响,故在 $P_{cm}$ 中没有考虑,当钢中含 $w(\mathrm{Nb}) > 0.04\%$ 时,随含 Nb 量的增加,淬硬性也随之增加,故应考虑 $P_{cm}$ 的新的表达式,即

$$P''_{cm} = w(\mathrm{C}) + \frac{w(\mathrm{Si})}{30} + \frac{w(\mathrm{Mn}) + w(\mathrm{Cu}) + w(\mathrm{Cr})}{20} +$$

$$\frac{w(\mathrm{Ni})}{60} + \frac{w(\mathrm{Mo})}{15} + \frac{w(\mathrm{V})}{3} + \frac{w(\mathrm{Nb})}{2} + 5w(\mathrm{B})$$

$$(1.112)$$

提出碳当量的目的在于建立硬度与成分的关系。碳当量越大,最高硬度值越大,但并非始终存在线性关系,如图 1.60 所示。

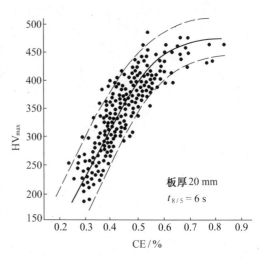

**图 1.60　近缝区最高硬度与碳当量的关系**

(2) 冷却条件的影响

焊接热影响区的冷却条件主要取决于焊接热循环特性。如采用冷却时间 $t_{8/5}$ 反映冷却速度,增大 $t_{8/5}$ 均使硬度下降,如图 1.61 所示。

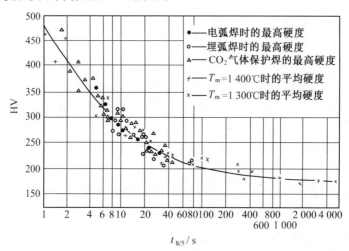

**图 1.61　$HV_{max}$ 与 $t_{8/5}$ 的关系**

板厚 20 mm;$w(\mathrm{C}) = 0.12\%$;$w(\mathrm{Mn}) = 1.4\%$;$w(\mathrm{Si}) = 0.48\%$;$w(\mathrm{Cu}) = 0.15\%$

(3) 焊接 HAZ 的最高硬度 $HV_{max}$

图 1.62 是 HT52 钢单道焊时热影响区的硬度分布。由图可知,熔区附近硬度最高,距熔合区越远,硬度降低。可以说,焊接 HAZ 的硬度是反映钢种焊接性的重要标志之一,比碳当量更为准确。采用 HAZ 最高硬度 $HV_{max}$ 作为一个因子来评价金属的焊接性(包括冷裂纹的敏感

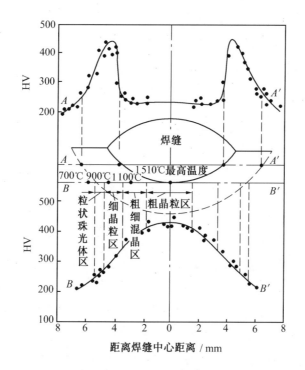

距离焊缝中心距离 / mm

**图 1.62　低合金钢焊接热影响区的硬度分布**

$w(\mathrm{C}) = 0.20\%\,;\ w(\mathrm{Mn}) = 1.38\%\,;\ w(\mathrm{Si}) = 0.23\%\,;\ \delta = 20\mathrm{mm}\,;\ E = 15\ \mathrm{kJ/cm}$

性),不仅反映了化学成分的作用,同时也反映了不同组织形态的作用。因此,不少国家结合本国的钢种,在大量实验的基础上建立了硬度计算公式。例如

$$\mathrm{HV_{max}} = 2\,019\big[(1 - 0.5\ \mathrm{lg}\ t_{8/5}) + 0.3(\mathrm{CE} - w(\mathrm{C}))\big] + 66(1 - 0.8\ \mathrm{lg}\ t_{8/5}) \qquad (1.113)$$

$$\mathrm{CE} = w(\mathrm{C}) + \frac{w(\mathrm{Mn})}{8} + \frac{w(\mathrm{Si})}{11} + \frac{w(\mathrm{Cr})}{5} + \frac{w(\mathrm{Mo})}{6} + \frac{w(\mathrm{V})}{3} + \frac{w(\mathrm{Ni})}{17} + \frac{w(\mathrm{Cu})}{9} \qquad (1.114)$$

对于国产低合金钢,作为粗略估算天津大学建立了如下经验公式,即

$$\mathrm{HV_{max}(HV10)} = 140 + 1\,089 P_{cm} - 8.2\ t_{8/5} \qquad (1.115)$$

(4) 焊接 HAZ 硬化的防止措施

在钢种一定时,为防止近缝区硬化,只有改变焊接条件,以降低冷却速度。反映在焊接线能量,对硬化的影响如图 1.63 所示。增大焊接线能量 $E$ 时,可使硬化倾向降低,但易使晶粒长大。因此,为防止硬化,又避免晶粒粗化,希望控制焊接热循环如图 1.64 所示,即理想的焊接热循环。采用适当小的线能量配合以适当的预热,以获得适当小的 $t_{8/5}$,这对硬化倾向大的钢是十分必要的。

2.焊接热影响区的脆化

焊接热影响区的脆化常常是引起焊接接头开裂和脆性破坏的主要原因。造成脆化的原因

有粗晶脆化、析出脆化、组织转变脆化和热应变时效脆化。

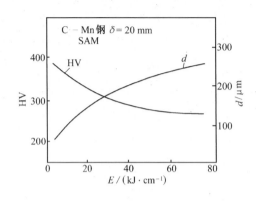

图 1.63　焊接线能量对过热区晶粒直径 $d$ 和
近缝区硬度 HV 的影响

图 1.64　理想的焊接热循环
1—不预热；2—预热

（1）粗晶脆化

由于受热的影响程度不同,焊接接头在近缝区靠近熔合线附近将发生晶粒粗化。晶粒长大受到多种因素的影响,如钢种的化学成分、组织状态、加热温度和时间等。

晶粒长大是晶粒相互吞并、晶界迁移的过程。如果钢中含有碳化物、氮化物形成元素,就会阻碍晶界迁移,从而可以防止晶粒长大。例如 18Cr2WV 钢,由于含有 Cr、W、V 等碳化物合金元素,晶粒难以长大,晶粒显著长大温度 $T_g$ 可达 1 140 ℃ 之高,而不含碳化物元素的 23Mn 和 45 号钢,超过 1 000 ℃ 晶粒就显著长大。

在恒温加热条件下,晶粒长大基本是在加热和保温过程中完成的。而在连续加热和冷却条件下,在冷却过程中晶粒仍在继续长大。

晶粒粗大严重影响组织的脆性。一般来讲,晶粒越粗,则脆性转变温度越高。根据 N. J. Petch 的研究,可用下式表达脆性断裂应力 $\sigma_f$ 与晶粒直径 $d$ 的关系,即

$$\sigma_f = \sigma_0 + B(d)^{-\frac{1}{2}} \tag{1.116}$$

式中　$\sigma_0$——在试验温度下单晶体的屈服强度;

　　　$B$——常数。

应当指出,脆化的程度与粗晶区出现的组织类型有关。对于某些低合金高强钢,可以适当降低焊接线能量和提高冷却速度,由于出现下贝氏体或低碳马氏体,反而有改善粗晶区韧性的作用,从而提高抗脆能力。但对高碳低合金高强钢,与此相反,提高冷却速度会促使生成孪晶马氏体,使脆性增大。所以,应采用适当提高焊接线能量和降低冷却速度的工艺措施。

HAZ 的粗晶脆化与一般单纯晶粒长大所造成的脆化不同,它是在化学成分、组织状态不

均匀的非平衡态条件下形成的,故而脆化的程度更为严重。它常常与组织脆化交混在一起,是两种脆化的叠加。但对不同的钢种,粗晶脆化的机制有所侧重,对于淬硬倾向较小的钢,粗晶脆化主要是晶粒长大所致,而对于易淬火钢,则主要是由于产生脆性组织所造成(如孪晶马氏体、非平衡态的粒状贝氏体以及组织遗传等)。

(2) 析出脆化

某些金属或合金,在回火时效过程中,从过饱和固溶体中析出碳化物、氮化物、金属间化合物及其他亚稳定的中间相等,由于这些新相的析出,而使金属或合金的强度、硬度和脆性提高,这种现象称为析出脆化。一般强度和硬度提高并不一定发生脆化(如时效马氏体钢),但发生脆化必然伴随强度和硬度的提高。

析出脆化的机理目前认为是由于析出物出现以后,阻碍了位错运动,使塑性变形难于进行,从而使金属的强度和硬度提高,脆性增大。

此外,析出物的形态和尺寸对于脆化也有影响。若析出物以弥散的细颗粒分布于晶内或晶界,将有利于改善韧性,如 AlN、NbC、NbN、TiN 等。但析出物以块状或沿晶界以薄膜状分布时,就会成为脆化的发源地。

(3) 组织脆化

对于常用的低碳低合金高强钢,焊接 HAZ 的组织脆化主要是由于 M – A 组元、上贝氏体、粗大的魏氏组织等所造成。

M – A 组元是焊接高强钢时在一定冷却速度下形成的。它不仅出现在热影响区,也出现在焊缝中。M – A 组元是在粗大铁素体的基底上,由于先形成铁素体,而使残余奥氏体的碳浓度增高,连续冷却到 $400 \sim 350$ ℃时,残余奥氏体的碳浓度可达 $0.5\% \sim 0.8\%$(质量分数),随后这种高碳奥氏体可转变为高碳马氏体与残余奥氏体的混合物,即 M – A 组元。一旦出现 M – A 组元,脆性倾向显著增加,即脆性转变温度 $VT_{rs}$ 显著升高,如图 1.65 所示。

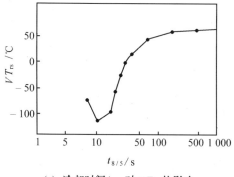

(a) 冷却时间 $t_{8/5}$ 对 $VT_{rs}$ 的影响

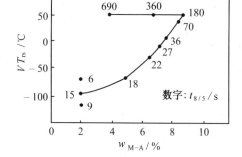

(b) M – A 组元数量对 $VT_{rs}$ 的影响

**图 1.65　HT80 钢 $w(\text{C}) = 0.11\%$ HAZ 粗晶区 M – A 组元数量与冷却时间对 $VT_{rs}$ 的影响**

根据研究,M－A组元的韧性低是由于残余奥氏体增碳后,易于形成孪晶马氏体,夹杂于贝氏体铁素体板条之间,并在界面上产生显微裂纹沿 M－A 组元的边界扩展。因此,有 M－A 组元存在时,成为潜在的裂纹源,并起到应力集中的作用。有关 M－A 组元的形成机制及引起脆化的机制尚处于深入研究阶段。

实践证明,低温回火( < 250 ℃)可以改善 M－A 组元的韧性,中温回火(450 ℃)可改善分解组织的韧性,但改善的程度与 M－A 组元的含量有关。

(4) 热应变时效脆化

在制造过程中要对焊接结构进行加工,如下料、剪切、冷弯成形、气割、焊接和其他热加工等。由这些加工引起的局部应变、塑性变形对焊接接头的性能,特别是断裂韧性,都会产生很大影响。这种现象称为热应变时效脆化(Hot Straining Embrittlement, HSE)。

产生应变时效脆化的原因,主要是由于应变引起位错增殖,碳、氮原子析集到这些位错的周围形成所谓 Cottrell 气团,对位错产生钉扎和阻塞作用。然而,关于确切的机理尚待进一步研究。

C－Mn 钢最易出现热应变脆化。它本来易于出现在 200 ~ 400 ℃的温度区间,因此一般在热影响区较低温度区域( $A_{r1}$ 以下)出现,常称为"蓝脆区"。但在有缺口存在时,缺口尖端会产生应变集中,当通过 400 ~ 200 ℃区间冷却时,反而更促使热应变脆化。所以,过热的熔合区因存在缺口效应,也会发生热应变脆化。

(5) 焊接 HAZ 的脆化的控制

焊接 HAZ,特别是熔合区和粗晶区是整个焊接接头的薄弱地带,因此,应采取措施提高焊接 HAZ 的韧性。但 HAZ 的韧性不可能像焊缝那样,利用添加微量合金元素的方法加以调整和改善,而是材质本身所固有的,故只能通过提高材质本身的韧性和某些工艺措施在一定范围内加以改善。根据研究,HAZ 脆化的控制主要是两方面。

1) 控制组织。通过控制焊接热循环控制最佳 $t_{8/5}$ ,既要防止因过热导致晶粒粗化,又要防止急冷而致硬化。影响焊接热循环特性的主要参数是线能量、施焊温度(预热温度)以及接头尺寸形状。在一定的接头形式下,主要是调整线能量和预热、后热温度以寻求如图 1.64 所示的最佳焊接热循环。图 1.66 所示为低合金高强钢焊接时, $t_{8/5}$ 对韧脆转变温度 $VT_{rs}$ 的影响。随着 $t_{8/5}$ 增大,晶粒逐渐粗化, $VT_{rs}$ 相应增大,同时,显微组织随 $t_{8/5}$ 的增大,由下贝氏体 $B_L$ 或 $B_{III}$ 逐渐转变为上贝氏体 $B_u$ 或 $B_{II}$ ,最后转变为粗大的铁素体和珠光体。而在中等冷速下, $VT_{rs}$ 突然增大,这是由于出现富碳岛状组织 M－A

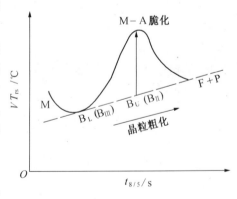

图 1.66 过热区的 $VT_{rs}$ 与 $t_{8/5}$ 的关系

组元所致。显然,M-A 组元最为有害。最佳 $t_{8/5}$ 应避开形成 M-A 组元的区间,为获得下贝氏体的 $t_{8/5}$。不同强度级别的钢种,这一最佳 $t_{8/5}$ 并不相同,强度级别增高,最佳 $t_{8/5}$ 将会随之增大。例如,HT60 钢的最佳 $t_{8/5}$ 为 7 s 左右,HT80 则为 11 s 左右,HT100 则为 22 s 左右。

2) 焊后热处理。提高焊接 HAZ 韧性的工艺途径很多。对于一些重要的结构,常采用焊后热处理来改善接头的性能。但是对一些大型而复杂的结构,即使采用局部热处理也是困难的。对压力容器类产品焊后热处理主要是高温回火,目的是消除残余应力,也有整体软化的目的。很少进行完全的调质处理或正火处理。因此,在改善组织上不会有很大的效果。要指出的是,高温回火处理,有时不但不能改善韧性,反而会引起回火脆化,一方面与钢种有关,另一方面也与回火参数有关。

**3. 焊接 HAZ 的软化**

冷作强化或热处理强化的金属或合金,在焊接热影响区一般均会产生不同程度的失强现象,最典型的是经过调质处理的高强钢和具有沉淀强化及弥散强化的合金,焊后在热影响区产生的软化或失强。冷作强化金属或合金的软化,则是由再结晶引起的。热影响区软化或失强对焊接接头力学性能的影响相对较小,但却不易控制。

(1) 调质钢焊接时 HAZ 的软化

调质钢焊接时 HAZ 的软化与碳化物的沉淀和聚集长大过程有关。软化显著的部位大体在 $A_{c1}$ 至 $A_{c3}$ 之间。这原是一个不完全淬火区域,回火加热后组织为铁素体、粗大碳化物及低碳奥氏体分解产物,塑性变形抗力很小,表现为硬度低下。软化区的温度范围和软化程度与母材焊前的热处理状态有关,如图 1.67 所示。母材焊前调质处理的回火温度越低,则焊后软化区的范围最大,它相对母材的软化程度也最大。从图中可以看出,不论焊前热处理状态如何,焊后软化结果几乎已低达退火态。所以,对于调质钢,如果焊后不可能再次进行调质处理,软化将成为调质钢焊接时的重要问题之一。调质钢强度级别越高,软化问题就越突出。

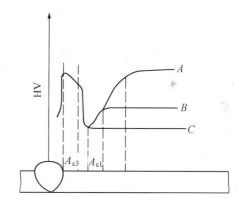

**图 1.67 调质钢焊接 HAZ 中的软化区与焊前热处理的关系**

*A—淬火 + 低温回火;B—淬火 + 高温回火;C—退火态*

(2) 热处理强化合金焊接 HAZ 的软化

强化合金(如镍合金、铝合金和钛合金等)在焊接 HAZ 会出现强度下降的现象,即所谓过时效软化。焊接 LD2(Al-Mg-Si-Cu 合金)时,HAZ 温度在 430~300 ℃范围内有明显的软化现象,如图 1.68 所示。

硬铝 LD2 的时效过程如下:

(SS)→G·P(Cu、Mg 原子偏聚)→S′(共格 CuMgAl$_2$)→S(非共格 CuMgAl$_2$)

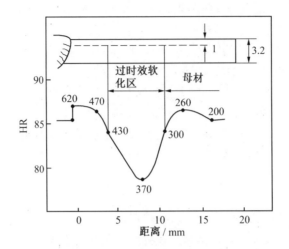

**图 1.68　LD2 铝合金 HAZ 的软化现象（HR 为表面洛氏硬度）（自动 TIG 焊）**

这种分解脱溶过程是扩散过程，因而与温度和时间有关。在低温时效时，只能出现偏聚区 G·P 或出现过渡相 S′ 为止。当温度升高会加速这种过程的进行。到 200 ℃以上，就逐步脱溶析出平衡相 S，强化效果减弱；270 ℃以上时很不稳定，恢复到固溶体的软化状态。这种现象一般称为"回归"。370 ℃时，析出相可逐渐溶解于固溶体中，强化效果完全消失，即发生"过时效"。超过 370 ℃的部位，由于处在固溶状态（近饱和），焊后经时效又可强化，故强度回升。

（3）软化的控制

软化的内因是材料的强化特性。所以，防止软化只能通过工艺手段。尽可能减小焊接热作用程度总是有利于降低软化程度。

研究表明：软化区宽度 $b$ 与接头板厚 $\delta$ 之比 $m$，对软化程度影响很大。因为软化区是一种"硬夹软"的情况，在软夹层小到一定程度后，可产生"约束强化"效应，即软夹层的塑性应变受到相邻强体的拘束可产生应变强化的效果。带软化区的接头屈服强度 $\sigma_{SJ}$ 可表示为

$$\sigma_{SJ} = K \sigma_{SR} \left( \frac{1}{m} + \pi \right) \tag{1.117}$$

式中　　$\sigma_{SR}$——软化区屈服强度，$m = b/\delta$；

$K$——常数。

由上式可知，板厚越小，接头软化越明显，因而更需要限制线能量及预热温度。板厚增大，软化的影响将减弱。

**五、焊接热模拟技术**

焊接接头的力学性能是指焊缝和热影响区的综合力学性能。对于一般低合金高强钢来

说,实质上是反映焊接 HAZ 的力学性能,因为在焊接热循环作用下,焊接 HAZ 的组织和性能是不均匀的,因此是焊接接头中的薄弱环节。

一般来讲,对 HAZ 力学性能的研究主要从两方面进行:一方面是研究 HAZ 不同部位(如过热粗晶区、重结晶区、不完全重结晶区等)的力学性能;另一方面专门研究近缝区( $T_m = 1\ 300 \sim 1\ 400\ ℃$)的性能,因为近缝区是存在问题较多的部位。

过去对于焊接热影响区的研究,多偏重于某种焊接工艺条件下焊接接头常规的力学性能试验。由于热影响区的部位十分狭窄,而且在热影响区中又可分为组织特征极不相同的许多更小的区域,因此,准确地测出每个小区域的性能几乎是不可能的,只能是焊接热影响区整体性能的反映。所以试验结果并不能获得焊接热影响区中各个小区的性能。

焊接模拟技术就是在上述情况下提出来的,因此就出现了焊接模拟试验方法,用它来研究焊接热影响区中各个小区的组织和性能的变化规律。

焊接模拟试验技术的基本原理是采用灵敏而又精确的控制系统和可靠的机械系统,在此试验装置上,使具有一定尺寸的小型试样,再现与实际焊接 HAZ 某一点完全一致的热、应力、应变循环,并用该试样的组织性能代表实际焊接 HAZ 某点的组织性能。

焊接模拟试验装置在应用上目前尚有局限性,它还不能完全代替实际焊接 HAZ 所存在的问题,这方面有待于改进、提高。但焊接模拟试验技术对于研制新的钢种和新型合金,研究各种焊接裂纹倾向、脆化倾向以及焊接强度力学方面,都是用其他试验方法无法代替的,目前已成为焊接物理冶金方面重要的测试手段之一。

# 1.4 焊接冶金缺欠

焊接结构有很多优越性,但也曾出现过不少焊接结构破坏事故,说明在焊接结构中常会存在某种形式的缺欠(discontinuity 或 imperfection),缺欠可定义为焊件典型构造上出现的一种不连续性,诸如材料或焊件在力学特性、冶金特性或物理特性上的不均匀性。缺欠不一定是缺陷(defects)。当一种或多种不连续性,按其特性或累加效果,使得零件或产品不能符合最低使用要求时,则成为缺陷。缺陷是必须予以去除或修补的一种状况。通常,在工程上可参照一定的技术标准,来判断存在的缺欠是否是缺陷。焊接缺欠可分为工艺因素引起的和冶金因素引起的两大类。工艺性缺欠主要是指工艺成形方面的缺欠,如咬边、未焊透、错边、角变形等;冶金缺欠是指焊接过程中,由于物理 – 化学冶金过程未能满足一定的要求而产生的缺欠,主要是气孔和各种裂纹。本节以讨论冶金缺欠为主。

## 一、气孔

气孔是指焊缝表面或内部形成的连续的或不连续的孔洞。气孔的形成是由于熔池金属中的气体在金属结晶凝固前未能及时逸出,从而以气泡的形式残留在凝固的焊缝金属内部或出现在焊缝表面。气孔的存在不仅减少了焊缝金属的有效工作断面,显著地降低金属的强度和塑性,而且还可能造成应力集中,引起裂纹,严重地影响到动载强度和疲劳强度。此外,弥散小气孔虽然对强度影响不显著,但会引起金属组织疏松,导致塑性、气密性和耐腐蚀性降低。

1.气孔形成的条件

气孔的形成显然与气体有关。研究表明,气孔的形成是多种气体(包括 CO、$H_2$ 和 $N_2$)共同作用的结果,但通常其中一种气体是气孔内气体的主要成分。无论何种气体,其气泡的形成也是受扩散控制的,形成气孔时都包括三个阶段:气泡的生核、长大和上浮。如果气泡在上浮过程中受到阻碍,则将成为气孔保留在焊缝金属中。

根据气泡生核所需的能量,在极纯的液体金属中自发成核非常困难;但在实际焊接过程中,在凝固着的熔池金属中存在大量的现成表面(如一些高熔点的质点、熔渣和凝固了的枝晶表面等)可作为气泡生核的衬底,如相邻枝晶间的凹陷处是最易产生气泡的部位,形成气孔所需要的能量最小。

一旦形成稳定的气泡后,周围的气体可继续扩散进入气泡使之长大。气泡成核后要能长大必须满足如下条件,即

$$p_n > p_a + \frac{2\sigma}{r_c} \tag{1.118}$$

式中　　$p_n$—— 为气泡内各种气体分压的总和,实际上只有一种气体起主要作用;

　　　　$p_a$—— 大气压力;

　　　　$\sigma$—— 为金属与气体间的界面张力;

　　　　$r_c$—— 为气泡临界半径。

可见,$r_c$ 越小,气泡越难稳定存在和长大。但当气泡在现成表面上生核时,气泡为椭圆形,因此 $r_c$ 较大,易于满足式(1.118),即有利于气泡长大。

当气泡长大到一定程度后,便会脱离现成表面开始上浮,脱离现成表面的能力取决于气泡和现成表面的润湿性。润湿性越差,气泡越易脱离现成表面,有利于气泡的上浮。但是否形成气孔关键取决于气泡的上浮速度和液体金属凝固速度相对大小;如果上浮速度小于凝固速度,则气泡仍将残留在金属中。反之则可能逸出熔池。因此,产生气孔的条件应为

$$v_e \leqslant R \tag{1.119}$$

式中　　$R$—— 熔池金属的凝固速度;

　　　　$v_e$—— 气泡的上浮速度。

$v_e$ 可用 Stocks 公式表示为

$$v_e = \frac{K(\rho_L - \rho_G)gr^2}{\eta} \tag{1.120}$$

式中　　$K$—— 常数;

　　　　$\rho_L, \rho_G$—— 分别为液体金属和气泡的密度;

$g$—— 重力加速度；

　　　　$r$—— 气泡半径；

　　　　$\eta$—— 液体金属粘度。

　　根据以上公式可知：

　　1）$R$ 对气孔的产生影响很大。当其他条件不变时，凝固速度 $R$ 越大，由于气泡上浮的时间很短，越不利于气泡的浮出，越易于产生气孔。例如，铜的导热系数大，散热快，因而焊接铜时凝固速度 $R$ 相对较大，所以，铜焊接时气孔敏感性大。材料一定时，$R$ 主要取决于焊接工艺参数、接头形式和板厚，高速焊接或小线能量焊接时易引起熔池凝固加快而产生加大气孔倾向。

　　2）液态金属的粘度（$\eta$）也会影响气孔的形成。熔池金属的粘度越大，越易形成气孔。例如，镍及其合金在液态时粘度值大，流动性较差，这是 Ni 基合金焊接时易产生气孔的重要原因之一。

　　3）由于气泡密度（$\rho_G$）远小于液体金属的密度（$\rho_L$），因而气泡的浮出速度主要取决于液态金属的密度。$\rho_L$ 越小，则气泡浮出速度越小。所以，轻金属（如 Al、Mg）焊接时易产生气孔。

　　4）气泡尺寸也会影响气泡的浮出速度。气泡半径越大，越有利于浮出。

　　5）通过调整焊接工艺参数如采用预热或降低焊接速度，增大 $v_e$，或者降低 $R$，使满足 $v_e > R$ 的条件，则可以完全消除气孔。若 $v_e \approx R$，则可形成外表可见到的外气孔；若 $v_e < R$，则将形成外表难见到的内气孔。所以，是否形成内气孔或外气孔，与气体种类无关，而主要取决于 $v_e$ 与 $R$ 的对比关系。

　　6）从根本上考虑，应尽可能减少金属吸收气体的数量和降低熔池金属中气体的过饱和度，以使气体难以形成，即使形成气体也不易达到 $r_c$，从根本上防止气孔。

　　2. 气孔类型及其形成原因

　　焊缝气孔可按不同特征区分为不同的类型，如按其形态可分为球形气孔和条虫状气孔，按其分布可区分为孤立状气孔和均布状气孔等。由于形成气孔的气体的来源不同，金属中存在的气孔可分为析出型气孔和反应型气孔两种类型。

　　（1）析出型气孔

　　析出型气孔是指高温时熔池金属中溶解了较多的气体，凝固时由于气体的溶解度突然下降，气体处于过饱和来不及逸出而引起的气孔。过饱和气体主要是从外部侵入熔池的氢和氮。因此，凝固过程中气体溶解度的陡降是引起这类气孔的根本原因，其溶解度的变化特性将是影响析出型气孔产生倾向的主要因素。对大部分金属来说，易于溶解的氢最容易在焊缝中形成气孔。但由于氢的溶解度变化特性不同，在不同金属中氢气孔的倾向也相差较大。例如，氢在铝中的溶解度凝固前后相差约18倍，而氢在铁中的溶解度凝固前后差值仅为固态中的2倍，显然铝比钢更易产生氢气孔。这也说明不同材料其气孔敏感性会有很大差别。

　　氢气孔通常出现在焊缝表面，气孔的端面形状如同螺钉状，从表面看呈喇叭口形，内壁光滑。但铝、镁合金的氢气孔也常常出现在焊缝内部。

空气是焊接区域氮的惟一来源,因此,如果采取有效的保护,氮不会成为形成气孔的主要原因。关于氮气孔的形成,一般认为其原因与氢的情况类似,即由于凝固前后溶解度的突变而引起。气孔的位置也多在焊缝表面,且常常成堆出现,外观与蜂窝很相似,但在焊接实际生产中完全由氮引起的气孔较少。

(2) 反应型气孔

熔池中除上述从外部入侵的气体氮和氢外,还有由于冶金反应而生成的气体。反应型气孔是指由于冶金反应产生的不溶解于金属的气体,如 CO 和 $H_2O$ 等引起的气孔。

钢焊接时,钢中的氧或氧化物与碳反应后能生成大量 CO,最典型的反应为

$$[FeO] + [C] = CO\uparrow + [Fe] \tag{1.121}$$

$$\lg K = \frac{2\,400}{T} + 0.675 \tag{1.122}$$

在高温液态金属中反应产生的 CO 完全不能溶于钢液,有可能上浮逸出而不致形成气孔。从式(1.122)可知在熔池后部温度降低时,有利于形成 CO。此时液体金属正处于凝固过程,熔池金属的粘度迅速增大,故生成的 CO 气泡很难浮出,尤其在树枝晶凹陷处产生的 CO 气泡更难逸出,成为残留在焊缝中沿结晶方向分布的条虫状内气孔。

又如,当铜在高温下溶解较多的 $Cu_2O$ 和氢时,在冷却过程中会发生下列反应,即

$$[Cu_2O] + 2[H] = 2[Cu] + H_2O\,(g)\uparrow \tag{1.123}$$

反应生成的 $H_2O\,(g)$ 是气孔形成的主要原因。

镍焊接时也有类似反应,即

$$[Ni_2O] + 2[H] = 2[Ni] + H_2O\,(g)\uparrow \tag{1.124}$$

显然,上述反应的前提条件是熔池金属中存在氧化物。所以为了防止这类气孔必须设法消除这类氧化物。当然,对于钢,应尽可能降低碳含量;对于铜、镍等金属则应设法限制氢的溶入。

3. 气孔的防止

从形成气孔的原因和条件分析,防止焊缝气孔的措施应该是限制熔池中气体的溶入或产生以及排除熔池中已溶入的气体。

(1) 消除气体来源

工件及焊丝表面的氧化膜、铁锈、油污和水分均可在焊接过程中向熔池提供氧和氢,它们的存在常是焊缝形成气孔的重要原因。其中,影响最大的是铁锈。铁锈是钢铁腐蚀后的产物,其成分为 $mFe_2O_3 \cdot nH_2O$,可以看出,铁锈由于增加氧化作用,在结晶时就会促使形成 CO 气孔。铁锈中的结晶水在高温时分解出氢,因而增大了生成氢气孔的倾向。可见,铁锈是对两类气孔均十分敏感且极其有害的杂质。此外,在钢板表面的氧化铁皮的主要成分是 $Fe_3O_4$ 和少量的 $Fe_2O_3$,虽不含结晶水,但对 CO 气孔还是影响很大。所以,焊接前应尽可能清除钢板表面的铁锈、氧化铁皮和油污等杂质。

焊条与焊剂受潮或烘干不足而残留的水分,对气孔的产生也有显著的影响,特别是低氢焊

条对吸潮很敏感,所以对焊条和焊剂的烘干必须高度重视,烘干后的保存时间也要严格掌握。

空气入侵熔池是气孔的来源之一,特别是氮气孔。对手工电弧焊,关键是要保证引弧时的电弧稳定性和药皮的完好及其发气量。气体保护焊时,关键是要保证足够的气体流量、气体纯度。

(2) 正确选用焊接材料

焊接材料的选用对防止气孔的形成十分重要。从冶金性能看,焊接材料的氧化性与还原性的平衡对气孔有显著的影响。

熔渣氧化性的大小对焊缝形成气孔的敏感性影响很大。研究表明,随熔渣氧化性增大,形成 CO 气孔的倾向随之增大;相反,还原性增大时,则氢气孔的倾向增加。因此,如果能控制熔渣的氧化性和还原性的平衡,则能有效地防止这两类气孔的发生。

钢材气体保护焊时,保护气体主要有 $CO_2$ 及 $CO_2 + Ar$ 两大类。有色金属焊接时,主要是采用惰性气体 Ar 或 He,有时也在 Ar 中添加少量活性气体 $CO_2$ 或 $O_2$。从防止气孔的角度考虑,活性气体优于惰性气体。因为活性气体能降低氢的分压从而减少氢向熔池的溶解,同时还能降低液态金属的表面张力、增大其流动性,有利于气体的排出。

在埋弧焊和气体保护焊中所用的焊丝能否与母材性能相匹配,还要考虑与之相组合的焊剂或保护气体。由于这些材料会有多种组合,因而冶金反应情况也各不相同。通常,希望材料组合能满足充分脱氧的条件,以抑制反应性气体的生成。$CO_2$ 保护焊时,引起气孔的主要原因是 CO,因此必须充分脱氧。焊丝中必须含有足够的脱氧元素 Si、Mn 等,典型的焊丝是 H08Mn2SiA。

有色金属焊接时,为防止溶入的氢被氧化为水气,也必须加强脱氧。例如在焊接纯 Ni 时通常不用纯 Ni 焊丝(或焊条),而选用含有较多 Al、Ti 的 Ni 焊丝进行焊接。

(3) 优化焊接工艺

焊接工艺参数主要有焊接电流、电压和焊接速度等。一般均希望在正常的焊接工艺参数下施焊。

增大电流或线能量能增长熔池存在时间,有利于气体排出,但也有利于气体的溶入,特别是电流增大后使熔滴变细,熔滴更易于吸收气体,反而加大了气孔敏感性。由此可见,焊接工艺参数的影响是复杂的,这些参数应有最佳值,而不是简单地增大或减小的问题。

手工电弧焊时,如果电弧电压过高,会使空气中的氮侵入熔池,出现氮气孔。焊接速度太大,由于增大了熔池凝固速度,使气泡上浮时间减少而残留在焊缝中形成气孔。

对反应性气体而言,应特别重视创造易于气体排出的条件,可适当增大线能量或进行预热,以增大熔池存在时间以便使气体能排出。

生产经验表明:电流种类和极性不同气孔倾向也不同。一般交流焊时比直流焊时气孔倾向大,而直流反接比正接时气孔倾向小。

### 二、焊缝中夹杂

焊缝中有夹杂物存在对焊缝的不良影响主要是,当其含量较高或集中分布时可降低冲击韧性,同时也可成为裂缝的萌生点和扩展通道。

焊缝中的夹杂主要是指熔焊化学冶金过程中生成、而未来得及排出于金属之外的氧化物等。例如低碳钢以 Si、Mn、Al、Ti 等脱氧而生成的 $SiO_2$、MnO、$Al_2O_3$、$TiO_2$ 等,合金钢焊接时可能生成的 $Cr_2O_3$、$V_2O_5$ 等。配方设计良好的焊条在正常焊接条件下,不至于造成严重的焊缝夹杂。

在某些场合下,如 $CO_2$ 焊时焊丝中 Si、Mn 配合失调,生成的 $SiO_2$ 太多而 MnO 很少,则会出现 $SiO_2$ 夹杂。在焊接高 Cr 合金时,若药皮、焊剂或气氛氧化性强而配合脱氧剂不好,有可能形成 $Cr_2O_3$ 和铬铁矿型夹杂等。保护不良的情况下焊钢,空气中的氮大量进入焊缝,则可使焊缝中出现针状 $Fe_4N$ 夹杂而变得硬脆。钢焊缝中的硫化物夹杂较少,不像普通碳钢中那样多,而且是细小分散分布的。故一般情况下焊缝的夹杂问题不大,通常人们多考虑的是外来性夹渣。

### 三、焊接热裂纹

#### 1.热裂纹的特征与类型

热裂纹是焊接过程中在高温阶段产生的开裂现象,多在固相线附近发生。研究表明,焊接热裂纹具有高温沿晶断裂的性质。根据金属断裂理论,在高温阶段当晶间延性或塑性变形能力 $\delta_{min}$ 不足以承受当时发生的应变 $\varepsilon$ 时,即发生高温沿晶断裂。具有最低延性易于促使产生焊接热裂纹的所谓脆性温度区间如图 1.69 所示。根据该图上的两个脆性温度区间,有相应两种类型的热裂纹,即与液膜有关的(Ⅰ区)和与液膜无关的(Ⅱ区)。

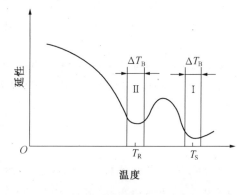

图 1.69　形成焊接热裂纹的脆性温度区间

结晶裂纹是与液态薄膜有关的最典型热裂纹,产生于凝固后期的脆性温度区间Ⅰ内。由于产生时晶间尚有液膜存在,故断口具有明显的沿晶液膜分离特征,明显不同于一般固态下的沿晶断口。近缝区在过热条件下,晶间也会出现局部熔化,因而也会出现由于晶间液膜分离而导致开裂,这种热裂纹称为液化裂纹。

与液膜无关的热裂纹,可能与再结晶有联系而致晶间延性陡降,造成沿晶开裂,称为高温失塑裂纹。也可能由于位错运动而形成多边化边界(亚晶界)以致开裂,称为多边化裂纹。这类裂纹较为罕见,偶尔可在单相镍铬奥氏体钢和镍基合金的焊缝或热影响区中看到。故其断口特征为沿着平坦的界面开裂而且在断开的界面上往往存在许多带有硫化物的孔穴。

2.凝固裂纹(结晶裂纹)

凝固裂纹是焊缝结晶过程中,在固相线附近,由于凝固金属的收缩,残余液态金属不足而不能及时填充,在应力作用下发生沿晶开裂。凝固裂纹都是沿焊缝中的树枝晶交界处发生的,如图 1.70、1.71 所示。最常见的是沿焊缝中心的纵向裂纹,示于前面图 1.42。凝固裂纹主要产生在含杂质较多的碳钢、低合金钢焊缝中和单相奥氏体钢、镍基合金以及某些铝合金的焊缝中。有时凝固裂纹也会在热影响区产生。

(1)凝固裂纹形成机理

从金属结晶理论知道,金属结晶时,先结晶的金属较纯,后结晶的金属含杂质较多,并富集在晶界。在焊缝金属凝固结晶后期,低熔点共晶被推向柱状晶交遇的中心部位,形成一种所谓液态薄膜,此时由于收缩而收到拉伸应力,液态薄膜就成了薄弱地带。在拉伸应力的作用下就有可能在这个薄弱地带开裂而形成凝固裂纹。所以凝固裂纹的产生原因,就在于焊缝中存在液态薄膜和焊缝凝固过程中受到拉伸应力共同作用的结果。

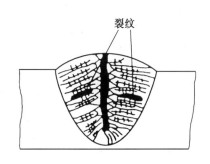

图 1.70　焊缝中凝固裂纹的分布

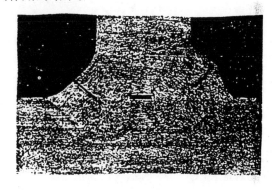

图 1.71　埋弧焊角焊缝中的凝固裂纹

凝固裂纹是焊缝凝固过程中产生的。裂纹的产生倾向主要取决于材料本身在凝固过程中的变形能力。凝固总要经历从液–固态(液相占主要部分)、到固–液态(固相占主要部分)再到完全凝固的转变。在液–固态时,如果发生变形,可依靠液相的自由流动来完成,少量的固相晶体只是稍作移动即可,本身形状基本不变,固相晶体之间的间隙能及时被流动的液态金属所填充,因而在该阶段不会形成裂纹。在固–液态时,焊缝以凝固的固相晶体为主,枝晶已生长到相碰,并局部联生,形成封闭的液膜,使少量的液态金属(主要是低熔点合金)的自由流动受到限制;此时当凝固收缩引起晶间液膜拉开后,就无法弥补,形成裂纹。故把该阶段所处的温度区间称为脆性温度区间,如图 1.72 所示。

在脆性温度区间材料的低塑性或脆化只是形成热裂纹的条件之一,如无拉伸应力引起应变发生并达到一定应变量则不会产生裂纹。因此,是否产生裂纹,除了与反映金属本身特性有关的脆性温度区间 $T_B$ 及其相应的塑性变形能力 $\delta$ 有关外,还取决于金属在该温度区间内随

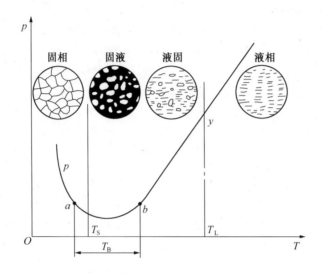

**图 1.72　熔池结晶的阶段及脆性温度区**

$p$—塑性；$y$—流动性；$T_B$—脆性温度区；$T_L$—液相线；$T_S$—固相线

温度下降的应变发展情况 $\dfrac{\partial \varepsilon}{\partial T}$。前两个因素(即 $T_B$ 和 $\delta_{min}$)为引起凝固裂纹的冶金因素，后者为力学因素。

　　下面从拉伸应力与脆性温度区间内被焊金属塑性变化之间的关系来说明凝固裂纹形成的条件，如图 1.73 所示。是否产生凝固裂纹，取决于在脆性温度区间 $T_B$ 中合金所具有的最低塑性 $\delta_{min}$ 与内应变 $\varepsilon$ 或应变增长率 $\dfrac{\partial \varepsilon}{\partial T}$ 的对比关系。当合金在脆性温度区间内的应变以直线 1 的斜率增长时，则其达到的内应变量 $\varepsilon < \delta_{min}$，显然不会产生裂纹；如为直线 3 时，即使金属的凝固裂纹敏感性不变，但由于拘束度较大，使 $\varepsilon > \delta_{min}$，必定要产生裂纹；如按直线 2 增长，则在 $T_s$ 时 $\varepsilon = \delta_{min}$，这正好是产生凝固裂的临界条件。此时的应变增长率

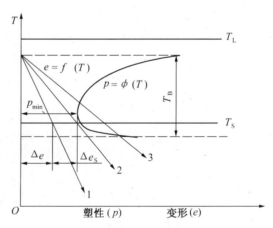

**图 1.73　焊接时产生结晶裂纹的条件**

称为临界应变增长率，以 CST(Critical Strain rate for Temperature drop)表示，即

$$CST = \tan \theta \qquad\qquad (1.125)$$

$\tan \theta$ 与材料特性($T_B$, $\delta_{min}$)有关，它综合地反映了材料凝固裂纹的敏感性。例如当 $T_B$ 一定

时，$\delta_{\min}$越小，则 $\tan\theta$ 越小（即 CST 越小），合金的凝固裂纹敏感性越大，如图 1.74(a) 所示。当 $\delta_{\min}$一定时，$T_B$ 越小，则 CST 越大，材料的凝固裂纹敏感性越小，如图 1.74(b) 所示。

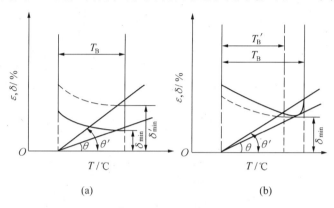

**图 1.74  $T_B$ 与 $\delta_{\min}$对凝固裂纹敏感性的影响**

在工程上，寻求 $\tan\theta$ 与材料成分之间的关系具有重要意义。例如，结构钢 HT100 的 CST 为

$$CST = [-19.2w(C) - 97.2w(S) - 1.0w(Ni) - 0.8w(Cu) - 618.5w(B) +$$
$$3.9w(Mn) + 65.7w(Nb) + 7.0]10^{-4} \tag{1.126}$$

CST 越大，表明材料的热裂敏感性越小。通常希望结构钢的 $CST \geq 6.5 \times 10^{-4}$。

不同的材料，不仅脆性温区区间 $T_B$ 的大小不同，最低塑性 $\delta_{\min}$（用产生裂纹的最小应变来表征）的变化也明显不同，因而产生裂纹的临界应变增长率 CST 也各不相同。一般而言，$T_B$ 越大，裂纹敏感性越大；但也并非必然如此，有时 $T_B$ 虽然较大，但塑性 $\delta_{\min}$ 值却不是很低，或焊缝结晶过程中所受的拘束很小，如图 1.73 中的直线 1，这时其 CST 值也不一定小。相反，若材料的凝固裂纹敏感性不变，但当拘束较大时，也会产生裂纹。

所以，在考察裂纹敏感性时，必须综合考虑脆性温度区间（$T_B$）、最低塑性（$\delta_{\min}$）及应变增长率（$\frac{\partial\varepsilon}{\partial T}$）的影响。根据以上分析可知，用 CST 作为判据更为合适，因为 $T_B$ 或 $\delta_{\min}$ 都不能单独用来反映材料的裂纹敏感性。这时，是否产生裂纹，可以对比实际应变增长率 $\frac{\partial\varepsilon}{\partial T}$ 与临界应变增长率（CST）的大小来作出判断。为防止产生裂纹，必须满足下列条件，即

$$\frac{\partial\varepsilon}{\partial T} < CST \tag{1.127}$$

有关材料的 CST 的实验结果可查阅有关手册和文献。

(2) 凝固裂纹形成的影响因素与防止

1) 冶金因素。所谓结晶裂纹的冶金因素主要是合金状态图的类型、化学成分和结晶组织形态等。

99

研究表明,结晶裂纹倾向的大小随合金状态图结晶温度区间的增大而增加。由图 1.75 看出,随合金元素的增加,结晶温度区间和脆性温度区(阴影部分)也增大,如图 1.75(a)所示,因此结晶裂纹的倾向也是增加的,如图 1.75(b)所示。成分位于 $S$ 点时,结晶温度区间和脆性温度区达到最大,此时裂纹敏感性也最大。当合金元素进一步增加时,结晶区间和脆性温度区反而减小,所以裂纹倾向也随之降低。

由于实际焊接条件下焊缝的凝固均属非平衡结晶,故实际固相线要比平衡条件下的固相线向左下方移动,见图 1.75(a)中的虚线。它的最大固溶度由 $S$ 点移至 $S'$ 点。与此同时,裂纹倾向的变化曲线也随之左移,见图 1.75(b)中的虚线。

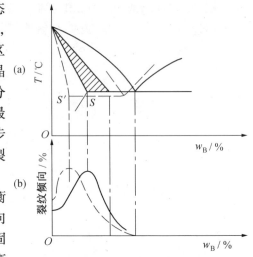

图 1.75　结晶温度区间与裂纹倾向的关系
（B 为某合金元素）

根据上述分析可知,利用各种合金状态图结晶温度区间大小可以预测焊接时结晶裂纹倾向的大小。

初生相的结构能影响到杂质的偏析和晶间层的性质,从而影响凝固裂纹的倾向。例如当钢中的初生相为 δ 时就能比 γ 时溶解更多的 S 和 P(S、P 的最大溶解度在 δ 相中为 $w(S) = 0.18\%$、$w(P) = 2.8\%$;而在 γ 相中为 $w(S) = 0.05\%$、$w(P) = 0.25\%$),因此初生相为 γ 的钢比初生相为 δ 的钢更易产生凝固裂纹。

此外,初生相的晶粒大小、形态和方向也都会影响凝固裂纹产生的倾向。当初生相为粗大的方向性很强的柱状晶时,则会在晶界上集中较多的低熔点杂质,并形成连续的弱面,增加了裂纹倾向。当对金属进行细化晶粒的变质处理后,不仅打乱了柱状晶的方向性,而且晶粒细化后晶界明显增多,减少了杂质的集中程度,有效地降低了凝固裂纹的倾向。如在钢中加入少量 Ti 以及在 Al – 4.5Mg 合金中加入少量(质量分数为 0.10% ~ 0.15%)变质剂 Zr 或 Ti + B 时可细化晶粒,降低裂纹倾向。对于焊接 18 – 8 型不锈钢,希望在焊缝凝固过程中在晶界析出一定数量的一次铁素体(通常质量分数为 3% ~ 5% δ 相)来减少 S、P 的偏析、细化一次组织,并打乱奥氏体的粗大柱状晶的方向,降低其凝固裂纹的倾向。

改善焊缝凝固结晶、细化晶粒是提高抗裂性的重要途径。广泛采用的办法是向焊缝中加入细化晶粒元素(如 Mo、V、Ti、Nb、Zr、Al、稀土等)。

晶间易熔物质形成的晶间液膜是引起凝固裂纹的根本原因,但与晶间易熔物质的数量有关,如图 1.76 所示。可见,热裂倾向并不随着晶间易熔物质数量的增多一直增大,而是有一个最大值。超过最大值后,热裂倾向又逐渐下降,直到最后不产生裂纹。引起这种变化特征的原因是:一方面,结晶前沿低熔点物质的增加阻碍了树枝晶的发展和长合,改变了结晶的形态,缩小了有效结晶温度区间;另一方面由于增加了晶间的液相,促使液相在晶粒间流动和相互补充。因此即使局部晶间液膜瞬间被拉开,但很快可通过毛细管作用将周围的液体渗入缝隙,起到填补和愈合作用。这也就说明了为什么在共晶型合金系统中当成分接近共晶成分时也不易产生凝固裂纹。

合金元素对产生凝固裂纹的影响十分复杂,是影响裂纹最本质的因素。某个合金元素的影响并不是孤立的,与其所处的合金系统有关。多种合金元素的相互影响,往往比单一元素复杂得多,在某些情况下,甚至彼此是矛盾的。各合金元素使纯铁结晶温度区间增加的情况如图1.77所示。下面以碳钢和低合金钢为例,讨论合金元素对凝固裂纹的影响。

①硫、磷几乎在各类钢中都会增大凝固裂纹的倾向。即使是微量存在,也会使结晶温度区间大为增加。硫和磷是钢中极易偏析的元素,易在晶界形成多种低熔共晶,因而显著增大裂纹倾向。因此,用于焊接结构的钢材都要对硫、磷严格控制。

②碳在钢中是影响结晶裂纹的主要元素,并能加剧其他元素(如硫、磷等)的有害作用。所以通常用碳当量来评价钢种焊接性的难易。

③锰具有脱硫作用,能置换 FeS 为 MnS,同时也能改善硫化物的分布形态,使薄膜状 FeS 改变为球状分布,从而提高了焊缝的抗裂性。为防止硫引起的结晶裂纹,随含碳量增加,要求 $w(\text{Mn})/w(\text{S})$ 的比值也随之增加。当含碳量超过包晶点时($w(\text{C})=0.16\%$),磷对产生结晶裂纹的作用就超过了硫,这时再增加 $w(\text{Mn})/w(\text{S})$ 的比值也是无意义的。

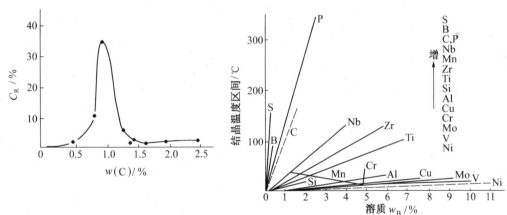

**图 1.76  高碳高铬钢堆焊时碳化物共晶**
**体量对裂纹的影响**

**图 1.77  合金元素对铁结晶温度区间的影响**

④硅是 δ 相形成元素,应有利于消除结晶裂纹,但硅含量超过0.4%时,容易形成硅酸盐夹杂,降低焊缝力学性能,并增加裂纹倾向。

⑤镍在低合金钢中易于与硫、磷形成多种低熔共晶,使结晶裂纹倾向增大。因此,含镍的

钢必须更加严格限制 S、P 含量。

⑥氧对焊缝产生结晶裂纹的影响,目前还没有定论。但很多实验表明,焊缝中有一定的含氧量,能降低硫的有害作用。认为是形成了 Fe – FeS – FeO 三元共晶,使 FeS 由薄膜状变为球状所致。

总括以上,合金元素对结晶裂纹的影响是重要的,但也是复杂的,这里不能一一论述。经过许多试验研究,认为 C、S、P 对结晶裂纹影响最大,其次是 Cu、Ni、Si、Cr 等,而 N、O、As 等尚无一致的意见。对于一般低合金高强钢,总结各种合金元素的影响,曾提出热裂敏感指数(HCS)的定义,即

$$HCS = \frac{w(\mathrm{C})\left[w(\mathrm{S}) + w(\mathrm{P}) + \dfrac{w(\mathrm{Si})}{25} + \dfrac{w(\mathrm{Ni})}{100}\right] \times 10^3}{3w(\mathrm{Mn}) + w(\mathrm{Cr}) + w(\mathrm{Mo}) + w(\mathrm{V})} \qquad (1.128)$$

如果 HCS < 4,则热裂敏感性较低。

2) 工艺因素。工艺因素主要是合理选择焊接材料和控制焊接参数,从而减少有害杂质偏析及降低应变增长率。

对于一些易于向焊缝转移某些有害杂质的母材,焊接时,必须尽量减小熔合比,或者开大坡口,或者减小熔深甚至堆焊隔离层。焊接中碳钢、高碳钢以及异种金属时,限制熔合比具有极重要的意义。

从熔池的凝固特点可知,焊接参数与接头形式对焊缝枝晶生长状态有重要影响。如将焊缝宽度 $B$ 与焊缝实际深度 $H$ 之比以 $\varphi$ 表示,即 $\varphi = \dfrac{B}{H}$,称 $\varphi$ 为焊缝成形系数。由图 1.78 可知,$\varphi$ 值对焊缝的抗热裂性能影响很大。当用碳钢焊缝含碳量来表征热裂倾向时,$\varphi$ 值提高到 7 左右时,焊缝含 $w(\mathrm{C}) = 0.22\%$,还能防止凝固裂纹,$\varphi > 7$ 后(如是带状电极堆焊),由于焊缝截面过薄,抗裂性反而下降。$\varphi$ 值主要影响到枝晶成长方向及其会合面的偏析情况。当 $\varphi$ 值较小时,最后凝固的枝晶会合面呈对向生长状态,是杂质析集严重的部位,因而最易产生热裂

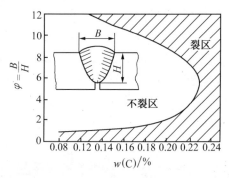

图 1.78  焊缝成形系数($\varphi$)对热裂纹的影响
(低碳钢焊缝;SAW;$w(\mathrm{S}) = 0.020\% \sim 0.035\%$;
$w(\mathrm{Mn})/w(\mathrm{S}) \geqslant 18$)

纹。一般希望尽可能避免出现 $\varphi < 1$ 的情况,即焊缝实际深度不要超过焊缝宽度。因此,必须合理调节焊接参数(焊接电流、电压和焊接速度)来控制成形系数 $\varphi$。

减小焊接电流或线能量以减小过热,有利于改善抗裂性,但也须避免冷却速度偏大,以致变形速率增大,反而不利于防止热裂纹。如冬季在室外进行不预热焊接时,就难以防止产生热裂纹。预热对于降低热裂倾向一般是比较有效的,特别有利于消除弧坑裂纹。但提高预热温度如果增大高温阶段的内应变,就不太有利。

为防止接头产生热裂纹,应尽可能减少应变量及应变增长率。从结构设计开始就应考虑接头的刚度或拘束度,例如尽可能减小板厚和合理布置焊缝,注意避免焊缝交叉,尽可能减小焊脚尺寸和焊道截面积,还应控制合理的焊接顺序等。施焊顺序不合理时,最后几条焊缝可能处于被拘束状态,不能自由收缩,从而增大应变量,易促使裂纹产生。

**3.近缝区液化裂纹**

焊接热影响区的近缝区或多层焊层间,在焊接热循环峰值温度的作用下,由于被焊金属含有较多的低熔共晶而被重新熔化,在拉伸应力的作用下沿奥氏体晶界开裂而形成液化裂纹,如图 1.79 所示。液化裂纹与凝固裂纹有相类似之处,它们都与晶界液膜有关,但其形成机理不同。液化裂纹的液膜并非产生于凝固过程,而是由于加热过程中近缝区晶界局部熔化形成的液膜。

液化裂纹主要发生在含有铬镍的高强钢、奥氏体钢以及某些镍基合金的近缝区或多层焊层间。母材和焊丝中 S、P、Si、C 偏高时,裂纹倾向显著增大。液化裂纹本身并不大,但它能诱发其他的裂纹(如凝固裂纹和冷裂纹等)。要消除焊缝热影响区过热区的液化裂纹是很困难的,只有采用熔点低于晶间液膜的焊缝金属,才有可能渗入过热区的液化裂纹中起愈合作用。

**4.多边化裂纹**

在固相线以下形成的热裂纹,有一种与液膜无关的多边化边界开裂模式。单相奥氏体焊缝金属易于按此模式形成热裂纹,称为多边化裂纹。因为正在凝固的焊缝金属中存在高密度位错,在高温和应力作用下位错运动导致在不同平面上的刃型位错攀移而形成位错壁,这就是多边化现象。一般位错攀移的激活能等于原子的自扩散激活能。因此,多边化与原子扩散过程直接相关,位错的攀移,必伴有空位的迁移。应当指出,多边化在这里已失去原有的几何学意义,而是指部分位错排列成稳定而整齐的小角度晶界,即形成完整亚结构。所以,多边化边界实质就是亚晶界。晶格缺陷密度大的部位易于形成多边化,因而在某些多边化边界可能形成显微裂纹。在拉伸应力作用下,这种显微裂纹可以发展为微裂纹,并延伸到结晶前缘,如图 1.80(a)所示。这时,在毛细现象作用下,可以从尚未凝固的熔池金属中向微裂纹中渗入表面活性物质,而使微裂纹进一步扩展,如图 1.80(b)所示,于是形成多边化裂纹。

**5.高温失塑裂纹**

高温失塑裂纹是由于高温晶界脆化和应变集中于晶界造成的,也与晶界液膜无关。金属凝固以后,温度稍低于固相线,焊接接头仍处于不断增长的收缩应力作用下,此时的变形主要以晶界滑动为主,也就是接近高温蠕变的条件。因此,此时的裂纹按高温蠕变的破坏模型处理。目前对这类裂纹的认识还不够,研究较多的是一些发生于焊缝或高温热影响区中的失塑裂纹。

高温失塑裂纹虽然其特征类似于凝固裂纹,但其形成机制不同于凝固裂纹、液化裂纹,亦不同于前面提到的多边化裂纹。高温失塑裂纹是由于晶格缺陷沿晶界移动、聚集,沿晶界开裂。多边化裂纹是晶格缺陷移动、聚集形成多边化边界,沿多边化边界开裂。多边化裂纹常发生于焊缝金属中。失塑裂纹则既可出现于焊缝中,也可出现在热影响区。

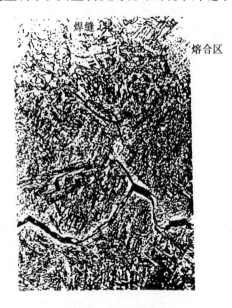

图1.79　14Cr2Ni4MoV钢的液化裂纹(30×)

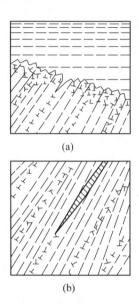

图1.80　多边化裂纹形成
　　　　示意图

### 四、焊接冷裂纹

冷裂纹是焊接裂纹中较为普遍的一种裂纹。冷裂纹的形成温度与热裂纹截然不同。产生热裂纹的脆性温度区间往往高于它的工作温度范围;而冷裂纹往往就是在它的工作温度区间产生的,故一旦产生后在工作应力的作用下,冷裂纹有可能迅速扩展,造成灾难性事故。因此,它的危险性更大。

1.焊接冷裂纹的特征和分类

焊接冷裂纹的基本特征如下。

1) 冷裂纹的起源。多发生在具有缺口效应的HAZ或有物理化学不均匀的氢聚集地带。

2) 冷裂纹的位置。HAZ,少量在焊缝。

3) 冷裂纹的途径。沿晶或穿晶。

4) 产生温度或时间。在焊后冷却过程中$M_s$点附近及以下,或焊后延迟一段时间才出现。

5) 易产生冷裂纹的母材。多发生在中碳钢、高碳钢以及低、中合金高强钢等的焊接接头。

根据被焊钢种和结构的不同,冷裂纹有不同的类别,大致可分为以下三类。

(1) 延迟裂纹

延迟裂纹是冷裂纹中最普遍的一种形态,它的主要特点是不在焊后立即出现,而是有一定的孕育期,具有延迟现象,故称延迟裂纹。根据延迟裂纹的分布特征还可进一步分类,如图1.81所示。

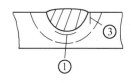 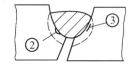 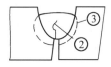

**图 1.81 延迟裂纹的分类**

1—焊道下裂纹;2—焊根裂纹;3—焊趾裂纹

1) 焊道下裂纹其特征是在距熔合线 0.1~0.2 mm 的近缝区中形成微小的裂纹。这种裂纹经常发生在淬硬倾向大、含氢量较高的焊接热影响区,裂纹走向大体与熔合线平行,但也有垂直于熔合线的。

2) 焊趾和焊根裂纹起源于母材与焊缝交界、且有明显应力集中的缺口部位,一是焊缝的焊趾,二是焊缝根部,组织均为粗大的马氏体,裂纹经常是与焊缝方向一致。前者称为焊趾裂纹,后者称为焊根裂纹。

(2) 淬硬脆化裂纹

一些淬硬倾向很大的钢种,即使没有氢的诱发,仅在拘束应力的作用下就开裂,是完全由于马氏体相变脆性所致。淬硬脆化裂纹无延迟特征,有时在 HAZ 出现,有时也可在焊缝出现。裂纹产生温度在 $M_s$ 点附近。焊接含碳较高的 Ni – Cr – Mo 钢、马氏体不锈钢、工具钢及异种钢等有可能出现这种裂纹。

(3) 低塑性脆化裂纹

某些塑性较低的材料冷至低温时,由于收缩力而引起的应变超过了材质本身所具有的塑性储备或材质变脆而产生的裂纹,称为低塑性脆化裂纹。低塑性脆化裂纹亦无延迟特征,一般在 400 ℃以下温度产生,在 HAZ、焊缝均可出现。例如铸铁补焊、堆焊硬质合金时,就会出现这种裂纹。

由于延迟裂纹需延迟一段时间,甚至在使用过程中才出现,所以它的危害性更为严重。而且延迟裂纹也是生产中经常出现的焊接裂纹。因此下面重点讨论低合金高强钢的延迟裂纹。

2.延迟裂纹的形成机理

研究表明,焊接延迟裂纹形成与被焊钢材的淬硬组织、接头中的含氢量以及接头所处的拘束应力状态具有密切的关系,这三者可称为形成冷裂纹的三大要素。

(1) 钢种的淬硬倾向

通常,焊接热影响区的近缝区淬硬程度越大或脆硬马氏体数量越多,越易形成冷裂纹,热影响区的淬硬倾向主要决定于钢材的化学成分、板厚、焊接工艺和冷却速度等。热影响区淬硬易于引发冷裂纹是由于以下原因。

1) 形成脆硬的马氏体。马氏体相变时,会发生较大的晶格畸变,致使组织处于硬化状态。

焊接时,近缝区的加热温度很高,使奥氏体晶粒发生严重长大,焊后快速冷却时,粗大的奥氏体就转变为粗大的马氏体。这种脆硬的马氏体组织的断裂多为低能量的脆性断裂,裂纹易于形成和扩展。

根据大量的研究,组织对裂纹的敏感性大致按下列顺序增大:

铁素体(F)或珠光体(P),下贝氏体($B_L$) – 低碳马氏体($M_L$),上贝氏体($B_U$),粒状贝氏体($B_g$),岛状 M – A 组元(M – A),高碳孪晶马氏体($M_T$)。

2) 淬硬会形成更多的晶格缺陷。马氏体是在快速冷却时形成的非平衡组织,其中含有大量的晶格缺陷,主要是空位和位错。例如条状马氏体内部的亚结构位错密度高达$(3 \sim 9) \times 10^{11}/cm^2$。在应力作用下,空位和位错会发生移动和聚集,当它们的浓度达到一定的临界值后,就会形成裂纹源。在应力作用下,微裂纹不断扩展,直至形成宏观裂纹。

为了判断淬硬对形成裂纹的影响程度,常以硬度作为指标,用焊接热影响区的最高硬度$HV_{max}$作为评定某些高强钢的淬硬倾向。$HV_{max}$既反映了马氏体含量和形态的影响,也反映了位错密度的影响,所以用硬度来衡量淬硬倾向是可行的。

(2) 氢的作用

1) 扩散氢和残留氢。氢在金属中有两种形式,一是可以运动的扩散氢;一是不可运动的残留氢。扩散氢在冷裂纹的形成中起着重要的作用。它决定了裂纹形成过程中的延迟特点及其断口上的氢脆开裂特征。许多文献把氢引起的延迟裂纹特别地称为氢致裂纹或氢助裂纹以突出氢的作用。

2) 残余扩散氢。由于冷裂纹一般均在$M_s$点以下温度形成,因而在较高温度下(如100 ℃以上)氢的扩散速度很快,能迅速扩散到金属表面而逸出,不会形成氢致裂纹。只有在较低温度下的扩散氢才具有致裂作用,这部分扩散氢可称为"残余扩散氢",用$[H_R]$表示。要引起裂纹还必须具备氢的局部集聚和脆化的条件。

3) 临界扩散氢。某个局部区域含氢量超过一定的临界值后就会产生裂纹。但引起裂纹的扩散氢含量的临界值$[H_R]_{cr}$与其他两个因素组织状态和应力状态有着密切的关系。还应指出,$[H_R]$仍然不是产生冷裂纹局部区域的实际扩散氢含量。$[H_R]$与冷却条件和应力集中情况有关。但由于缺少实际测量技术,只能根据模型进行计算。从图1.82的计算结果可看出,存在应力集中的部位,局部残余扩散氢明显增高。所以,存在缺口的焊根与焊趾部位最易于积累氢,也最易于产生冷裂纹。

4) 冷至100 ℃时的瞬态残余扩散氢。对于高强钢焊接冷至100 ℃时的瞬态残余扩散氢$[H_R]_{100}$才是致裂的有效氢含量。求$[H_R]_{100}$有两种方法,一种是实测,即将测氢的试样焊后冷至100 ℃时再放入冰水,然后迅速放入集气器中测定氢含量。另一种是根据菲克扩散方程求解。

5) 组织对氢的溶解和扩散的影响。氢在金属中的溶解和扩散行为与金属组织类型关系密切。氢在奥氏体中的溶解度要比在铁素体中溶解度大得多。但氢的扩散速度却恰好相反。

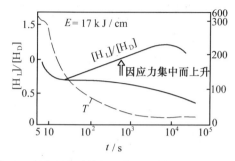
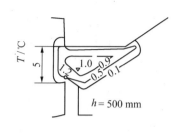

(a) 根部局部扩散氢在冷却过程中的变化　　(b) 根部局部扩散氢积累量最大时的氢浓度线

**图 1.82　焊接接头的局部扩散氢含量**

$[H_L]$—局部扩散氢含量；$[H_D]$—熔敷金属中总含氢量

6）延迟断裂的临界应力。最典型的延迟裂纹的形成与扩展与所受应力之间有一定的关系。如图 1.83 所示,当应力高于上临界应力 $\sigma_{UC}$ 时,立即断裂,无延迟现象,但此时的强度低于无氢试样的缺口拉伸强度 $\sigma_n$。低于下临界应力 $\sigma_{LC}$ 时,不发生断裂。当应力在 $\sigma_{UC}$ 和 $\sigma_{LC}$ 之间时,断裂具有延迟特征,且应力越小,延迟时间（潜伏期）越长。

7）延迟裂纹与温度的关系。研究表明:高强钢的延迟破坏只是在一定的温度区间发生（$-100\sim100$ ℃）,温度太高则氢易逸出,温度太

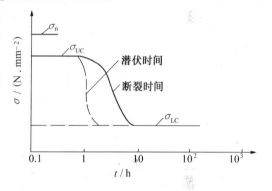

**图 1.83　高强钢的延迟开裂特征**

$\sigma_n$—缺口拉伸强度

低则氢的扩散受到抑制,故都不会产生延迟裂纹。焊接材料不同时,延迟裂纹形成的上限温度可能变化不大,但其下限温度则会相差很大。如焊接 HT80 钢时,无论是采用低氢型焊条（扩散氢含量 $[H_D]$ 为 1.5 mL/100 g）还是钛铁矿型焊条（$[H_D]$ 为 20 mL/100 g）,形成冷裂纹的上限温度均为 80 ℃,但下限温度则与所用焊条有关。

8）延迟裂纹与钢种的关系。只有中高碳钢、低中合金高强钢,氢的扩散速度即来不及逸出金属,也不能完全受到抑制,因而易在金属内部发生集聚,所以这些钢具有不同程度的延迟裂纹倾向。

9）氢在致裂过程中的动态行为（相变诱导扩散理论）。因为含碳较高的钢对延迟裂纹有较大的敏感性。所以,焊缝金属的含碳量总是控制低于母材,故对于焊接常用低合金钢,延迟裂纹常出现在焊接热影响区的近缝区。这可以通过氢的相变诱导扩散理论来分析。

相变诱导扩散是由于晶体结构变化引起的。氢在金属中的溶解和扩散行为与金属组织类

型关系密切。如图 1.84 所示,氢在奥氏体中的溶解度要比在铁素体中溶解度大得多。因此,在焊接后的冷却过程中,当金属发生从奥氏体向铁素体转变时,氢的溶解度要发生突然下降。但氢的扩散速度却恰好相反,由奥氏体向铁素体转变后突然增大。

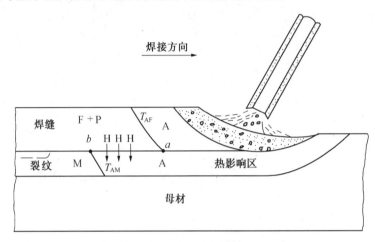

**图 1.84　高强钢焊接热影响区延迟裂纹的形成过程**

由于焊缝金属的含碳量一般均低于母材,所以焊缝与近缝区的固态相变不同步。当然,冷却不均匀也会导致相变不同步。因此,焊缝或冷却快的地方先发生从奥氏体向铁素体的转变($\gamma \rightarrow \alpha$),而近缝区的转变则要滞后焊缝。当焊缝中的 $\gamma$ 已分解转变为 $\alpha$ 时,近缝区仍为 $\gamma$ 组织。这样,如图 1.84 所示,氢很快地越过熔合线 $ab$ 向尚未发生分解的近缝区扩散。因氢在奥氏体中溶解度大而扩散速度小,因而在近缝区转变前不能扩散到距熔合区较远的母材中,在熔合线附件就形成了富氢地带。当滞后相变的富氢热影响区发生奥氏体向马氏体 $\gamma \rightarrow M$ 转变时,氢难以扩散离开,便以过饱和状态残留在马氏体中,促使该区域进一步脆化。这就是冷裂纹易于在近缝区产生的原因。若该部位还有缺口效应,则更加剧了裂纹敏感性。当焊接某些超高强钢时,有时由于焊缝金属合金成分复杂,使得热影响区的组织转变先于焊缝进行,这时氢就从热影响区向焊缝扩散,氢致延迟裂纹就可能在焊缝出现。

10) 氢的应力诱导扩散理论。延迟裂纹的延迟行为主要是由氢引起的。对于焊接延迟裂纹的延迟开裂机理可用氢的应力诱导扩散理论加以解释。图 1.85 为应力诱导扩散模型。焊接接头在应力作用下,会在微观缺陷构成的裂纹敏感区域附近形成局部三维应力场。氢具有向该区域扩散的倾向,应力随着氢的扩散而增高,缺口尖端局部塑性应变量也随氢量增多而增大,同时,微观局部塑性应变量最大的部位也是扩散氢最易于偏聚的部位。即存在一个扩散氢向应力集中场浓化扩散的过程,这就是应力诱导扩散。在氢浓化区域,当氢的浓度达到临界值时,裂纹就会形核(启裂)并扩展。当裂纹向前延伸时,又会形成新的三维应力场。如果氢的浓化扩散尚未达到临界浓度,裂纹会暂停向前延伸,一旦氢量达到临界浓度时裂纹又通过富氢区继续向前扩展。这种过程可周而复始反复不断进行,直至形成宏观裂纹。所以,裂纹的扩展是和氢的扩散聚集密切联系的过程。可以说,氢所诱发的裂纹,从潜伏、萌生、扩展以至开裂均具有延迟特征。焊接延迟裂纹就是由许多单个的微裂纹断续合并而形成的宏观裂纹。

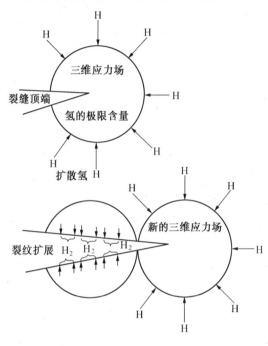

**图1.85　氢致裂纹的扩展过程**

(3) 焊接接头的应力状态

1) 焊接接头的拘束应力。焊接拘束应力(内拘束应力和外拘束应力)是产生延迟裂纹的又一个重要因素。

内拘束应力包括热应力和相变应力。热应力是焊接不均匀加热与冷却后在焊件宏观范围内平衡的第一类内应力;相变应力是相变过程中比热容和各向异性引起的第二类内应力,又称组织应力。焊接时,焊接区由于受热而发生膨胀,因而承受压应力,冷却时由于收缩又承受拉应力,一直到焊后将会产生程度不同的残余拉应力。对于高强钢焊接区冷却至奥氏体分解时(析出铁素体、珠光体、马氏体等),会引起体积膨胀,从而减轻焊后收缩所产生的拉伸应力,故相变应力反而会降低冷裂倾向。

由结构自身拘束条件造成的应力为外拘束应力。这种应力包括结构的刚度、焊缝位置、焊接顺序、构件的自重、负载情况以及其他受热部位冷却过程中的收缩等,它们均会使焊接接头承受不同的应力。外拘束应力的影响因素十分复杂,很难找出规律性,目前还处于研究探索阶

109

段。

在不同条件下焊接,究竟多大的拘束应力产生裂纹,这个定量数据对生产和理论工作都具有重要意义。

2) 线弹性拘束度和拘束应力。由于目前尚难以掌握内应力的真实情况,所以目前主要用表征不同外拘束条件的宏观拘束应力来作为评价影响延迟裂纹的力学条件。这种外拘束条件可用拘束度来表征,拘束度表示了接头的刚度。焊接接头受一维拉伸,变形在弹性范围内的拘束度为线弹性拘束度,其定义是:"使接头根部间隙发生单位长度的弹性位移时,单位长度焊缝所承受的力。"对两端被刚性固定的对接接头,线弹性拘束度 $R[\text{N}/(\text{mm}\cdot\text{mm})]$ 可表示为

$$R = \frac{E_0\delta}{L} \qquad (1.129)$$

式中　　$E_0$—— 弹性模量;

　　　　$\delta$—— 板厚;

　　　　$L$—— 拘束距离。

上式表明,改变拘束距离 $L$ 和板厚 $\delta$,均会影响拘束度 $R$ 的大小。拘束度 $R$ 随 $L$ 的减小和 $\delta$ 的增大而增加。当 $R$ 值大到一定程度时就会产生延迟裂纹,这时的 $R$ 值称为临界拘束度 $R_{cr}$。接头的临界拘束度 $R_{cr}$ 越大,表明该接头的抗裂性能越好。

作用于焊缝上的拘束应力 $\sigma_w$ 为

$$\sigma_w = mR \qquad (1.130)$$

手工电弧焊时,$m \approx 0.05$。发生延迟裂纹局部位置的拘束应力与应力集中系数 $K$ 有关,即

$$\sigma_L = K\sigma_w \qquad (1.131)$$

实际上,拘束度就是反映了不同焊接条件下焊接接头所承受的拘束应力的程度。当焊接时产生的拘束度不断增大,直至形成裂纹时,此时的应力称为临界拘束应力 $\sigma_{cr}$。$\sigma_{cr}$ 反映了对延迟裂纹的形成和扩展具有直接影响的各个因素共同作用的结果。如钢的化学成分、接头的含氢量、冷却速度和应力状态等。因此,可以用 $\sigma_{cr}$ 作为评价延迟裂纹敏感性的判据。图 1.86 表示了拘束度 $R$ 对不同碳当量的钢种焊接时产生延迟裂纹的影响。

根据以上分析可知,高强钢焊接时产生延迟裂纹的机理在于钢种淬硬之后受氢的影响诱发、使之脆化,在拘束应力的作用下产生裂纹。大量的实践和研究证明,产生焊接延迟裂纹的原因就是由上述三大因素综合作用的结果。但是迄今为止对这三大因素的了解,还仅停留在宏观方面,在微观方面尚需深入研究。

根据最新的研究,产生延迟裂纹的力学行为并不是一般的平均拘束应力,由于在焊根、焊趾不可避免的存在不同程度的缺口效应和应力集中,所以接头启裂部位的局部应力比平均应力更为重要;接头启裂部位冷至 100 ℃ 时的氢浓度及其分布,比焊缝金属平均含氢量更为重要。此外,延迟裂纹敏感性的大小,不仅要考虑钢种的化学成分,也要考虑不同冷却条件下的微观组织。

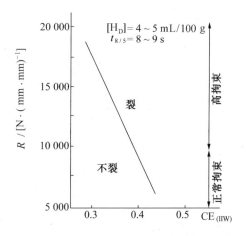

**图 1.86 拘束度 $R$ 对延迟裂纹的影响**

3.焊接冷裂纹判据

焊接冷裂纹的形成,也应遵循如下准则,当接头产生的应变量超过其塑性储备时就会形成裂纹。即

$$\varepsilon \geqslant \delta_{min} \tag{1.132}$$

式中 $\delta_{min}$——接头裂纹发生部位的塑性;

$\varepsilon$——接头在应力作用下发生的应变。

这一关系式与前面讨论的延迟裂纹致裂的三大要素,即扩散氢、组织脆化和拘束度,具有如下的关系。影响 $\varepsilon$ 的根本因素是拘束度($R$);影响 $\delta_{min}$ 的因素主要是氢脆和组织脆化,它们引起材料抗裂能力下降。

为了在工程应用上易于判断钢材在焊接时的冷裂纹敏感性,人们在总结上述三方面的因素后,得到了若干形成冷裂纹的判据。

(1)裂纹敏感指数

20 世纪 60 年代后期建立的裂纹敏感指数 $P_w$ 和 $P_c$ 就是以 $P_{cm}$ 为基础,并考虑扩散氢含量和拘束条件而建立的。它们是目前应用比较广泛的冷裂判据。即

$$P_w = P_{cm} + \frac{[H]}{60} + \frac{R}{40\ 000} \tag{1.133}$$

$$P_c = P_{cm} + \frac{[H]}{60} + \frac{\delta}{600} \tag{1.134}$$

式中 $P_{cm}$——钢种合金元素的碳含量(%);

[H]——扩散氢含量(mL/100 g),(由日本 JIS 甘油法测定);

$\delta$——板厚(mm);

$R$——拘束度(N/mm²)。

上述两式的适用范围为:

$w(\mathrm{C}) = 0.07\% \sim 0.22\%, w(\mathrm{Si}) = \sim 0.60\%, w(\mathrm{Mn}) = 0.4\% \sim 1.40\%, w(\mathrm{Cu}) = \sim 0.50\%, w(\mathrm{Ni}) = \sim 1.20\%, w(\mathrm{Cr}) = \sim 1.20\%, w(\mathrm{Mo}) = \sim 0.70\%, w(\mathrm{V}) = \sim 0.12\%, w(\mathrm{Ti}) = \sim 0.05\%, w(\mathrm{Nb}) = \sim 0.04\%, w(\mathrm{B}) = \sim 0.005\%, [\mathrm{H}] = 1.0 \sim 5.0\ \mathrm{mL}/100\ \mathrm{g}, \delta = 19 \sim 50\ \mathrm{mm}, R = 5\ 000 \sim 33\ 000\ \mathrm{N/mm^2}, E(\text{线能量}) = 17 \sim 30\ \mathrm{kJ/cm}$，试件为斜 Y 坡口。

为防止冷裂纹，对低碳低合金高强钢，双面 V 型坡口时，希望 $P_\mathrm{w} < 0.3$；

对微合金化钢和 C – Mn 钢，希望 $P_\mathrm{w} < 0.35$。

(2) 临界冷却时间

临界冷却时间 $(t_{100})_\mathrm{cr}$ 为第一层焊缝冷却到 100 ℃ 的时间内刚刚不出现冷裂纹的时间。它反映了被焊钢种的化学成分、焊接区的含氢量、焊接线能量和焊接时的拘束条件等诸多因素综合作用的结果。这一冷裂判据是比较全面和可靠的。如果实际条件下焊后由峰值温度冷至 100 ℃ 的时间为 $t_{100}$，那么不产生裂纹的条件为

$$t_{100} > (t_{100})_\mathrm{cr} \tag{1.135}$$

对低碳低合金高强钢，$(t_{100})_\mathrm{cr}$ 可用下式确定，即

$$(t_{100})_\mathrm{cr} = 10.5 \times 10^4 (P_\mathrm{w} - 0.276)^2 \tag{1.136}$$

从安全考虑，希望控制冷却条件满足下式，即

$$t_{100} \geqslant 1.35(t_{100})_\mathrm{cr} \tag{1.137}$$

(3) 临界拘束度和临界拘束应力

如果已知实际焊接接头的拘束度 $R$ 和拘束应力 $\sigma$，则不产生裂纹的条件为

$$R_\mathrm{cr} > R \tag{1.138}$$

$$\sigma_\mathrm{cr} > \sigma \tag{1.139}$$

$R_\mathrm{cr}$ 可由 TRC(拉伸拘束裂纹试验)、RRC(刚性拘束裂纹试验)、PRRC(平板刚性拘束裂纹试验) 等试验方法测得。

$\sigma_\mathrm{cr}$ 可通过 TRC、RRC 和插销试验测定，亦可通过经验公式求得。根据插销试验，建立临界拘束应力 $\sigma_\mathrm{cr}$ 的经验公式为

$$\sigma_\mathrm{cr} = -2\ 420\left(P_\mathrm{cm} + \frac{[\mathrm{H}]}{60}\right) + 500\ \lg t_{100} - 30 \tag{1.140}$$

此外，还有其他的临界拘束应力经验公式，如日本 IL 委员会利用插销试验建立的经验公式，即

$$\sigma_\mathrm{cr} = [86.3 - 211P_\mathrm{cm} - 28.2\ \lg([\mathrm{H}] + 1) + 2.73t_{8/5} + 9.7 \times 10^{-3} t_{100}] \times 9.8 \tag{1.141}$$

式中　　$\sigma_\mathrm{cr}$——插销试验的临界应力($\mathrm{N/mm^2}$)；

$[\mathrm{H}]$——扩散氢含量(JIS 测定法，mL/100 g)；

$t_{8/5}$——800 ~ 500 ℃ 的冷却时间(s)；

$t_{100}$——由峰值温度冷却至 100 ℃ 的冷却时间(s)。

利用临界应力，可作如下的粗略估计，即计算得到的 $\sigma_{cr}$ 大于被焊钢种的屈服强度 $\sigma_y$ 时，可认为是安全的。否则应设法降低 [H]、提高冷却时间 $t_{100}$ 和 $t_{8/5}$，即在焊接工艺上采用预热及后热等措施。

（4）临界扩散氢

在 $P_{cm}$ 与 $R$ 一定时，能引起冷裂纹产生的临界残余扩散氢 $[H_R]_{cr}$，在斜 Y 坡口试验条件下，有如下关系，即

$$\lg [H_R]_{cr} = 3.92 - 15.3\left(P_{cm} + \frac{R}{400\,000}\right) \tag{1.142}$$

上式表明，$P_{cm}$ 或 $R$ 越大，引起冷裂纹扩散的氢含量就越低，只要有少量扩散氢存在就能引起冷裂纹。

除以上所列的几种判据外，针对某些特定的钢种，还有多种防止冷裂纹发生的预热温度和冷却时间的经验计算公式，可参考焊接手册和其他参考书。

4.焊接冷裂纹的控制

冷裂纹的影响因素很多，也很复杂，因此防止冷裂纹总的原则就是控制影响冷裂纹的三大因素，即尽可能降低拘束应力、消除一切氢的来源并改善组织。以下就冷裂纹的防止从冶金和工艺两方面进行阐述。

（1）冶金方面

1）选择抗裂性好的钢材。从冶炼技术上提高母材的性能，采用多元微合金化的钢材，尽可能降低钢中有害杂质（S、P、O、H、N 等）含量等措施，可以使钢具有良好的抗裂性能。如国产 CF 钢（$\sigma_b = 600 \text{ N/mm}^2$），含碳量仅为 $w(C) = 0.06\%$，$P_{cm} = 0.16\%$，采用相应的低氢焊条焊接 50 mm 的钢板，即使焊前不预热、焊后不热处理，也不会产生冷裂纹。

2）焊接材料的选用。从焊接本身看，选用低氢或超低氢焊条是防止冷裂纹的有效措施之一。但必须注意，低氢焊条应严格限制药皮含水量，焊条的烘干十分重要。对于某些淬硬倾向不太大的高强钢，有时只要将焊条 450 ℃ 烘干后使用即可防止产生冷裂纹。焊条防潮问题也应给予重视。

为防止接头产生冷裂纹，一般高强钢均不允许焊缝中有马氏体相变发生，因此，选用低强焊条（使焊缝强度低于母材强度）焊接易于达到这一要求。但例外的情况是，中碳调质钢或高碳钢等淬硬倾向大的钢种则有可能利用焊缝的马氏体相变膨胀来减缓拘束应力。

对于低碳低合金高强钢，适当降低焊缝强度可以降低拘束应力而减轻熔合区的负担，对防止冷裂纹有利。图 1.87 给出焊条强度级别对焊缝金属所承受的拘束应力 $\sigma_w$ 的影响结果。在拘束度 $R$ 不大的情况下，$\sigma_w$ 随 $R$ 增大而成比例地增大；当 $R$ 再增大，使 $\sigma_w$ 增大到接近屈服强度时，屈服强度越低的焊条 $\sigma_w$ 值越低。

采用奥氏体焊条的优点是既可避免采取预热又能防止冷裂纹的产生。关于焊缝为奥氏体

组织时对防止冷裂纹的有利作用,有三种观点:一是焊缝奥氏体组织能固溶氢且限制氢向近缝区扩散;二是焊缝为奥氏体,强度低而塑性高(延伸率可高达 40% 以上),从而可减轻接头的拘束应力;另外,焊缝冷却过程中在 450 ℃ 左右可以产生较大的瞬时应力,致使近缝区产生较大塑性形变,一方面促使奥氏体稳定性降低,使奥氏体转变显著地移向中温贝氏体转变区,近缝区因而不易产生淬硬马氏体组织,另一方面有提高 $M_s$ 点的作用,使马氏体自回火得到发展。

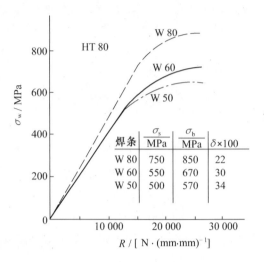

**图 1.87 焊条强度级别对拘束应力 $\sigma_w$ 的影响(RRC 试验)**

此外,采用奥氏体焊条时,必须尽可能限制焊接电流,以减小熔合比;否则会致使焊缝凝固过渡层的 Cr 和 Ni 发生稀释,则可在过渡层形成马氏体组织,因而引起冷裂纹。

不过,采用奥氏体焊条也有缺点,就是焊缝强度偏低,对热裂敏感性大,同时价格较昂贵。

一些表面活性元素,主要是 Te(碲)、Se(硒)及稀土元素 Re 均能降低焊缝含氢量。其中 Te 的降氢效果最好。在焊条中复合加入 Te 和 Re 可以显著提高接头的抗冷裂性能。

3)选用低氢的焊接方法。$CO_2$ 气体保护焊由于具有一定的氧化性,故而可获得低氢焊缝,扩散氢含量甘油法仅为 0.04 ~ 1.0 mL/100 g。碱性药芯焊丝 $CO_2$ 气体保护焊时,同样也能获得低氢焊缝,可显著改善抗冷裂纹的能力。

(2)焊接工艺方面

调整预热温度 $T_0$ 及线能量 $E$ 以及采用多道焊工艺,以防止奥氏体晶粒粗化,均有利于氢的逸出和减轻硬化,从而可显著降低接头冷裂倾向。

1)预热温度的控制。确定预热温度时,必须综合考虑施焊时的环境温度、钢种的成分和强度级别、坡口形式、焊接材料类型和焊缝金属含氢量高低等。

环境温度越低,板厚越厚,钢种强度级别越高,预热温度也越高。可根据经验公式来初步确定预热温度。一般,$P_w$ 值越大(即钢材的 $P_{cm}$ 越大,或拘束度 $R$ 越大,或扩散氢[H]越多),预热温度 $T_0$ 就应相应提高。

避免产生冷裂纹的预热温度:

斜 Y 坡口拘束抗裂试验 $\qquad T_0 = 1\,440 P_w - 392$ (1.143)

如果熔敷金属中含氢量高于 5 mL/100 g,可采用下式计算,即

$$T_0 = 1\,600 P_H - 408 \qquad (1.144)$$

其中
$$P_H = P_{cm} + 0.075 \lg [H] + \frac{R}{400\ 000} \tag{1.145}$$

X、U、V 坡口拘束抗裂试验    $T_0 = 1\ 330 P_w - 380 \tag{1.146}$

K、T 形坡口拘束抗裂试验    $T_0 = 2\ 030 P_w - 550 \tag{1.147}$

2)焊接线能量的控制。从防止产生淬硬组织考虑,应降低冷却速度或增大 $t_{8/5}$,除了预热,适当增大线能量应当有利。但必须避免奥氏体晶粒过分粗化、形成粗大马氏体,这将更为有害。

3)多层焊层间时间间隔的控制。与单层焊缝相比,多层焊能够显著减少焊根裂纹。但要求在第一层焊道尚未产生焊根裂纹的潜伏期内完成第二层焊道的焊接。这是因为第二层焊道的焊接热可促使第一层焊道中的氢迅速逸出,并可使第一层焊道热影响区的淬硬层软化。在这样的情况下,预热温度则可以降低一些。对于一定成分的钢种,$P_w$ 值一定时,每多焊一层,其预热温度就可以明显降低一些。但是,重要的问题是层间温度或层间时间间隔必须加以控制。降低预热温度的同时,必须缩短层间的时间间隔。必须注意,多层焊时,若可能产生较大角变形时,为防止产生根部裂纹,预热温度不能降低,甚至还要适当提高。

4)紧急后热的作用。若冷裂纹产生有潜伏期时,如能在冷裂纹尚处于潜伏期中即进行加热,即所谓紧急后热,对于防止冷裂纹的产生会有好处。根据后热温度的高低,可能会不同程度地产生三种有利作用,降低残余应力、改善组织和减少扩散氢。

但是对于潜伏期非常短或根本无潜伏期的钢种,可能来不及进行后热即已产生冷裂纹。所以,紧急后热有抢时间的问题。后热并非焊后热处理。一般焊后热处理都是为了改善接头使用性能,不存在抢时间问题。如果后热温度提高,则预热温度可适当降低,甚至也可能不必预热。

如果从排除扩散氢的角度考虑,对于奥氏体组织的焊缝,后热不会得到应有效果。另外,低温后热对于消除残余应力并无明显效果,特别是强度级别高的高强钢接头。

5)控制拘束应力。从设计施工以及施焊工艺制定中,为减小接头的拘束度和拘束应力,应合理地选择焊缝匹配,注意焊缝的分布位置和施焊的次序。另外,必须避免在焊接接头区形成各种形式的缺口而造成应力集中。

以上所谈各种防治冷裂纹的措施固然重要,但实际生产中有一些工艺细节可能对冷裂纹的产生有相当大的影响,而这些细节又常常易被忽视。根据近年来的统计,在许多压力容器的事故中,往往是由于施工粗糙、未按已制定的工艺规程执行、管理制度不严等因素造成焊接冷裂纹的形成和发展,并成为破坏事故的重要原因之一。

**五、其他焊接裂纹简介**

1.再热裂纹

焊接残余应力是引起结构发生脆断的重要因素之一,因此焊后通常要进行消除应力处理。但一些合金钢的焊接结构在消除应力处理中有时会在焊接接头中形成裂纹,这类裂纹称为消除应力处理裂纹(SR 裂纹)。此外,在高温合金焊后时效处理过程中(或高温使用过程中),随着沉淀硬化相的析出,也会出现裂纹,这类裂纹一般称为应变时效裂纹(SA 裂纹)。鉴于上述两类裂纹均是在焊后对接头再次加热过程中产生,因此,统称为再热裂纹。

再热裂纹毫无例外地出现在焊接热影响区的过热区,明显地沿粗大的奥氏体晶界发展,到细晶区就会终止,如图 1.88 所示。

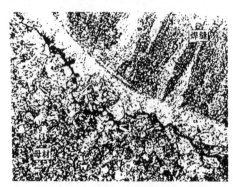

(a)　金相形貌 (80 ×)　　　　　　　　(b)　断口 (160 ×)

**图 1.88　再热裂纹形貌(14MnMoNbB 钢,焊后于 600 ℃ 再热 2 小时)**

对于低合金和中合金结构钢,如珠光体级耐热钢,再热裂纹最敏感温度区在 600 ℃ 上下,随合金成分而定。且其在最敏感温度下产生再热裂纹的时间也随成分而变。如图 1.89 所示,再热裂纹出现的温度已超过 $0.4T_M$。

大量的试验研究表明,再热裂纹的产生是由晶界优先滑动导致形成微裂纹(形核)而发生和扩展的。在焊后热处理时,残余应力松弛过程中,粗晶区应力集中部件的晶界滑动变形量超过了该部位的塑性变形能力,即 $\varepsilon \geqslant \delta_{min}$,就会产生再热裂纹。其中,$\varepsilon$ 为粗晶区局部晶界的实际塑性变形量;$\delta_{min}$ 为粗晶区局部晶界的塑性变形能力,即再热裂纹的临界塑性变形量。

近年来许多人认为,再热过程中的应力松弛可以看做是应力逐步随时间降低的蠕变过程,因此,可以用蠕变断裂理论来说明再热裂纹的产生机理。再热裂纹的产生用蠕变断裂机制来描述有以下两种模型。

1) 楔型开裂模型认为发生蠕变时,在发生应力松弛的三晶粒交界处产生应力集中,当此应力超过晶界的结合力时就会在此处产生裂纹,如图 1.90 所示。

2) 空位开裂模型根据点阵空位在应力和温度的作用下,能够发生运动,当空位聚集到与应力方向垂直的晶界上达到足够的数目时,晶界的结合面就会遭到破坏,在应力继续作用下,使之扩大而成为裂纹,如图 1.91 所示。

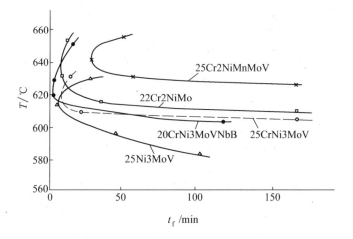

图 1.89　再热温度对应力松弛断裂时间的关系

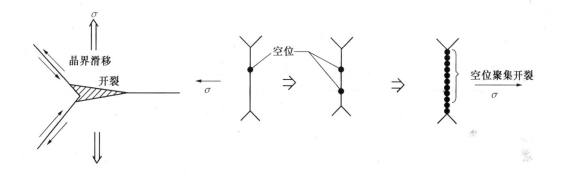

图 1.90　楔型开裂模型　　　　　　　　　图 1.91　空位开裂模型

　　金属再热处理过程中通常可以获得足够的能量,当金属发生蠕变时,通过空位的运动、聚集而形成空穴,逐渐长大成为裂纹。另一方面如有杂质沿晶分布,也可作为空穴的发源地。

　　一些实验表明,某些低合金高强钢的再热裂纹属于楔型开裂,而珠光体耐热钢及耐热合金的再热裂纹多属空位开裂。但不管属于哪类开裂都具有晶间开裂的特征。

　　再热裂纹的形成与金属晶内强化及晶界弱化有关。有人强调晶界弱化的作用;有人则强调晶内强化是主要的。

　　焊接热循环的高温阶段,发生奥氏体晶粒长大的同时,合金碳化物发生充分的溶解。若在冷却阶段不能完全析出,则在再热时,要在晶内和晶界各处发生沉淀,金属发生硬化,使强度升高。晶界的碳化物沉淀,需要吸收其附近的合金元素。因而在晶界两侧可有一低合金软化层(很薄),以致晶界区弱化。而晶内的沉淀则使晶内强化。要说明的是,只有那些能引起二次硬化的

117

碳化物元素如 Cr、Mo、V、Ti、Nb 等才是引起再热裂纹的元素。所谓二次硬化是指钢材回火后的硬度不是随回火温度的提高而单调下降，而是在较高温度（如 500 ~ 600 ℃）时再度出现硬度峰值。另一方面，晶粒长大时的晶界迁移合并，将使一些低熔偏聚的微量杂质元素富集于奥氏体晶界。这也被认为是晶间弱化的重要原因之一。而长期再热能进一步增强 P、Sb、Sn、As 等的偏聚。

在大量试验的基础上，建立了以下几个经验公式来定量评价某些低合金钢再热裂纹敏感性，即

$$\Delta G = w(\text{Cr}) + 3.3w(\text{Mo}) + 8.1w(\text{V}) - 2 \tag{1.148}$$

$$\text{当 } \Delta G > 0, \text{易裂}$$

$$\Delta G_1 = w(\text{Cr}) + 3.3w(\text{Mo}) + 8.1w(\text{V}) + 10w(\text{C}) - 2 \tag{1.149}$$

$$\text{当 } \Delta G_1 > 2, \text{易裂；当 } \Delta G_1 > 1.5, \text{不易裂}$$

$$P_{\text{SR}} = w(\text{Cr}) + w(\text{Cu}) + 2w(\text{Mo}) + 5w(\text{Ti}) + 7w(\text{Nb}) + 10w(\text{V}) - 2 \tag{1.150}$$

$$\text{当 } P_{\text{SR}} > 0, \text{易裂}$$

应当指出，这些公式都是根据特定材料和试验方法得出的，虽具有一定的参考意义，但也都有相当的局限性。特别是，这些公式都忽略了杂质的有害作用（如 S、P、Sb、Sn、As 等），这一点与生产实际反映的再热裂纹倾向有些不符，还有待深入研究。

由上简述可知，再热裂纹的产生首先与钢材成分有关。其次受焊件大小、焊接层次、热输入（决定着内应力和晶粒长大程度）的影响。第三，与焊接区的应力应变集中有关；焊缝过渡不平滑往往也促成再热裂缝。另一方面，还与再热处理时的温度场及升温规范有关。因此防止再热裂纹，首先应提高钢材或合金材料的抗再热开裂的性能。如果材料已经选定不变，则须确认再次加热的必要性及利弊。在不能更换材料且结构形式也已确定，焊后热处理也不能取消时，只能通过调整工艺来改善抗再热开裂的性能。预热对防止再热裂纹有一定效果。若焊后及时后热，也可适当降低预热温度。焊接线能量的变化可影响到晶粒粗化程度、冷却速度以及残余应力的大小，所以影响比较复杂，会出现不同的结果。一般认为，适当提高线能量，减小过热区硬度，有利于降低再热开裂敏感性。但线能量的影响程度与接头残余应力 $\sigma_R$ 有关。所以，提高线能量时必须控制残余应力与应变。

适当降低焊缝强度以提高其塑性形变能力，可以减轻近缝区塑性应变的集中程度，因而也有利于降低再热裂纹产生倾向。

2. 层状撕裂

在潜艇壳体结构、桥梁结构及海洋结构等大型厚板结构的 T 型接头或角接头中，会沿板厚方向形成较大的拉伸应力，如果钢中杂质含量较高，那么会沿钢板轧制方向出现一种台阶状的裂纹，一般称为层状撕裂，如图 1.92 所示。层状撕裂在碳钢和低合金钢中均会产生。

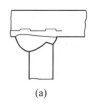 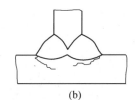 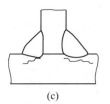 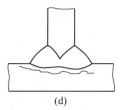

(a)　　　　　　　(b)　　　　　　　(c)　　　　　　　(d)

**图 1.92　层状撕裂形态**

一般从钢液浇铸成锭到轧制成钢板会形成平行于表面的带状组织。所以钢板在长度(L)方向、宽度(T)方向和厚度(Z)方向有不同的强度和塑性。Z向性能较差的原因,一方面是轧制织构所致;更主要的是其组织不均匀,成方向性分布所致,尤其是扁片状夹杂物危害最大,其中最主要的成分为硫化物,也有 Al、Si 氧化物夹杂。

实际的断裂(层状撕裂)途径正是沿着这种夹杂物本身或夹杂物与金属的界面,形成小的断裂平台;不同高度上的这些断裂平台之间,则在扩展时形成剪切墙或断层,如图 1.93 所示。问题在于,这种裂缝不会暴露到表面上来,在结构上很不易发现,所以很危险。

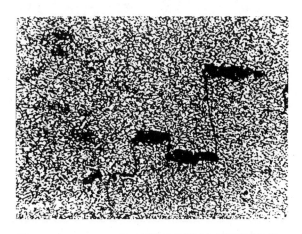

**图 1.93　14MnMoCu 钢 T 型接头热影响区的层状撕裂(100×)**

层状撕裂的断口,宏观上看有木纹特征(图 1.94);微观 SEM 二次电子像能清晰地看到夹杂物片与塑性断口相间(图 1.95)。剪切墙部分则是剪切韧窝或蛇形滑移等塑性断口。

控制钢材含 S 量(如使 $w(S) < 0.015\%$);检验板材 Z 向性能,保证 Z 向拉伸断面收缩率 $\Psi_Z$(如 $\Psi_Z \geq 25\%$),能大大减低层状撕裂之概率。氢在形成层状撕裂中能起推波助澜的作用。

改善接头设计,使之不仅通过板表皮传力,改善多层角焊缝收缩应力状况,防止别类裂纹诱发层状撕裂等,均有可能减轻层状撕裂倾向。

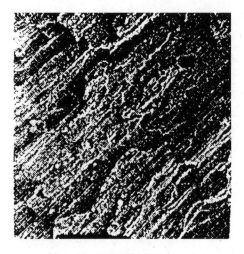

图 1.94 层状撕裂断口(20×)

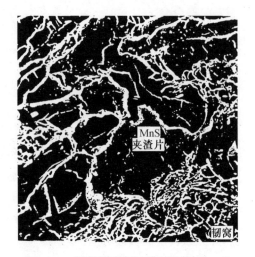

图 1.95 层状撕裂断口微观形貌(700×)

# 习　题

1.对焊接热源有哪些共同的要求？描述焊接热源主要用什么指标？

2.试述焊接接头的形成过程及对焊接质量的影响。

3.熔滴比表面积的概念及对焊接化学冶金过程的影响？

4.焊条熔化系数、熔敷系数的物理意义及表达式？真正反映焊接生产率的指标是什么？

5.试简述不锈钢焊条药皮发红的原因？有何解决措施？

6.已知电弧焊时 $I = 500$ A，$U = 37.5$ V，$\eta = 0.8$，$d_H = 3$ cm，若取 $q(r) \geqslant 0.5 q_m$ 的区域定义为加热斑点，求热能集中系数 $K$ 值及最大比热容流 $q_m$。

7.熔合比的表达式和影响因素？多层焊时，如果各层间的熔合比是恒定的，试推导第 $n$ 层焊缝金属的成分？

8.从传热学角度说明临界板厚 $\delta_{cr}$ 的概念？某 16Mn 钢焊件，采用手工电弧焊，线能量 $E = 15$ kJ/cm，求 $\delta_{cr}$？

9.手工电弧焊接厚 12 mm 的 14MnMoNbB 钢，焊接线能量 $E = 2$ kJ/cm，预热温度为 50 ℃，$\eta$ 取 0.9，试根据理论公式计算 $t_{8/5}$。

10.直流正接为何比直流反接时焊缝金属溶氮量高？

11.试简述氢、氮、氧对焊接质量的影响？

12.试以硅的沉淀脱氧为例，叙述提高脱氧效果的途径？

13.为何酸性焊条宜用锰铁脱氧？而碱性焊条宜用硅锰联合脱氧？为什么要控制 $w[Mn]/w[Si]$ 的比值？

14.酸性焊条熔敷金属为何氢、氧含量较高？

15. 试简述低氢焊条熔敷金属含氢量低的原因?

16. 为什么碱性焊条对铁锈和氧化皮的敏感性大? 而碱性焊条焊缝含氧量却比酸性焊条低?

17. J422 焊条药皮中含 $w(TiO_2) = 28\%$、$w(SiO_2) = 26.5\%$、$w(CaO) = 10.6\%$、$w(锰铁) = 12\%$,焊芯含 $w[Si] = 0.02\%$、$w[O] = 0.01\%$,而熔敷金属中却含 $w[Si] = 0.15\%$、$w[O] = 0.05\%$,试分析其原因。

18. 综合分析熔渣的碱度对金属的氧化、脱氧、脱硫、脱磷、合金过渡的影响。

19. 试分析说明钛钙型(J422)焊条与碱性低氢型(J427)焊条,在使用工艺性及焊缝力学性能方面有哪些差别?

20. 试简述药芯焊丝的特点?

21. $CO_2$ 焊接低合金钢一般配用什么类型的焊丝? 试分析其原因?

22. 焊接熔池的结晶和铸锭的结晶过程有何区别?

23. 试简述焊接接头偏析的种类及产生原因?

24. 微量 Ti、B 改善焊缝金属韧性的机理?

25. 如 16Mn 母材中含有较高的 S、P,应如何保证焊缝金属韧性?

26. 以低碳钢焊接为例,综述提高焊缝金属韧性的冶金手段、焊接工艺手段及焊后措施?

27. 焊接热循环与热处理相比有何特点? 试用这些特点来说明 45 钢和 40Cr 热影响区的组织转变,并加以比较?

28. 简要说明易淬火钢和不易淬火钢粗晶区的组织特点及对性能的影响?

29. 试分析钢种淬硬倾向的影响因素? 用什么指标来衡量高强钢的淬硬倾向比较合理?

30. 试分析焊接热影响区的脆化类型及防治措施?

31. 试分析如何控制低合金高强钢焊接 HAZ 的韧性?

32. 试简述 $H_2$、$CO$ 气孔的产生原因、特征及防止措施?

33. 有一种碱性焊条(J427),在出厂检验试焊时,焊缝中没有气孔,但在产品施工焊接时,发现焊缝中有大量气孔。分析可能哪些原因导致气孔?

34. 用 H08A 焊丝和 HJ431 焊剂埋弧自动焊接沸腾钢时,虽经仔细除锈但还常出现气孔,试分析其原因,应采取何种措施防止气孔。

35. 试分析焊缝金属结晶裂纹的产生机理和防治措施?

36. 为什么采用 CST(临界应变增长率)为判据来比较金属材料的热裂倾向更为合理? 用脆性温度区间来作判据如何?

37. 试简述液化裂纹的形成机理?

38. 一般低合金钢,冷裂纹为什么具有延迟现象? 为什么容易在焊接 HAZ 中产生? 试分析防止延迟裂纹的工艺措施?

39. 试简述在什么条件下,氢致裂纹也会在焊缝中产生?

40.焊接接头拘束应力的分类？何谓拘束度？临界拘束度？

41.焊接接头中出现冷裂纹(延迟裂纹)主要与哪些因素有关？通常将工件预热到一定温度可以防止产生冷裂纹,试分析预热的作用？后热和焊后热处理有何不同？

42.简述再热裂纹的主要特征和产生机理？

43.某大型焊接结构,采用了含 S、P 偏高的钢,为防止产生层状撕裂应采取何种工艺措施？

# 参 考 文 献

1　张文钺.焊接冶金学.北京:机械工业出版社,1995

2　张文钺.焊接物理冶金.天津:天津大学出版社,1991

3　张文钺.焊接传热学.北京:机械工业出版社,1989

4　陈伯蠡.金属焊接性基础.北京:机械工业出版社,1982

5　陈伯蠡.焊接冶金原理.北京:清华大学出版社,1991

6　陈伯蠡.焊接工程缺欠分析与对策.北京:机械工业出版社,1998

7　杜则裕.工程焊接冶金学.北京:机械工业出版社,1997

8　吴望周.化工设备断裂失效分析基础.南京:东南大学出版社,1991

9　陈铮等.材料连接原理.哈尔滨:哈尔滨工业大学出版社,2001

10　蒋成禹等.材料加工原理.哈尔滨:哈尔滨工业大学出版社,2001

11　康云武.金属熔焊工艺.北京:水利电力出版社,1995

12　[瑞典] K 依斯特林格著.焊接物理冶金导论.唐慕尧等译.北京:机械工业出版社,1989

13　[日] 松田福久.熔接冶金学.东京:日刊工业新闻社,1972

14　J F Lancaster. Metallurgy of Welding. London: George Allen & Unwin,1980

15　R D Stout.钢的焊接性.许祖泽等译.北京:机械工业出版社,1986

16　[日]铃木春義.熔接冶金学.东京:日刊工业新闻社,1963

17　唐伯钢等.低碳钢及低合金高强钢焊接材料.北京:机械工业出版社,1987

18　廖立乾等.焊条的设计、制造与使用.北京:机械工业出版社,1988

19　李春范等.回顾与瞻望——21 世纪中国焊接材料.焊接,2001,(1)

20　唐伯钢.对 21 世纪焊接材料发展趋势的探讨.焊接,2001,(3)

21　潘金生等.材料科学基础.北京:清华大学出版社,1998

22　中国机械工程学会焊接学会编.焊接金相图谱.北京:机械工业出版社,1987

23　吕德林等.焊接金相分析.北京:机械工业出版社,1986

24　邹家生.《焊接冶金学》中焊缝金相组织分析部分的教学改革.华东船舶工业学院学报,1998,(5)

25　尹士科等.低合金高强度钢焊缝中的 M－A 组织:[学术报告].北京:北京钢铁研究总院,1985

26　美国焊接学会.焊接手册(第 1 卷).北京:机械工业出版社,1985

27　日本熔接协会 HSE 委员会编.钢焊接区的热应变脆化.北京:机械工业出版社,1982

28　陈楚等.焊接热模拟技术.北京:机械工业出版社,1986

29　哈尔滨焊接研究所编.焊接裂纹金相分析图谱.哈尔滨:黑龙江科学技术出版社,1981

30　上海交通大学编.金属断口分析.北京:国防工业出版社,1979

31　R A J Karppi，M Toyoda．Mechanical Controlling Factor of Weld Hydrogen Cracking．Transaction Japan Welding Society．1981，12(2)

32　川村次郎．钢溶接部における水素扩散积举动解析：［修士论文］．大阪：大阪大学溶接工学科，1982

33　Matsuda F．Evaluation of Transformation Expansion its Beneficial Effect on Cold Crack Susceptibility Using Y－Slit Crack TestInstrument With Strain Gauge．Transaction of JWRI．1984，13(1)

34　Yurioka N，Suzuki H．Hydrogen Assisted Cracking in C－Mn and Low Alloy Steel Weldment．International Materials Reviews．1990，35(4)

35　Yurioka N．Determination of Necessary Preheating Temperature in Steel Welding．Welding Journal．1983，62(6)

36　张文钺等．焊接冷裂敏感性的有效扩散氢及氢扩散因子．焊接学报，1991，12(3)

37　陈忠孝等．30CrMnSiNi2A 超高强钢 HAZ 后热韧化抗裂机理的探讨．焊接学报，1983，4(3)

38　张炳范等．焊缝金属对高强钢 HAZ 抗裂性的影响．焊接学报，1991，12(1)

39　王智慧等．异种钢焊接接头熔合区马氏体层断裂韧性的模拟研究．焊接学报，1989，10(2)

40　佐藤邦彦．焊接 HT80 钢厚壁承压水管用的低匹配焊条．国外焊接，1981，(6)

# 第二章 熔化焊连接方法及工艺

金属焊接是指通过适当的手段,使两个分离的金属物体(同种金属或异种金属)产生原子(分子)间结合而连接成一体的连接方法。熔化焊是目前应用最广泛的焊接方法。它包括有焊条电弧焊、埋弧焊、气体保护焊、电渣焊、等离子弧焊、电子束焊、激光焊等,虽然绝大部分是以电极与工件之间燃烧的电弧作热源,但它们的焊接方法和工艺特性有着很大的差异。本章着重讲述它们的方法及工艺特点。

## 2.1 焊条电弧焊方法及工艺

焊条电弧焊是用手工操纵焊条进行焊接的一种电弧焊,焊条电弧焊时,利用焊条和工件之间产生的电弧将焊条和工件局部加热到熔化状态,焊条端部熔化后的熔滴和熔化的母材融合一起形成熔池。随着电弧向前移动,熔池液态金属逐步冷却结晶,形成焊缝。焊条电弧焊的过程如图 2.1 所示。

焊条电弧焊使用的设备简单,方法简便灵活,适应性强,但对焊工操作技术要求高,焊接质量在一定程度上决定于焊工操作技术。此外,焊条电弧焊劳动条件差,生产率低。因此,焊条电弧焊适用于焊接单件或小批量的产品,短的和不规则的、各种空间位置的以及其他不易实现机械化焊接的焊缝。工件厚度一般在 1.6 mm 以上,1 mm 以下的薄板不适于焊条电弧焊。

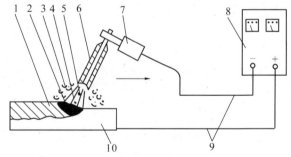

**图 2.1　焊条电弧焊过程**
1—焊缝;2—熔池;3—保护性气体;4—电弧;5—熔滴;6—焊条;
7—焊钳;8—电焊机;9—焊接电缆;10—工件

焊条电弧焊适用于碳钢、低合金钢、不锈钢、铜及铜合金等金属材料的焊接,铸铁焊补和各种金属材料的堆焊等。活泼金属(如钛、铌、锆等)和难熔金属(如钽、钼等)由于机械保护效果不够好,焊接质量达不到要求,不能采用焊条电弧焊。低熔点金属如铅、锡、锌及其合金由于电弧温度太高,也不可用焊条电弧焊。

**一、焊条电弧焊焊接电弧及其特性**

**1.电弧的形成**

焊条电弧焊时,熔化金属的热源是焊接电弧。电弧是发生在电极与气体介质中的持续大功率放电。通常情况下气体是不导电的,为了使其导电,必须使之电离,即必须在气体中形成足够数量的自由电子和正离子。

气体间隙电离的过程和电弧的形成过程如下:当弧焊电源输出端的两个极即电极与焊件短接时,表面局部突出部位首先接触,在接触区域有电流通过,金属熔化并形成液态小桥,拉开电极则小桥爆断,使金属受热气化。当电极与工件分离后,在极小的间隙中,在电源电压作用下,形成较大的电场强度,电子在电场的作用下,自阴极逸出,形成"电子发射"。由阴极发射出的电子,在电场的作用下快速向阳极运动,与中性气体粒子相撞并使其电离,分离成电子和正离子。电子被阳极吸收,而正离子向阴极运动,形成电弧放电过程。为了提高交流电弧燃烧的稳定性,在焊条药皮或焊剂中加入稳弧剂。稳弧剂主要是由容易电离的钾、钠等碱金属组成。加入这些盐类,可以降低气体的电离电位,容易发生电离。

2.焊条电弧焊电弧的焊接特性

焊接电弧是能量比较集中的热源,用于熔化母材和填充金属。焊接电弧电压在整个弧长上的分布是不均匀的,明显地分为三个区域。靠近阴极一段极小的长度(约 $10^{-5} \sim 10^{-6}$ mm)为阴极压降区,靠近阳极一段极小的区域(约 $10^{-3} \sim 10^{-4}$ mm)为阳极压降区,中间部分为弧柱区,如图 2.2 所示。

燃烧过程中,在电极和母材上形成的活性斑点是电极和焊件的最热点,电弧电流都由此通过。阴极上的活性斑点,称为阴极斑点;阳极上的活性斑点称为阳极斑点。电弧阴、阳两极的最高温度接近于材料的沸点,焊条电弧焊时,电弧的温度可达 6 000 ~ 7 000 ℃。随着焊接

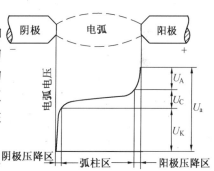

**图 2.2　电弧各区域的电压分布示意图**
$U_A$—阳极电压降;$U_K$—阴极电压降;
$U_C$—弧柱电压降;$U_a$—电弧电压

电流的增大,弧柱的温度也增高。焊接电弧各区产生的热量与电压分布有着直接的关系,在阴极和阳极区域,有较大的电压降,产生较多的热量。在弧长较短的情况下,弧柱只有几伏的压降,其产生的热量,只占电弧产生热量的较小部分。由此可见,两个极区对焊条与母材的加热和熔化起主要作用。

3.焊接电弧的静态伏安特性

电弧电压决定于电弧长度和焊接电流值。这种关系称为电弧的静态伏安特性,并可表示为

$$U = a + bL$$

式中　　$a$——阴极和阳极的总压降(V);

　　　　$b$——弧柱中 1 cm 弧长的电压降(V/cm),与弧柱的气体成分有关;

　　　　$L$——电弧长度。

图 2.3 为弧长 2 mm(曲线 $a$)和 4 mm(曲线 $b$)时的电弧静态伏安特性曲线。图中曲线分

为 3 段:段 1 为焊条电弧焊的电弧区间,段 2 为低电流密度和中等电流密度粗焊丝自动埋弧焊电弧区间,段 3 表示细焊丝、大电流密度的半自动气体保护焊和埋弧焊电弧区间。

由曲线可以看出,当焊接电流值不大时,随着电流的增大,电弧电压急剧降低。在焊条电弧焊区间,弧长基本保持不变时,若在一定范围内改变电流值,电弧电压几乎不发生变化,因而焊接电流在一定范围内变化时,电弧均能稳定燃烧。

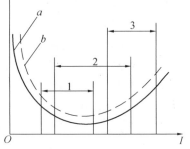

图 2.3　电弧静态特性

**4.焊条电弧焊电弧和熔池的保护**

在电弧高温下,金属与空气中的主要成分氧和氮发生化学反应,熔池金属与空气接触,也生成氧化物和氮化物,熔池凝固后就可能导致接头性能变坏,因此必须用气体或熔渣来覆盖,保护电弧和熔池,以阻碍或减少熔池金属与空气的接触。保护方法亦会影响电弧的稳定性和其他特性。

图 2.4 示出焊条对焊接电弧和熔池的保护情况。涂覆于焊条外的药皮,在电弧热的作用下产生气体,阻止空气与熔池接触。药皮中还含有混合物的成分,在电弧高温作用下形成熔渣,它可与金属表面的有害物质如氧化物等发生作用,生成熔渣,浮于熔池表面,并在新凝固的金属表面结成渣壳,对其起保护作用,以防止凝固了的金属与空气接触。

**5.磁场和铁磁物质对焊条电弧焊焊接电弧的影响**

焊接电弧是电极和熔池间的柔性气体导体。焊接过程中,

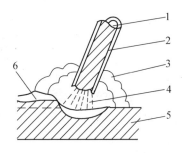

图 2.4　焊条电弧焊时电弧和熔池的保护

1—焊芯;2—药皮;3—气体;
4—电弧;5—焊件;6—熔渣

在电极和电弧周围及被焊金属中产生磁场。如果这些磁场不对称地分布在电弧周围,就会使电弧偏斜,使焊接过程发生困难,这种现象称之为磁偏吹(见图 2.5)。磁偏吹易发生在采用直流焊机进行焊接且其电流大于 $300 \sim 400$ A 的场合下和对大零件(比较大的铁磁物质)进行焊接的场合。焊接电流越大以及进行角焊缝焊接时,磁偏吹的现象越严重。在焊接角焊缝过程中,当焊接电弧靠近焊件的另一金属时,由于金属件的导磁性比空气要好得多,因而改变了磁力线的分布,电弧将偏向此金属,好像金属件将电弧吸引过去一样(见图 2.6)。图 2.7 的偏吹是由于焊接电缆接到工件的位置偏于一侧,产生了一定方向的磁偏吹。

在进行大的结构件焊接时,磁偏吹主要来自焊件的剩磁场。当焊件有较大的剩磁场时,它与电弧磁场叠加,从而改变了电磁周围磁场的均匀性,迫使电弧向磁场较弱一方偏移,形成磁偏吹。测试表明:当焊接部位剩磁在 $2 \times 10^{-3}$ T 以下时,不会影响正常操作;在 $(3 \sim 5) \times 10^{-3}$ T 时,磁偏吹较弱,此时将地线置于焊缝下方,同时将焊条顺着磁偏吹方向倾斜一个角度即可维持焊接;当焊接部位剩磁大于 $5 \times 10^{-3}$ T 时,磁偏吹较严重。

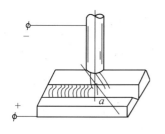

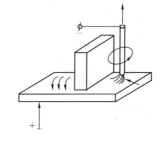

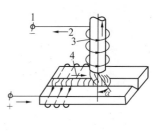

图 2.5　电弧的磁偏吹　　　　图 2.6　金属件对磁偏吹的影响　　　图 2.7　磁偏吹方向

1—焊接电缆线接线点;2—电流方向;3—磁力线方向;4—电磁力方向

生产中常采用的克服磁偏吹的方法有以下几种。

1) 适当地改变焊件上接地线部位,尽可能使弧柱周围的磁力线均匀分布(见图 2.8)。图中虚线表示减弱磁偏吹的接线方法。

2) 在操作中适当调节焊条角度,使焊条向偏吹一侧倾斜(见图 2.9)。

3) 采用分段退焊法亦能较有效地克服磁偏吹(见图 2.10)。

4) 减少焊件上的剩磁。焊件上的剩磁主要是原子磁畴排列整齐有序而造成的。为紊乱其磁畴排列,达到减小或防止磁偏吹的目的,对焊件上存在剩磁的部位,进行局部加热。加热温度为 250 ~ 350 ℃,经生产使用,去磁效果良好。当焊接部位剩磁大于 $5 \times 10^{-3}$ T 时,可采用外加磁铁平衡剩磁场。具体做法如下:用高斯计测出待焊坡口各位置剩磁量,并标记在坡口两侧,用小型指南针测出剩磁场方向,并做好标记,根据剩磁场强弱和方向,在坡口两侧配置方形永磁铁,永磁铁极性与剩磁场相反,并用高斯计测量坡口处磁场强度,调整磁铁极性及相互距离,使焊接处磁场小于 $2 \times 10^{-3}$ T。

此外,采用短弧焊,安放产生对称磁场的铁磁材料以及采用交流焊接代替直流焊接等方法,对克服磁偏吹,都能取得较好效果。

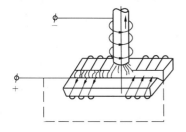

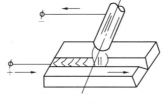

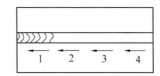

图 2.8　改变焊件接地线位置　　图 2.9　倾斜焊条克服磁偏吹　　图 2.10　采用分段退焊法
　　　　克服磁偏吹　　　　　　　　　　　　　　　　　　　　　　　　克服磁偏吹

当焊条偏心度过大或电弧周围气体流动过强,也会导致电弧偏吹。焊条偏心度过大时,电流会偏向药皮较薄的一侧,这时可采用调节焊条倾斜角度,使偏吹方向转向焊接熔池。对于一般由于气流产生的偏吹,只要根据具体情况,查明气流来源方向,进行适当遮挡即可。

**二、焊条电弧焊常用工具和辅具**

焊条电弧焊常用工具和辅具有焊钳、快速连接器、焊接电缆、面罩、防护服、敲渣锤、钢丝刷和焊条保温筒等。

焊钳是用以夹持焊条进行焊接的工具。主要作用是使焊工能夹住和控制焊条,同时也起着从焊接电缆向焊条传导焊接电流的作用。焊接电缆快速接头、快速连接器是一种快速方便地连接焊接电缆与焊接电源的装置。具有轻便适用、接触电阻小、无局部过热、操作简单、连接快、拆卸方便等特点。焊接电缆是焊接电路的一部分,除要求应具有足够的导电截面以免过热而引起导线绝缘破坏外,还必须耐磨和耐擦伤,应柔软易弯曲,具有最大的挠度,以便焊工容易操作,减轻劳动强度。接地夹钳是将焊接导线或接地电缆接到工件上的一种器具。接地夹钳必须能形成牢固的连接,又能快速且容易地夹到工件上。面罩及护目玻璃是为防止焊接时的飞溅物、强烈弧光及其他辐射对焊工面部及颈部灼伤的一种遮蔽工具,有手持式和头盔式两种。护目玻璃有各种色泽,目前以墨绿色的居多,常用的有 9、10、11 号。焊条烘干保温设备主要用于焊条在焊前的烘干及保温,减少或防止因焊条药皮吸湿而造成在焊接过程中形成气孔、裂纹等缺陷。焊条保温筒是焊工焊接操作现场必备的辅具,携带方便。将已烘干的焊条放在保温筒内供现场使用,起到防粘泥土、防潮、防雨淋等作用,能够避免使用过程中焊条药皮的含水率上升。焊条从烘干箱取出后,应立即放入焊条保温筒内送到施工现场。在现场施焊时,逐根由保温桶内取出使用。

**三、焊接接头设计**

**1.焊接接头基本形式**

用焊接方法连接的接头称为焊接接头,它包括焊缝、熔合区和热影响区三部分。焊条电弧焊常用的基本的接头形式有对接、搭接、角接和 T 形接头,如图 2.11 所示。

选择接头形式时,主要根据产品的结构,并综合考虑受力条件、加工成本等因素。对接接头在各种焊接结构中应用十分广泛,是一种比较理想的接头形式,与搭接接头相比,具有受力简单均匀、节省金属等优点,但对接接头对下料尺寸和组装要求比较严格;T 形接头通常作为一种联系焊缝,其承载能力较差,但它能承受各种方向的力和力矩,在船体结构中应用较多;角接接头的承载能力差,一般用于不

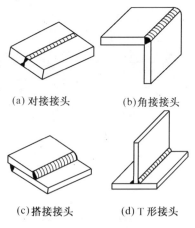

(a) 对接接头　　(b) 角接接头

(c) 搭接接头　　(d) T 形接头

**图 2.11　接头的基本形式**

重要的焊接结构中;搭接接头一般用于厚度小于 12 mm 的钢板,其搭接长度为 3~5 倍的板厚,搭接接头易于装配,但承载能力差。

2.焊接位置

熔焊时,焊件接缝所处的空间位置称为焊接位置,如图 2.12 所示。按焊缝空间位置的不同可分为平焊、横焊、立焊和仰焊等位置。

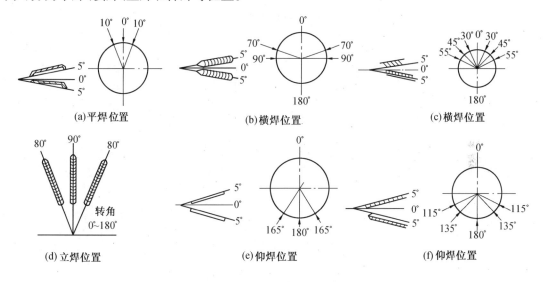

**图 2.12　常用的焊接位置**

船形焊 T 形、十字形和角接接头处于平焊位置进行的焊接,称为船形焊,如图 2.13 所示。这种焊接位置相当于在 90°角 V 形坡口内的水平对接缝。

此外,水平固定管的对接焊缝,包括了平焊、立焊和仰焊等焊接位置,类似这样的焊接位置施焊时,称为全位置焊接,如图 2.14 所示。

在平焊位置施焊时,熔滴可借助重力落入熔池。熔池中气体、熔渣容易浮出表面。平焊可以用较大电流焊接,生产率高,焊缝成形好,焊接质量容易保证,劳动条件较好。因此,一般应尽量在平焊位置施焊。当然,在其他位置施焊,也能保证焊接质量,但对焊工操作技术要求较高,劳动条件较差。

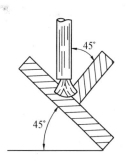

**图 2.13　船形焊**

3.坡口形式及坡口准备

(1) 坡口形式

根据设计或工艺需要,在焊件的待焊部位加工成一定几何形状,经装配后构成的沟槽称为坡口。焊条电弧焊的坡口形式应根据焊件结构形式、厚度和技术要求选用,常用的坡口形式有 I 形、V 形、X 形、Y 形、双 Y 形、U 形坡口带钝边等。一般对接接头板厚 1~6 mm 时,用 I 形坡口采用单面焊或双面焊即可保证焊透；板厚 > 3 mm 时，为保证焊缝有效厚度或焊透，改善焊缝成形，可加工成 V 形、Y 形、X 形、U 形等各种形状的坡口。

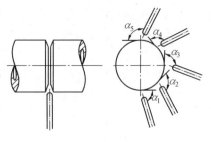

图 2.14　水平固定管全位置焊接

在板厚相同时，双面坡口比单面坡口、U 形坡口比 V 形坡口消耗焊条少，焊接变形小，随着板厚增大，这些优点更加突出。但 U 形坡口加工较困难，坡口加工费用较高，一般用于较重要的结构。

坡口形式及其尺寸一般随板厚而变化，同时还与焊接方法、焊接位置、热输入量、坡口加工方法以及工件材质等有关。焊条电弧焊的坡口形式与尺寸可参照国家标准 GB/T985—1988《气焊、焊条电弧焊及气体保护焊焊缝坡口的基本形式与尺寸》选择。

不同厚度的钢板对接时，如果两板厚度差 $\Delta t \leqslant 3$ mm，则坡口的基本形式与尺寸按较厚板的尺寸数据来选取。否则，应在厚板上做出单面或双面削薄处理，其削薄长度 $L \geqslant (3 \sim 4) \Delta t$。

(2) 坡口的加工

利用机械(剪切、刨削或车削)、火焰或电弧(碳弧气刨、氩弧气刨)等加工坡口的过程称为开坡口。开坡口使电弧能深入坡口根部，保证根部焊透，便于清渣，获得较好的焊缝成形，还能调节焊缝金属中母材和填充金属的比例。

焊件坡口的加工方法，可根据焊接构件的尺寸、形状与本单位加工条件选用。一般有以下几种方法。

1) 剪切 I 形接头的较薄钢板，可用剪板机剪切。

2) 刨削与车削对有角度要求的坡口，可以在钢板下料后，采用刨床或刨边机对钢板边缘进行刨削；对圆形工件或管子开坡口，可以采用车床或管子坡口机、电动车管机等对其边缘进行车削。采用刨削与车削方法，可加工各种形式的坡口。

3) 铲削用风铲铲坡口或挑焊根。

4) 氧乙炔焰切割是应用较广的坡口加工方法。采用此方法可得到直线形与曲线形的任何角度的各类形坡口。通常有手工切割、半自动切割及自动切割三种。手工切割的边缘尺寸及角度不太平整，应尽量采用自动切割和半自动切割。

5) 碳弧气刨利用碳弧气刨枪对焊件坡口加工或挑焊根，与风铲相比能改善劳动条件且效率较高。特别是在开 U 形坡口时更为显著。缺点是要用直流电源，刨割时烟雾大，应注意通风。

对已加工好的坡口边缘上的油、锈、水垢等污物焊前应清除掉，以利于焊接并获得质量较好的焊缝。清理时可根据污物种类及具体条件选用钢丝刷、电动或风动钢丝刷轮、气焊火焰、铲刀、锉刀等，有时要用除油剂(汽油、丙酮、四氯化碳等)清洗。

**四、焊接工艺参数选择**

焊接工艺参数是指焊接时,为保证焊接质量而选定的诸物理量(焊接电流、电弧电压、焊接速度、热输入等)的总称。焊条电弧焊的焊接工艺参数主要包括焊条种类与牌号、焊条直径、电源种类和极性、焊接电流、电弧电压、焊接速度和焊道层次等。

选择合适的焊接工艺参数,对提高焊接质量和生产效率是十分重要的。由于焊接结构件的材质、工作条件、尺寸、形状及焊接位置的不同,所选择的工艺参数也有所不同。即使产品相同,亦会因焊接设备条件与焊工操作习惯的不同而选用不同的参数。可见焊条电弧焊接对焊接工艺参数不应限制得太严,只能做一些原则性的规定。下面分别讲述选择这些工艺参数的原则,及它们对焊缝成形的影响。

1.焊条种类和牌号的选择

电弧焊焊条种类和牌号的选择原则主要是根据母材的性能、接头的刚性和工作条件选择,一般碳钢和低合金结构钢的焊接主要是按等强度原则选择焊条的强度级别,一般结构选用酸性焊条,重要结构选用碱性焊条。

2.焊接电源种类和极性的选择

通常根据焊条类型决定焊接电源的种类,除低氢钠型焊条必须采用直流反接外,低氢钾型焊条可采用直流反接或交流,酸性焊条可以采用交流电源焊接,也可以采用直流电源,焊厚板时用直流正接,焊薄板时用直流反接。

3.焊条直径

焊条直径是根据焊件厚度、焊接位置、接头形式、焊接层数等进行选择的。为提高生产效率,应尽可能地选用直径较大的焊条。但是用直径过大的焊条焊接,容易造成未焊透或焊缝成形不良等缺陷。

厚度较大的焊件,搭接和T形接头的焊缝应选用直径较大的焊条。对于小坡口焊件,为了保证根部的熔透,宜采用较细直径的焊条,如打底焊时一般选用 $\phi2.5$ mm 或 $\phi3.2$ mm 焊条。不同的焊接位置,选用的焊条直径也不同,通常平焊时选用较粗的 $\phi4.0 \sim \phi6.0$ mm 的焊条;立焊和仰焊时选用 $\phi3.2 \sim \phi4.0$ mm 的焊条;横焊时选用 $\phi3.2 \sim \phi5.0$ mm 的焊条。对于特殊钢材,需要小工艺参数焊接时可选用小直径焊条。

根据工件厚度选择时,可参考表 2.1。对于重要结构应根据规定的焊接电流范围(根据热输入确定)参照表 2.2 焊接电流与焊条直径的关系来决定焊条直径。

表 2.1　焊条直径与焊件厚度的关系

| 焊件厚度/mm | 2 | 3 | 4~5 | 6~12 | >13 |
|---|---|---|---|---|---|
| 焊条直径/mm | 2 | 3.2 | 3.2~4 | 4~5 | 4~6 |

表 2.2　各种直径焊条与使用电流参考值的关系

| 焊条直径/mm | 1.6 | 2.0 | 2.5 | 3.2 | 4.0 | 5.0 | 5.8 |
|---|---|---|---|---|---|---|---|
| 焊接电流/A | 25～40 | 40～60 | 50～80 | 100～130 | 160～210 | 200～270 | 260～300 |

**4. 焊接电流**

焊接电流是焊条电弧焊的主要工艺参数,焊工在操作过程中需要调节的只有焊接电流,而焊接速度和电弧电压都是由焊工控制的。焊接电流的选择直接影响着焊接质量和劳动生产率。

焊接电流越大,熔深越大,焊条熔化越快,焊接效率也越高。但是焊接电流太大时,飞溅和烟雾大,焊条尾部发红,部分涂层要失效或崩落,而且容易产生咬边、焊瘤、烧穿等缺陷,增大焊件变形,还会使接头热影响区晶粒粗大,焊接接头的韧性降低。焊接电流太小时,则引弧困难,焊条容易粘连在工件上,电弧不稳定,易产生未焊透、未熔合、气孔和夹渣等缺陷,且生产率低。

因此,选择焊接电流时,应根据焊条类型、焊条直径、焊件厚度、接头形式、焊缝位置及焊接层数来综合考虑。首先应保证焊接质量,其次应尽量采用较大的电流,以提高生产效率。板厚较大时,T形接和搭接时,施焊环境温度低时,由于导热较快,所以焊接电流要大一些。但主要考虑焊条直径、焊接位置和焊道层次等因素。

(1) 焊条直径

焊条直径越粗,熔化焊条所需的热量越大,必须增大焊接电流,每种焊条都有一个最合适电流范围,表 2.2 是常用的各种直径焊条合适的焊接电流参考值。

焊条电弧焊使用碳钢焊条时,还可以根据选定的焊条直径,用下面的经验公式计算焊接电流,即

$$I = dK$$

式中　　$I$——焊接电流(A);

　　　　$d$——焊条直径(mm);

　　　　$K$——经验系数(A/mm),见表 2.3。

表 2.3　焊接电流经验系数与焊条直径的关系

| 焊条直径 $d$/mm | 1.6 | 2～2.5 | 3.2 | 4～6 |
|---|---|---|---|---|
| 经验系数 $K$/(A·mm$^{-1}$) | 20～25 | 25～30 | 30～40 | 40～50 |

但是,在采用同样直径的焊条焊接不同厚度的钢板时,电流就应有所不同。一般来说,板越厚,焊接热量散失得就越快,因此应选用电流值的上限。

(2) 焊接位置

在平焊位置焊接时,可选择偏大些的焊接电流,非平焊位置焊接时,为了易于控制焊缝成

形,焊接电流比平焊位置要小,仰、横焊时所用电流应比平焊小 5% ~ 10% 左右,立焊时应比平焊小 10% ~ 15% 左右。

(3) 考虑焊接层次

通常焊接打底焊道时,为保证背面焊道的质量,使用的焊接电流较小;焊接填充焊道时,为提高效率,保证熔合好,使用较大的电流;焊接盖面焊道时,防止咬边和保证焊道成形美观,使用的电流稍小些。

实际生产过程中焊工一般都是根据试焊的试验结果,根据自己的实践经验选择焊接电流的。通常焊工根据焊条直径推荐的电流范围,或根据经验选定一个电流,在试板上试焊,在焊接过程中看熔池的变化情况、渣和铁水的分离情况、飞溅大小、焊条是否发红、焊缝成形是否好、脱渣性是否好等来选择合适的焊接电流。但对于有力学性能要求的如锅炉、压力容器等重要结构,要经过焊接工艺评定合格以后,才能最后确定焊接电流等工艺参数。

除了用电流表测量焊接电流外,在钢板上试焊的过程中,可根据下述几方面来判断电流大小是否合适。

1) 飞溅电流过大时,电弧吹力大,有大颗粒的铁水向熔池外飞溅,焊接过程中爆裂声大,焊件表面不干净;电流太小时,焊条熔化慢,飞溅小,电弧吹力小,熔渣与铁水很难分离。

2) 焊缝成形电流过大时,焊缝熔敷金属低,熔深大,易产生咬边;电流过小时,焊缝熔敷金属窄而高,且两侧与母材结合不良;电流适中时,焊缝熔敷金属高度适中,焊缝熔敷金属两侧与母材结合得很好(见图 2.15)。

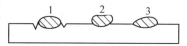

图 2.15 不同电流时的焊缝成形
1—电流过大;2—电流过小;3—电流适中

3) 焊条熔化情况焊接电流过大时,会发现焊条在连续熔掉大半根之后的剩余部分上产生发红现象;焊接电流过小时,电弧燃烧不稳定,焊条易粘在焊件上。

5.电弧电压

焊条电弧焊时,焊缝宽度主要靠焊条的横向摆动幅度来控制,因此电弧电压对焊缝的宽窄没有明显的影响。当焊接电流调好以后,焊机的外特性曲线就决定了。实际上电弧电压主要是由电弧长度来决定的。电弧长,电弧电压高;反之则低。焊接过程中,电弧不宜过长,否则会出现电弧燃烧不稳定、飞溅大、熔深浅及产生咬边、气孔等缺陷;若电弧太短,容易粘焊条。一般情况下,电弧长度等于焊条直径的 0.5 ~ 1 倍为好,相应的电弧电压为 16 ~ 25 V。碱性焊条的电弧长度不超过焊条的直径,为焊条直径的一半较好,尽可能地选择短弧焊;酸性焊条的电弧长度应等于焊条直径。

6.焊接速度

焊接速度是指焊接过程中焊条沿焊接方向移动的速度,即单位时间内完成的焊缝长度。焊接速度过快会造成焊缝变窄,严重凸凹不平,容易产生咬边及焊缝波形变尖;焊接速度过慢会使焊缝变宽,余高增加,功效降低。一般根据钢材的淬硬倾向来选择线能量,线能量一定的情况下,焊接速度和焊接电流成正比关系。在保证熔合和焊缝成形的前提下,可选择较大的电流和较快的焊接速度,以提高生产率。

7.焊缝层数

厚板的焊接,一般要开坡口并采用多层焊或多层多道焊。多层焊和多层多道焊接头的显微组织较细,热影响区较窄。前一条焊道对后一条焊道起预热作用,而后一条焊道对前一条焊道起热处理作用。因此,接头的延性和韧性都比较好。特别是对于易淬火钢,后焊道对前焊道的回火作用,可改善接头组织和性能。

对于低合金高强钢等钢种,焊缝层数对接头性能有明显影响。焊缝层数少,每层焊缝厚度太大时,由于晶粒粗化,将导致焊接接头的延性和韧性下降。每层焊道厚度不能大于4~5 mm。

8.热输入

熔焊时,由焊接能源输入给单位长度焊缝上的热量称为热输入(又称线能量)。其计算公式为

$$Q = \frac{\eta\,I\,U}{v}$$

式中　　$Q$——单位长度焊缝的热输入(J/cm);

$I$——焊接电流(A);

$U$——电弧电压(V);

$v$——焊接速度(cm/s);

$\eta$——热效率系数,焊条电弧焊为0.7~0.8。

热输入对低碳钢焊接接头性能的影响不大,因此,对于低碳钢焊条电弧焊一般不规定热输入。对于低合金钢和不锈钢等钢种,热输入太大时,接头性能可能降低;热输入太小时,有的钢种焊接时可能产生裂纹,因此,焊接工艺规定热输入。焊接电流和热输入规定之后,焊条电弧焊的电弧电压和焊接速度就间接地大致确定了。

一般,要通过试验来确定既可不产生焊接裂纹,又能保证接头性能合格的热输入范围。允许的热输入范围越大,越便于焊接操作。

**五、常见焊条电弧焊缺陷**

1.外观缺陷

外观缺陷均属于操作技术不良而产生的缺陷,与焊条、母材钢种及结构形状关系不大。

(1)咬边

咬边是在沿着焊趾的母材部位上被电弧烧熔而形成的凹陷或沟槽(见图2.16)。造成咬边的

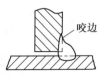

**图2.16　咬边**

主要原因是由于焊接时选用了过大的焊接电流、电弧过长及角度不当。一般在平焊时较少出现;在立、横、仰焊时,如电流较大,由于运条时在坡口两侧停留时间较短,在焊缝中间停留时间长了些,使焊缝中间的铁水温度过高而下坠,两侧的母材金属被电弧吹去而未填满熔池所致。焊条角度不当时亦能产生咬边。

(2) 焊瘤

焊瘤是焊接过程中,熔化金属流淌到焊缝以外未熔化的母材上所形成的金属瘤(见图2.17)。这是由于熔池温度过高,使液体金属凝固较慢,在自重作用下下坠而形成。在立焊、横焊、仰焊时较常见,在平焊对接时,第一层背面有时也可产生焊瘤。

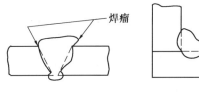

图 2.17 焊瘤

(3) 凹坑

焊后在焊缝表面或焊缝背面形成的低于母材表面的局部低洼部分称为凹坑(见图 2.18)。产生的原因往往是由于操作手法不当,在收弧时未填满弧坑所致。

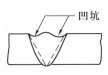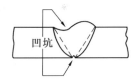

图 2.18 凹坑

(4) 电弧擦伤

电弧擦伤多是由于偶然不慎使焊条或焊把裸露部分与焊件接触,短暂地引起电弧后,在焊件表面所留下的伤痕。电弧擦伤处几乎不带有焊缝金属。电弧擦伤处的冷却速度极快,且擦伤处在熔化的瞬间缺乏应有的熔渣及保护气氛的保护。因此,此处的硬度很高且化学成分中含有对金属性能有害的气体。某些重要焊接结构发生意外脆性断裂事故的分析以及专门的试验结果说明,电弧擦伤对焊接结构有严重的脆化作用,在其他因素的共同作用下,电弧擦伤处可能成为焊接结构在使用过程或加载试验过程中,发生脆性破坏的起源点。

电弧擦伤的有害作用往往不被人们所注意。应当强调,对于重要的焊接结构,例如壁厚较大的容器、船舶及其重要的受压管道、容器和受动载的结构,不允许存在电弧擦伤。当发生电弧擦伤时,必须予以完全铲除。铲除后的部位应视情况予以补焊。补焊时,应遵守对该结构的焊接所制定的各项工艺规程,并且焊缝的长度不可过短,以防止再次产生局部硬化现象。

2.未熔合

焊道与母材之间或焊道与焊道之间,未能完全熔化结合的部分称未熔合(见图 2.19)。产生原因主要是焊接时电流过小、焊速过高,热量不够或者焊条偏离坡口一侧,使母材或先焊的焊道未得到充分熔化就被熔化金属覆盖而造成;此外,母材坡口或先焊的焊道表面有锈、氧化铁、熔渣及脏物等未清除干净,在焊接时由于温度不够,未能将其熔化而盖上了熔化金属亦可造成;起焊温度低,先焊的焊道开始端未熔化,也能产生未熔合。

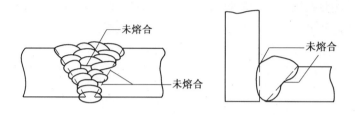

**图 2.19　未熔合**

3.未焊透

焊接时,接头根部未完全熔透的现象称为未焊透(见图 2.20)。这是由于焊工操作技术不良和焊接工艺参数选用不当或装配不良而造成。

未焊透在对接平焊、角接、搭接接头中往往系电流过小或焊速较快而引起。进行单面焊双面成形的平、立、仰焊对接时,由于电流过小或在操作时未使一定长的弧柱在背面燃烧,而造成未焊透。另外坡口角度过小、间隙过小或钝边过大亦是造成未焊透的原因。双面焊时也会由于背面挑焊根不彻底而造成未焊透。

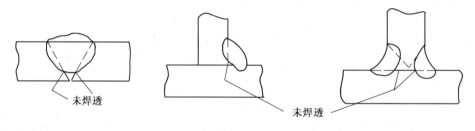

**图 2.20　未焊透**

4.夹渣

焊接熔渣残留于焊缝金属中的现象称为夹渣。其产生原因基本上属于操作技术不良,使熔池中熔渣未浮出而存在于焊缝。另外,来自于母材的脏物也可能造成夹渣。

5.气孔

在焊接过程中,熔池金属中的气体在金属冷却以前未能来得及逸出,而在焊缝金属中(内部或表面)所形成的孔穴称之为气孔。气孔的形状、大小及数量与母材钢种、焊条性质、焊接位置及焊工操作技术均有关系。形成气孔的气体,有的是原来溶解于母材和焊条钢芯中的气体;有的是药皮在熔化时产生的气体;有的是母材上的油、锈、垢等物在受热后分解产生的;也有的来自大气。低碳钢焊缝的气孔主要是氢或一氧化碳气孔。

6.裂纹

裂纹是焊接接头中最危险的缺陷,也是各种材料焊接中时常遇到的问题。对于低碳钢和强度等级比较低一些的低合金钢,如 Q345(16Mn),焊接裂纹问题并不严重,也比较容易解决。

这种钢材焊接生产中可能遇到的裂纹种类、产生原因如下。

（1）焊缝金属的热裂纹

这种裂纹的特征是断口呈蓝黑色，即金属在高温被氧化的颜色。裂纹总是产生在焊缝正中心或垂直于焊缝鱼鳞波纹，焊缝表面可见的热裂纹呈不明显的锯齿状；弧坑或气焊火口处的花纹状或稍带锯齿状的直线裂纹也属于热裂纹。这种裂纹产生的原因是：焊条质量不合格所造成（含 Mn 量不足、含 C、S 偏高的焊缝易产生热裂纹）；焊缝中因偶然掺入超过一定数量的 Cu 所造成；在大刚度的焊接部位上，由于收弧过于突然，于形成凹陷的弧坑时形成。

由于各种低碳钢焊条生产制造中均已控制了易形成热裂纹的有害元素含量，故热裂纹在低碳钢焊接中较少发生。

（2）刚度过大部位上的热应力裂纹

低碳钢焊接时，由于焊缝处在刚度过大的部位而造成热应力裂纹。例如在容器、甲板上补焊人孔等封闭焊缝时，易产生这种裂纹。

（3）定位焊缝上的热应力裂纹与热裂纹

定位焊缝上有时出现裂纹，这种裂纹大多属于热应力裂纹，有的属于弧坑热裂纹。

## 2.2　埋弧焊方法及工艺

### 一、埋弧焊原理及特点

埋弧焊时焊丝由送丝机构通过导电嘴连续送入焊接区。在电弧热作用下，焊丝、焊剂及焊件被熔化并形成气泡，电弧在气泡中燃烧，这是埋弧焊的一大特点。气泡下部为熔池，上部为熔渣膜。这层液态膜及覆盖在上面的未熔化焊剂，共同对焊接区起隔离空气、绝热和屏蔽光辐射的作用。

埋弧焊的生产率高、焊缝质量好、无弧光辐射和飞溅、不受环境风力影响，在室内外都可焊接各种钢结构。在被焊材料方面，埋弧焊最适合于焊接低碳钢、低合金钢及不锈钢等金属，焊接镍基合金和铜合金也较理想。铸铁因不能承受高热输入量引起的热应力，一般不能用埋弧焊。铝合金及镁合金，由于目前尚无适用的焊剂，也不能采用埋弧焊。钛合金目前只有前苏联用无氧焊剂焊接成功，其他国家还没有该方面的报道。

按电弧相对于工件的移动方式，埋弧焊分手工埋弧焊和埋弧焊两类。前者由焊工操作焊枪，使电弧相对工件移动并保持一定的电弧长度。焊枪上装有焊剂漏斗，焊丝和焊剂同时向焊接区输送，现在已很少应用，现在通常使用的都是埋弧焊。焊丝送进和电弧移动都由专门的机头自动完成，焊接时，焊剂由漏斗铺撒在电弧的前方。焊接后未被熔化的焊剂可用焊剂回收装置自动回收，或由人工清理回收。

1.工作原理

图2.21是埋弧焊焊缝形成过程示意图。焊接电弧在焊丝与工件之间燃烧。电弧热将焊丝端部及电弧附近的母材和焊剂熔化。熔化的金属形成熔池,熔融的焊剂成为熔渣。熔池受熔渣和焊剂蒸汽的保护,不与空气接触。电弧向前移动时,电弧力将熔池中的液体金属推向熔池后方。在随后的冷却过程中,这部分液体金属凝固成焊缝。熔渣则凝固成渣壳覆盖在焊缝表面。熔渣除了对熔池和焊缝金属起机械保护作用外,焊接过程中还与熔化金属发生冶金反应,从而影响焊缝金属的化学成分。

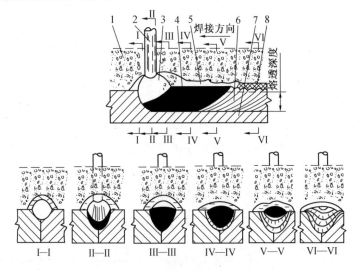

**图2.21 埋弧焊焊缝形成过程**

1—焊剂;2—焊丝;3—电弧;4—金属熔池;5—焊渣;6—焊缝;7—工件;8—渣壳

埋弧焊时,被焊工件与焊丝分别接在焊接电源的两极。焊丝通过与导电嘴的滑动接触与电源连接。焊接回路包括焊接电源、连接电缆、导电嘴、焊丝、电弧、熔池、工件等环节。焊丝端部在电弧热作用下不断熔化,因而焊丝应连续不断地送进,以保持焊接过程的稳定进行。焊丝的送进速度应与焊丝的熔化速度相平衡,焊丝一般由电动机驱动的送丝滚轮送进。随应用的不同,焊丝数目可以有单丝、双丝或多丝。有的应用中采用药芯焊丝代替实芯焊丝,或是用钢带代替焊丝。

2.埋弧焊的优点和缺点

埋弧焊的主要优点。

1) 所用的焊接电流大,相应的电流密度也大,比焊条电弧焊大4~5倍。加上焊剂和熔渣的隔热作用,热效率较高,熔深大。工件的坡口可较小,减少了填充金属量。单丝埋弧焊在工件不开坡口的情况下,一次可熔透20 mm。

2) 焊接速度高。以厚度8~10 mm的钢板对接焊为例,单丝埋弧焊速度可达60~

80 cm/min,焊条电弧焊则不超过 10～13 cm/min。

3）焊剂的存在不仅能隔开熔化金属与空气的接触,而且使熔池金属较慢凝固。液体金属与熔化的焊剂间有较多时间进行冶金反应,减少了焊缝中产生气孔、裂纹等缺陷的可能性。焊剂还可以向焊缝金属补充一些合金元素,提高焊缝金属的力学性能。

4）在有风的环境中焊接时,埋弧焊的保护效果比其他电弧焊方法好。

5）自动焊接时,焊接参数可通过自动调节保持稳定。与焊条电弧焊相比,焊接质量对焊工技艺水平的依赖程度可大大降低。

6）没有电弧光辐射,劳动条件较好。

埋弧焊的主要缺点。

1）由于采用颗粒状焊剂,这种焊接方法一般只适用于平焊位置。其他位置焊接需采用特殊措施以保证焊剂能覆盖焊接区。

2）不能直接观察电弧与坡口的相对位置,如果没有采用焊缝自动跟踪装置,则容易焊偏。

3）埋弧焊电弧的电场强度较大,电流小于 100 A 时电弧不稳,因而不适于焊接厚度小于 1 mm 的薄板。

3.埋弧焊的适用范围

由于埋弧焊熔深大,生产率高,机械化操作的程度高,因而适于焊接中厚板结构的长焊缝。在造船、锅炉与压力容器、桥梁、起重机械、铁路车辆、工程机械、重型机械、冶金机械、管子、核电站结构、海洋结构、武器等制造部门有着广泛的应用,是当今焊接生产中最普遍使用的焊接方法之一。

埋弧焊除了用于金属结构中构件的连接外,还可在基体金属表面堆焊耐磨或耐腐蚀的合金层。

**二、埋弧焊的焊丝与焊剂**

埋弧焊时焊丝与焊剂直接参与焊接过程中的冶金反应,因而它们的化学成分和物理特性都会影响焊接的工艺过程。并通过焊接过程对焊缝金属的化学成分、组织和性能发生影响。正确地选择焊丝并与焊剂配合使用是埋弧焊技术的一项重要内容。

1.焊丝

埋弧焊所用焊丝有实芯焊丝和药芯焊丝两类。后者只在某些特殊的工艺场合应用,生产中普遍使用的是实芯焊丝。

焊丝的品种随所焊金属种类的增加而增加。目前已有碳素结构钢、合金结构钢、高合金钢和各种有色金属焊丝以及堆焊用的特殊合金焊丝。

焊丝直径的选择依用途而定。半自动埋弧焊用的焊丝较细,一般直径为 1.6、2.0、2.4 mm,以便能顺利地通过软管,并且使焊工在操作中不会因焊丝的刚度而感到困难。自动埋弧焊一般使用直径 3～6 mm 的焊丝,以充分发挥埋弧焊的大电流和高熔敷率的优点。对于一定的电流值可以使用不同直径的焊丝。同一电流使用较小直径的焊丝时,可获得加大焊缝熔深,减小熔宽的效果。当工件装配不良时,宜选用较粗的焊丝。

焊丝表面应当干净光滑,焊接时能顺利地送进,以免给焊接过程带来干扰。除不锈钢焊丝和有色金属焊丝外,各种低碳钢和低合金钢焊丝的表面最好镀铜,镀铜层既可起防锈作用,也改善焊丝与导电嘴的电接触状况。

为了使焊接过程能稳定地进行并减少焊接辅助时间,焊丝应当用盘丝机整齐地盘绕在焊丝盘上。每盘钢焊丝应由一根焊丝绕成,焊丝盘的内径和重量应符合相应的规定。

2. 焊剂

埋弧焊使用的焊剂是颗粒状可熔化的矿物质,其中含有锰、硅、钛、铝、钙、锆、镁以及其他混合物的氧化物,其作用相当于焊条的涂料。焊接时它们被熔化,变为熔融状态,埋住焊缝金属并保护它免受大气污染。焊剂对焊缝金属来说,一般呈化学中性,在焊接时不得产生大量的气体,并且必须具备导电稳定的焊接特性。本节所述内容以焊钢用的焊剂为主。在埋弧焊时对焊剂的基本要求包括两方面。

1) 具有良好的冶金性能。即与选用的焊丝相配合,通过适当的焊接工艺来保证焊缝金属获得所需的化学成分和力学性能以及抗热裂和冷裂的能力。

2) 具有良好的工艺性能。即要求有良好的稳弧、造渣、成形、脱渣等性能,并且在焊接过程中生成的有毒气体少。

焊剂十分容易吸潮,所以焊剂必须储存于干燥的地方。如果焊剂受潮,可在 350 ～ 400 ℃加热 1 h 进行烘干。潮湿的焊剂能使焊缝金属产生气孔和裂纹。油、锈等污物同样会引起气孔,必须加以避免。当焊剂循环使用时,必须注意防止锈、氧化皮以及其他杂质混入。

**三、埋弧焊工艺**

1. 平对接焊

(1) 双面焊

1) 悬空焊法。不用衬托的悬空焊接方法,不需要任何辅助设备和装置。为防止液态金属从间隙中流失或引起烧穿,要求焊件在装配时不留间隙或间隙很小,一般不超过 1 mm。正面焊时焊接电流应选择使熔深小于板厚的一半,翻转后再进行反面焊接。为保证焊透,反面焊缝的熔深应达到焊件厚度的 60% ～ 70%。

2) 焊剂垫法。焊剂垫结构如图 2.22 所示。此法要求下面的焊剂与焊件贴合,并且压力均匀,因为过松时会引起漏渣和液态金属下淌,严重时会引起烧穿。焊前装配时,根据焊件的厚度预留一定的装配间隙进行第一面焊接。参数确定的依据是第一面焊缝的熔深必须保证超过焊件厚度的 60% ～ 70%。焊完正面后,翻转进行反面焊接,反面焊缝使用的工艺参数可与正面相同或适当减小,但必须保证完全熔透。对重要产品,在焊第二面前对焊缝根部进行挑根清理。对厚度较大的工件,可用开坡口焊接。坡口形式由焊件厚度决定,通常厚度在 22 mm 以下时,开 V 形坡口,大于 22 mm 时,开 X 形坡口。

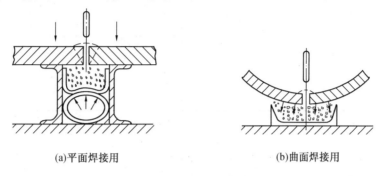

(a)平面焊接用　　　　　　　　　　　　　　　　(b)曲面焊接用

**图 2.22　焊剂垫结构**

3) 工艺垫板法。用临时工艺衬垫进行双面焊的第一面焊时,一般都要求接头处留有一定宽度的间隙,以保证细粒焊剂能进入并填满。临时工艺衬垫的作用是托住填入间隙的焊剂。工艺衬垫大都为钢带,也可采用石棉绳或石棉板,如图 2.23 所示。焊完第一面后,翻转焊件,除去工艺衬垫、间隙内的焊剂和焊缝根部的渣壳,然后进行第二面焊接。

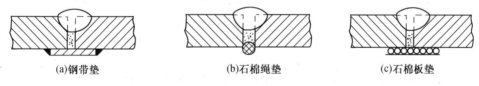

(a)钢带垫　　　　　　　　　　(b)石棉绳垫　　　　　　　　　　(c)石棉板垫

**图 2.23　工艺垫板**

对无法使用衬垫的对接焊,也可先行使用焊条电弧焊封底,再使用自动焊。一般厚板焊条封底焊的坡口形式为 V 形,保证封底厚度大于 8 mm。

(2) 单面焊双面成形

这种焊法的特点是使用较大的焊接电流将焊件一次熔透,焊件反面放置强制成形衬垫,使熔池金属在衬垫上凝固成形。采用这种焊接工艺可提高生产率,改善劳动条件。

1) 龙门压力架——焊剂铜垫法。龙门压力架的横梁上有多个气缸,通入压缩空气后,气缸带动压紧装置将焊件压紧在焊剂铜垫上进行焊接。焊缝背面的成形装置采用焊剂铜垫,铜垫上开有一成形槽以保证背面成形。焊件之间需留一定的装配间隙,并使间隙中心线对准成形槽中心线。细粒焊剂从装配间隙均匀填入铜垫的成形槽中。焊剂铜垫焊接如图 2.24 所示。

2) 电磁平台——焊剂垫法。用电磁铁将下面有焊剂垫的待焊钢板吸紧在平台上进行焊接,此法适用于厚 8 mm 以下钢板的对接焊。

3) 水冷滑块式——铜垫法。水冷铜滑块装在焊件背面,位于电弧下方,随同电弧一起移动,强制焊缝反面成形。铜滑块的长度以保证熔池底部凝固而不流失为宜。此法适合于焊接

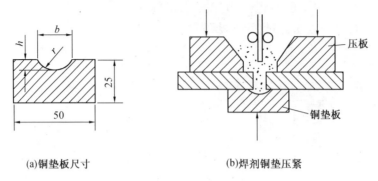

(a)铜垫板尺寸　　　　　　　　　(b)焊剂铜垫压紧

**图 2.24　焊剂铜垫焊接**

6～20 mm 厚钢板的平对接接头。焊件的装配和焊接是在专用的支柱胎架上进行的,铜滑块由焊接小车上的拉紧弹簧通过焊件的装配间隙强制紧贴在接缝背面。装配间隙大小视焊件厚度而定,一般在 3～6 mm 之间。焊缝两端焊接引弧板和引出板,以保证焊接到尽头。

　　水冷铜滑块双丝焊时,焊丝为纵向前后排列,主焊丝(粗丝)在前,辅焊丝(细丝)在后。调节两根丝之间的距离,可以改变焊缝的形状、性能和组织,这主要是后面电弧的热作用所致。考虑到焊缝的性能和组织,此距离以大些为佳,但不能超过主焊丝熔渣开始凝固的距离,因为凝固的渣壳是不导电的,一般在 60～150 mm 之间,随板厚而增大。

　　4) 固化焊剂垫法。固化焊剂种类很多,大都做成条块状,用磁铁或特殊胶带将其固定在焊件背面。固化焊剂垫除可用于平面焊接外,还可用于曲面焊接。

　　单面焊双面成形可免除工件翻转,生产率显著提高,但因电弧功率和线能量很大,接头低温韧性较差,板厚超过 16 mm 时大都采用多层多道焊。

　　筒体纵缝及环缝的焊接工艺参数与平板对接焊基本相同。无论焊接外环缝或内环缝,焊丝都应逆工件旋转方向偏移一段距离,使熔池接近于水平位置,以获得较好的成形。熔池越长,焊丝偏置距离应越大,如图 2.25 和图 2.26 所示。

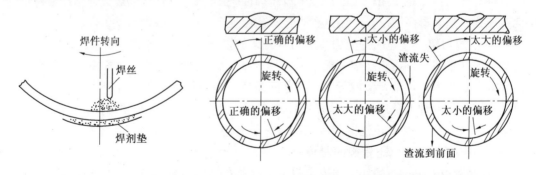

**图 2.25　焊环焊缝时焊丝偏置位置**　　　**图 2.26　焊环焊缝时焊丝位置对焊道形状的影响**

## 2.角接焊

角接焊缝主要出现在 T 形接头和搭接接头中,角接焊可采用船形焊和平角焊两种形式。

1)船形焊时由于焊丝为垂直状态,熔池处于水平位置,因而容易保证焊缝质量,如图 2.27(a)所示。调整 $\alpha$ 角,可调节底板与腹板熔合面积的配比。当 $\delta_1 = \delta_2$ 时,可取 $\alpha = \beta_1 = \beta_2 = 45°$,当 $\delta_1 < \delta_2$ 时,取 $\alpha < 45°$,使熔合区偏于厚板一侧。

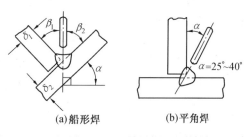

图 2.27 角焊接方法

为防止液态金属流失或烧穿,焊件装配间隙应小于 1.5 mm。间隙过大,坡口下部要放置焊剂垫或石棉垫等。

2)平角焊焊件无法在船形位置进行焊接时,可采用焊丝倾斜的平角焊。平角焊对间隙敏感性小,即使间隙过大,也不至于产生流渣或熔池金属流溢现象。但平角焊的单道焊脚最大不超过 8 mm,大于 8 mm 的焊脚必须采用多道焊才能获得。另外,焊缝成形与焊丝相对于焊件的位置关系很大。当焊丝位置不当时,易产生咬肉或腹板未熔合。为保证焊缝成形良好,焊丝与腹板的夹角应保持在 15° ~ 45°范围内,一般为 20° ~ 30°,如图 2.27(b)所示。电弧电压不宜太高,这样可使熔渣减少,防止熔渣流溢。采用细焊丝可以减小熔池体积,防止熔池金属流溢,并能保持电弧燃烧稳定。

### 四、焊接工艺参数及焊接技术

如前所述,埋弧焊除在平焊位置焊接外,采取特殊措施,也可在其他焊接位置焊接。但工业应用中以平焊位置最为普遍。本节只讨论平焊位置时的焊接工艺参数及焊接技术。

#### 1.影响焊缝形状及尺寸的变量

影响焊缝形状及尺寸的变量包括焊接工艺参数、工艺因素和结构因素等几方面。

(1)焊接工艺参数

埋弧焊时焊接工艺参数主要有焊接电流、电弧电压和焊接速度等。

1)焊接电流。其他条件不变时,增加焊接电流对焊缝形状和尺寸的影响,如图 2.28 所示。正常焊接条件下,焊缝熔深 $H$ 几乎与焊接电流成正比,即

$$H = K_m I$$

$K_m$ 为比例系数,随电流种类、极性、焊丝直径以及焊剂的化学成分而异。表 2.4 为各种条件下的 $K_m$ 值。

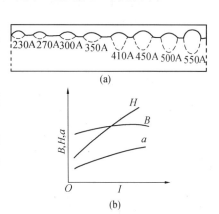

图 2.28 焊接电流对焊缝成形的影响
$B$—熔宽;$H$—熔深;$a$—余高

表2.4　$K_m$值(mm/100A)与焊丝直径、电流种类、极性及焊剂的关系

| 焊丝直径/mm | 电流种类 | 焊剂牌号 | T型焊缝和开坡口的对接焊缝 | 堆焊和不开坡口的对接焊缝 |
|---|---|---|---|---|
| 5 | 交流 | HJ431 | 1.5 | 1.1 |
| 2 | 交流 | HJ431 | 2.0 | 1.0 |
| 5 | 直流反接 | HJ431 | 1.75 | 1.1 |
| 5 | 直流正接 | HJ431 | 1.25 | 1.0 |
| 5 | 交流 | HJ430 | 1.55 | 1.15 |

同样大小的电流下,改变焊丝直径(即变更电流密度),焊缝的形状和尺寸将随之改变。当其他条件相同时,熔深与焊丝直径约成反比关系。但这种关系在电流密度极高时(超过100 A/mm²)即不复存在。此时由于焊丝熔化量不断增加,熔池中填充金属量增多,熔融金属后排困难,熔深增加得比采用一般电流密度(30~50 A/mm²)的慢。并且随焊接电流增加,焊丝熔化量增大,当焊缝熔宽保持不变时,余高加大,使焊缝成形恶化。因而提高电流的同时,必须相应地提高电弧电压。

2) 电弧电压。电弧电压与电弧长度成正比。在相同的电弧电压和电流数值时,如果所用的焊剂不同,电弧空间的电场强度也不同。则电弧长度可能不同。在其他条件不变的情况下,改变电弧电压对焊缝的形状影响,如图2.29所示。可见,随电弧电压增高,焊缝熔宽显著增加而熔深和余高将略有减小。

极性不同时电弧电压对熔宽的影响不同。正极性时电弧电压对熔宽的影响比反极性时小。埋弧焊时,电弧电压是根据焊接电流确定的,即一定的焊接电流时要保持一定范围的弧长,以保证电弧的稳定燃烧,因此电弧电压的变动范围是有限的。

3) 焊接速度。焊接速度对熔深和熔宽均有明显的影响。焊接速度较小(如单丝埋弧焊焊速小于67 cm/min)时,随焊接速度的增加,弧柱倾斜,有利于熔池金属向后流动,故熔深略有增加。但焊接速度到达一定数值后,由于线能量减小的影响增大,熔深和熔宽都明显减小。图2.30为焊接速度在67~167 cm/min时对熔深和熔宽的影响。

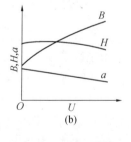

图2.29　电弧电压对焊缝成形的影响

$B$—熔宽; $H$—熔深; $a$—余高

实际生产中为了提高生产率同时保持一定的线能量,在提高焊接速度的同时必须加大电弧功率,从而也将保证一定的熔深和熔宽。

(2) 工艺因素

焊丝倾角和工件斜度对焊缝成形的影响如下。

焊丝的倾斜方向分为前倾和后倾两种,如图2.31所示。倾斜的方向和大小不同,电弧对

熔池的力和热的作用就不同,从而对焊缝成形的影响各异。图 2.31(a)为焊丝前倾,图 2.31 (b)为焊丝后倾。焊丝在一定倾角内后倾时,电弧力后排熔池金属的作用减弱,熔池底部液体金属增厚,故熔深减小。而电弧对熔池前方的母材预热作用加强,故熔宽增大。图 2.31(c)是后倾角对熔深、熔宽的影响。实际工作中焊丝前倾只在某些特殊情况下使用,例如焊接小直径圆筒形工件的环缝等。

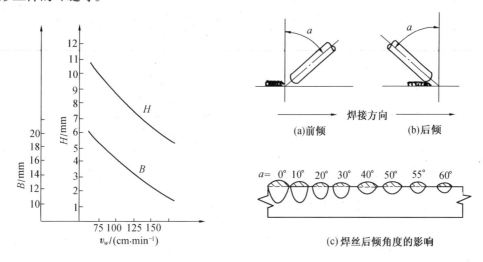

图 2.30 焊接速度对焊缝成形的影响

$H$—熔深;$B$—熔宽

图 2.31 焊丝倾角对焊缝成形的影响

工件倾斜焊接时有上坡焊和下坡焊两种情况,它们对焊缝成形的影响明显不同,如图2.32 所示。上坡焊时,若斜度 $\beta > 6° \sim 12°$,则焊缝余高过大,两侧出现咬边,成形明显恶化,实际工作中应避免采用上坡焊。

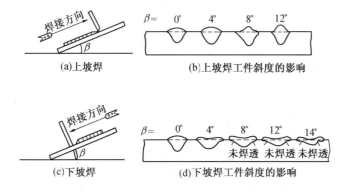

图 2.32 工件斜角对焊缝成形的影响

下坡焊的效果与上坡焊相反,当 $\beta < 6° \sim 8°$ 时,焊缝的熔深和余高均有减小,而熔宽略有增加,焊缝成形得到改善。继续增大后角将会产生未焊透、焊瘤等缺陷,在焊接圆筒工件的内、外环焊缝时,一般都采用下坡焊,以减少发生烧穿的可能性,并改善焊缝成形。

(3) 结构因素

1) 坡口形状。在其他条件相同时,增加坡口深度和宽度,则焊缝熔深略有增加,熔宽略有减小,余高和熔合比显著减小,如图 2.33 所示。因此,通常用开坡口的方法控制焊缝的余高和熔合比。

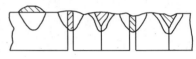

图 2.33　坡口形状对焊缝成形的影响

2) 间隙。在对接焊缝中,改变间隙大小也可作为调整熔合比的一种手段。

3) 工件厚度($t$)和工件散热条件,当熔深 $H \leqslant (0.7 \sim 0.8) t$ 时,则板厚与工件散热条件对熔深的影响很小。但工件的散热条件对熔宽及余高有明显的影响。用同样的工艺参数在冷态厚板上施焊时,所得的焊缝比在中等厚度板上施焊时的焊缝熔宽较小而余高较大。

### 五、主要缺陷及其防止

埋弧焊时可能产生的主要缺陷,除了由于所用焊接工艺参数不当造成的熔透不足、烧穿、成形不良等以外,还有气孔、裂纹、夹渣等。本节主要叙述气孔、裂纹、夹渣这几种缺陷的产生原因及其防止措施。

1. 气孔

埋弧焊焊缝产生气孔的主要原因及防止措施如下。

(1) 焊剂吸潮或不干净

焊剂中的水分、污物和氧化铁屑等都会使焊缝产生气孔。在回收使用的焊剂中这个问题更为突出。水分可通过烘干消除之,烘干温度与时间由焊剂生产厂家规定,防止焊剂吸收水分的最好方法是正确的储存和保管。采用真空式焊剂回收器可以较有效地分离焊剂与尘土,从而减少回收焊剂使用中产生气孔的可能性。

(2) 焊接时焊剂覆盖不充分

由于电弧外露并卷入空气而造成气孔。焊接环缝时,特别是小直径的环缝,容易出现这种现象,应采取适当措施,防止焊剂散落。

(3) 熔渣粘度过大

焊接时溶入高温液态金属中的气体在冷却过程中将以气泡形式逸出。如果熔渣粘度过大,气泡无法通过熔渣,被阻挡在焊缝金属表面附近而造成气孔。通过调整焊剂的化学成分,改变熔渣的粘度即可解决。

(4) 电弧磁偏吹

焊接时经常发生电弧磁偏吹现象,特别是在用直流电焊接时更为严重。电弧磁偏吹会在焊缝中造成气孔。磁偏吹的方向受很多因素的影响,例如工件上焊接电缆的连接位置,电缆接线处接触不良,部分焊接电缆环绕接头造成的次级磁场等。在同一条焊缝的不同部分,磁偏吹的方向也不相同。在接近端部的一段焊缝上,磁偏吹更经常发生。因此这段焊缝的气孔也较多。为了减少磁偏吹的影响,应尽可能采用交流电源,工件上焊接电缆的连接位置尽可能远离焊缝终端,避免部分焊接电缆在工件上产生次级磁场等。

(5) 工件焊接部位被污染

焊接坡口及其附近的铁锈、油污或其他污物在焊接时将产生大量气体,促使气孔生成。焊接之前应予清除。

2.裂纹

通常情况下,埋弧焊接头有可能产生两种类型裂纹,即结晶裂纹和氢致裂纹。前者只限于焊缝金属,后者则可能发生在焊缝金属或热影响区。

(1) 结晶裂纹

埋弧焊焊缝的熔合比通常都较大,因而母材金属的杂质含量对结晶裂纹倾向有很大影响。可以通过工艺措施(如采用直流正接,加粗焊丝以减小电流密度,改变坡口尺寸等)减小熔合比,进而改善结晶裂纹的倾向。

焊缝形状对于结晶裂纹的形成也有明显影响。窄而深的焊缝会造成对称的结晶面,"液态薄膜"将在焊缝中心形成,有利于结晶裂纹的形成。焊接接头型式不同,不但刚性不同,并且散热条件与结晶特点也不同,对产生结晶裂纹的影响也不同。图 2.34 表示不同型式接头对结晶裂纹的影响。图中(a)、(b)两种接头抗裂性较高。(c)~(f)几种接头抗裂性较差。

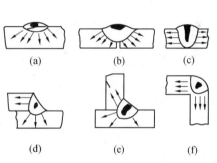

图 2.34　接头型式对结晶裂纹的影响

(2) 氢致裂纹

这种裂纹较多地发生在低合金钢、中合金钢和高碳钢的焊接热影响区中。氢致裂纹是焊接接头含氢量、接头显微组织、接头拘束情况等因素相互作用的结果。在焊接厚度 10 mm 以下的工件时,一般很少发现这种裂纹。

埋弧焊时,焊接热影响区除了可能产生氢致裂纹外,还可能产生淬硬脆化裂纹、层状撕裂等。

3.夹渣

埋弧焊时焊缝的夹渣除与焊剂的脱渣性能有关外,还与工件的装配情况和焊接工艺有关。对接焊缝装配不良时易在焊缝根部产生夹渣。焊缝成形对脱渣情况也有明显影响。平而略凸的焊缝比深凹或咬边的焊缝更易脱渣。双道焊的第一道焊缝,当它与坡口上缘熔合时,脱渣容易,如图 2.35(a)所示。而当焊缝不能与坡口边缘充分熔合时,脱渣困难,如图 2.35(b)所示,在焊接第二道焊缝时易造成夹渣。焊接深坡口时,由较多的小焊道组成的焊缝,夹渣的可能性小,而由较少的大焊道组成的焊缝,夹渣的可能性大。图 2.36 表示这两种焊缝对夹渣的影响。

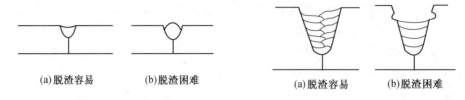

| (a)脱渣容易 | (b)脱渣困难 | | (a)脱渣容易 | (b)脱渣困难 |

**图 2.35　焊道与坡口熔合情况对脱渣的影响**　　　**图 2.36　多层焊时焊道大小对脱渣的影响**

### 六、带极埋弧焊

带极埋弧对接焊与角接焊这一高效焊接技术,在国外的钢结构制造厂中被广泛采用。仅德国年耗带极用量就达到 2 000 多吨。带极埋弧焊的优点如下。

1) 带极熔化时,其末端的电弧是沿带极宽度来回燃烧的。

2) 带极断面面积大。

3) 熔池大部分处于通电回路中带极两侧以外。

4) 母材侧熔化与凝固特点使之用较大电流也不会出现热裂纹。

由于上述优点,带极埋弧焊熔敷速度高达 60 ~ 70 kg/h,熔化系数可达到 60 g/A·h,要比丝极高出 2 ~ 3 倍。随着带极厚度的增加,熔深加大,熔宽减小。焊缝宽度则随带极宽度的增加而增宽。带极的自由伸出长度对熔化效率影响极大。

常用的带极断面尺寸为 15 mm × 1 mm 及 10 mm × 1 mm。

焊接角焊缝时,水平位置可焊最大焊缝厚度为 4 mm。而在船形位置,可一次焊接焊缝厚度(焊喉)4 ~ 16 mm 的角焊缝。用带极焊接的角焊缝,角变形明显地小于气电焊和丝极埋弧焊,如图 2.37 所示。

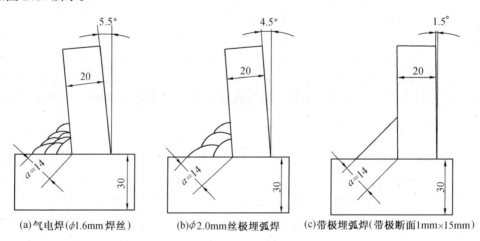

(a)气电焊(φ1.6mm 焊丝)　　　(b)φ2.0mm 丝极埋弧焊　　　(c)带极埋弧焊(带极断面1mm×15mm)

**图 2.37　不同焊接工艺焊接角焊缝后的角变形**

不同焊喉尺寸,分别用带极埋弧焊与丝极埋弧焊的焊接时间对比,如图2.38所示。

在德国,冷轧带钢的售价比焊丝便宜一倍以上,这与我国恰恰相反,这是带极埋弧焊在国外得以推广的重要因素之一。

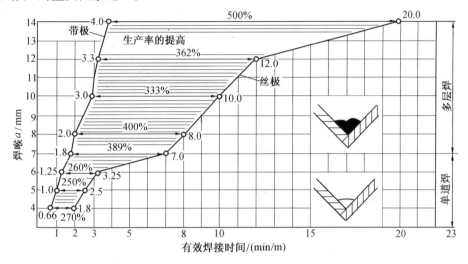

图2.38 带极埋弧焊与丝极埋弧焊的焊接时间对比

# 2.3 气体保护焊方法及工艺

## 一、钨极氩弧焊方法及工艺

钨极氩弧焊是利用惰性气体——氩气保护的一种电弧焊接方法。焊接过程如图2.39所示,从喷嘴中喷出的氩气在焊接区造成一个厚而密的气体保护层隔绝空气,在氩气层流的包围之中,电弧在钨极和工件之间燃烧,利用电弧产生的热量熔化被焊处,并填充焊丝把两块分离的金属连接在一起,从而获得牢固的焊接接头。使用纯钨或活化钨(钍钨、铈钨)电极的惰性气体保护焊称为钨极惰性气体保护焊。用氩气保护的称为钨极氩弧焊。钨极氩弧焊主要用于焊接不锈钢、铝合金、

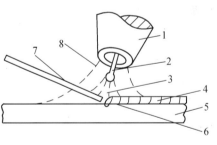

图2.39 钨极氩弧焊示意图

1—喷嘴;2—钨极;3—电弧;4—焊缝;5—焊件;
6—熔池;7—焊丝;8—氩气流

铜合金、高温合金、钛及钛合金以及难熔的活性金属(钼、铌、锆)等,是最常用的焊接方法之一。

钨极氩弧焊的主要工艺特点如下。

1) 采用惰性气体氩作保护气,焊接时氩气从焊炬的喷嘴连续喷向焊接区,在钨极、电弧和

熔池周围形成气流保护套,隔绝周围空气对熔化金属及钨极的有害作用。

2) 使用难熔金属钨作电极,易于维持恒定的弧长,故焊接过程稳定,焊缝成形好。

钨极氩弧焊有焊条电弧焊和自动焊。根据焊件设计要求,可以添加或不添加填充焊丝。为了适应新材料(如热敏感的金属材料、难熔的活性金属等)和新结构(如薄壁零件的单面焊双面成形等)的焊接要求,钨极氩弧焊也出现了一些新的形式,如钨极脉冲氩弧焊、高频钨极氩弧焊、钨极氩弧点焊、热丝 TIG 焊、活性助焊剂 – TIG 焊等等。但是从焊接工艺原理来看,这些焊接方法仍和普通的钨极氩弧焊相似。本节主要介绍钨极氩弧焊的方法及工艺,其他的方法只做简单的介绍。

1. 钨极氩弧焊的工艺特性

钨极氩弧焊采用钨弧作热源,其工艺特性如下。

1) 引弧比较困难,特别是冷态引弧或用交流电焊接时的重复引燃困难。但用直流电焊接时,钨弧引燃后的稳弧性能较好。

2) 当所使用的电流种类及电源极性不同时,钨极的许用电流、对焊件的加热、阴极破碎作用的效果以及对焊缝成形质量的影响是不同的,使用时应予注意。

3) 使用交流钨弧时,由于电源极性的频繁变换,存在重复引燃和整流作用的问题。因此,选用的焊机必须带有稳弧和消除直流分量的装置。

4) 手工钨极氩弧焊使用的电流密度较小,电弧静特性一般在平直段区,因此要求匹配陡降特性的焊接电源。在焊接过程中若弧长发生波动,焊接电流波动较小,焊接规范较稳定,有利于操作。

综上所述,钨极氩弧焊时应按母材的性质和焊件结构特点的不同,合理地选用电流种类、电源极性、工艺条件和焊接规范参数。

2. 焊接材料的选用

选用焊接材料,主要是指氩气和钨极。

(1) 氩气

钨极氩弧焊时,对氩气的纯度有一定的要求,即要求氩中含氧、氮、氢和水蒸气等杂质要少。因为这些杂质的存在会对焊缝质量带来下列有害影响。

1) 氧和氮在焊接过程中会使熔化金属氧化与氮化,导致焊缝金属变脆和降低冶金质量。

2) 氧和氮使钨极在高温时易产生烧损和变脆。

3) 焊接有色金属及其合金时,高温下氢会溶入熔池液体金属中。但在熔池冷凝结晶时,其溶解度将急剧下降。若析出的氢不能从熔池浮出外逸,易在焊缝金属中产生气孔。

4) 氩气中存在杂质将减小电弧的拉断长度。一般氩气纯度越高,电弧的拉断长度就越长。

表 2.5 列出了常用的几种金属材料对氩气纯度的要求,可见在焊接有色金属及其合金时对氩气的纯度要求最高。

表 2.5 几种金属材料氩弧焊时对氩气纯度的要求

| 焊 件 材 料 | 采用的电流种类及电源极性 | 氩气纯度/% |
|---|---|---|
| 钛及其合金 | 直流正极性 | 99.98 |
| 铝及其合金 | 交流 | 99.9 |
| 镁合金 | 交流 | 99.9 |
| 铜及其合金 | 直流正极性 | 99.7 |
| 不锈钢及耐热钢 | 直流正极性 | 99.7 |

通常氩气由专门工厂提供,在焊前不需要进行提纯。如果产品对氩气纯度要求特别高,或者氩气纯度达不到焊接要求时,则应采取一定措施对氩气进行提纯,去除氩气中氧和水蒸气等杂质。

(2) 钨极

非熔化极氩弧焊对电极的要求是:发射电子能力要强;耐高温而不易熔化烧损;能许用较大焊接电流等。

金属钨棒具有熔点(约为 3 410 ± 10 ℃)和沸点(约 5 900 ℃)高、强度大(可达 850 ~ 1 100 MPa)、导热系数小和高温挥发性小等特点,能满足作为电极材料的性能要求。

但用纯钨作电极还是不够理想的,首先是纯钨的逸出功较高,要求焊机的空载电压高(见表 2.6);其次,在使用大电流和长时间焊接时,纯钨的烧损较明显。若在钨极中加进一些可降低逸出功的元素(如钍、铈、锆等)或它们的氧化物,即能改善电极的使用性能。因此目前在钨极氩弧焊生产中,广泛使用钍钨和铈钨极,其牌号和化学成分见表 2.7。

表 2.6 不同钨极材料焊接铜和不锈钢时对焊机空载电压的要求

| 电极材料 | 空载电压/V | |
|---|---|---|
| | 铜 | 不锈钢 |
| 纯钨 | 95 | 95 |
| WTh – 10 | 40 ~ 65 | 55 ~ 70 |
| WTh – 15 | 35 | 40 |

表 2.7 钨极氩弧焊常用电极的化学成分

| 电极牌号 | $w(W)$% | $w(ThO_2)$/% | $w(CeO)$/% | $w(SiO_2)$/% | $w(Fe_2O_3) + w(Al_2O_3)$/% | $w(Mo)$/% | $w(CaO)$/% |
|---|---|---|---|---|---|---|---|
| $W_1$ | > 99.92 | | | 0.03 | 0.03 | 0.01 | 0.01 |
| $W_2$ | > 99.85 | | | | 总含量不大于 | 0.15 | |
| WTh – 10 | 余量 | 1.0 ~ 1.49 | | 0.06 | 0.02 | 0.01 | 0.01 |
| WTh – 15 | 余量 | 1.5 ~ 2.0 | | 0.06 | 0.02 | 0.01 | 0.01 |
| WCe – 20 | 余量 | | 2.0 | 0.06 | 0.02 | 0.01 | 0.01 |

钍钨极和纯钨极相比较,其优点如下。

1) 钍钨极中所含的 $ThO_2$ 逸出功低,故能大大提高阴极发射电子的能力,改善引弧和稳弧性能。

2）可降低对焊机的空载电压值要求（见表2.6），也就是说钍钨极的引弧电压低。

3）能减小阴极的发热量，降低电极的损耗，且可增大焊接的许用电流值。

虽然如此，但在使用中发现钍具有微量的放射性，在磨尖钍钨极时其粉尘对操作者身体健康有害。为了改善劳动条件，我国试制成功了一种新的电极材料——铈钨极（化学成分见表2.7）。经使用鉴定，在直流小电流焊接时，铈钨极比钍钨极更容易引燃电弧，且能减小电极的损耗。另外铈钨极的放射性剂量很低，国内已推广采用，效果较好。不过在大电流等离子弧焊时，发现铈钨极有时容易烧损，电极一次修磨后的使用周期短，对铈钨极的性能有待进一步研究。

3．钨极氩弧焊焊炬

焊炬是实现焊接的工具，焊炬结构设计的合理与否，不仅关系到使用性能，而且关系到保护效果和焊缝质量。钨极氩弧焊时焊炬通常应满足下列要求。

1）要可靠地夹持钨极，并具有良好的导电性能。

2）从焊炬喷出的保护气流具有良好的流态，保护可靠。

3）要有良好的冷却条件，供大电流焊接用的焊炬应带有水冷系统。

4）有良好的可达性，以便能对准接近的位置焊接。

5）结构要简单，重量要轻，使用可靠，维修方便。

目前国内使用的钨极氩弧焊焊炬大体上可分为两类，一类是气冷式焊炬，主要供小电流（如低于100 A）焊接使用。这类焊炬不带水冷系统，结构简单，使用轻巧灵活。另一类是水冷式焊炬，主要供焊接电流大于100 A时使用。这类焊炬带有水冷系统，结构较复杂，重量稍重。

4．钨极氩弧焊工艺

各种金属材料的钨极氩弧焊焊接工艺，都有不同的特点。通常在焊接生产说明书中予以具体的规定。下面仅就拟订焊接工艺时应注意的一些共性问题加以简单介绍。

（1）焊件及焊丝表面的清理

焊件及焊丝表面的清理对保证焊接过程稳定、焊缝成形以及防止气孔等缺陷都有明显的影响。这在焊接铝及其合金时尤为突出。表面清理主要是在焊前去除油污、灰尘、水分与氧化膜等，常用的清理方法如下。

1）去除油污与灰尘。常用汽油、丙酮等有机溶剂清洗焊件与焊丝表面，然后擦干。也可按焊接生产说明书规定的其他方法进行清理。

2）去除氧化膜。一般有机械清理和化学清理两种。机械清理主要用于焊件，有机械加工、喷砂、磨削及抛光等方法，但对焊丝则不适宜。对于不锈钢或高温合金的焊件，常用砂带磨或抛光方法，将焊件接头两侧30～50 mm宽度内的氧化膜清除掉。至于铝及其合金，由于材质较软，用喷砂清理不适宜。在单件或小量生产时，可用细钢丝轮、钢丝刷或刮刀将焊件接头两侧一定范围内的氧化膜清除掉。但这些方法生产效率低，故成批生产时常用化学清理方法。

有色金属及其合金的焊件与焊丝采用化学清理方法，效果好且生产效率高。不同金属材料所采用的化学清理剂与程序是不一样的，可按焊接生产说明书的规定进行。表2.8是纯铝或铝镁合金采用化学清理的步骤与规范。第一步是将焊件与焊丝浸入碱溶液中，使表面的

$Al_2O_3$ 经过化学作用而成为 $Al(OH)_3$，从而去除氧化膜；第二步将侵蚀过的焊件与焊丝，经水洗后浸入硝酸溶液进行中和光化，让其表面生成一薄层致密的氧化膜，使表面不再继续氧化从而起到保护作用。

**表 2.8    纯铝或铝镁合金化学清理规范**

| 材料 | 浸蚀 | | | 冲洗 | 中和光化 | | 冲洗 | 干燥 |
|---|---|---|---|---|---|---|---|---|
| 纯铝或铝镁合金 | 4% ~ 5% NaOH | 60 ~ 70 ℃ | 1分 | 清水 | 30% ~ 35% $HNO_3$ | 室温 | 先用冷水洗,后用流动热水(50 ~ 60 ℃)洗 | 自然风干或低温烘干 |

清理后的焊件与焊丝必需妥善放置与保管，一般应在 24 小时内焊接完。如果存放中弄脏或放置时间太长，其表面氧化膜仍会增厚并吸附水分，因而焊接时为保证焊缝质量，必须在焊前重新清理一次。

(2) 钨极直径和形状

钨极直径的选定取决于焊件的厚度、焊接电流的大小、种类和电源极性。表 2.9 列出了纯钨极在纯氩中焊接时的许用电流范围。

至于钍钨极，其许用电流可略大，如直流正极性时可增大电流 20% 以上。

实践表明，钨极末端的形状对焊接许用电流大小和焊缝成形有影响。一般在焊接薄板和焊接电流较小时，可用小直径的钨极并将其末端磨成尖锥角（约 20°），这样，电弧容易引燃和稳定。但在焊接电流较大时仍用尖锥角，会因电流密度过大，而

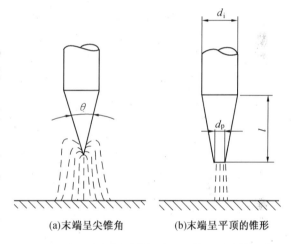

(a)末端呈尖锥角　　　　(b)末端呈平顶的锥形

**图 2.40    大电流焊接时钨极末端形状对弧态的影响**

使末端过热熔化并增加烧损。电弧斑点也会扩展到钨极末端的锥面上，如图 2.40(a)所示，使弧柱明显地扩散飘荡不稳而影响焊缝成形。因此，在大电流焊接时要求钨极末端磨成钝角（大于 90°）或带有平顶的锥形，如图 2.40(b)所示，这样可使电弧斑点稳定，弧柱的扩散减小，对焊件加热集中，焊缝成形均匀。

**表 2.9    纯钨极在纯氩中焊接时的许用电流范围**

| 钨极直径/mm | 直流正极性/A | 直流反极性/A | 交流/A |
|---|---|---|---|
| 1 ~ 2 | 65 ~ 150 | 10 ~ 30 | 20 ~ 100 |
| 3 | 140 ~ 180 | 20 ~ 40 | 100 ~ 160 |
| 4 | 250 ~ 340 | 30 ~ 50 | 140 ~ 220 |
| 5 | 300 ~ 400 | 40 ~ 80 | 200 ~ 280 |
| 6 | 350 ~ 500 | 60 ~ 100 | 250 ~ 300 |

（3）焊接规范参数的选定

钨极氩弧焊的规范参数有焊接电流、电弧电压、焊接速度、钨极直径与形状、保护气流量及喷嘴孔径等。这些参数选定的合适与否对保证焊缝成形质量有不同影响。

钨极氩弧焊添加或不添加填充焊丝时的焊缝成形是有差异的，如图 2.41 所示，焊接电流是钨极氩弧焊的主要规范参数，根据焊件的材料与厚度来确定，电流选得过大，易引起咬边、焊漏等缺陷；电流太小，又易使焊缝未焊透。

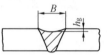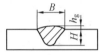

(a)不加填充焊丝的焊缝截面形状　　(b)加填充焊丝的焊缝截面形状

确定了焊接电流后，选定焊接速度和电弧电压时，要考虑到对焊件的热输入和熔池加热斑点面积（即能量密度）这两个因素。为了尽可能以小的线能量实现焊接，应采用短弧并匹配合适的焊接速度，以保证焊缝成形质量。

**图 2.41　钨极氩弧焊的焊缝截面形状**

在确定保护气流量和喷嘴孔径时要考虑到焊接电流、弧长、电极外伸长度、焊接速度以及焊接接头形式等因素的影响。表 2.10 列出了不同焊接电流时的喷嘴孔径和保护气流量的选用范围，由表可见，用交流电焊接有色金属及其合金时，由于对保护的要求更高，故在同样的焊接电流下和直流正极性相比较，需要选用较大的喷嘴孔径和保护气流量。

**表 2.10　钨极氩弧焊时喷嘴孔径和保护气流量的选用范围**

| 焊接电流/A | 直流正极性焊接 | | 交流焊接 | |
|---|---|---|---|---|
| | 喷嘴孔径/mm | 保护气流量/$(L \cdot min^{-1})$ | 喷嘴孔径/mm | 保护气流量/$(L \cdot min^{-1})$ |
| 10 ~ 100 | 4 ~ 9.5 | 4 ~ 5 | 8 ~ 9.5 | 6 ~ 8 |
| 101 ~ 150 | 4 ~ 9.5 | 4 ~ 7 | 9.5 ~ 11 | 7 ~ 10 |
| 151 ~ 200 | 6 ~ 13 | 6 ~ 8 | 11 ~ 13 | 7 ~ 10 |
| 201 ~ 300 | 8 ~ 13 | 8 ~ 9 | 13 ~ 16 | 8 ~ 15 |
| 301 ~ 500 | 13 ~ 16 | 9 ~ 12 | 16 ~ 19 | 8 ~ 15 |

有时为了保证焊缝均匀焊透和防止焊缝反面氧化，要求对焊缝反面进行保护。图 2.42 表示焊接不锈钢或钛合金的小直径圆管或密闭的焊件时，可直接在密闭的空腔中送进氩气以保护焊缝反面。对于大直径的筒形件或平板构件等，则可在焊缝反面加可移动的充气罩（见图2.43）或在焊接夹具的铜垫板上开充气槽，以便送进氩气对焊缝反面保护。

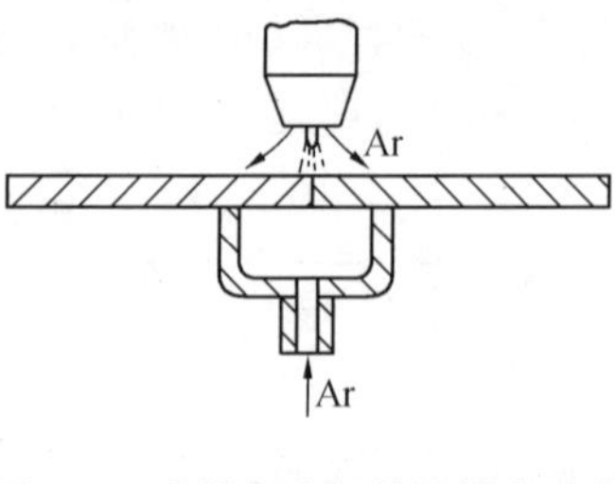

焊接钛及其合金不仅要求保护焊接区，而且对温度仍高于400℃的焊缝段及近缝区表面也需要进行保护。这时单靠喷嘴和反面通氩保护是不够的，需要在焊炬喷嘴后面带附加喷嘴（见图2.44），以便通氩气保护。

**图 2.42　直接向密闭的焊件空腔内送进氩气保护的示意图**

总之,在保证焊透的条件下,应尽量采用小的线能量,以减小焊件的热输入和接头组织性能的变化。

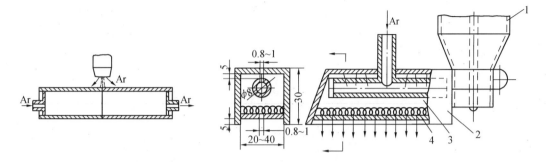

图 2.43　采用充气罩对焊缝反面
进行局部保护的示意图

图 2.44　采用附加喷嘴的结构示意图
1—焊矩喷嘴;2—附加喷嘴;3—气室;4—多孔的隔板

### 5.脉冲钨极氩弧焊

脉冲钨极氩弧焊和一般钨极氩弧焊的主要区别在于它采用低频调制的直流或交流脉冲电流加热工件。焊接电流波形如图 2.45 所示。电流幅值(或交流电流的有效值)按一定频率周期地变化,脉冲电流时工件上形成熔池,基值电流时熔池凝固,焊缝由许多焊点相互重叠而成。交流脉冲氩弧焊用于铝、镁及其合金等表面易形成高熔点氧化膜的材料,直流脉冲氩弧焊用于其他金属,后者的应用范围比前者广泛得多。

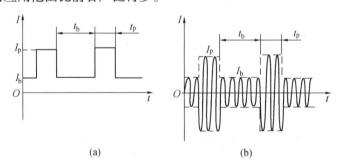

(a)　　　　　　　　　　(b)

图 2.45　脉冲钨极氩弧焊电流波形

调节脉冲波形、脉冲电流幅值、基值电流大小、脉冲电流持续时间和基值电流持续时间,可以对焊接热输入进行控制。从而控制焊缝及热影响区的尺寸和质量。

钨极脉冲氩弧焊的优点及适用范围如下。

1)可以精确控制对工件的热输入和熔池尺寸,提高焊缝抗烧穿和熔池的保持能力,易获得均匀的熔深,特别适用于薄板(薄至 0.1 mm)全位置焊接和单面焊双面成形。

2)每个焊点加热和冷却迅速,所以适用于焊接导热性能和厚度差别大的工件。

3）脉冲电弧可以用较低的热输入而获得较大的熔深,故同样条件下能减小焊接热影响区和焊件变形,这对薄板、超薄板焊接尤为重要。

4）焊接过程中熔池金属冷凝快,高温停留时间短,可减小热敏感材料焊接时产生裂纹的倾向。

**6.钨极氩弧点焊**

钨极氩弧点焊的原理如图2.46所示,焊枪端部的喷嘴将被焊的两块母材压紧,保证连接面密合,然后靠钨极和母材之间的电弧使钨极下方金属局部熔化形成焊点。适用于焊接各种薄板结构以及薄板与较厚材料的连接,所焊材料目前主要为不锈钢、低合金钢等。

和电阻点焊比较,它有如下优点。

1）可从一面进行点焊,方便灵活。对于那些无法从两面操作的构件,更有特别的意义。

2）更易于点焊厚度相差悬殊的工件,且可将多层板材点焊。

3）焊点尺寸容易控制,焊点强度可在很大范围内调节。

4）需施加的压力小,无需加压装置。

5）设备费用低廉,耗电量少。

和电阻点焊比较,它有如下缺点。

1）焊接速度不如电阻点焊高。

2）焊接费用(人工费、氩气消耗等)较高。

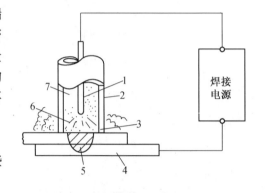

**图2.46　钨极氩弧点焊示意图**
1—钨极;2—喷嘴;3—出气孔;4—母材;
5—焊点;6—电弧;7—氩气

钨极氩弧点焊的焊接工艺和焊前清理的要求和一般的钨极氩弧焊一样。焊接既可采用直流正接,也可用交流电源辅加稳弧装置,通常都用直流正接,因为它比交流可以获得更大的熔深,可以采用较小的焊接电流(或者较短的时间),从而减少热变形和其他的热影响。

引弧有两种方法。

1）高频引弧。依靠高频高压击穿钨极和工件之间的气隙而引弧。

2）诱导电弧引弧。先在钨极和喷嘴之间引起一小电流(约5A)的诱导电弧,然后再接通焊接电源。诱导电弧由一个小的辅助电源供电。

目前最常用的是高频引弧。

通过调节电流值和电流持续时间控制焊点尺寸。增大电流和电流持续时间都会增加熔深和焊点直径,减小这些焊接参数则产生相反的效果。所以除了焊接电流外,焊接持续时间也必须采用精确的定时控制。

电弧长度也是一个重要参数。电弧过长,熔池会过热并可能产生咬边;电弧太短,母材膨胀后会接触钨极,造成污染。

为了防止焊点表面过度凹陷和产生弧坑裂纹,点焊结束前使电流自动衰减,或者进行二次脉冲电流加热。当焊点的加强高有要求时。可往熔池输送适量的填充焊丝。

钨极氩弧点焊专用设备与一般钨极氩弧焊设备不同处在于具有特殊控制装置和点焊焊枪。控制装置除能自动确保提前输送氩气、通水、起弧外,尚有焊接时间控制、电流自动衰减以及滞后关断氩气等功能。

除专用设备外,普通手工钨极氩弧焊设备中增加一个焊接时间控制器及更换喷嘴,也可充当钨极氩弧点焊设备。

### 7.热丝 TIG 焊

热丝钨极氩弧焊原理如图 2.47 所示。填充焊丝在进入熔池之前约 10 cm 处开始,由加热电源通过导电块对其通电,依靠电阻热将焊丝加热至预定温度,与钨极成 40°~60°角,从电弧后面送入熔池,这样熔敷速度可比通常所用的冷丝提高 2 倍。热丝钨极氩弧焊时,由于流过焊丝的电流所产生磁场的影响,电弧产生磁偏吹而沿焊缝作纵向偏摆。为此,用交流电源加热填充焊丝,以减少磁偏吹。在这种情况下,当加热电流不超过焊接电流的 60% 时,电弧摆动的幅度被限制在 30°左右。为了使焊丝加热电流不超过焊接电流的 60%,通常焊丝最大直径限为 1.2 mm。如焊丝过粗,由于电阻小,需增加加热电流,这对防止磁偏吹是不利的。

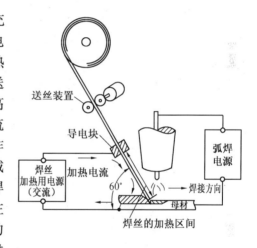

图 2.47 热丝钨极氩弧焊示意图

热丝焊接已成功用于碳钢、低合金钢、不锈钢镍和钛等。对于铝和铜,由于电阻率小,要求很大的加热电流,从而造成过大的电弧磁偏吹和熔化不均匀,所以不推荐热丝焊接。

### 8.活性助焊剂 – TIG 焊

活性助焊剂 – TIG 焊(Activatingflux – TIG,A – TIG)的发明主要是为了解决 TIG 焊主要的缺点,即:单道可焊厚度的限制;材料成分变化的敏感性;生产效率低。这些缺点在焊接不锈钢时更加突出,如 TIG 焊不锈钢其单道可焊厚度上限仅为 3 mm(氩气保护)。如果企图通过增大焊接电流以获得更深的焊缝,则徒使焊缝宽度增加而深度几乎没有变化。在保护气体中加入氦时,熔深虽有所增加,但整个焊缝截面形状因宽度的增加而呈浅 U 形;在保护气体中加入氢时,由于氢气的高导热性引起弧柱区电场强度增加,致使熔深有限程度地增加,但是氢含量一旦超过 15%(体积分数),焊缝区则出现气孔。显然,在保护气体中加入氦、氢,增加熔深的效

157

果并不理想。

最近,出现了一种新的 A – TIG 焊工艺。A – TIG 焊实际上是在待焊区域表面涂上一层很薄的活性助焊剂(Activating Flux),然后再施行 TIG 焊。这种活性助焊剂不仅有助于熔深大大地提高,同时也使 TIG 焊对被焊材料成分的敏感性大大降低。这种焊接工艺焊接的焊缝截面显现特有的花生壳(Peanut Shell)形状,如图 2.48 所示。它起初由前苏联基辅的巴顿电焊研究所(E. O. Paton Electric Welding Institute)发明,早在 20 世纪 60 年代初开始应用于金属钛的焊接,随后也用于 C – Mn 钢的焊接。据称在开 I 形坡口、不使用填充材料的情况下,单道焊 C – Mn 钢的厚度可达 12 mm。我国的航空工艺研究所也已经研究出焊接钛合金和不锈钢的 A – TIG 焊剂。

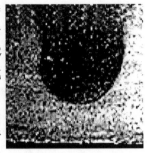

图 2.48　A – TIG 的焊缝形状

A – TIG 的方法如图 2.49 所示,在相同的焊接规范下其得到的熔深有很大的区别,如图 2.50所示。A – TIG 焊能获得大熔深,表面上看来似乎是活性助焊剂引起电弧收缩所致,但实际上却是阳极斑点收缩效应、液态熔池表面张力、电弧力等方面因素共同作用的结果。

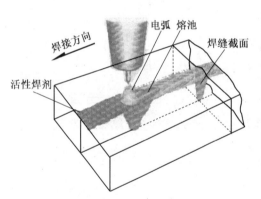

图 2.49　A – TIG 方法示意图

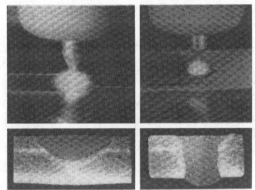

图 2.50　A – TIG 与普通 TIG 焊在相同规范下的熔深比较

## 二、熔化极氩弧焊方法及工艺

熔化极氩弧焊时采用 Ar 或 Ar + He 作保护气,通常称为 MIG 焊(Metal Inert Gas Arc Welding)。若采用 Ar 加少量 $O_2$ 或 $CO_2$ 气体作保护气时,虽然电弧仍具有氩弧特征,但存在有活性气体,则称为 MAG 焊(Metal Active Gas Arc Welding)。熔化极氩弧焊采用焊丝作电极,电弧是在纯氩或富氩保护气中燃烧,焊接过程中焊丝不断熔化并填充到熔池中去,冷凝后即形成焊缝。因此,焊接过程为保证弧长和焊接规范稳定,要求焊丝应能均匀连续地向焊接区送进。

目前在焊接生产中,熔化极氩弧焊已广泛用于薄板和中厚板的焊接,尤其是适合于焊接铝及其合金、铜及其合金以及不锈钢等金属材料。特别是窄间隙熔化极氩弧焊的研究与发展,使熔化极氩弧焊进一步扩展到应用于厚板和超厚板的焊接领域,从而大大加强了它与埋弧自动焊和电渣焊相抗衡的地位,可以说它是厚壁大型焊接结构今后焊接技术发展的主要方向之一。

1.熔滴过渡的类型

根据国际焊接学会(IIW)的分类,熔化极气体保护电弧焊的焊丝金属的熔滴过渡型式主要有三大类,自由过渡、短路过渡和混合过渡。

(1) 自由过渡

熔滴从焊丝端头脱落后,通过电弧空间自由运动一段距离后落入熔池。因条件不同,自由过渡又分为以下两种情况。

1) 滴状过渡。电流较小时,熔滴的直径大于焊丝直径。当熔滴的尺寸达到足够大时,主要依靠重力将熔滴缩颈拉断,熔滴落入熔池,由于条件的不同,滴状过渡又有两种型式。

① 轴向滴状过渡。在富氩混合气体保护焊时,熔滴在脱离焊丝前处于轴向(下垂)位置(平焊时),脱离焊丝后也沿焊丝轴向落入熔池。

② 非轴向滴状过渡。在多原子气氛中($CO_2$、$N_2$ 或 $H_2$),阻碍熔滴过渡的力大于熔滴的重力。熔滴在脱离焊丝之前就偏离焊丝轴线,甚至上翘。在脱离焊丝之后,熔滴一般不能沿焊丝轴向过渡。

2) 射流过渡。熔滴尺寸与焊丝直径相近或更小,电弧力的方向与熔滴轴向过渡方向一致。熔滴受电弧力的强制作用脱离焊丝并有力地过渡到熔池。电弧力与重力相比,重力的作用可以忽略。射流过渡又分两种,射滴过渡与射流过渡。

① 射滴过渡。在某些条件下,形成的熔滴尺寸与焊丝直径相近,焊丝金属以较明显的分离熔滴形式和较高的加速度沿焊丝轴向射向熔池。

② 射流过渡。在某些条件下,因电弧热和电弧力的作用,焊丝端头熔化的金属被压成铅笔尖状,以细小的熔滴从液柱尖端高速轴向射入熔池。这些直径远小于焊丝直径的熔滴过渡频率很高,看上去好像在焊丝尖端存在一条流向熔池的金属液流。

(2) 短路过渡

熔滴在未脱离焊丝端头前就与熔池直接接触,电弧瞬时熄灭,焊丝端头液体金属靠短路电流产生的电磁收缩力及液体金属的表面张力被拉入熔池,随后焊丝端头与熔池分开,电弧重新引燃,加热与熔化焊丝端头金属,为下一次短路过渡做准备。短路过渡时,熔滴的短路过渡频率可达 20 ~ 200 次/s。

(3) 混合过渡

在一定条件下,熔滴过渡不是单一形式,而是自由过渡与短路过渡的混合形式。例如,管状焊丝气体保护电弧焊及大电流 $CO_2$ 气体保护电弧焊时,焊丝金属有时就是以这种混合过渡形式过渡到熔池的。

短路过渡电弧目前在焊接生产中较少应用,因为短路过渡电弧采用的焊接电参数特征是小电流与低弧压,而氩弧弧柱的电场强度小,所以电弧功率低,容易造成焊件熔深小,熔化金属对焊缝两侧润湿不好,导致焊缝成形差,余高较高。本节主要介绍射流过渡氩弧焊。

**2.射流过渡氩弧焊的工艺特点**

采用射流过渡氩弧焊,对于一定的焊丝与保护气体,当焊接电流增大到产生射流过渡的临界电流值,且匹配合适的电弧电压(即弧长)时,电弧的阳极弧根将封罩住整个焊丝端部,并随着电流进一步增加而扩展到固态焊丝的侧表面。这时焊丝末端的液态金属受强大的电弧力作用将产生形变和从顶端连续而高速地射流出许多比焊丝直径为小的熔滴,沿着焊丝轴向通过电弧空间加速过渡到熔池中去。在稳定的射流过渡情况下,射流过渡电弧的成形清晰,电弧状态及其参数非常稳定,弧长基本不变,发出特有的"咝咝"声响,同时电弧中温度、热流和电弧压力均集中于电弧轴线附近,熔透能力很强,熔敷效率高。另外,由于熔化极氩弧焊主要采用直流反极性,故焊接铝及其合金时有良好的阴极清理作用。图 2.51 是熔化极氩弧焊过程示意图。

射流过渡氩弧焊虽具有很大的优越性,但在应用中仍有一定的局限性,其主要表现在以下几方面。

1) 电弧功率大,熔透能力强,因而熔池体积大,使得熔池中液体金属较难控制,故通常只用于厚板平对焊和水平角焊(船形焊),而不适宜于薄板和全位置焊接。

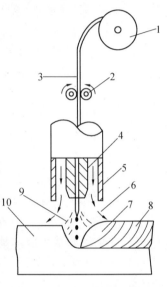

**图 2.51　熔化极氩弧焊过程示意图**

1—焊丝盘;2—送丝轮;3—焊丝;4—导电嘴;5—保护罩;6—保护气体;7—熔池;8—焊缝金属;9—电弧;10—焊件

2) 由于电弧对焊件的热输入大,使焊接某些热敏感金属材料受到一定的限制。

3) 电弧热流和压力集中于电弧轴线附近,造成焊道根部熔深明显增大,呈现出蘑菇状焊缝截面。当蘑菇状根部液体金属迅速冷凝时,可能引起气孔和裂纹等缺陷。如果焊前对坡口边缘制备质量不佳,或焊丝位置调整不好,还可能导致坡口边缘熔合不良。

**3.射流过渡电弧的气体保护问题**

射流过渡氩弧焊时,保护气体既是作为隔离周围空气的保护气套,又是成为射流过渡电弧燃烧的介质。为了保证获得要求的电弧与熔滴过渡特性以及良好的保护作用效果,从焊接工艺考虑,应对保护气成分的选择和获得较大的有效保护区等问题给予足够的重视。

**(1) 保护气体的选择**

在熔化极氩弧焊应用的初期,多采用单一的纯氩作保护气,但随着试验研究的发展与深入,发现在焊接不同的金属材料时,在氩气中加入少量的其他气体成分,其目的是增加电弧的热功率,提高电弧与熔滴过渡的稳定性,稳定阴极斑点,改善焊缝熔深形状及其外观成形,或控制焊缝的冶金质量等,可以获得更满意的焊接结果。因此,目前在熔化极氩弧焊中积极推广使用混合气体是一种发展趋向。下面仅选几种较为典型和常用的混合保护气成分及特性进行简要的介绍。

1) $Ar + O_2$ 混合气。在氩气中加入少量氧气,由于 $O_2$ 是表面活性元素,能降低液体金属的表面张力,使产生射流过渡的临界电流减小,细化熔滴尺寸,改善了熔滴过渡特性。另外,因混合气具有一定的氧化性,故能稳定和控制电弧阴极斑点的位置,这样可避免由于阴极斑点游动而使电弧产生飘动、熔滴过渡不稳、气体保护作用被破坏以及焊缝成形不规则和生成咬边、未熔合等问题。

$Ar + O_2$ 混合气常用于焊接碳钢和合金钢。一般焊接不锈钢和高强钢,Ar 中 $O_2$ 添加量较低,约为 1% ~ 5%(体积分数),这时能降低弧柱空间的游离氢和熔池中液体金属表面张力,使焊缝生成气孔和裂纹倾向减小,改善焊缝成形。至于焊接低碳钢和低合金结构钢,则混合气中含氧量可增加到 <20%(体积分数),据某些资料介绍,其生产率、抗气孔性能和焊缝缺口韧性比加 20% $CO_2$(体积分数)和纯 $CO_2$ 气体保护焊为好。

2) $Ar + CO_2$ 混合气。$Ar + CO_2$ 混合气广泛用于焊接低碳钢和低合金结构钢,通常加入量在 5% ~ 30% $CO_2$(体积分数)范围内,有时可高达 50% $CO_2$(体积分数)(一般仅用在短路过渡焊接)。由于 $CO_2$ 是氧化性气体,其氧化性与 $Ar + 10\% O_2$(体积分数)混合气相当,因此 $Ar + (5 ~ 20)\% CO_2$(体积分数)仅具有轻微的氧化性,它可获得 $Ar + O_2$ 混合气相似的焊接工艺效果,虽然这时的成本比用纯 $CO_2$ 气体高,但焊接过程可明显减少金属飞溅,焊缝金属冲击韧性好,且和用纯氩相比较,可改善焊缝熔深及其外形,如图 2.52 所示,由蘑菇状变成扁平状,所以应用很普遍。

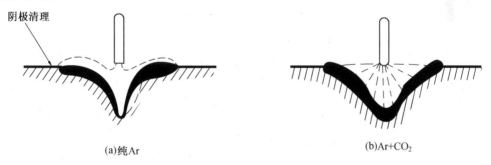

(a)纯Ar　　　　　　　　　　　　　(b)Ar+CO₂

**图 2.52　氩气和 $Ar + CO_2$ 混合气阴极斑点的位置和熔深形状**

采用射流过渡电弧时,应当注意 Ar 中加入 $CO_2$ 气体含量不要过多,因为 $CO_2$ 气体的导热率较高,会限制阳极弧根的扩展而提高临界电流值。当 $CO_2$ 含量超过 25% 时(体积分数),将随 $CO_2$ 量的增加使工艺特性上越来越接近于纯 $CO_2$ 气体焊接的情况,熔滴过渡特性恶化,金属飞溅亦相应增多。

用 $Ar + CO_2$ 混合气焊接奥氏体不锈钢时,含 $CO_2$ 比例不宜超过 5%(体积分数),因为 $CO_2$

气体会对母材产生渗碳作用,从而降低焊接接头的抗腐蚀性。

3) Ar + N₂ 混合气。对铜及其合金,氮相当于惰性气体。在 Ar 中加入 N₂ 作保护气,由于 N₂ 是双原子气体,其导热率比 Ar 高,弧柱的电场强度亦较高,故会增大电弧的热功率。同时,氮分解后形成的原子氮接触到较冷的焊件表面时,会复合并放出热量,增加了对焊件的热输入,使焊缝熔深增加,且可降低焊前的预热温度。因此,Ar + N₂ 混合气主要用于焊接具有高导热率的铜及其合金,一般加入量为 15% (体积分数)左右。但是应当注意,N₂ 加入到 Ar 中,会提高产生射流过渡的临界电流值,使熔滴变粗和过渡特性变差。

在焊接奥氏体不锈钢时,Ar 中加入 1% ~ 4% N₂ (体积分数)能提高电弧挺度,且可改善焊缝成形。

4) Ar + He 混合气。He 也是一种惰性气体,其电离电位和导热率均较 Ar 高。在 Ar 中加入 He 后,于相同的电弧长度下弧压比纯 Ar 时为高,电弧温度也提高,能增大对焊件的热输入,使熔池的流动性、熔深形状和熔池中气体析出条件等得到改善,并能提高焊接速度,这对大厚度的铝及其合金焊接更显得重要。一般 Ar 中加入 He 量视板厚而定,板越厚则加入 He 量越多,通常约大于 50% He(体积分数)。

焊接铜及其合金、钛、锆等金属材料,在国外也常采用 Ar + He 混合气,其优点是可改善熔深形状及焊缝金属的润湿性。特别是对于焊接铜及其合金,还可降低焊前的预热温度。

(2) 气体保护作用的效果

从气体保护角度来看,射流过渡电弧具有如下特点。

1) 电弧功率大、温度高,对保护气流的热扰动作用强。

2) 熔池体积大,焊接热影响区也较宽,致要求有效保护区范围应增大。

3) 电弧中产生高速等离子流有可能引起吸进周围空气,损害气体保护作用效果。

为了增强保护气流的抗干扰能力和扩大有效保护区,通常应增大喷嘴孔径和保护气流量,并在焊枪中采用气筛装置。但是实践表明,在大电流射流过渡氩弧焊时,仅采取上述措施不很理想,还需要采用特殊的保护措施,如附加保护喷嘴或采用双层气流保护焊枪,其中以后者方法最常用。

采用双层气流保护是在焊枪中增加了气体分流套装置。当保护气体通过分流套后,即被分成内外两层。内层气流的流速高,挺度大,并具有一定的厚度,因而对扰乱作用有较强的抑制能力;而外层气流虽然流速较低,但能扩大气体保护范围和减少气体消耗量。

4. 焊接规范参数的选定

一般说来,射流过渡氩弧焊的焊接规范参数选定较简单,其中最主要的是电流与电弧电压的选择及匹配。但是,当以粗焊丝大电流施焊时,还可能出现一些特殊的电弧现象和工艺问题,如焊缝的起皱、电源的特性选择、保护作用等必须予以考虑。

(1) 电流与电弧电压的匹配

已知一定成分与直径的焊丝,要获得稳定的射流过渡,选用的焊接电流必须大于临界电流值,同时匹配合适的电弧电压(即弧长)。一般弧长范围和焊丝直径有关,焊丝直径增大,弧长应随之增长。当焊丝直径一定时,由于熔化极氩弧的静特性曲线是上升的,故为保持一定的弧长,焊接电流若增大,电弧电压亦随之升高;反之若电流减小,则电弧电压亦减小。

图 2.53 是直径 4 mm 的低碳钢焊丝在 Ar + 15% $CO_2$(体积分数)混合气中焊接时,要获得射流过渡应选用的电流和电弧电压范围。从图可见,在一定的电流值下,若电弧电压改变,其熔滴过渡形式亦将发生改变。如果电流高于临界电流值,且匹配足够高的电弧电压时,由于可见弧长较长,熔滴呈明弧射流过渡;当电弧电压降低至某一值时,熔滴将呈潜弧射流过渡;若电弧电压再降低,电弧会发生瞬间短路;而当电弧电压过低时,熔滴则呈短路过渡。

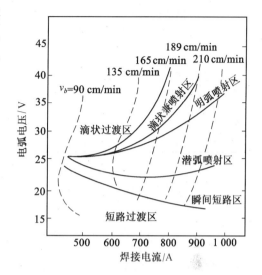

图 2.53 低碳钢焊丝在 Ar + $CO_2$ 混合气中焊接时熔滴过渡特性和采取的焊接规范范围

应当指出,在用射流过渡焊接铝及其合金时,由于气孔缺陷的形成与弧长有关,这时弧长的控制还要兼顾到焊缝冶金质量的要求。实践表明,为防止因弧长过长而带来的不利影响,可将电弧电压选得低一些,使熔滴呈射流兼有短路过渡的特征。

(2) 焊缝起皱临界电流

1) 焊缝起皱现象的形成机理。在熔化极氩弧焊时,大电流熔化极氩弧的阴极斑点是由许多微斑点组合而成,其中大多数分布在紧接熔池周界的固体金属表面上,少数则分布在熔池外缘。在这种情况下,电弧的实际导电通路将如图2.54所示,即从焊丝端部沿着熔池表面向外延伸而终止在固态金属表面的微阴极斑点上(这时电弧导电的实际路径即为实际弧长,而可见弧长则是从焊丝端部到焊件表面距离),由于电流不直接流过弧

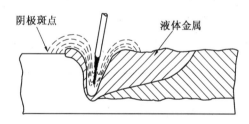

图 2.54 铝合金厚板大电流射流过渡氩弧焊时阴极斑点位置与电弧导电通路

坑底部,电弧力对熔池中液体金属的挖掘作用弱些,电弧和熔池都很稳定。但是,如果焊接过程保护作用不好,引起熔池中液体金属氧化而使阴极斑点集聚在弧坑底部的液体金属表面上,此时若又增大焊接电流超过某一定值,则强大的电弧力作用于弧坑底部,会引起熔池中液态金属受猛烈的挖掘与溅出,并产生严重的氧化与氮化,同时电弧狂吹,弧长剧烈变化,保护气流亦

163

被严重扰乱而使空气大量卷入,造成弧坑底部的液体金属继续氧化和阴极斑点稳定存在于弧坑底部,从而导致上述不稳定现象一直持续下去。而已被氧化和氮化的金属溅落焊缝表面上,会造成焊缝金属熔合不良和表面粗糙起皱,并覆盖一层黑色粉末,此即焊缝起皱现象。

试验表明,出现焊缝起皱现象,并非完全由气体保护不良所致,只要焊接电流增大超过某一定值,引起阴极斑点从固态金属表面游动到弧坑底部的液体金属表面上并集聚稳定存在,则焊缝起皱现象也就随之产生。这种导致产生焊缝起皱的焊接电流值就称为焊缝起皱的临界电流值,其值大小和选用的焊丝直径及保护作用等因素有关。

焊缝起皱现象不只局限于铝及其合金,在焊接钢或铜时亦有可能出现。只不过铝的表面上常覆盖有一层氧化物,且铝的化学活性强,易于氧化和氮化。另外,铝的密度小,在电弧力的作用下易于从熔池中被挖掘出来。由于这些原因,致使铝及其合金更易于产生焊缝起皱现象。

2)防止焊缝起皱现象的方法。针对引起焊缝起皱现象的原因,在焊接生产中可采取如下的防止措施。

① 提高焊接区的保护质量,如增大喷嘴孔径和保护气流量,使喷嘴端面到焊件表面距离小一些,使喷嘴前倾 10°~20°以及采用双层气流保护等。

② 正确选定焊接规范,如降低焊接电流密度(可通过增大焊丝直径,以便减小电弧的压力)、减小焊接速度和缩短可见弧长等。

③ 抑制焊接过程中电流的变化,如电流超过 500 A 时,宜采用恒流外特性电源。

5.熔化极气体保护焊的送丝系统

熔化极气体保护焊时,如何保证焊丝按规定的程序和速度稳定地送进是一个关键问题。特别是在半自动焊过程要求向远距离输送小直径与软焊丝时,送丝稳定性问题显得尤为突出。因此,在某些情况下(如固定位置焊接),送丝问题甚至成为进一步扩大熔化极气体保护焊应用的一个主要障碍。

近年来为了适应不同工艺的要求,熔化极气体保护焊采用的送丝系统有了很大的发展,出现一些新颖的送丝机构,如行星式送丝机构(又称线式送丝机构)、双曲面滚轮行星式送丝机构等。但在国内应用最广泛的还是传统的推式或拉式送丝系统,下面以其为例来分析与送丝有关的若干问题。

(1)熔化极半自动焊常用的送丝系统

熔化极半自动焊常用的送丝系统有三种:推式送丝、拉式送丝和推–拉式送丝,如图 2.55 所示。而送丝系统的组成,通常包含送丝盘、送丝电动机、减速器和送丝滚轮,由送丝滚轮夹紧焊丝并把送丝电动机的扭矩转给焊丝,将焊丝送进导丝管和焊枪导电嘴。为了保证适应不同直径的焊丝和焊接对选用送丝速度的要求,送丝系统应装有调速电路,以能实现在一定的送丝速度范围内进行无级调节送丝速度。

1)推式送丝系统。如图 2.55(a)所示,其主要优点是焊枪结构简单、轻便和操作方便。这种送丝方式的主要问题是,焊丝送进要经过一段较长的软管,且焊丝所受的轴向力是压力,这

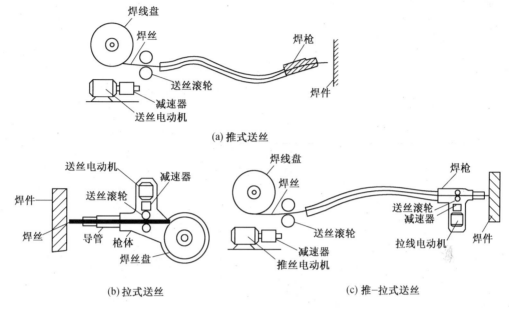

图 2.55 熔化极半自动焊的送丝系统

对于细直径和软的焊丝,易造成在软管中产生弯折与失稳,增加送丝阻力及送丝不稳,随着软管长度的加长,这种不利影响又加剧。因此,对于细焊丝的推式送丝所采用的软管长度一般不超过 3 m,使其作业范围受到限制。

2)拉式送丝系统。如图 2.55(b)所示,它和推式送丝比较,突出的优点是,送丝不经过长的软管,焊丝所受的轴向力是张力,故送丝阻力小,不会产生焊丝弯折,能实现均匀送丝,增加了送丝的稳定性与可靠性,故在细焊丝($d < 0.8$ mm)的焊接中应用很广泛。这种送丝系统的局限性在于焊枪结构复杂和重量增加,操作者劳动强度大。

3)推－拉式送丝系统。它是上述两种送丝系统的结合,如图 2.55(c)所示。推丝电动机的作用是克服大焊丝盘的惯性并推送焊丝通过送丝软管,作为主要的送丝动力,而拉丝电动机的作用是保证焊丝始终处于拉直状态,以消除能引起焊丝弯曲的轴向压力。为此,推丝电动机通常是恒速电动机,而拉丝电动机则为恒转矩电动机,应保证两个电动机同步运行,但送丝速度仅取决于推丝电动机的转速。

推－拉式送丝系统操作较复杂,当送进细焊丝(一般 $d < 1.2$ mm)时,在送丝距离小于5 m,可保证稳定送丝。在特定的情况下,送丝距离可达 8 m 左右。

(2)推式送丝系统的稳定性

送丝稳定性是指当电动机的驱动功率或送丝阻力由于某些原因而发生改变时,仍能保持送丝速度恒定不变的性能。因此,送丝稳定性既与送丝电动机的机械特性及调速电路的特性有关,又和在送丝过程引起产生送丝阻力的因素有联系。下面分别简介影响送丝稳定性的一些主要因素。

1) 送丝电动机的机械与控制特性。送丝电动机应能提供足够大的转矩和硬的机械特性曲线,为此通常是采用直流伺服电动机。但是,即使采用他激式电动机,当负载转矩增加时,电动机的转速也会有所下降。这表明一旦送丝阻力增大,送丝速度将降低,反之则增高。

除了电动机负载变化外,电网电压波动也会影响送丝速度的变化。因此,为了稳定送丝速度,在送丝电动机的控制电路中最好要采用电压负反馈自动调速系统,有时还需采用电流截止反馈,以防止电动机的负载增加过大,转矩加大,电枢电流过大而造成过载。

2) 送丝滚轮的传动方式、表面形状及其对焊丝的压力。送丝滚轮的传动方式如图 2.56 所示。图 2.56(a)是单主动轮式,其缺点是从动轮容易打滑,送丝不够稳定。双主动轮式靠齿轮啮合传动,如图 2.56(b)所示,能增大送丝轴向力,减小焊丝的偏摆,提高送丝的稳定性,故在送丝机构中是最常用的传动方式。

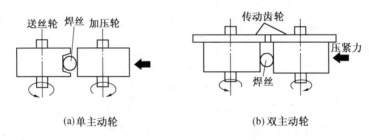

(a)单主动轮          (b) 双主动轮

图 2.56    送丝滚轮的传动方式

送丝滚轮的表面形状,有平面、压花、V 型沟槽和 U 型沟槽等,如图 2.57 所示。其中以表面不压花的 V 型或 U 型沟槽滚轮较常用,它们和焊丝的接触面大,对焊丝施压较均匀,且具有不易压伤焊丝和保持送丝指向性等优点。当用细焊丝焊接时,也可采用一个平面滚轮和一个 V 型沟槽滚轮配对使用。滚轮材料通常选用 45 号钢制造,并经淬火达到 HRC = 45 ~ 50,以增强耐磨性。

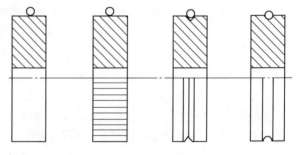

(a)平面滚轮   (b)平面压花滚轮  (c)V 型沟槽滚轮 (d)U 型沟槽滚轮

图 2.57    送丝滚轮的表面形状

送丝滚轮对焊丝的压力应予以控制,压力过小易造成轴向力不足,难以推送焊丝,且焊丝与滚轮间易打滑;反之若压力过大,会造成焊丝变形或压伤,会增加送丝阻力,甚至引起送丝中断和电动机过载。

3)送丝软管的影响。实践表明,在推式送丝系统中送丝软管的阻力对送丝稳定性有重大的影响。因为焊丝进入软管后,由于软管内壁与焊丝的摩擦阻力作用,焊丝受压容易弯曲并产生波浪起伏送进,这样会造成焊丝与软管内壁的强压力接触点数目增多,送丝阻力也就随之增大。一般焊丝材料弹性模数越低(如铝)、焊丝直径越细以及软管长度越长,焊丝在软管中越容易产生弯曲,引起的送丝阻力也就越大,送丝稳定性亦越差。

送丝软管对焊丝送进的阻力大小,还与软管的内径大小、焊丝原有曲率、焊丝的校直情况与表面光洁度、软管弯曲半径以及软管内存在金属碎屑与其他杂质的聚集程度等有关。对于一定直径的焊丝,选用的软管内径应有适当的配合,软管内经过大,焊丝在软管中易产生弯曲并增多波浪起伏的接触点数目;反之软管内径过小,则焊丝与软管内壁的接触面增大,这些情况都引起增加送丝阻力。送丝软管在使用中的弯曲和波浪起伏,也会增多焊丝与软管内壁的强压力接触点数目,如图

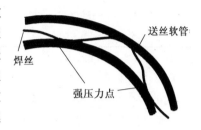

图 2.58　焊丝在弯曲软管内的受阻情况

2.58所示,而使送丝阻力增大,所以对送丝软管要求应有一定的刚度,并在使用时尽量保持直线状态,避免存在过小的弯曲半径。此外,为了减小焊丝在送丝软管中的阻力,要求焊丝原有曲率不能过小,应增加焊丝校直机构,焊丝在使用前应做好表面清理工作,以及定期进行清理软管内的金属碎屑与玷污物等。

送丝软管材料的选用,希望其摩擦系数要小。目前常用的有两种类型:一是弹簧软管,它是由一定直径的弹簧钢丝(如直径为 1 mm 的 65 Mn 钢丝)制成密绕的螺旋管,外面用一层扁弹簧钢带(如 0.8 × (4 ~ 5) mm)以反螺旋方向密绕包扎起来,并在两端用锡焊与内层弹簧软管钎焊住,以防松脱,然后在外层加套塑料管;另一类是尼龙或聚四氟乙烯软管,后者干摩擦系数小(约 0.04)和耐热温度高(230 ℃左右),适合于铝及其合金等软质焊丝的送丝用。

4) 导电嘴结构尺寸的影响。导电嘴接触导电部分的孔径和长度,不仅影响焊丝导电的稳定性,且关系到送丝的稳定性。如果导电嘴的结构尺寸与焊丝直径匹配得当,则导电嘴尚能对焊丝起一定的矫直与定向作用;反之,导电嘴孔径与接触长度过大或过小,都会引起送丝与导电不稳定。若导电嘴的接触长度长而孔径小,会造成送丝阻力增大;接触长度短而孔径大,则易引起焊丝与导电嘴接触不良以及导电接触点位置不稳定,有可能造成焊丝和导电嘴内壁间打弧与粘连,增加送丝阻力和送丝不稳定。另外,导电嘴磨损使其孔径增大,也会造成类似的不良影响。

导电嘴孔径与焊丝直径的匹配应保证焊丝在导电嘴内的接触长度约为 20 ~ 30 mm。对于导电嘴材料要求应耐磨损、导电性好和熔点高,一般常选用紫铜来制造。

### 三、$CO_2$ 气体保护焊

$CO_2$ 气体保护焊是在 20 世纪 50 年代初出现的一种熔化焊方法,它和熔化极氩弧焊一样,

具有明弧、无渣、焊接质量好、焊接生产率高以及能进行全位置焊接等特点,但焊接成本却比熔化极氩弧焊低。这些特点使得 $CO_2$ 气体保护焊在国内外焊接生产中得到推广应用。如国内目前在航空工业、造船工业、汽车制造与车辆制造工业以及石油化学工业和冶金工业等部门都得到广泛的应用,部分取代了焊条电弧焊及埋弧焊。它已成为一种常用的熔化焊工艺方法。

1. $CO_2$ 气体保护焊的特点

$CO_2$ 气体保护焊的过程如图 2.59 所示。在采用 $CO_2$ 气体保护焊的初期,由于保护气体的氧化性问题,难以保证焊接质量。后来这个困难圆满地解决了,即在焊接黑色金属时,采用含有一定量脱氧剂的焊丝或采用带有脱氧剂成分的药芯焊丝,使脱氧剂在焊接过程中参与冶金反应,进行脱氧,就可以消除 $CO_2$ 气体氧化作用的影响。加之 $CO_2$ 气体还能充分隔绝空气中氮对熔化金属的有害作用,更能促使焊缝金属获得良好的冶金质量。因此,目前 $CO_2$ 气体保护焊除不适于焊接容易氧化的有色金属及其合金外,可以焊接碳钢和合金结构钢构件,甚至用来焊接不锈钢也取得了较好的效果。

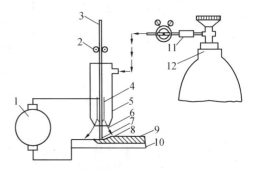

图 2.59　$CO_2$ 气体保护焊过程示意图

1—焊接电源;2—送丝滚轮;3—焊丝;4—导电嘴;5—喷嘴;6—$CO_2$ 气体;7—电弧;8—熔池;9—焊缝;10—焊件;11—预热干燥器;12—$CO_2$ 气瓶

(1) $CO_2$ 气体保护焊的工艺特点

$CO_2$ 气体是多原子气体,故对电弧形态、金属熔滴过渡及气体保护作用的影响有着和熔化极氩弧焊不同之处,其表现如下。

1) 在焊接电弧的高温中,$CO_2$ 气体在弧柱中将发生吸热分解反应。因此,$CO_2$ 气体对电弧弧柱的冷却作用较强,产生的热缩作用也较强,故和氩弧比较 $CO_2$ 电弧具有下列特征。

① $CO_2$ 电弧的弧柱区较窄,而外围的弧焰导热区较宽。

② $CO_2$ 电弧在焊丝末端的电极斑点尺寸小。原因是由于上述的 $CO_2$ 气体的冷却作用,限制了电极斑点尺寸的扩大。其次,由于 $CO_2$ 气体的氧化性,使焊丝末端熔滴表面上存在氧化物,也阻碍了电极斑点尺寸的扩大。

③ $CO_2$ 电弧在焊丝末端熔滴上的弧根面积小,根据电弧最小电压原理,故 $CO_2$ 电弧的弧长较短、弧柱的电位梯度则较大。

2) 在 $CO_2$ 长弧焊时,对熔滴过渡形态会产生如下影响。

① 因为在熔滴上的弧根面积小,故由电磁力产生的轴向分力是向上的,对熔滴过渡起着阻碍的作用,使焊丝末端的熔滴容易长得粗大并顶偏。

② 由于弧根面积小,当采用较大的焊接电流时,会使斑点处的金属强烈过热,引起严重蒸发。在反极性的条件下,金属蒸气的反作用力和斑点压力一起阻碍熔滴过渡,也使焊丝末端熔

滴易长大与顶偏。

③ 由于焊丝末端熔滴粗大,且弧根面积小,故电弧的等离子流流动对熔滴过渡也不起什么有益的作用。

可见,长弧焊时的熔滴过渡特性较差,其表现是熔滴尺寸较粗大、过渡频率低、呈非轴向过渡等。因此,当焊接规范参数匹配不合理时,极容易产生大滴过渡,使焊接过程稳定性变差,焊缝外形粗糙,金属飞溅大。

图 2.60 是 $CO_2$ 气体保护焊时用高速摄影拍摄的熔滴过渡形态的影片仿图,它形象地表示出在不同规范区中的熔滴过渡形式与焊缝截面形状。

Ⅰ区——大电流和高弧压的规范区,熔滴呈细滴的非轴向过渡,焊缝熔深较大,且飞溅小。

Ⅱ区——中电流和高弧压的规范区,熔滴常呈细长的大块状过渡,金属飞溅大。

Ⅲ区——较高弧压的短路过渡规范区,只要适当地增大焊接回路的电感量,尚可获得满意的焊接质量。

Ⅳ区——小电流和低弧压的短路过渡规范区,焊接过程较稳定,金属飞溅小,焊缝成形好,但熔深较浅。

因此,目前在细丝 $CO_2$ 气体保护焊中,通常采

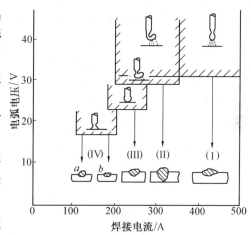

**图 2.60　$CO_2$ 气体保护焊时不同规范区的熔滴过渡形式和焊缝形状**

用的焊接规范区是图 2.60 中的Ⅰ区和Ⅳ区。在这两个区域内焊接,都能获得较好的焊接结果,一般用Ⅰ区的规范焊接,称为长弧焊,常用于焊接中厚板;用Ⅳ区的规范焊接,则叫做短弧焊或短路过渡焊接,主要用于焊接薄壁构件。

3) 采用 $CO_2$ 气体作保护气,从保护作用来看有两个特点。

① $CO_2$ 气体的密度比空气大,它从焊枪喷嘴喷出后,对周围空气的扰乱作用有较强的抵制能力。且在平焊位置焊接时,$CO_2$ 气体能较好地沉积、覆盖在熔池及焊缝表面上,故气体保护效果较好。

② $CO_2$ 气体在电弧高温作用下将分解为

$$CO_2 \rightleftharpoons CO + \frac{1}{2}O_2$$

可见 $CO_2$ 气体分解后体积要增大。如果完全分解,体积将增加约 50%(体积分数),这有助于排挤开电弧周围的空气,使熔池金属免受由于空气侵入而产生的有害作用。

采用 $CO_2$ 气体保护焊焊接低碳钢和合金结构钢,较之用焊条电弧焊或埋弧焊更具优点,主

要体现在以下几方面。

· 生产率高

因为 $CO_2$ 气体保护焊采用细焊丝焊接时,焊接电流密度较大,电弧热量集中,焊接速度高,且焊后不需要进行清渣等工作,故生产率比焊条电弧焊及埋弧半自动焊有不同程度的提高。

· 焊接成本低

由于 $CO_2$ 气体价格便宜,焊前对焊件的清理工作可从简,焊后不需要清渣等原因,通常焊接成本比焊条电弧焊或埋弧焊的均低。

· 对薄壁构件焊接质量高

由于 $CO_2$ 气体保护焊对焊件加热集中、焊接速度快,且 $CO_2$ 气流还能对焊件起一定的冷却作用,所以在一定程度上防止了焊接薄壁构件的烧穿问题,还能减小焊件变形。

$CO_2$ 气体保护焊和焊条电弧焊及埋弧焊比较,也存在一些不足之处。一是焊接过程中金属飞溅较多,特别是当焊接规范参数匹配不当时,飞溅就更严重;二是不能焊接易氧化的金属材料,且不适于在有风的地方施焊;三是焊接过程弧光较强,尤其是采用大电流焊接时,电弧的辐射较强,故要特别重视对工作人员的劳动保护。

(2) $CO_2$ 气体保护焊的分类

$CO_2$ 气体保护焊通常按采用的焊丝直径来分类。当焊丝直径小于或等于 1.6 mm 时,称为细焊丝 $CO_2$ 气体保护焊,主要用短路过渡形式焊接薄板材料;焊丝直径大于 1.6 mm 时,称为粗焊丝 $CO_2$ 气体保护焊,一般采用大电流和高弧压的规范来焊接中厚板。

为了适应现代工业某些特殊应用的需要,在近 20 几年中 $CO_2$ 气体保护焊得到迅速发展。目前在生产中除了上面提到的一般性 $CO_2$ 气体保护焊方法外,还派生出下列的一些方法,如 $CO_2$ 电弧点焊、$CO_2$ 气体保护立焊、$CO_2$ 保护窄间隙焊、$CO_2$ 加其他气体(如 $CO_2 + O_2$)的保护焊以及 $CO_2$ 气体与药芯焊丝气渣联合保护焊等等。本章着重介绍细焊丝短路过渡 $CO_2$ 气体保护焊,对其他方法也做简要的介绍。

2. $CO_2$ 气体保护焊的冶金特性

(1) 焊接过程合金元素的氧化与脱氧

$CO_2$ 气体在电弧高温作用下要分解成 CO 和氧原子。温度越高,分解越强烈。在 4 000 K 以上它已近于完全分解了。$CO_2$ 高温分解时产生的 CO,一般说来在焊接条件下不溶于熔化的液态金属中,也不与金属发生作用。但是 $CO_2$ 分解时放出的原子态氧,其活泼性强,易与合金元素产生化学反应,成为合金元素氧化的主要形式。另外,$CO_2$ 气体直接和金属元素作用也会引起如下一些氧化反应,即

$$CO_2 + Fe \rightleftharpoons FeO + CO$$

$$2Fe + Si \rightleftharpoons SiO_2 + 2CO$$

$$CO_2 + Mn \rightleftharpoons MnO + CO$$

上述氧化作用在弧柱和熔池中均可发生,以在弧柱中较为强烈。这是因为弧柱温度高,且金属熔滴和电弧气氛接触的比表面积(即接触表面积与熔滴体积之比)大。至于氧化的程度,则取决于各种合金元素和氧的结合能力及含量大小。

由于氧化作用而生成的 FeO 能大量溶于熔池金属中,会使焊缝金属产生气孔及夹渣等缺陷。其次,锰、硅等元素氧化生成的 $SiO_2$ 与 MnO,虽然可成为熔渣浮到熔池表面,但却减少了焊缝中这些合金元素的含量,使焊缝金属的机械性能降低。

碳同氧化合生成的 CO 气体会增大金属飞溅,且可能在焊缝金属中生成气孔。另外,碳的大量烧损,也要降低焊缝金属的机械性能。

因而在 $CO_2$ 气体保护焊时,为了防止大量生成 FeO 和合金元素的烧损,避免焊缝金属产生气孔和降低机械性能,通常要在焊丝中加入足够数量的脱氧元素。由于脱氧元素和氧的亲合力比 Fe 强,故在焊接过程中可阻止 Fe 被大量氧化,从而可以消除或削弱上述有害影响。

目前 $CO_2$ 气体保护焊焊丝中常用 Si 和 Mn 作脱氧元素。有些牌号的焊丝中还添加 Ti 和 Al 作脱氧元素。表 2.11 列出了 $CO_2$ 气体保护焊过程中某些合金元素的过渡系数(过渡系数 = 焊缝金属中该元素的质量分数/焊丝金属中该元素的质量分数×100%)。可见,作为焊丝中的脱氧元素,Si、Mn 的过渡系数都不高,而 Al、Ti 的过渡系数则更低,但是,正是由于如此这些脱氧元素有相当大的一部分被氧化,才能起到阻止 Fe 被大量氧化的作用。

表 2.11　$CO_2$ 气体保护焊过程某些合金元素的过渡系数

| 合金元素 | Zr | Al | Ti | Si | Mn | Cr | Mo |
|---|---|---|---|---|---|---|---|
| 过渡系数/% | 30 ~ 40 | 30 ~ 40 | 40 | 50 ~ 70 | 65 ~ 75 | 90 ~ 95 | 95 ~ 100 |

此外,在熔池开始冷凝时,Si 与 Mn 还能对熔池中的 FeO 起还原作用,其化学反应为

$$2FeO + Si \Longrightarrow 2Fe + SiO_2$$

$$FeO + Mn \Longrightarrow Fe + MnO$$

生成的 $SiO_2$ 和 MnO 成为熔渣浮到熔池表面后去除。当焊丝中 Si、Mn 含量较多时,在完成脱氧任务后,其剩余部分留在焊缝金属中,还有助于改善焊缝金属的机械性能。

当保护气体、焊丝和焊件的成分一定时,焊接过程中合金元素的烧损还受到下列因素的影响。

1) 温度越高,合金元素烧损越多。

2) 金属与气体的比表面积增大,合金元素的烧损也增加。

3) 金属与气体的接触时间增长,合金元素的烧损也增大。

很显然,上述因素和选用的焊接规范有很大关系,如电弧电压增大,即弧长变长,不仅增加熔滴在焊丝端部的停留时间,且增长熔滴过渡的路程,这样均增加金属和气体相接触的时间,使合金元素烧损增多;焊接电流增大,会使弧柱温度升高,且使熔滴尺寸变细而增大比表面积,这将加剧合金元素的氧化烧损。但是电流增大,也会引起熔滴的过渡速度加快,缩短熔滴与气

体相接触的时间,这样,又有减小合金元素氧化的作用。所以增大焊接电流对合金元素烧损的影响,不如增大电弧电压的影响显著,选定焊接规范时应注意这些问题。

(2) 气孔问题

焊缝金属产生气孔的根本原因,是熔池金属中的气体在冷凝过程中来不及逸出。由于 $CO_2$ 气体保护焊时,熔池表面没有熔渣覆盖,且 $CO_2$ 气流对焊缝能起一定的冷却作用,故熔池金属冷凝较快,增加了产生气孔的可能性。

对 $CO_2$ 气体保护焊过程来说,焊缝金属中的气孔可能由于下述三种情况造成。

1) 焊丝中脱氧元素含量不足。当焊丝金属中脱氧元素含量不足时,焊接过程中就会有较多的 FeO 溶于熔池金属中。随后在熔池冷凝时就会发生如下的化学反应,即

$$FeO + C \Longrightarrow Fe + CO\uparrow$$

当熔池金属冷凝过快时,生成的 CO 气体来不及完全从熔池逸出,从而成为 CO 气孔。通常这类气孔常出现在焊缝根部与表面,且多呈针尖状。

由此可见,为了防止生成 CO 气孔,对于焊丝的化学成分,就要求含碳量低和有足够数量的脱氧元素,以避免焊接过程中 Fe 被大量氧化,以及 FeO 和 C 在熔池中产生化学反应。

2) 气体保护作用不良。在 $CO_2$ 气体保护焊过程中,如果因工艺参数选择不当等原因而使保护作用变坏,或者 $CO_2$ 气体纯度不高,在电弧高温下空气中的氮会溶到熔池金属中。当熔池金属冷凝时,随着温度的降低,氮在液体金属中的溶解度降低,尤其是在结晶过程时,溶解度将急剧下降。这时从金属中析出的氮若来不及外逸,常会在焊缝表面出现蜂窝状气孔,或者以弥散形式的微气孔分布于焊缝金属中。这些气孔往往在抛光后检验或水压试验时才能被发现。

实践表明,要避免产生这种氮气孔,最主要的措施是应增强气体的保护效果,且选用的气体纯度要高。另外,选用含有固氮元素(如 Ti 和 Al)的焊丝,也有助于防止产生氮气孔。

3) 焊缝金属溶解了过量的氢。$CO_2$ 气体保护焊时,如果焊丝及焊件表面有铁锈、油污与水分,或者 $CO_2$ 气体中含有水分,则在电弧高温作用下这些物质会分解并产生氢。氢在高温下也易溶于熔池金属中。随后,当熔池冷凝结晶时,氢在金属中的溶解度急剧下降,若析出的氢来不及从熔池中逸出,就引起焊缝金属产生氢气孔。因此,为了防止氢气孔,在焊前应对焊件及焊丝进行清理,去除它们表面上的铁锈、油污、水分等。另外,还可对 $CO_2$ 气体进行提纯与干燥。

不过,由于 $CO_2$ 气体具有氧化性,氢和氧会化合,故出现氢气孔的可能性较小,所以 $CO_2$ 气体保护焊是一种公认的低氢焊接方法。

3. $CO_2$ 气体保护焊的飞溅问题

$CO_2$ 气体保护焊过程中金属飞溅损失约占焊丝熔化金属的 10%(质量分数)左右,严重时可达 30% ~ 40%(质量分数);在最佳情况下,飞溅损失可控制在 2% ~ 4%(质量分数)范围内。

(1)金属飞溅的有害影响

飞溅损失增大,会降低焊丝的熔敷系数,从而增加焊丝及电能的消耗,降低焊接生产率和

增加焊接成本。

飞溅金属粘着到导电嘴端面和喷嘴内壁上,会使送丝不畅而影响电弧稳定性,或者降低保护气的保护作用,恶化焊缝成形质量。此外,飞溅金属粘着到导电嘴、喷嘴、焊缝及焊件表面上,尚需在焊后进行清理,这就增加了焊接的辅助工时。

焊接过程中飞溅出的金属,还容易烧坏焊工的工作服,甚至烫伤焊工的皮肤,恶化劳动条件。

由于金属飞溅要引起上述问题,故如何减小和防止产生金属飞溅,一直是使用 $CO_2$ 气体保护焊时必须给予重视的问题。

(2) 产生金属飞溅的原因

$CO_2$ 气体保护焊金属飞溅问题之所以突出,和这种焊接方法的冶金特性及工艺特性有关。

1) 由冶金反应引起的飞溅。主要是由于焊接过程中熔滴和熔池中的碳被氧化生成了 CO 气体,随着温度升高,CO 气体体积膨胀,若从熔滴或熔池中外逸受到阻碍,就可能在局部范围爆破,从而产生大量的细颗粒飞溅金属。

2) 作用在焊丝电极斑点上的压力过大而引起飞溅。如用直流正极性长弧焊时,由于焊丝是阴极,受到的电极斑点压力较大,故焊丝易产生粗大的熔滴和被顶偏而产生非轴向过渡,从而出现大颗粒的飞溅金属。

3) 由于熔滴过渡不正常而引起飞溅。这类情况在短路过渡或大滴过渡时都会遇到。如短路过渡时,由于焊接电源的动特性选择与调节不当,而增大了飞溅金属。在长弧焊时,由于弧根面积小,焊丝末端熔滴受斑点压力、电磁力等作用被顶偏,除了产生非轴向大滴过渡外,往往还带有细颗粒的飞溅金属,如图 2.61 所示(自左向右为大滴过渡和金属飞溅的发展过程)。

4) 由于焊接规范参数选择不当而引起飞溅。$CO_2$ 气体保护焊过程中,随着电弧电压的升高,飞溅金属要增大,这是因为电弧电压升高,弧长变长,易引起焊丝末端的熔滴长大。在长弧焊(用大电流)时,熔滴易在焊丝末端产生无规则的晃动;而短弧焊(用小电流)时,将造成粗大的液体金属过桥,这些均引起金属飞溅增大。

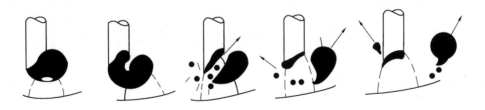

图 2.61 大滴过渡时产生飞溅金属的示意图

一般在长弧焊时,随着焊接电流的增大,过渡熔滴的尺寸变细,能减小飞溅。焊接电流增大,焊丝的熔敷率提高了,表明金属飞溅减小了。

(3) 减小飞溅的措施

从上面的分析可知,引起金属飞溅的因素很多,故要减小飞溅,需要根据实际情况进行具体分析,采取有针对性的解决措施。

一般说来,有下列一些措施可供考虑。

1) 选用合适的焊丝材料或保护气成分。

① 尽可能选用含碳量低的钢焊丝,以减少焊接过程中生成 CO 气体。实践表明,当焊丝中含碳量降低到 0.04%(质量分数)时,可大大减小飞溅。

② 采用药芯焊丝进行焊接。由于药芯焊丝的药芯中含有脱氧剂、稳弧剂及造渣剂等,造成气 - 渣联合保护,使焊接过程非常稳定,飞溅可显著减小。

③ 在长弧焊时采用 $CO_2 + Ar$ 的混合气作保护气。当 $w(Ar) > 60\%$ 时,可明显地使过渡熔滴的尺寸变细,甚至得到喷射过渡,改善了熔滴过渡特性,减小金属飞溅。

2) 在短路过渡焊接时,合理选择焊接电源特性并匹配合适的可调电感,以便当采用不同直径的焊丝焊接时均可调得合适的短路电流增长速度。

3) 一般应选用直流反极性进行焊接。若用正极性,为了减小飞溅,需要采用活化焊丝。

4) 当采用不同的熔滴过渡形式时,均要合理选定焊接规范参数,以获得最小的飞溅。

4. $CO_2$ 气体保护焊用的焊接材料

$CO_2$ 气体保护焊用的焊接材料,主要是指 $CO_2$ 气体和焊丝。本节仅从工艺角度介绍选用 $CO_2$ 气体和焊丝时应注意的问题。

(1) $CO_2$ 气体的选用

$CO_2$ 气体保护焊可以采用专门生产气体的工厂所提供的 $CO_2$ 气体,也可以采用食品加工厂的副产品——$CO_2$ 气体。选用气体应满足焊接对气体纯度的要求,其标准是:$\varphi(CO_2) > 99\%$,$\varphi(O_2) < 0.1\%$,$H_2O < 1 \sim 2 \ g/m^3$。焊接时对焊缝质量要求越高,则对 $CO_2$ 气体纯度要求也越高。气体纯度高,获得的焊缝金属塑性就好。

采用瓶装液态 $CO_2$ 供气时,为了减少瓶内的水分与空气,提高输出的 $CO_2$ 气体纯度,一般可采取下列措施。

1) 鉴于在温度高于 -11 ℃时,液态 $CO_2$ 比水轻,所以可把灌气后的气瓶倒立静置 $1 \sim 2 \ h$,以使瓶内处于自由状态的水分沉积于瓶口部,然后打开瓶口气阀,放水 $2 \sim 3$ 次即可。每次放水间隔时间约 30 min 左右。

2) 使用前,先打开瓶口气阀以放掉瓶内上部纯度低的气体,然后再套接输气管。

3) 在焊接气路系统中串接一个干燥器,以进一步减小 $CO_2$ 气体中的水分。

此外,在使用瓶装液态 $CO_2$ 时还应注意一点,即瓶内的高压气体经减压器减压而体积膨胀时要吸收大量的热,会使气体温度下降到零摄氏度以下,可能使 $CO_2$ 气体中的水分在减压器内结冰而堵塞气路,使供气不正常。为了消除这种现象,通常应将 $CO_2$ 气体在未减压前经过预热与干燥。预热采用电热器,由电阻丝加热,常用 36 V 的交流电,功率约 75 ~ 100 W。至于干燥剂,常选用硅胶或脱水硫酸铜,吸水后它们的颜色会发生改变,但经过加热烘干后又可重复使用。

（2）焊丝的选用

$CO_2$ 气体保护焊对焊丝的化学成分有专门要求。

1）焊丝必须含有足够数量的脱氧元素,以减小焊缝金属中的含氧量和防止产生气孔。

2）焊丝的含碳量要低,通常要求 $w(C) < 0.11\%$,这样可减少气孔与飞溅。

3）应保证焊成的焊缝金属具有满意的机械性能和抗裂性能。此外,当要求焊缝金属具有更高的抗气孔能力时,则希望焊丝还应含有固氮元素。

供低碳钢和低合金结构钢焊接用的焊丝,含碳量都较低,同时含有 Si、Mn 以及 Ti、Al、Cr、Mo 等合金元素。

5.细丝 $CO_2$ 气体保护焊工艺

细丝 $CO_2$ 气体保护焊目前在生产中应用较普遍,对其焊接工艺的一般要求和熔化极氩弧焊相似,故在本节中只着重讨论规范参数的选定问题。

$CO_2$ 气体保护焊的焊接规范参数主要有焊丝直径、焊接电源极性、焊接电流、电弧电压、焊接速度、焊丝外伸长度、直流回路电感值以及 $CO_2$ 气体流量等。目前,$CO_2$ 气体保护焊是用直流反极性电源,而焊丝直径则根据焊件厚度、施焊位置以及焊接生产率等要求来选定。实践表明,在确定电源极性和焊丝直径后,其他规范参数的选定与匹配合适与否,将对焊接过程的稳定性、焊缝成形质量等产生影响,必须予以注意。

（1）短路过渡选定规范参数对焊接过程稳定性的影响

在短路过渡焊接时,焊接过渡稳定性可用短路频率 $f_{DC}$ 来表示,短路频率越高,焊接过程越稳定。影响短路过渡频率的因素,除了焊接电源特性外,还与采用焊接规范参数有关。

1）焊接电流的影响。采用等速送丝方式时,焊接电流和送丝速度成正比关系,调节送丝速度就是调节焊接电流。因此,送丝速度对短路频率的影响,反映了焊接电流对短路频率的影响。图 2.62 是用缓降特性的硅整流电源(外特性曲线平均斜率为 3.3 V/100A),在一定工艺条件(焊件厚度2.5 mm,空载电压 23 V,焊接速度 40 m/h,$CO_2$ 气体流量 1 000 L/h)下测试出的送丝速度对短路频率的影响。可见送丝速度在 160 m/h 左右(如 B 区),$f_{DC}$ 值最高,焊接过程最稳定,焊缝成形良好,且飞溅小。当送丝速度较小时(如 A 区),$f_{DC}$ 值就降低。这是因为焊接电流小,焊丝熔化速度降低,使弧长拉长(弧压升高),延长了燃弧时间,焊丝末端熔滴易长大,故使短路频率降低并增大了飞溅。反之,若送丝速度过大(如 C 区),则弧长缩短,易使焊丝末端插入熔池造成固体短路,使电弧踏灭。若固体短路时间长,焊丝会大段爆断,严重飞溅,甚至出现断弧,破坏焊接过程的连续性。因此,焊接时应采用 B 区的送丝速度。

当采用不同直径的焊丝时,送丝速度与短路频率的关系,如图 2.63 所示。可见随着焊丝直径的减小,最佳短路频率的送丝速度就增大。这是因为焊丝直径细,焊丝熔化速度快,缩短了过渡周期,故最佳短路频率以及相应的送丝速度要增大。

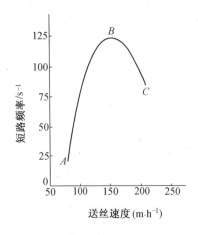

**图 2.62　送丝速度对短路频率的影响**
**焊丝直径—0.8 mm**

**图 2.63　不同直径焊丝的送丝速度和**
**短路频率的关系**

2) 电弧电压的影响。当采用调压式平特性或缓特性焊接电源时,可以用空载电压对短路频率的影响来表示电弧电压对短路频率的影响。图 2.64 是采用不同直径的焊丝,并固定其他工艺规范参数的条件下,测出的空载电压对短路频率的影响。

由图 2.64 可发现两个问题。

① 对应每一种直径的焊丝,都有一个最佳的空载电压值范围,这时短路频率高,焊接过程稳定。如果空载电压过低,弧长就要缩短,且短路电流值小,这样易出现固体短路现象,增长短路时间容易导致焊丝大段爆断,使短路频率下降,飞溅增大,焊接过程不稳定。反之,空载电压过高,弧长要增长,燃弧时间延长,焊丝末端熔滴变粗,也能引起短路频率降低,飞溅增大。

② 随着焊丝直径的增大,空载电压 – 短路频率的关系曲线向右移动。这表明在送丝不变的条件下,焊丝直径增大后,弧隙也增大,故电弧电压升高,最佳短路频率值降低了。

对于一种直径的焊丝,随着送丝速度的增大,其空载电压 – 短路频率的关系曲线也向右移动。图 2.65 是直径 1 mm 的焊丝在不同送丝速度下测出的空载电压 – 短路频率的关系曲线。从图可见,送丝速度提高以后,要求采用较高的空载电压,才能获得满意的过渡频率。因此,在短路过渡焊接时,要获得稳定的焊接过程,必须重视送丝速度(即焊接电流)和空载电压(即电弧电压)的匹配关系,而最佳送丝速度的选定,应以在空载电压 – 短路频率关系曲线上获得最高的短路频率为好。

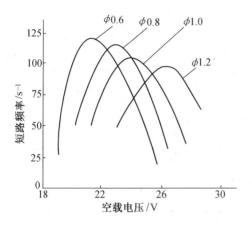

**图 2.64 焊丝直径不同时空载电压对短路频率的影响($v_S = 100\ \text{m/h}$)**

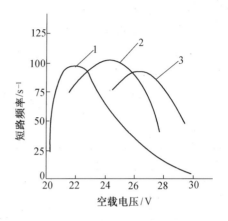

**图 2.65 送丝速度不同时空载电压对短路频率的影响**

1—$v_s = 110\ \text{m/h}$；2—$v_s = 200\ \text{m/h}$；

3—$v_s = 230\ \text{m/h}$

3）直流回路电感值的影响。试验表明,在其他工艺规范条件不变的情况下,直流回路的电感值对短路频率也有影响,如图 2.66 所示。从图可看出,电感值也有一个最佳范围,电感值过小,短路电流增长速度过快,焊接过程不稳定,小颗粒飞溅增多,短路频率也降低。反之,电感值过大,短路电流增长太慢,将延长短路时间,可能产生固体短路而引起大段爆断,也使焊接过程不稳定,飞溅增大,短路频率下降。另外,从该图还可看出,随着空载电压的提高,获得最佳短路频率的电感值要增大,且短路频率要降低。

4）焊丝外伸长度的影响。试验表明,不论焊丝直径粗细,增大焊丝外伸长度的结果总是降低短路频率。这是因为焊丝外伸长度增大以后,使焊丝熔化速度加快,增长电弧长度与燃弧时间,从而引起短路频率下降之故。如图 2.67 所示是焊丝的外伸长度对短路频率的影响。

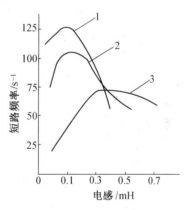

**图 2.66 直流回路电感值对短频率的影响($d_s = 0.8\ \text{mm}$)**

1—空载电压 21 V；2—空载电压 23 V；

3—空载电压 26 V

此外,当采用不同化学成分的焊丝时,由于材料的电、热物理性能不一样,获得的短路频率值也会有明显的差异。图 2.68 是两种不同成分焊丝的空载电压 – 短路频率关系曲线的比较,可见用不锈钢焊丝可获得较高的短路过渡频率。

（2）短路过渡 $CO_2$ 气体保护焊的焊接规范参数的选定

1）焊接电流和电弧电压的选定。一般可参照表 2.12 进行选定。表中数据说明,对于一定直径的焊丝,电弧电压范围较窄。因而当焊接电流值确定后,在试焊中应对电弧电压值进行仔细的调整,以求获得最佳的匹配。这两个参数也可参照图 2.69 加以选择。

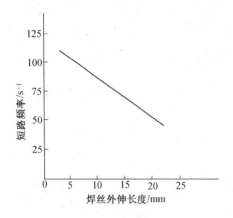

**图 2.67　焊丝外伸长度对短路频率的影响**
焊丝直径—0.8 mm

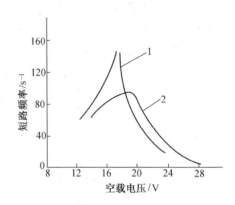

**图 2.68　不同成分焊丝的空载电压 – 短路频率关系曲线**
1—18 – 8 型不锈钢;2—低碳钢

**表 2.12　不同直径焊丝的焊接电流和电弧电压选用范围**

| 焊丝直径/mm | 焊接电流/A | 电弧电压/V |
| --- | --- | --- |
| 0.6 | 30 ~ 70 | 17 ~ 19 |
| 0.8 | 50 ~ 100 | 18 ~ 21 |
| 1.0 | 70 ~ 120 | 18 ~ 22 |
| 1.2 | 90 ~ 200 | 19 ~ 23 |
| 1.6 | 140 ~ 300 | 24 ~ 28 |

2) 焊接速度的选定。应针对焊件材料的性质与厚度来确定焊接速度。一般在半自动焊时,焊接速度应不超过 30 m/h,而在自动焊时则不超过 90 m/h。如果焊接速度过大,易引起未焊透、咬边等缺陷。

3) 焊丝外伸长度的选定。试验表明,焊丝的外伸长度可按下式选定。即

$$L_{\text{sh}} = 10\, d_{\text{s}}$$

式中　　$L_{\text{sh}}$——焊丝外伸长度(mm);

　　　　$d_{\text{s}}$——焊丝直径(mm)。

一般随着焊接电流的增大,焊丝外伸

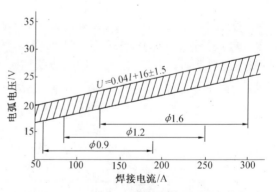

**图 2.69　细丝 $CO_2$ 气体保护焊的焊接电流和电弧电压匹配范围**

长度可适当加大些。

4) 直流回路电感值的选定。应根据焊丝直径、焊接电流和电弧电压来定。表 2.13 中介绍的数字可供参考。但是应注意,当用不同类型的焊接电源时,选用的电感值可能不一样,故应通过试焊进行确定。

**表 2.13　不同直径焊丝可选用的电感**

| 焊丝直径/mm | 0.6 | 0.8 | 1.0 | 1.2 |
|---|---|---|---|---|
| 电感/mH | 0.02 ~ 0.23 | 0.04 ~ 0.30 | 0.08 ~ 0.4 | 0.08 ~ 0.5 |

5) $CO_2$ 气体流量的选定。通常可选用 5 ~ 15 L/min。当焊接电流增大、焊接速度加快以及焊丝外伸长度增长时,应适当加大保护气流量。

6. 低飞溅 $CO_2$ 气体保护焊

(1) 表面张力过渡焊接电源

早在 20 世纪 70 年代后期,И.С.Линчук 就提出了有关短路过渡液相桥金属表面张力过渡理论。他认为在液相桥缩颈不断变细的过程中,存在着某个临界尺寸,达到该尺寸之前,表面张力阻碍小桥变细,而短路电流却起促进作用;一旦达到临界尺寸,表面张力则促进小桥破断,实现短路过渡。由此得到如下构想:液相桥达到临界尺寸以前,增加短路电流促进液相桥不断变细直至达到临界尺寸,达到临界尺寸以后立即降低短路电流至较低水平,以保证液相桥完全在表面张力下实现过渡。但是,直到 Elliott K Stava 在 1993 年开发出一种基于表面张力过渡理论的焊接电源,这一构想才最终变为现实。

表面张力过渡焊接电源不是传统意义上的恒流电源或恒压电源,而是一种高频电源。根据焊接过程的瞬时能量要求,引入焊炬与焊件间电压反馈机制,实现焊接电流微秒级瞬时精细调节。图 2.70 为该电源的工作原理。

1) 基值电流期($t_0 ~ t_1$)。基值电流稳定维持在 50 ~ 100 A 之间,以保证焊丝端部液态熔滴的流动性并加热焊件。

2) 成球期($t_1 ~ t_2$)。当弧压传感器检测到短路发生时,焊接电流瞬即降至 10 A,并维持大约 650 $\mu s$。此时在自身表面张力作用下形成的球状

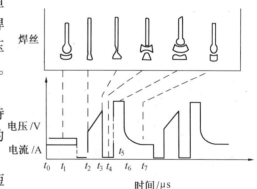

**图 2.70　$CO_2$ 表面张力过渡焊接电源的工作原理**

熔滴随后与熔池发生接触,发展成稳定的液相桥,同时防止因瞬时短路引起飞溅的产生。

3) 收缩期($t_2 \sim t_3$)。施加一个双上升斜率的电流脉冲,从而产生一个向内的径向压力使液相桥发生颈缩。(注意:此时由于铁在熔点时的高电阻率导致电压并不为 0)。

4) $dU/dt$ 检测期($t_2 \sim t_4$)。颈缩一发生,则使液相桥电流流过的面积减小,进一步促进颈缩。随着颈缩过程的发展,液相桥电阻不断增大,其电阻变化率 $dR/dt$ 以电压变化率 $dU/dt$ 表征(此时假定流过液相桥的电流不变)。而当液相桥即将发生破断时,电压变化率 $dU/dt$ 存在一个特征值。在这一期间内随时检测电压变化率 $dU/dt$,一旦检测到电压变化率的特征值,立即在数微秒内将焊接电流降至 50 A。图 2.70 中 $t_4$ 时刻表明液相桥破断已经发生。此后在 $t_4 \sim t_5$ 时间段,破断的液相桥金属将在表面张力作用下平稳进入熔池,实现低飞溅过渡。

5) 等离子流力提升期($t_5 \sim t_6$)。一旦液相桥破断发生,电流将很快上升到一个较大值以保证电弧快速可靠地再引燃,焊丝端部在这一大电流作用下很快浸润并发生回熔。同时,这一大电流产生的等离子流力一方面推动刚脱离焊丝端部的液相桥金属快速进入熔池,另一方面又作用于熔池表面迫使熔池表面下凹,以获得必要的弧长和避免过早短路的发生,同时保证良好的熔合。为避免过度能量输入导致的飞溅发生,该焊接电源采用一种缓和焊接电路将这一大电流作用时间严格控制在大约 $1 \sim 2~\mu s$ 内。此外,这种缓和焊接电路将在焊丝伸出长度发生变化时,仍然可以保证每个过渡周期的熔滴尺寸为焊丝直径的 1.2 倍左右,从而保证稳定的过渡频率和焊接过程稳定性。

6) 等离子流力缓降期($t_6 \sim t_7$)。焊接电流从等离子流力提升期较大电流值以对数函数形式降至基值电流,进入下一个过渡周期。这种电流衰减方式可以抑制因电流陡降引起的熔池振荡。

目前,美国林肯电气公司(The Lincoln Electric Co.)生产的表面张力过渡焊接电源已经面世,它可以有效地降低飞溅、烟尘并改善焊缝成形。但是采用电压传感信号作为短路过程信息来控制焊接电流的方法,则因准确提取电压传感信号的难度而影响了这种焊接电源的控制可靠性。另外,由于短路过程中焊丝的持续送进降低了表面张力对过渡过程的促进效果。

(2) 实时回抽送丝控制方法

针对前述表面张力过渡焊接方法存在的弊端,研究人员又提出了 $CO_2$ 气体保护焊实时回抽送丝短路过渡控制的焊接方法。其思想实质是:短路后实时回抽焊丝,使液相桥在维弧电流水平上依靠高速回抽焊丝施加的机械能柔顺破断,降低液相桥破断对短路电流的依赖,减少因短路电流作用产生的飞溅。此外,考虑到纯表面张力作用时液相桥失稳及破断速度与依赖短路电流作用时相比较慢,在焊丝高速回抽过程中施加适当宽度的电流脉冲,可以促进液相桥缩颈的形成和发展。目前该方法还处于实验室阶段,但随着焊接电源瞬时电流调节性能的提高以及相应送丝机构动态品质的改进,可望展现美好的应用前景。

## 2.4 电渣焊方法及工艺

**一、电渣焊过程特点、种类及适用范围**

电渣焊是利用电流通过液体熔渣产生的电阻热作为热源,将工件和填充金属熔合成焊缝的垂直位置的焊接方法(见图2.71)。渣池保护金属熔池不被空气污染,水冷成型滑块与工件端面构成空腔挡住熔池和渣池,保证熔池金属凝固成形。

1.电渣焊过程

电渣焊过程可分为三个阶段。

(1)引弧造渣阶段

开始电渣焊时,在电极和起焊槽之间引出电弧,将不断加入的固体焊剂熔化,在起焊槽、水冷成形滑块之间形成液体渣池,

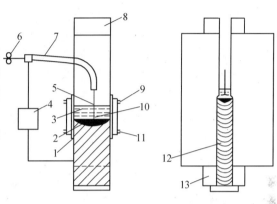

**图2.71 电渣焊过程示意图**

1—水冷成形滑块;2—金属熔池;3—渣池;4—焊接电源;5—焊丝;6—送丝轮;7—导电杆;8—引出板;9—出水管;10—金属熔滴;11—进水管;12—焊缝;13—起焊槽

当渣池达到一定深度后,使电弧熄灭,转入电渣过程。在引弧造渣阶段,电渣过程不够稳定,渣池温度不高,焊缝金属和母材熔合不好,因此焊后应将起焊部分割除。

(2)正常焊接阶段

当电渣过程稳定后,焊接电流通过渣池产生的热使渣池温度可达到 1 600 ~ 2 000 ℃。渣池将电极和被焊工件熔化,形成的钢水汇集在渣池下部,成为金属熔池。随着电极不断向渣池送进,金属熔池和其上的渣池逐渐上升,金属熔池的下部远离热源的液体金属逐渐凝固形成焊缝。

(3)引出阶段

在被焊工件上部装有引出板,以便将渣池和在停止焊接时往往易于产生缩孔和裂纹的那部分焊缝金属引出工件。在引出阶段,应逐步降低电流和电压,以减少产生缩孔和裂纹。焊后应将引出部分割除。

2.电渣焊特点

与其他熔化焊方法相比,电渣焊的特点如下。

1) 宜在垂直位置焊接。当焊缝中心线处于垂直位置时,电渣焊形成熔池及焊缝成形条件最好,故适合于垂直位置焊缝的焊接。也可用于倾斜焊缝(与地面垂直线的夹角小于30°)的焊接。因此焊缝金属中不易产生气孔及夹渣。

2) 厚件能一次焊成。由于整个渣池均处于高温下,热源体积大,故不论工件厚度多大都

可以不开坡口,只要有一定装配间隙便可一次焊接成形。生产率高,与开坡口的焊接方法(如埋弧焊)比,焊接材料消耗较少。

3)焊缝成形系数调节范围大。通过调节焊接电流和电压,可以在较大范围内调节焊缝成形系数,较易防止产生焊缝热裂纹。

4)渣池对被焊工件有较好的预热作用。焊接碳当量较高的金属不易出现淬硬组织,冷裂倾向较小,焊接中碳钢、低合金钢时均可不预热。

5)焊缝和热影响区晶粒粗大。焊缝和热影响区在高温停留时间长,易产生晶粒粗大和过热组织,焊接接头冲击韧性较低,一般焊后应进行正火和回火热处理。

3.电渣焊种类

根据采用电极的形状和是否固定,电渣焊方法主要有丝极电渣焊、熔嘴电渣焊(包括管极电渣焊)、板极电渣焊。

(1)丝极电渣焊

丝极电渣焊使用焊丝为电极,焊丝通过不熔化的导电嘴送入渣池。安装导电嘴的焊接机头随金属熔池的上升而向上移动,焊接较厚的工件时可以采用2根、3根或多根焊丝,还可使焊丝在接头间隙中往复摆动以获得较均匀的熔宽和熔深。这种焊接方法由于焊丝在接头间隙中的位置及焊接参数都容易调节,从而熔宽及熔深易于控制,故适合于环焊缝焊接、高碳钢、合金钢对接以及丁字接头的焊接。

但这种焊接方法的设备及操作较复杂。由于焊机位于焊缝一侧,只能在焊缝另一侧安设控制变形的定位铁,以致焊后会产生角变形。故在一般对接焊缝、丁字焊缝中较少采用。

(2)熔嘴电渣焊

其电极为固定在接头间隙中的熔嘴(由钢板和钢管点焊成)和由送丝机构不断向熔池中送进的焊丝构成。随焊接厚度的不同,熔嘴可以是单个的也可以是多个的,根据工件形状,熔嘴电极的形状可以是不规则的或规则的。

熔嘴电渣焊的设备简单,操作方便,目前已成为对接焊缝和丁字形焊缝的主要焊接方法。此外焊机体积小,焊接时,焊机位于焊缝上方,故适合于梁体等复杂结构的焊接。由于可采用多个熔嘴且熔嘴固定于接头间隙中,不易产生短路等故障,所以很适合于大截面结构的焊接。熔嘴可以做成各种曲线或曲面形状,以适合于曲线及曲面焊缝的焊接。

当被焊工件较薄时,熔嘴可简化为一根或两根管子,而在其外涂上涂料,因此也可称为管极电渣焊,它是熔嘴电渣焊的一个特例。

管极电渣焊的电极为固定在接头间隙中的涂料钢管和不断向渣池中送进的焊丝。因涂料有绝缘作用,故管极不会和工件短路,装配间隙可缩小,因而管极电渣焊可节省焊接材料和提高焊接生产率。由于薄板可只采用一根管极,操作方便,管极易于弯成各种曲线形状,故管极电渣焊多用于薄板及曲线焊缝的焊接。

此外,还可通过管极上的涂料适当地向焊缝中渗合金,这对细化焊缝晶粒有一定作用。

(3) 板极电渣焊

板极电渣焊的电极为板状,通过送进机构将板极不断向熔池中送进。板极可以是铸造的也可以是锻造的,板极电渣焊适于不宜拉成焊丝的合金钢材料的焊接和堆焊,目前多用于模具钢的堆焊、轧辊的堆焊等。

板极电渣焊的板极一般为焊缝长度的 4~5 倍,因此送进设备高大,焊接过程中板极在接头间隙中晃动,易于和工件短路,操作较复杂,因此一般不用于普通材料的焊接。

4.电渣焊的适用范围

电渣焊适用于焊接厚度较大的焊缝,难于采用自动埋弧焊或气电焊的某些曲线或曲面焊缝,由于现场施工或起重设备的限制必须在垂直位置焊接的焊缝,大面积的堆焊,某些焊接性差的金属如高碳钢、铸铁的焊接等。

**二、电渣焊焊接材料**

电渣焊所用的焊接材料包括电极(焊丝、熔嘴、板极、管极等)、焊剂及管极涂料。

1.电极

电渣焊焊缝金属的化学成分和力学性能主要是通过调整焊接材料的合金成分来加以控制。由于渣池温度较低,冶金反应缓慢而且焊剂用量很少,一般不通过焊剂向焊缝金属渗合金。在选择电渣焊电极时应考虑到母材对焊缝的稀释作用。

2.焊剂

电渣焊焊剂的主要作用与一般埋弧焊焊剂不同。电渣焊过程中当焊剂熔化成熔渣后,由于渣池具有相当的电阻而使电能转化成熔化填充金属和母材的热能,此热能还起到了预热工件,延长金属熔池存在时间和使焊缝金属缓冷的作用。但不像埋弧焊用焊剂那样还具有对焊缝金属渗合金的作用。电渣焊用焊剂必须能迅速和容易地形成电渣过程并能保证电渣过程的稳定性。为此,必须提高液态熔渣的导电性。但熔渣的导电性也不能过高,否则将增加焊丝周围的电流分流而减弱高温区内液流的对流作用,使焊件熔宽减小,以致产生未焊透。另外液体熔渣应具有适当的粘度,熔渣太稠将在焊缝金属中产生夹渣和咬肉现象,熔渣太稀则会使熔渣从工件边缘与滑块之间的缝隙中流失,严重时会破坏焊接过程而导致焊接中断。

电渣焊焊剂一般由硅、锰、钛、钙、镁和铝的复合氧化物组成,由于焊剂用量仅为熔敷金属的 1%~5%(质量分数),故在电渣焊过程中不要求焊剂向焊缝渗合金。

目前,国内生产的最常用的电渣焊专用焊剂为 HJ360。与 HJ431 相比,HJ360 由于适当提高了 $CaF_2$ 和降低了 $SiO_2$ 含量,故可使熔渣的导电性和电渣过程的稳定性得到改善。HJ170 也作为电渣焊专用焊剂,由于它含有大量 $TiO_2$,使焊剂在固态下具有电子导电性(俗称导电焊剂),在电渣焊造渣阶段,可利用这种固体导电焊剂的电阻热使自身加热熔化而完成造渣过程。当建立渣池后再根据需要添加其他焊剂。除上述两种电渣焊专用焊剂外,HJ431 也被广泛用于电渣焊接。

**3.管极涂料**

管状焊条外表涂有 $2 \sim 3$ mm 厚的管极涂料。管极涂料应具有一定的绝缘性能以防管极与工件发生电接触,且熔入熔池后应能保证稳定的电渣过程。管状焊条的制造方法与焊条电弧焊条相同,可以用机压,也可手沾。管极涂料与钢管应具有良好的粘着力,以防在焊接过程由于管极受热而脱落。

为了细化晶粒,提高焊缝金属的综合力学性能,在涂料中可适当加入合金元素(锰、硅、钼、钛、钒等),加入量可根据工件材料与所采用的焊丝成分而定。

### 三、焊接工艺参数

电渣焊的焊接电流 $I$、焊接电压 $U$、渣池深度 $H$ 和装配间隙 $C$ 直接决定电渣焊过程稳定性、焊接接头质量、焊接生产率及焊接成本,这些参数称为主要工艺参数。

在电渣焊过程中,焊接电流 $I$ 和焊丝送进速度成严格的正比关系(见图 2.72)。由于焊接电流波动幅度较大,在给定工艺参数时,常给出焊丝送进速度以代替焊接电流。

一般工艺参数有焊丝直径 $d$(或熔嘴板厚度及宽度),焊丝根数 $n$(熔嘴或管极的数量),对于丝极电渣焊还有焊丝干伸长度、焊丝摆动速度及其在水冷成形滑块附近的停留时间和距水冷成形滑块距离等。这些参数中除焊丝直径 $d$、焊丝根数 $n$ 对焊接生产率,焊丝距水冷成形滑块距离对焊透及焊缝外观成形有较大影响外,其余参数影响不大。

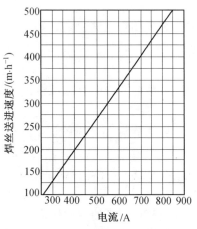

图 2.72 焊丝送进速度和电流的关系

选择电渣焊工艺参数时,首先应保证电渣过程稳定性及确保焊接接头质量,在此前提下适当考虑提高生产率。选择参数的步骤如下。

(1) 确定装配间隙

根据接头型式、焊接厚度确定。

(2) 确定焊丝给进速度

根据以下公式进行计算:

丝极电渣焊 
$$v_f \approx \frac{0.14\delta(C_0 - 4)v_w}{n}$$

熔嘴电渣焊 
$$v_f \approx \frac{0.11\delta(C_0 - 4)v_w}{n}$$

管极电渣焊 
$$v_f \approx \frac{0.13\delta(C_0 - 4)v_w}{n}$$

式中　$v_f$——焊丝送进速度(m/h);

　　　$v_w$——焊接速度(m/h);

$\delta$——工件厚度(焊接处)(mm);

$C_0$——装配间隙(mm);

$n$——焊丝数量(根)。

(3) 确定焊接电压

根据电渣焊生产实践的经验,保证工件能良好的焊透,有稳定电渣过程的焊接电压与接头型式有关。此外,不管采用一根焊丝或者多根焊丝,焊接电压和每根焊丝所焊接的厚度有关。一般情况下,焊接电压在 38 ~ 58 V 之间。随着焊接速度和丝极电渣焊每根焊丝所焊的厚度、熔嘴电渣焊熔嘴焊丝中心距、管极电渣焊每根焊丝所焊的厚度的增加,焊接电压增加。

(4) 确定渣池深度

根据焊丝送进速度确定保持电渣过程稳定的渣池深度,见表 2.14。

表 2.14 渣池深度与送丝速度的关系

| 焊丝送进速度/(m·h⁻¹) | 60 ~ 100 | 100 ~ 150 | 150 ~ 200 | 200 ~ 250 | 250 ~ 300 | 300 ~ 450 |
|---|---|---|---|---|---|---|
| 渣池深度/mm | 30 ~ 40 | 40 ~ 45 | 45 ~ 55 | 55 ~ 60 | 60 ~ 70 | 65 ~ 75 |

# 2.5 等离子弧焊方法及工艺

等离子弧是一种压缩电弧。由于弧柱断面被压缩得较小,因而能量集中(能量密度可达 $10^5 \sim 10^6$ W/cm²,而自由状态钨极氩弧能量密度在 $10^5$ W/cm² 以下),温度高(弧柱中心温度 18 000 ~ 24 000 K)、焰流速度大(可达 300 m/s 以上)。这些特性使得等离子弧不仅被广泛用于焊接、喷涂、堆焊,而且可用于金属和非金属的切割。本章只介绍等离子弧的焊接。

**一、等离子弧的形成及等离子弧的类型**

1.等离子弧的形成

等离子弧是通过以下三种压缩作用获得的。

1) 机械压缩。利用水冷喷嘴孔道限制弧柱直径,来提高弧柱的能量密度和温度。

2) 热收缩。由于水冷喷嘴温度较低。从而在喷嘴内壁建立起一层冷气膜。迫使弧柱导电断面进一步减小,电流密度进一步提高。弧柱这种收缩谓之热收缩,也可叫做热压缩。

3) 磁收缩。弧柱电流本身产生的磁场对弧柱有压缩作用(即磁收缩效应)。电流密度越大,磁收缩作用越强。

2.等离子弧的类型

按电源连接方式,等离子弧有非转移型、转移型和联合型三种形式。

(1) 非转移型等离子弧

钨极接电源负端,喷嘴接电源正端,等离子弧体产生在钨极与喷嘴之间,在离子气流压送下,弧焰从喷嘴中喷出,形成等离子焰,如图 2.73(a)所示。

（2）转移型等离子弧

钨极接电源负端,工件接电源正端,等离子弧体产生于钨极与工件之间,如图 2.73(b)所示。转移弧难以直接形成,必须先引燃非转移弧,然后才能过渡到转移弧。金属焊接、切割几乎都是采用转移型弧,因为转移弧能把更多的热量传递给工件。

（3）联合型等离子弧

工作时假如非转移弧和转移弧同时并存,则称之谓联合型等离子弧。主要用于微束等离子弧焊和粉末堆焊等方面,如图 2.73(c)所示。

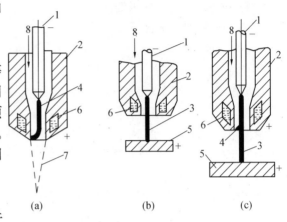

图 2.73　等离子弧的类型

1—钨极；2—喷嘴；3—转移弧；4—非转移弧；5—工件；6—冷却水；7—弧焰；8—离子气

## 二、等离子弧焊

1.等离子弧焊基本方法

按焊缝成形原理,等离子弧焊有三种基本方法。小孔型等离子弧焊、熔透型等离子弧焊和微束等离子弧焊。

（1）小孔型等离子弧焊

小孔型焊又称穿孔、锁孔或穿透焊,焊缝成形原理如图 2.74 所示。利用等离子弧能量密度大和等离子流力大的特点,将工件完全熔透并产生一个贯穿工件的小孔。被熔化的金属在电弧吹力、液体金属重力与表面张力相互作用下保持平衡。焊枪前进时,小孔在电弧后方锁闭,形成完全熔透的焊缝。

穿孔效应只有在足够的能量密度条件下才能形成。板厚增加所需能量密度也增加。由于等离子弧能量密度的提高有一定限制,因此小孔型等离子弧焊只能在有限板厚内进行,见表 2.15。

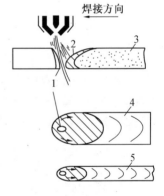

图 2.74　小孔型等离子弧焊焊缝成形原理

1—小孔；2—熔池；3—焊缝；4—焊缝正面；5—焊缝反面

表 2.15　一次焊透的厚度

| 材料 | 不锈钢 | 钛及钛合金 | 镍及镍合金 | 低合金钢 | 低碳钢 |
|---|---|---|---|---|---|
| 焊接厚度范围/mm | ≤8 | ≤12 | ≤6 | ≤7 | ≤8 |

注:不加衬垫,单面焊双面成形。

（2）熔透型等离子弧焊

当离子气流量较小，弧柱压缩程度较弱时，这种等离子弧在焊接过程中只熔化工件而不产生小孔效应。焊缝成形原理和钨极氩弧焊类似，谓之熔透型、熔入型或熔融法等离子弧焊。主要用于薄板单面焊双面成形及厚板的多层焊。

（3）微束等离子弧焊

30 A 以下熔透型焊接通常称为微束等离子弧焊。采用小孔径压缩喷嘴（$\phi 0.6$ mm ~ $\phi 1.2$ mm）及联合型弧。微束等离子弧又称针状等离子弧，焊接电流小至 1 A 以下仍有较好的稳定性（喷嘴至工件的距离可达 2 mm 以上），能够焊接细丝和箔材。

2.适用范围

等离子弧焊与钨极氩弧焊类似，可手工焊也可自动焊，可加填充金属也可不加填充金属。

等离子弧焊可以焊接碳钢、不锈钢、铜合金、镍合金以及钛合金等。不开坡口对接，能一次焊透的厚度见表 2.15。

当金属厚度超过 8 ~ 9 mm 后，从费用上考虑不宜采用等离子弧焊。对于质量要求较高的厚板焊缝（尤其是单面焊双面成形），可用等离子弧焊封底，然后采用熔敷效率更高、更经济的焊接方法焊完其余各层焊缝。

对于不锈钢，等离子弧焊的最薄工件为 0.025 mm。

熔点和沸点低的金属像铅和锌，不适合用等离子弧焊。

等离子弧焊和钨极氩弧焊相比，有以下优点。

1）由于电弧能量集中和温度高，对于大多数金属在一定厚度范围内（见表 2.15）都能获得小孔效应，利用这种效应可得到充分熔透，反面成形均匀的焊缝。

2）电弧挺直性好。以焊接电流 10 A 为例，等离子弧焊喷嘴高度（喷嘴到工件表面的距离）达 6.4 mm 时，弧柱仍较挺直，而钨极氩弧焊的弧长仅能采用 0.6 mm（弧长大于 0.6 mm 后稳定性变差）。钨极氩弧的扩散角约 45°，呈圆锥形，工件上的加热面积与弧长成平方关系，只要电弧长度有很小变化将引起单位面积上输入热量的较大变化。而等离子弧的扩散角仅 5°左右，基本上是圆柱形，弧长变化对工件上的加热面积和电流密度影响比较小。所以等离子弧焊弧长变化对焊缝成形的影响不明显。

3）焊接速度比钨极氩弧焊的快（特别是厚度大于 3.2 mm 的材料）。

4）由于等离子弧焊炬的钨极内缩在喷嘴之内，电极不可能与工件相接触，因而没有焊缝夹钨问题。

5）能够焊接更细更薄的零件。目前低至 0.1 A 电流的等离子弧焊接设备已在生产上应用。

与钨极氩弧焊相比，等离子弧焊的主要缺点。

1）焊炬、电源及电气控制线路等较复杂，设备费用一般是氩弧焊的 2 ~ 5 倍。

2）工艺参数的调节匹配较复杂，对喷嘴构造、钨极安装等要求较高。

3）喷嘴寿命较短。

3.等离子弧焊设备

（1）等离子弧焊设备的组成

和钨极氩弧焊一样，按操作方式分类，等离子弧焊接设备可分为手工焊和自动焊两类。手工焊设备由焊接电源、焊枪、控制电路、气路和水路等部分组成；自动焊设备则由焊接电源、焊枪、焊接小车（或转动夹具）、控制电路、气路及水路等部分组成。

按照焊接电流的大小分类，等离子弧焊接设备又可分为大电流等离子弧焊接设备和微束等离子弧焊接设备两类。

图2.75及图2.76分别为大电流等离子弧和微束等离子弧焊接系统示意图。

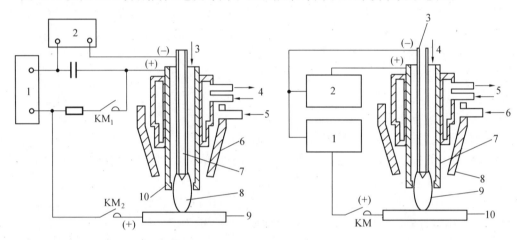

图2.75　大电流等离子弧焊接系统示意图

1—焊接电源；2—高频振荡器；3—离子气；4—冷却水；5—保护气；6—保护气罩；7—钨极；8—等离子弧；9—工件；10—喷嘴；$KM_1$、$KM_2$—接触器触头

图2.76　微束等离子弧焊接系统示意图

1—焊接电源；2—维弧电源；3—钨极；4—离子气；5—冷却水；6—保护气；7—喷嘴；8—保护气罩；9—等离子弧；10—工件；KM—接触器触头

（2）焊接电源

具有下降或垂降特性的电源都可供等离子弧焊接使用。用纯 Ar 或含 $H_2$ 量达 7%（体积分数）的 $Ar + H_2$ 混合气体作离子气时，电源空载电压只需 65 ~ 80 V。但如果用纯 He 或含 $H_2$ 量大于7%（体积分数）的 $Ar + H_2$ 混合气体，为了可靠地引弧则需要采用较高的空载电压。

大电流等离子弧大都采用转移型。先在钨极与喷嘴间引燃非转移弧，然后再在钨极与工件间建立转移弧，转移弧产生后随即切除非转移弧，如图2.75所示，用串联电阻法获得非转移弧所需要的低电流，因此转移弧和非转移弧可合用一个电源。

30 A 以下的微束等离子弧焊都是采用联合型弧，由于焊接过程中需同时保持非转移弧和转移弧，故要采用两个独立的电源，如图2.76所示。

(3) 等离子弧引燃装置

使用大电流焊枪时,如图 2.75 所示,可在焊接回路中叠加一个高频振荡器(或小功率高压脉冲装置)。依靠高频火花(或高压脉冲)在钨极与喷嘴之间引燃非转移弧(引弧时图中 $KM_1$ 闭合,$KM_2$ 断开)。

使用微束等离子弧焊枪有两种引燃非转移弧方法。一种是借助焊枪上的电极移动机构(弹簧移动机构或螺钉调节机构)向前推进电极,直至电极尖端与压缩喷嘴相接触,然后回抽电极引燃非转移弧。另一种引弧方法如同使用大电流焊枪一样采用高频振荡器。

(4) 焊枪

等离子弧焊枪的主要组成部分及术语如图 2.77 所示。

1) 压缩喷嘴。压缩喷嘴是等离子弧焊枪的关键部分。压缩喷嘴的结构类型和尺寸对等离子弧性能起决定性作用。压缩喷嘴有两个主要尺寸,喷嘴孔径 $d_n$ 及孔道长度 $l_0$。

图 2.77 等离子弧焊枪的术语

$d_n$—喷嘴孔径;$l_0$—喷嘴孔道长度;$l_r$—钨极内缩长度;$l_w$—喷嘴至工件距离;1—工件;2—保护气;3—离子气;4—钨极;5—压缩喷嘴;6—保护气罩

① 喷嘴孔径 $d_n$。孔径 $d_n$ 将决定等离子弧的直径和能量密度,应根据电流和离子气流量来决定。对于给定的电流和离子气流量,$d_n$ 越大压缩作用越小,如 $d_n$ 过大,就无压缩效果了。但 $d_n$ 也不能过小,$d_n$ 过小则会引起双弧,破坏等离子弧的稳定性。表 2.16 列出了等离子弧电弧与喷嘴孔径 $d_n$ 之间的关系。

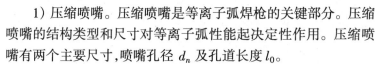

表 2.16 等离子弧电流与喷嘴孔径间的关系

| 喷嘴孔径 $d_n$/mm | 等离子弧电流/A | 离子(Ar)气流量/$(L \cdot min^{-1})$ |
|---|---|---|
| 0.8 | 1 ~ 25 | 0.24 |
| 1.6 | 20 ~ 75 | 0.47 |
| 2.1 | 40 ~ 100 | 0.94 |
| 2.5 | 100 ~ 200 | 1.89 |
| 3.2 | 150 ~ 300 | 2.36 |
| 4.8 | 200 ~ 500 | 2.83 |

② 喷嘴孔道长度 $l_0$。孔道直径 $d_n$ 确定后,$l_0$ 增大则对等离子弧的压缩作用增大,常以 $l_0/d_n$ 表示喷嘴孔道压缩特征,称孔道比。孔道比超过一定值会导致双弧的产生。孔道比推荐值见表 2.17。

表 2.17 喷嘴孔道比

| 喷嘴孔径 $d_n$/mm | 孔道比 $l_0/d_n$ | 压缩角 $\alpha$ | 等离子弧类型 |
|---|---|---|---|
| 0.6 ~ 1.2 | 2.0 ~ 6.0 | 25° ~ 45° | 联合弧 |
| 1.6 ~ 3.5 | 1.0 ~ 1.2 | 60° ~ 90° | 转移弧 |

③ 喷嘴结构类型。等离子弧焊常用压缩喷嘴结构类型如图 2.78 所示。图中(a)和(b)喷嘴,其压缩孔道为圆柱形,在等离子弧焊中应用最广。(c)、(d)及(e)喷嘴,其压缩孔道为收敛扩散形,减弱了对等离子弧的压缩作用。但这种喷嘴可以采用更大的焊接电流而不产生(或很少产生)双弧。所以收敛扩散型喷嘴适用于大电流、厚板焊接。图(b)、(d)、(e)均有大小孔共三个,属三孔型喷嘴。

三孔型喷嘴除了中心主孔外,其左右各有一个对称的小孔。从这两个小孔喷出的离子气流可将等离子弧产生的圆形热场变成椭圆形。当椭圆形热场的长轴平行于焊接方向时,可以提高焊接速度和减小焊缝热影响区宽度。以圆柱形压缩喷嘴为例,三孔喷嘴比单孔喷嘴能提高焊接速度 30% ~ 50%(小孔焊接法)。例如在相同规范下(电流 180 A,离子气流量 7 L/min,保护气体流量 16 L/min),焊接厚度 3.2 mm 不锈钢 I 形坡口对接接头,采用单孔喷嘴的最大焊速为 30.5 cm/min;而采用三孔喷嘴则提高到 46.7 cm/min。

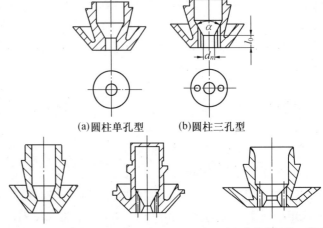

(a)圆柱单孔型　　(b)圆柱三孔型

(c)收敛扩散单孔型　(d)收敛扩散三孔型 (e)有压缩段的收敛扩散三孔型

**图 2.78　等离子弧焊常用的喷嘴结构类型**

$d_n$—喷嘴孔道直径;$l_0$—喷嘴孔道长度;$\alpha$—压缩角

④ 压缩角 $\alpha$。压缩角 $\alpha$ 对等离子弧的压缩影响不大,特别是当离子气流量及 $l_0/d_n$ 较小时,$\alpha = 30° \sim 160°$ 都可以用,但要考虑与电极端部形状的配合,通常为 $60° \sim 90°$,$60°$ 应用较多。

⑤ 喷嘴材料及冷却。喷嘴材料一般选用紫铜。大功率喷嘴必须采用直接水冷,为提高冷却效果,喷嘴壁厚一般不宜大于 $2 \sim 2.5$ mm。

2)电极。

① 电极材料。等离子弧焊枪所采用的电极与钨极氩弧焊相同。目前国内主要采用钍钨或铈钨电极。国外除此之外还采用锆钨电极,其中 $w(Zr) = 0.15\% \sim 0.40\%$。

② 端部形状。为了便于引弧和提高电弧稳定性,电极端部要磨成 $20° \sim 60°$ 的夹角。顶端为尖状或者稍为磨平。电流大、直径大的常磨成圆台形。圆台尖锥形、锥球形、球形等以减慢烧损,如图 2.79 所示。

③ 内缩和同心度。由电极安装位置所确定的电极内缩长度 $l_r$,是一个对等离子弧有很大影响的参数。$l_r$ 增大,压缩程度提高,但 $l_r$ 过大会引起双弧。一般等离子弧焊枪取 $l_r = l_0 \pm$

0.2 mm。

电极与喷嘴的同心度也是一个很重要的参数。电极偏心将使等离子弧偏斜,影响焊缝成形并且是造成双弧的一个主要原因。同心度可根据电极和喷嘴之间的高频火花在电极四周分布情况来检查(见图2.80),一般焊接时要求高频火花布满圆周75%~80%以上。

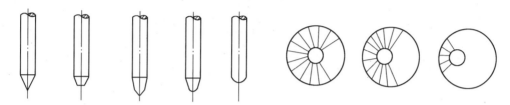

(a)尖锥形 (b)圆台型 (c)圆台尖锥形(d)锥球形 (e)球形

图2.79 电极端部形状

图2.80 电极同心度及高频火花在
电极四周分布情况

等离子弧焊枪比钨极氩弧焊枪复杂,焊枪中有固定钨极的装置(通过这个装置将电流传导到钨极上而且能使钨极和压缩喷嘴精确地对中)、离子气和保护气体各自的通道、水冷压缩喷嘴及保护气罩等。

自动等离子弧焊枪的结构和焊条电弧焊枪类似。大电流等离子弧焊枪的压缩喷嘴采用直接水冷;微束等离子弧焊枪的压缩喷嘴一般为间接水冷。

### 三、等离子弧焊工艺

#### 1.接头形式

用于等离子弧焊接的通用接头形式为I形坡口、单面V形和U形坡口以及双面V形和U形坡口。这些坡口形式用于从一侧或两侧进行对接接头的单道焊或多道焊。除对接接头外,等离子弧焊也适合于焊接角焊缝和T形接头,而且具有良好的熔透性。

厚度大于1.6 mm但小于表2.15所列厚度值的工件,可不开坡口,采用小孔法单面一次焊成。

对于厚度较大的工件,需要开坡口对接焊时,与钨极氩弧焊相比,可采用较大的钝边和较小的坡口角度。第一道焊缝采用小孔法焊接,填充焊道则采用熔透法完成。

焊件厚度如果在0.05~1.6 mm之间,通常使用熔透法焊接。厚度小于0.25 mm,对接接头则需要卷边。

#### 2.小孔型焊接的起弧

板厚小于3 mm的纵缝和环缝,可直接在焊件上起弧,建立小孔的地方一般不会产生缺陷。但厚度较大时,由于焊接电流较大,起弧处容易产生气孔、下凹等缺陷。对于纵缝,可采用引弧板来解决这个问题,即先在引弧板上挖掘小孔,然后再过渡到工件上去。但环缝无法用引弧板,必须采用焊接电流、离子气流量斜率递增控制法在工件上起弧。电流及离子气流量变化过程如图 2.81 所示。这样起弧,从母材开始熔化到形成小孔,能形成一个圆滑的过渡。

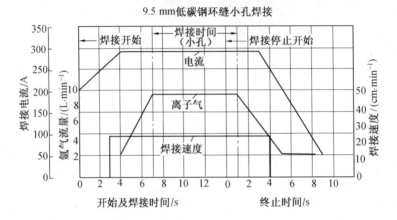

9.5 mm低碳钢环缝小孔焊接

**图 2.81 厚板环焊缝小孔型焊接电流及离子气流量斜率控制曲线**

3.小孔型焊接的终止

厚板纵缝,用引出板将小孔闭合在引出板上。厚板环缝则如同起弧一样,采取斜率递减控制法,逐渐减小电流和离子气流量来闭合小孔。电流和离子气流量变化过程如图 2.81 所示。

4.等离子弧焊的双弧问题

在采用转移弧时,由于某些原因,有时除了在钨极和工件之间燃烧的等离子弧外,还会另外产生一个在钨极 – 喷嘴 – 工件之间燃烧的串列电弧,这种现象谓之双弧,如图 2.82 所示。

双弧形成后,主弧电流降低,正常的焊接或切割过程被破坏,严重时将导致喷嘴烧毁。

5.防止产生双弧的措施

1)正确选择电流和离子气流量。

2)喷嘴孔道不要太长。

3)电极和喷嘴应尽可能对中。

4)电极内缩量不要太大。

5)喷嘴至工件的距离不要太近。

6)加强对喷嘴和电极的冷却。

7)减少转弧时的冲击电流。

6.等离子弧焊气体选择

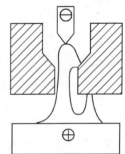

**图 2.82 双弧现象**

等离子弧焊时,除向焊枪压缩喷嘴输送离子气外,还要向焊枪保护气罩输送保护气体,以充分保护焊接熔池不受大气污染。

应用最广的离子气是 Ar,适用于所有金属。为了增加输入工件的热量,提高焊接生产率以及改善接头质量,针对不同金属,可在 Ar 中分别加入 $H_2$、He 等气体。例如焊接不锈钢和镍合金,在 Ar 中加入 $\varphi(H_2) = 5\% \sim 7.5\%$(含 $H_2$ 量过多,会引起气孔或裂纹。小孔法焊接时,焊薄工件,混合气体中允许的含 $H_2$ 量可比焊厚工件略高些)。焊接钛及钛合金,则在 Ar 中加入 $\varphi(He) = 50\% \sim 75\%$。焊接铜,甚至可采用 $\varphi(He) = 100\%$。

大电流等离子弧焊,离子气和保护气体相同。如果两者成分不同,将影响等离子弧的稳定性。

小电流等离子弧焊,一律采用 Ar 作离子气。这样非转移弧容易引燃和燃烧稳定。至于保护气体,其成分可以和离子气相同,也可以不同。有时在焊接低碳钢和低合金钢这类金属时,可采用 $Ar + CO_2$ 作保护气体,$\varphi(CO_2) = 5\% \sim 20\%$,加入 $CO_2$ 后有利于消除焊缝内气孔,并能改善焊缝表面成形,但不宜加入过多,否则熔池下塌,飞溅增加。

7.焊接工艺参数

小孔型等离子弧焊接时,焊接过程中确保小孔的稳定,是获得优质焊缝的前提。影响小孔稳定性的主要工艺参数有离子气流量、焊接电流及焊接速度,其次为喷嘴距离和保护气体流量等。

(1)离子气流量

离子气流量增加,可使等离子流力和熔透能力增大。在其他条件不变时,为了形成小孔,必须要有足够的离子气流量。但是离子气流量过大也不好,会使小孔直径过大而不能保证焊缝成形。喷嘴孔径确定后,离子气流量大小视焊接电流和焊接速度而定,亦即离子气流量、焊接电流和焊接速度这三者之间要有适当的匹配。

(2)焊接电流

焊接电流增加,等离子弧穿透能力增加。和其他电弧焊方法一样,焊接电流总是根据板厚或熔透要求来选定的。电流过小,不能形成小孔;电流过大,又将因小孔直径过大而使熔池金属坠落。此外,电流过大还可能引起双弧现象。为此,在喷嘴结构确定后,为了获得稳定的小孔焊接过程,焊接电流只能被限定在某一个合适的范围内,而且这个范围与离子气的流量有关。图 2.83(a)为喷嘴结构,板厚和其他工艺参数给定时,用实验方法在 8 mm 厚不锈钢板上测定的小孔型焊接电流和离子气流量的匹配关系。收敛扩散型喷嘴降低了喷嘴压缩程度,因而扩大了电流范围,即在较高的电流下也不会出现双弧。由于电流上限的提高,因此采用这种喷嘴可提高工件厚度和焊接速度。

(3)焊接速度

焊接速度也是影响小孔效应的一个重要工艺参数。其他条件一定时,焊速增加,焊缝热输入减小,小孔直径亦随之减小,最后消失。反之,如果焊速太低,母材过热,背面焊缝会出现下陷甚至熔池泄漏等缺陷。焊接速度的确定,取决于离子气流量和焊接电流。这三个工艺参数的相互匹配关系如图 2.83(b)所示。由图可见,为了获得平滑的小孔焊接焊缝,随着焊速的提高。必须同时提高焊接电流。如果焊接电流一定,增大离子气流量就要增大焊速。若焊速一定时,增加离子气流量应相应减小电流。

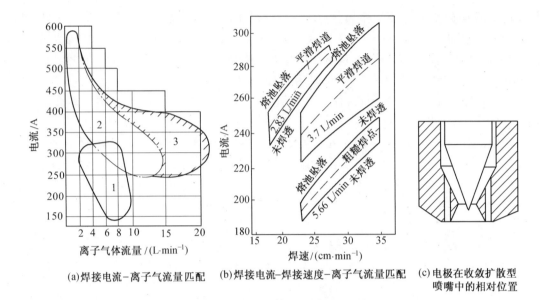

（a）焊接电流-离子气流量匹配　　（b）焊接电流-焊接速度-离子气流量匹配　　（c）电极在收敛扩散型喷嘴中的相对位置

**图2.83　小孔型焊接工艺参数匹配**

1—圆柱型喷嘴；2—三孔收敛扩散喷嘴；3—加填充金属可消除咬肉的区域

（4）喷嘴距离

距离过大，熔透能力降低；距离过小则造成喷嘴被飞溅物粘污。一般取 3～8 mm，和钨极氩弧焊相比，喷嘴距离变化对焊接质量的影响不太敏感。

（5）保护气体流量

保护气体流量应与离子气流量有一个适当的比例，比例不当会导致气流的紊乱，将影响电弧稳定性和保护效果。小孔型焊接保护气体流量一般在 15～30 L/min 范围内。

熔透型等离子弧焊的工艺参数项目和小孔型等离子弧焊基本相同。工件熔化和焊缝成形过程则和钨极氩弧焊相似。中、小电流（0.2～100 A）熔透型等离子弧焊通常采用联合型弧。由于非转移弧（维弧）的存在，使得主弧在很小电流下（1 A 以下）也能稳定燃烧。维弧的阳极斑点位于喷嘴孔壁上，维弧电流过大容易损坏喷嘴，一般选用 2～5 A。

小孔型、熔透型等离子弧焊也可以采用脉冲电流焊接，借以控制全位置焊接时的焊缝成形，减小热影响区宽度和焊接变形。脉冲频率在 15 Hz 以下，脉冲电源结构形式基本上和钨极脉冲氩弧焊的相似。


**四、焊接缺陷**

等离子弧焊常见特征缺陷有咬边、气孔等。

1.咬边

不加填充丝时最易出现咬边，产生咬边的原因如下。

1）离子气流量过大,电流过大及焊速过高。

2）焊枪向一侧倾斜。

3）装配错边,坡口两侧边缘高低不平,则高位置一边咬边。

4）电极与压缩喷嘴不同心。

5）采用多孔喷嘴时,两侧辅助孔位置偏斜。

6）焊接磁性材料时,电缆连接位置不当,导致磁偏吹,造成单边咬边。

2. 气孔

等离子弧焊的气孔常见于焊缝根部。引起气孔的原因如下。

1）焊接速度过高。在一定的焊接电流、电压下,焊接速度过高会引起气孔。小孔焊接时甚至产生贯穿焊缝方向的长气孔。

2）其他条件一定,电弧电压过高。

3）填充丝送进速度太快。

4）起弧和收弧处工艺参数配合不当。

**五、铝合金穿孔型等离子弧立焊**

受常规焊接方法的思维惯性影响,早期穿孔型等离子弧焊是以平焊形式出现的。人们在长期的实践过程中逐渐发现,立焊方式不仅可以使焊件可焊厚度增加,更重要的是使焊缝成形稳定性有显著提高。因此,立焊位置焊接工艺的采用(见图 2.84),使铝合金穿孔型等离子弧焊迈出了坚实的一大步。

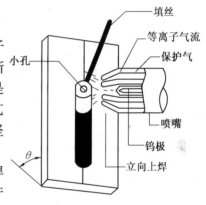

由于穿孔型等离子弧立焊可实现中厚板的单面一次焊双面同时自由成形,并且气孔和夹渣少、焊接变形小、生产率高、成本低,因而成为航天工业中重大铝合金焊接产品的首选焊接方法。但是,铝合金穿孔型等离子弧焊在拥有能量密度高、加热范围小和穿透力大等优点的同时,也存在焊缝成形稳定性(或再现性)差的缺陷。原因如下。

**图 2.84　穿孔型等离子弧立焊示意图**

1）要保证铝合金熔池金属的良好流动性,就必须采用在焊件为负的反极性期间内去除氧化膜的交流焊方法,但却会使钨极烧损严重,造成电弧燃烧不稳定。

2）必须对交流等离子弧采取稳弧措施,这不仅增加设备的复杂程度,且易产生双弧。

3）由于等离子弧对焊件背面的氧化膜几乎没有清理作用,因此,穿孔熔池背面液态金属的流动会受到焊件背面氧化膜的影响。

4）由于铝合金的比热容、热导率和熔解热大,使得为提高焊缝成形稳定性而在焊接钢材时所采用的"一脉一孔"的低频脉冲穿孔型等离子弧焊不能很好地应用于铝合金焊接。

从焊接工艺角度看,铝合金穿孔型等离子弧焊焊缝成形的稳定性主要取决于四个方面:①由焊接电源和焊枪以及铝合金材料所决定的等离子弧性能;②穿孔熔池金属的流动性;③反映穿孔熔池行为特征信号的提取;④焊缝成形稳定性的控制。

目前,美国国家航空和航天管理局(NASA)在对上述四个方面进行大量研究工作的基础上,采用变极性等离子弧焊工艺,VPPAW 为核心的焊接技术和设备,成功地实现了厚板铝合金构件的焊接。但是,由于此项技术的敏感性以及我们自身在理论研究方面的欠缺,严重制约了我国在这一世界前沿领域的发展。

目前,变极性等离子弧立焊已成功地应用于航天飞机外燃料箱、船用液化石油储罐、火箭及导弹壳体等重大铝合金构件的焊接生产。由于它的独特优越性以及随着此项技术的不断进步与发展,将在铝及铝合金焊接构件的生产中发挥越来越重要的作用。

# 2.6  电子束焊方法及工艺

电子束焊是利用会聚的高速电子流轰击工件接缝处所产生的热能,使金属熔合的一种焊接方法。电子轰击工件时,动能转变为热能。电子束作为焊接热源有两个明显的特点。

1) 功率密度高。电子束焊接时常用的加速电压范围为 30 ~ 150 kV,电子束电流为 20 ~ 1 000 mA,电子束焦点直径约为 0.1 ~ 1 mm,这样,电子束功率密度可达 $10^6$ W/cm$^2$ 以上。

2) 精确,快速的可控性。作为物质基本粒子的电子具有极小的质量($9.1 \times 10^{-31}$ kg)和一定的负电荷($1.6 \times 10^{-19}$ C),电子的荷质比高达 $1.76 \times 10^{-11}$ C/kg,通过电场、磁场对电子束可作快速而精确的控制。电子束的这一特点明显地优于激光束,后者只能用透镜和反射镜控制,速度慢。

基于电子束的上述特点和焊接时的真空条件,电子束焊接具有下列主要优缺点。

(1)优点

1) 电子束穿透能力强,焊缝深宽比大。图 2.85 是等厚度电子束焊焊缝和钨极氩弧焊焊缝横断面形状的比较。目前,电子束焊缝的深宽比可达到 50∶1。焊接厚板时可以不开坡口实现单道焊,比电弧焊可以节省辅助材料和能源的消耗。

2) 焊接速度快,热影响区小,焊接变形小。对精加工的工件可用做最后连接工序,焊后工件仍保持足够高的精度。

3) 真空电子束焊接不仅可以防止熔化金属受到氧、氮等有害气体的污染,而且有利于焊缝金属的除气和净化,因而特别适于活泼金属的焊接。也常

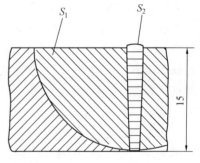

图 2.85　电子束焊缝和钨极氩弧焊焊断面形状的比较

$S_1$—钨极氩弧焊焊缝截面 ≈ 353 mm$^2$; $S_2$—电子束焊缝截面 ≈ 15 mm$^2$; $S_1 : S_2 = 23.5 : 1$

用电子束焊接真空密封元件,焊后元件内部保持在真空状态。

4)电子束在真空中可以传到较远的位置上进行焊接,因而也可以焊接难以接近部位的接缝。

5)通过控制电子束的偏移,可以实现复杂接缝的自动焊接。可以通过电子束扫描熔池来消除缺陷,提高接头质量。

(2)缺点

1)设备比较复杂、费用比较昂贵。

2)焊接前对接头加工、装配要求严格,以保证接头位置准确,间隙小而且均匀。

3)真空电子束焊接时,被焊工件尺寸和形状常常受到工作室的限制。

4)电子束易受杂散电磁场的干扰,影响焊接质量。

5)电子束焊接时产生的 X 射线需要严加防护以保证操作人员的健康和安全。

## 一、工作原理和分类

### 1.工作原理

电子束是从电子枪中产生的。通常电子是以热发射或场致发射的方式从发射体(阴极)逸出。在 25 ~ 300 kV 的加速电压的作用下,电子被加速到 0.3 ~ 0.7 倍的光速,具有一定的动能,经电子枪中静电透镜和电磁透镜的作用,电子会聚成功率密度很高的电子束。

这种电子束撞击到工件表面,电子的动能就转变为热能,使金属迅速熔化和蒸发。在高压金属蒸气的作用下熔化的金属被排开,电子束就能继续撞击深处的固态金属,很快在被焊工件上"钻"出一个锁形小孔(见图 2.86),小孔的周围被液态金属包围,随着电子束与工件的相对移动,液态金属沿小孔周围流向熔池后部,逐渐冷却、凝固形成了焊缝。

电子束传送到焊接接头的热量和其熔化金属的效果与束流强度、加速电压、焊接速度、电子束斑点质量以及被焊材料的性能等因素有密切的关系。

### 2.分类

电子束焊的分类方法很多。按被焊工件所处的环境的真空度可分为三种,高真空电子束焊、低真空电子束焊和非真空电子束焊。

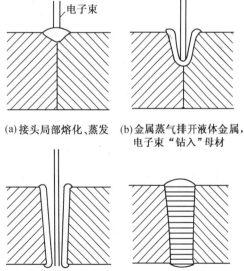

(a)接头局部熔化、蒸发

(b)金属蒸气排开液体金属,电子束"钻入"母材

(c)电子束穿透工件,小孔由液体金属包围

(d)电子束后方形成焊缝

**图 2.86 电子束焊接焊缝形成的原理**

高真空电子束焊是在 $10^{-4} \sim 10^{-1}$ Pa 的压强下进行的。良好的真空条件,可以保证对熔池的保护,防止金属元素的氧化和烧损,适用于活性金属、难熔金属和质量要求高的工件的焊接。

低真空电子束焊是在 $10^{-1} \sim 10$ Pa 的压强下进行的。从图 2.87 可知,压强为 4 Pa 时束流密度及其相应的功率密度的最大值与高真空的最大值相差很小。因此,低真空电子束焊也具有束流密度和功率密度高的特点。由于只需抽到低真空,明显地缩短了抽真空时间,提高了生产率,适用于批量大的零件的焊接和在生产线上使用。例如,变速器组合齿轮多采用低真空电子束焊接。

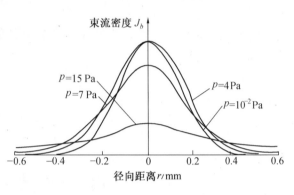

图 2.87　不同压强下电子束斑点束流密度 $J_b$ 的分布

在非真空电子束焊机中,电子束仍是在高真空条件下产生的,然后穿过一组光阑、气阻和若干级预真空小室,射到处于大气压力下的工件上,由图2.87可知,在压强增加到2～15 Pa 时,由于散射,电子束功率密度明显下降。在大气压下,电子束散射更加强烈,即使将电子枪的工作距离限制在20～50 mm,焊缝深宽比最大也只能达到5:1。目前,非真空电子束焊接能够达到的最大熔深为30 mm。这种方法的优点是不需真空室,因而可以焊接尺寸大的工件,生产率较高。近年来,移动式真空室或局部真空电子束焊接方法,既保留了真空电子束高功率密度的优点,又不需要真空室,因而在大型工件的焊接工程上有应用前景。

**二、设备和装置**

电子束焊接设备通常是由电子枪、工作室(亦称真空室)、真空系统、电源及电气控制系统等部分组成。

1.电子枪

电子束焊接设备中用以产生和控制电子束的电子光学系统称为电子枪。现代电子束焊机多采用三极电子枪,其电极系统由阴极、偏压电极和阳极组成。阴极处于高的负电位,它与接地的阳极之间形成电子束的加速电场。偏压电极相对于阴极呈负电位,通过调节其负电位的大小和改变偏压电极形状及位置可以调节电子束流的大小和改变电子束的形状。

2.供电电源

供电电源是指电子枪所需要的供电系统,通常包括高压电源、阴极加热电源和偏压电源。这些电源装在充油的箱体中,称为高压油箱。纯净的变压器油既可作绝缘介质,又可作为传热介质将热量从电器元件传送到箱体外壁。电器元件都装在框架上,该框架又固定在油箱的盖板上,以便维修和调试。

3.真空系统

真空系统是对电子枪室和真空工作室抽真空用的。该系统中大多使用两种类型的真空泵,一种是活塞式或叶片式机械泵,也称为低真空泵,它用以将电子枪和工作室从大气压抽到压强为 10 Pa 左右。在低真空焊机、大型真空室或对抽气速度要求较高的设备中,这种机械泵应与双转子真空泵(亦称罗茨泵)配合使用,以提高抽速并使工作室压强降到 1 Pa 以下。另一种是油扩散泵,用于将电子枪和工作室压强降到 $10^{-2}$ Pa 以下。油扩散泵不能直接在大气压下启动,必须与低真空泵配合组成高真空抽气机组。在设计抽真空程序时应严格按照真空泵和机组的使用要求,否则将造成扩散泵油氧化,真空容器的污染甚至损坏真空设备等后果。

4.工作室

工作室(亦称真空室)的尺寸、形状应根据焊机的用途和被加工的零件来确定。工作室应采用低碳钢板制成,以屏蔽外部磁场对电子束轨迹的干扰。工作室内表面应镀镍或作其他处理,以减少表面吸附气体、飞溅及油污等,缩短抽真空时间和便于工作室的清洁工作。

工作室的设计应满足承受大气压所必须的刚性、强度指标和 X 射线防护的要求。低压型电子束焊机(加速电压等于或低于 60 kV),可以靠工作室钢板的厚度和合理设计工作室结构来防止 X 射线的泄漏。高压型电子束焊机(加速电压高于 60 kV)的电子枪和工作室必须设置严密的铅板防护层,铅防护层应粘接在真空室的外壁上,在外壁形状复杂的情况下,也允许在其内壁粘接铅板。在电子枪内电位梯度大的静电透镜区内,不允许在其内壁粘接铅板。

5.工作台和辅助装置

工作台、夹具、转台对于在焊接过程中保持电子束与接缝的位置准确、焊接速度稳定、焊缝位置的重复精度都是非常重要的。

大多数电子束焊机采用固定电子枪,让工件作直线移动或旋转运动来实现焊接的。对大型真空室,也可以使工件不动,而驱动电子枪进行焊接。

### 三、焊接工艺

1.薄板的焊接

板厚在 0.03 ~ 2.5 mm 的零件多用于仪表、压力或真空密封接头、膜盒、封接结构、电接点等构件中。

薄板导热性差,电子束焊接时局部加热强烈。为防止过热,应采用夹具。图 2.88 示出薄板膜盒零件及其装配焊接夹具,夹具材料为紫铜。对极薄工件可考虑使用脉冲电子束流。

电子束功率密度高,易于实现厚度相差很大时接头的焊接。焊接时薄板应与厚板紧贴,适当调节电子束焦点位置,使接头两侧均匀熔化。

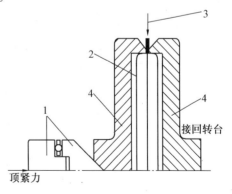

**图 2.88　膜盒及其焊接夹具**
1—侧顶夹具;2—工件;3—氩气;4—夹具

**2.厚板的焊接**

目前电子束可以一次焊透 300 mm 的钢板。焊道的深宽比可以高达 60:1。当被焊钢板厚度在 60 mm 以上时,应将电子枪水平放置进行横焊,以利焊缝成形。电子束焦点位置对熔深影响很大,在给定的电子束功率下,将电子束焦点调节在工件表面以下,熔深的 0.5 ~ 0.75 处电子束的穿透能力最好。根据实践经验,焊前将电子束焦点调节在板材表面以下,板厚的 1/3 处,可以发挥电子束的熔透效力并使焊缝成形良好。

表 2.18 示出真空度对电子束焊熔深的影响,厚板焊接时应保持良好的真空度。

表 2.18 电子束焊真空度对钢板熔深的影响

| 真空度/Pa | 电子束工作距离/mm | 电子束流/mA | 加速电压/kV | 焊接速度/(cm·min$^{-1}$) | 熔深/mm |
|---|---|---|---|---|---|
| < 10$^{-2}$ | 500 | 50 | 150 | 90 | 25 |
| 10$^{-2}$ | 200 | 50 | 150 | 90 | 16 |
| 105 | 13 | 43 | 175 | 90 | 4 |

**3.添加填充金属**

只有在对接头有特殊要求或者因接头准备和焊接条件的限制不能得到足够的熔化金属时,才添加填充金属。其主要作用如下。

1) 在接头装配间隙过大时可防止焊缝凹陷。

2) 在焊接裂纹敏感材料或异种金属接头时可防止裂纹的产生。

3) 在焊接沸腾钢时加入少量含脱氧剂(铝、锰、硅等)的焊丝,或在焊接铜时加入镍均有助于消除气孔。

添加填充金属的方法是在接头处放置填充金属,箔状填充金属可夹在接缝的间隙处,丝状填充金属可用送丝机构送入或用定位焊固定。

送丝速度和焊丝直径的选择原则是使填充金属量为接头凹陷体积的 1.25 倍。

**4.焊接缺陷及其防治**

和其他熔化焊一样,电子束接头也会出现未熔合、咬边、焊缝下陷、气孔、裂纹等缺陷。此外电子束焊缝特有的缺陷有熔深不均、长孔洞、中部裂纹和由于剩磁或干扰磁场造成的焊道偏离接缝等。

熔深不均出现在不穿透焊缝中,这种缺陷是高能束流焊接所特有的。它与电子束焊接时熔池的形成和金属的流动有密切的关系。加大小孔直径可消除这种缺陷。采用作圆形扫描的电子束的功率分布有利于消除熔深不均。改变电子束焦点在工件内的位置也会影响到熔深的大小和均匀程度。适当地散焦可以加宽焊缝,有利于消除和减小熔深不均的缺陷。

长孔洞及中焊缝中部裂纹都是电子束深熔透焊接时所特有的缺陷,降低焊接速度,改进材质有利于消除此类缺陷。

#### 四、几种材料的焊接

1. 钢

（1）低碳钢

低碳钢易于焊接。与电弧焊相比，焊缝和热影响区晶粒细小。焊接沸腾钢时，应在接头间隙处夹一厚度为 0.2~0.3 mm 的铝箔，以消除气孔。半镇静钢焊接有时也会产生气孔，降低焊速、加宽熔池也有利于消除气孔。

（2）合金钢

这些钢材电子束焊接的焊接性与电弧焊类似。经热处理强化的钢材，在焊接热影响区的硬度会下降，采用焊后回火处理可以使其硬度回升。

焊接刚性大的工件时，特别是基本金属已处于热处理强化状态时，焊缝易出现裂纹。合理设计接头使焊缝能够自由收缩，采用焊前预热、焊后缓冷以及合理选择焊接条件等措施可以减轻淬硬钢的裂纹倾向。对于需进行表面渗碳、渗氮处理的零件，一般应在表面处理前进行焊接。如果必须在表面处理后进行焊接，则应先将焊缝区的表面处理层除去。

含碳量低于 0.3%（质量分数）的低合金钢焊接时不需要预热和缓冷。在工件厚度大，结构刚性强时需预热到 250~300 ℃。对焊前已进行过淬火和回火处理的零件，焊后回火温度应略低于原回火温度。轻型变速箱的齿轮大多采用电子束来焊接组合。齿轮材料是 20CrMnTi 或 16CrMn，焊前材料处于退火状态。焊后进行调质和表面渗碳处理。

合金高强度钢的含碳量（或碳当量）高于 0.30%（质量分数）时，应在退火或正火状态下焊接，也可以在淬火加正火处理后焊接。当板厚大于 6 mm 时应采用焊前预热和焊后缓冷，以免产生裂纹。

对于含碳量大于 0.50%（质量分数）的高碳钢，用电子束焊接时开裂倾向比电弧焊低。轴承钢也可用电子束焊接，但应采用预热和缓冷。

（3）工具钢

工具钢的电子束焊接接头性能良好，生产率高。例如，4Cr5MoVSi 钢焊前 HRC 为 50，厚度为 6 mm，焊后进行 550 ℃正火，焊缝金属的硬度 HRC 可以达到 56~57，热影响区硬度 HRC 下降到 43~46，但其宽度只有 0.13 mm。

（4）不锈钢

奥氏体钢的电子束焊接接头具有较高的抗晶间腐蚀的能力，这是因为高的冷却速度可以防止碳化物的析出。

马氏体钢可以在任何热处理状态下焊接，但焊后接头区会产生淬硬的马氏体组织，而且随着含碳量的增加和焊接速度的加快，马氏体的硬度将提高，开裂敏感性也较强。

沉淀硬化不锈钢的焊接接头的力学性能较好，含磷高的沉淀硬化不锈钢的焊接性差。半奥氏体钢，例如 17-7PH 和 PH14-8Mo，焊接性很好，焊缝为奥氏体组织。降低半马氏体钢的碳含量可以降低马氏体的硬度,改善其焊接性。

2.铝和铝合金

焊前应对接缝两侧宽度不小于 10 mm 的表面应用机械和化学方法做除油和清除氧化膜处理。

为了防止气孔和改善焊缝成形,对厚度小于 40 mm 铝板,焊速应在 60～120 cm/min。对 40 mm 以上的厚铝板,焊速应在 60 cm/min 以下。

将焊缝用电子束再熔化一次,有利于消除焊缝气孔,改善焊缝成形。填加焊丝可改善焊缝成形,补偿合金元素($Mn$、$Mg$、$Zn$、$Li$ 等)的蒸发,消除焊缝缺陷。

3.钛和钛合金

钛是一种非常活泼的金属,所以应在良好的真空条件下($<1.33 \times 10^{-2}$Pa)进行焊接。

氢气孔是熔化焊接钛时最常见的缺陷,预防措施是降低熔池中氢含量和保证良好的结晶条件。例如焊前接缝进行化学清洗和刮削,施加重复焊道,焊速低于 80 cm/min 以下。用碱或碱土金属的氟化物为基的溶剂对熔池进行冶金处理对消除气孔很有效,例如将氟化钙加入熔池,可以消除 30 mm 厚钛合金焊缝中的气孔。

TC4 是一种常用的钛合金,它可以在退火或固熔加时效条件下焊接。焊后接头强度与基体金属相差无几,断裂韧性略差,疲劳强度可达到基体金属的 95%。

4.铜和铜合金

电子束焊接铜具有突出的优点,40 mm 厚的铜板,采用电子束焊接所需要的线能量是自动埋弧焊所需线能量的 1/5～1/7,焊缝横断面积是其 1/25～1/30。

焊接铜合金可能发生的主要缺陷是气孔。对于厚度为 1～2 mm 的铜板,焊缝中不易产生气孔。对于厚度为 2～4 mm 的铜板,焊速应低于 34 cm/min,才可防止产生气孔。厚度大于 4 mm 时,焊速过慢将使焊缝成形变坏,焊缝空洞变多。增加装配间隙,焊前预热和重复施焊都是减少焊缝气孔的有效措施。

为了减少金属的蒸发,对厚度为 1～2 mm 的铜板,电子束焦点应处在工件表面以上;对厚度大于 10～15 mm 的铜板,可将电子枪水平放置,进行横焊。

5.难熔金属

锆、铌、钼、钨等属难熔金属。

锆非常活泼,焊接应在真空度达 $1.33 \times 10^{-2}$ Pa 以上的无油高真空中进行。接头准备和清洗是至关重要的。焊后退火可提高接头抗冷裂和延迟破坏的能力。退火条件是在 1 023～1 123 K 的温度下保温 1 h,随炉冷却。焊接锆所用的线能量与同厚度的钢相近。

铌的电子束焊接也应在优于 $1.33 \times 10^{-2}$ Pa 的高真空下进行。真空室的泄漏率不得超过 $4 \times 10^{-4}$ m³Pa/s。铌合金焊缝中常见的缺陷是气孔和裂纹。采用细电子束进行焊接不易产生裂纹。用散焦电子束对接缝进行预热,有清理和除气作用,有利于消除气孔。

钼合金中加入铝、钛、锆、铪、钍、碳、硼、钇或镧,能够中和氧、氮和碳的有害作用,提高焊缝韧性,钼的焊缝中常见的缺陷是气孔和裂纹。焊前仔细清洗接缝和预热有利于消除气孔。采用细电子束和加快焊速有利于消除裂纹。在焊速为 50 ~ 67 cm/min 时,每毫米厚度的钼约需要 1 ~ 2 kW 电子束功率。

钨及其合金对电子束焊具有良好的焊接性。接头准备和清洗是非常重要的,清洗后应进行除气处理,即在优于 $1.33 \times 10^{-3}$ Pa 的真空度下,将工件加热到 1 370 K,保温 1 h,随炉冷却。预热是防止钨接头冷裂纹的有效措施,预热温度可选为 700 ~ 1 000 K,只是在焊接粉末冶金钨,而且焊速低于 50 cm/min 时才不进行预热。对 W – 25 Re 合金,预热可提高焊速 170 ~ 250 cm/min,并降低热裂倾向。焊后退火可降低某些钨合金焊接接头的脆性转变温度,但不能改善纯钨焊缝金属的冷脆性。

6.异种金属

异种金属接头的焊接性取决于各自的物理化学性能。彼此可以形成固熔体的异种金属焊接性良好,易生成金属间化合物的异种金属的接头韧性差,对于难以直接焊接的异种金属,可以通过过渡材料来焊接。例如,焊接铜和钢时加入铝衬,可使焊缝密实和均匀,接头性能良好。

异种金属相互接触和受热时会产生电位差,这会引起电子束偏向一侧,应注意这一特殊现象,防止焊偏等缺陷。

高铝瓷和铌的密封接头是用电子束焊接而成的。焊前将工件预热到 1 300 ~ 1 700 K,焊后退火处理。

焊接难熔的异种金属时应尽量降低线能量,采用小焦斑。尽可能在固溶状态下施焊,焊后作时效处理。

**五、安全防护**

在操作电子束焊机时要防止高压电击、X 射线以及烟气等。

高压电源和电子枪应保证有足够的绝缘和良好的接地。绝缘试验电压应为额定电压的 1.5 倍。电子束焊接设备应装置专用地线,其接地电阻应小于 3 Ω,设备外壳应用粗铜线接地。在更换阴极组件和维修时应切断高压电源,并用放电棒接触准备更换的零件,以防电击。

电子束焊接时大约不超过 1%的电子束能量将转变为 X 射线辐射。我国规定对无监护的工作人员允许的 X 射线剂量不应大于 0.25 mR/h。

应采用抽气装置将真空室排出的油气、烟尘等及时排出,设备周围应易于通风。

焊接过程中不允许用肉眼观察熔池,应佩戴防护眼镜。

# 2.7　激光焊方法及工艺

激光焊是利用高能量密度的激光束作为热源的一种高效精密焊接方法。激光焊作为现代高科技的产物,同时又成为现代工业发展必不可少的手段。与一般焊接方法相比,激光焊具有下面的特点。

1）聚焦后的激光具有很高的功率密度（$10^5 \sim 10^7$ W/cm$^2$ 或更高），焊接以深熔方式进行。

2）由于激光加热范围小（＜1 mm），在同功率和焊接厚度条件下，焊接速度高。

3）激光焊残余应力和变形小。

4）可以焊接一般焊接方法难以焊接的材料，如高熔点金属等，甚至可用于非金属材料的焊接，如陶瓷、有机玻璃等。

5）激光能反射、透射，能在空间传播相当距离而衰减很小，可进行远距离或一些难以接近部位的焊接。

6）一台激光器可供多个工作台进行不同的工作，既可用于焊接，又可用于切割、合金化和热处理，一机多用。

与电子束焊相比，激光焊最大的特点是不需要真空室、不产生 X 射线。它的不足之处在于焊接厚度比电子束焊小，焊接一些高反射率的金属还比较困难。另一个问题就是设备投资比其他方法大。

根据所用激光器及其工作方式的不同，激光焊分为连续激光焊和脉冲激光焊两种。前者在焊接过程中形成一条连续焊缝，后者焊接时形成一个个圆形焊点。正是由于激光焊的特点，它的发展很快，随着生产和科学技术的进步，对焊接方法的要求越来越高，激光焊用于解决某些一般熔焊方法难以完成的问题是必不可少的。它正从实验室中走出，开始在生产中发挥作用。

### 一、激光的特点

（1）亮度高

激光是世界上最亮的光。$CO_2$ 激光的亮度比太阳亮 8 个数量级，而高功率钕玻璃激光则比太阳亮 16 个数量级。

（2）方向性好

激光的方向性很好，它能传播很远距离而扩散面积很小，接近于理想的平行光。

（3）单色性好

激光为单色光，它的发光光谱宽度，比氖灯的光谱宽度窄几个数量级。

正是由于激光的上述三个特殊优点，人们把它用于焊接之中，聚焦后在焦点上的功率密度可高这 $10^6 \sim 10^{12}$ W/cm$^2$，比寻常的焊接热源高几个数量级，成为一种十分理想的焊接热源。

### 二、激光焊设备

整套的激光焊设备如图 2.89 所示。主要包括激光器、光学偏转聚焦系统、光束检测器、工作台（或专用焊机）和控制系统。

**1. 激光器**

用于焊接的激光器,按激光工作物质状态可分为固体激光器和气体激光器;按其能量输出方式可分为脉冲激光器和连续激光器。

(1) 固体激光器

固体激光器它主要由激光工作物质(红宝石、YAG 或钕玻璃棒)、聚光器、谐振腔(全反镜和输出窗口)、泵灯、电源及控制设备组成。

(2) 气体激光器

焊接和切割所用气体激光器大都是 $CO_2$ 激光器。$CO_2$ 激光器有下面三种结构形式。

1) 封闭式或半封闭式 $CO_2$ 激光器。结构主体由玻璃管制成,放电管中充以 $CO_2$、$N_2$ 和 He 的

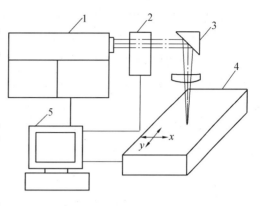

**图 2.89　激光加工设备图**

1—激光器;2—光束检测仪;3—偏转聚焦系统;
4—工作台;5—控制系统

混合气体,在电极间加上直流高压电,通过混合气体辉光放电,激励 $CO_2$ 分子产生激光,从窗口输出。这类激光器可获得每米放电管长度 50 W 左右的激光功率,为了得到较大的功率,常把多节放电管串联或并联使用。

2) 横流式 $CO_2$ 激光器。横流式 $CO_2$ 激光器的特点是混合气体通过放电区流动,速度为 50 m/s,气体直接与换热器进行热交换,因而冷却效果好,可获得 2 000 W/m 的输出功率。

3) 快速轴流式 $CO_2$ 激光器。气体的流动方向和放电方向与激光束同轴。气体在放电管中以接近声速的速度流动,每米放电长度上可获得 500 ~ 2 000 W 的激光功率。激光器体积小,输出模式为基模($TEM_{00}$)和 $TEM_{01}$ 模,特别适用于焊接和切割。

**2. 光束偏转及聚焦系统**

图 2.90 是两种激光偏转和聚焦系统的示意图。反射镜用于改变光束的方向,球面反射镜或透镜用来聚焦。在固体激光器中,常用光学玻璃制造反射镜和透镜。而对于 $CO_2$ 激光焊机,由于激光波长长,常用铜或反射率高的金属制造反射镜,用 GaAs 或 ZnSe 制造透镜。透射式聚焦用于中小功率的激光加工机,而反射式聚焦用于大功率激光加工设备。

**3. 光束检测器**

光束检测器有两个作用:一是可随时监测激光器的输出功率;二是可以检测激光束横断面上的能量分布,以确定激光器的输出模式。大多数光束检测器只有第一个作用,所以又称为激光功率计。

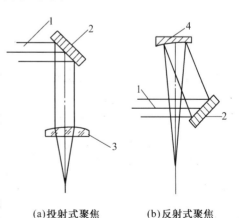

(a) 投射式聚焦　　(b) 反射式聚焦

**图 2.90　激光偏转及聚焦系统**

1—激光束;2—平面反射镜;3—透镜;4—球面反射镜

它的工作原理如下：电机带动旋转反射针高速旋转，当激光束通过反射针的旋转轨迹时，一部分激光（<0.4%）被针上的反射面所反射，通过锗透镜衰减后聚焦，落在红外激光探头上，探头将光信号转变为电信号，由信号放大电路放大，通过数字毫伏表读数。由于探头给出的电信号与所检测到的激光能量成正比，因此数字毫伏表的读数与激光功率成比例，它所显示的电压大小就与激光功率的大小一一对应。

**三、激光焊原理**

激光焊随激光器输出能量方式不同分为脉冲激光点焊和连续激光焊（包括高频脉冲连续激光焊）。根据聚焦后光斑上的功率密度的不同，激光焊又可分为熔化焊和小孔焊两种。

（1）熔化焊

在激光光斑上的功率密度不高（<$10^5$ W/cm$^2$）的情况下，金属材料的表面

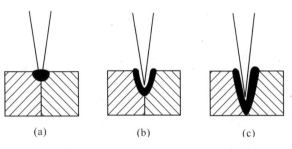

图 2.91　不同功率密度时的加热现象

在加热时不会超过其沸点，所吸收的激光能转变为热能后，通过热传导将工件熔化，其熔深轮廓近似为半球形。这种传热熔化焊过程类似于非熔化极电弧焊，如图 2.91(a)所示。

（2）小孔焊

当激光光斑上的功率密度足够大时（≥$10^6$W/cm$^2$），金属在激光的照射下被迅速加热，其表面温度在极短的时间内升高到沸点，金属发生气化。金属蒸气以一定的速度离开熔池表面，产生一个附加压力反作用于熔化的金属，使其向下凹陷，在激光光斑产生一个小凹坑，如图 2.91(b)所示。随着加热过程的进行，激光可直接射入坑底形成一个细长的小孔。当金属蒸气的反冲压力与液态金属的表面张力和重力平衡后，小孔不再继续深入，光斑功率密度很大时，所产生的小孔将贯穿整个板厚，形成深穿透焊缝（或焊点），如图 2.91(c)所示。

在连续激光焊时，小孔是随着光束相对于工件而沿焊接方向前进的。金属在小孔前方熔化，绕过小孔流向后方后，重新凝固形成焊缝。

（3）激光焊过程中的等离子云

在高功率密度的条件下进行激光焊时，可以发现激光与金属作用区域里，金属蒸发极为剧烈，不断有红色金属蒸气逸出小孔，而在金属表面的熔池上方存在着一个蓝色的等离子云，它伴随着小孔而产生。

1）等离子云产生的原因。激光是光，又是一种电磁波，在加热金属时产生两种现象：①金属被激光加热气化后，在熔池上方形成高温金属蒸气云，当激光功率密度很大时，高温金属蒸气将在电磁场的作用下发生离解形成等离子体；②焊接时施加的保护气，在高功率密度激光的作用下也能离解形成等离子云。因此，等离子云的产生不仅与激光的功率密度有关，而且与被

焊金属的性质及保护气有关。

2）等离子云对焊接过程的影响。激光焊接时产生的等离子云对焊接过程产生不利影响，位于熔池上方的等离子云，对激光的吸收系数很大，它相当于一种屏蔽，吸收部分激光。使金属表面得到的激光能量减少，焊接熔深减小，焊缝表面增宽，形成图钉状焊缝，而且焊接过程不稳定。

3）抑制等离子云的方法。为了获得成形良好的焊缝和增加焊接熔深，激光焊接过程中必须采取措施抑制等离子云。

焊接过程中克服等离子云影响的最常规方法是通过喷嘴对熔池表面喷吹惰性气体。可以利用气体的机械吹力驱除等离子云，使其偏离熔池上方。还可以利用较低温度的气体降低熔池上方高温气体的温度，抑制产生等离子云的高温条件。

其他方法还有下面几种：采用高频脉冲激光焊，使每个激光脉冲的加热时间少于等离子云形成的时间（约 0.5 ms），则等离子云还未生成焊接加热已结束；采用高速焊或较短波长的激光进行焊接，对减轻等离子云对焊接过程的干扰也有一定作用。

**四、$CO_2$ 激光焊工艺**

世界上第一台 $CO_2$ 激光器出现于 1960 年。由于 $CO_2$ 激光器具有结构简单、输出功率范围大和能量转换效率高等优点，因而广泛应用于材料的激光加工，特别是激光焊。因此 $CO_2$ 激光焊得到较快的发展。

1.激光焊工艺参数及其对熔深的影响

（1）激光功率 $P$

通常激光功率是指激光器的输出功率，没有考虑导光和聚焦系统所引起的损失。激光功率对熔深的影响可用下面的经验公式表示（速度一定），即

$$H \propto P^k$$

式中　　$H$——熔深（mm）；

　　　　$P$——激光功率（W）；

　　　　$k$——常数，$k < 1$，典型实验值为 0.7 和 1.0。

（2）焊接速度 $v_w$

在焊接速度较高时，随焊速增加，其熔深减小的速度与电子束焊的相近。但降低焊速到一定值后，熔深增加速度远比电子束焊的小。因此，在较高速度下焊接可更大地发挥激光焊的优点。

（3）光斑直径 $d$

为了进行深熔焊（小孔焊），焊接时激光焦点上的功率密度必须大于 $10^6 \ W/cm^2$。要提高功率密度，有两个途径：一是可以提高激光功率；二是可以减小光斑直径 $d$。由于功率密度与前者之间仅是线性关系，但与直径的平方成反比，因此减小光斑直径比增加功率有效得多。

(4) 离焦量 $\Delta F$

离焦量是工件表面离激光焦点的距离,以 $\Delta F$ 表示。工件表面在焦点以内时为负离焦,与焦点的距离为负离焦量。反之为正离焦,$\Delta F > 0$。离焦量不仅影响工件表面激光光斑的大小,而且影响光束的入射方向,因而对熔深和焊缝形状有较大影响。熔深随 $\Delta F$ 的变化有一个跳跃性变化过程,在 $|\Delta F|$ 很大的地方,熔深很小,属于传热熔化焊。$|\Delta F|$ 减少到某一值后,熔深发生跳跃性增加,此处标志着小孔产生。

(5) 保护气体

激光焊中使用的保护气体除了具有保护焊缝金属不受有害气体的侵袭以外,还有抑制激光焊过程中产生的等离子云的作用,因而它对熔深也有一定的影响。从实验中可以得出:He 具有优良的保护和抑制等离子云的效果,焊接时熔深较大,如果在 He 里加少量 Ar 或 $O_2$ 可进一步提高熔深,所以在国外广泛使用 He 作为激光焊保护气。但由于国内 He 价格昂贵,所以一般不用 He 作保护气。Ar 作为保护气熔深最小,主要原因是它的电离能太低,容易离解。气体流量也有一些影响,流量太小则不足以驱除熔池上方的等离子云,因此熔深是随气体流量的增加而增加的。但过大的气流容易造成焊缝表面凹陷,特别是薄板焊接时,过大的压力会吹落熔池金属而形成穿孔。

2.几种常用材料焊接接头的性能和组织

(1) 低合金高强钢 HY – 130 的激光焊

激光焊接头的力学性能,如断裂强度、伸长率等,比其他常规方法所焊接头的性能优越。

冲击试验表明,激光焊接头的 DT 能(动态撕裂能)接近母材,抗裂纹系数最大,而且冲击韧度优于母材。冲击韧度优于母材的原因是净化效应,即焊缝中有害元素减少。净化效应被认为是激光焊的特点之一。

激光焊接头的焊缝和热影响区的金相组织都是晶粒细小的马氏体加少量贝氏体、铁素体,硬度较高。这种低碳细晶马氏体组织不仅有利于强度的提高,而且使接头的韧性和抗裂性有明显的改善。

(2) 不锈钢

用激光焊接 18 – 8 型不锈钢,从薄板到厚板(0.1 ~ 12 mm)均可获得性能良好、外观成形美观的焊接接头。据文献报道,用 5 000 W $CO_2$ 激光,在焊速为 102 cm/min、光斑直径为 0.69 mm 的条件下焊接 304 不锈钢,激光的吸收率达 85%,熔化效率为 71%,减轻了不锈钢用常规焊法焊接时的过热现象和膨胀系数大的不良影响,接头强度及延性与母材不相上下。但焊接铬镍含量更高的不锈钢时,与常规方法一样存在着热裂的倾向。

(3) 硅钢薄板

硅钢的主要特点是含硅量高,焊接接头存在的最大问题是脆化。其主要原因是由于硅钢是铁素体钢,用一般焊接方法焊接时焊缝会生成粗大的铁素体柱状晶,而且热影响区晶粒长大也十分严重。焊缝和热影响区的粗晶脆化常常造成焊接接头在后工序加工中断裂。

有人研究了硅钢薄板的 $CO_2$ 激光焊,并且与钨极氩弧焊进行了比较。激光焊接头的反复弯曲次数远大于钨极氩弧焊的次数。激光焊焊接接头的延性、韧性好的主要原因是由于焊接速度快、线能量小,因而焊缝和热影响区的晶粒比钨极氩弧焊细得多,从而防止了粗晶脆化的产生。

(4) 铝及铝合金

铝及其合金的激光焊的主要困难是其表面对 $CO_2$ 激光的反射率极高,且反射率不稳定,需要焊前对工件表面进行预处理,且需要大功率的激光进行焊接。

使用 8 000 W $CO_2$ 激光可焊透 12.7 mm 的 5456 铝合金,但焊接接头的强度比母材降低很多。主要原因是焊缝中对激光吸收能力较强的镁、锰元素的择优蒸发导致 $Al_3Mg_2$ 强化相减少。

(5) 钛及钛合金

Ti – 6Al – 4V 是用量最大的钛合金,广泛用于航空航天制造。钛合金通常采用电子束焊焊接。用 4.7 kW 的 $CO_2$ 激光焊接板厚 1 mm 的钛合金,焊速可达 1 500 cm/min,接头的力学性能与母材相近。图 2.92 所示是 Ti – 6Al – 4V 焊接接头的疲劳性能,可见激光焊接头的疲劳性能接近母材。在试验中,接头大都断于母材,只有当存在着气孔等焊接缺陷时,才断于焊缝。

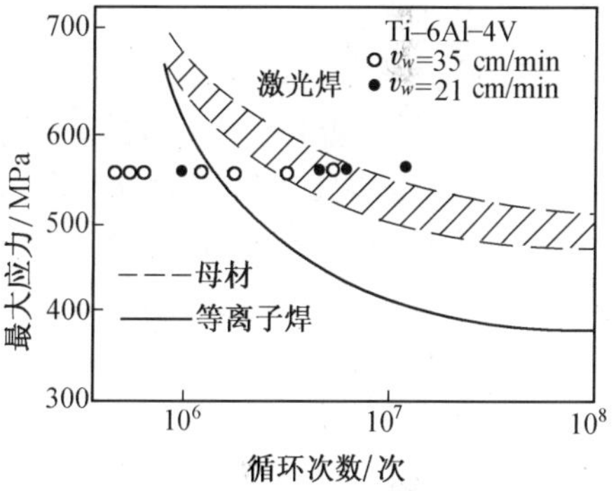

(6) 耐热合金

曾有人用 2 000 W 快速轴流 $CO_2$ 激光焊焊接了三种航空发动机中使用的镍基耐热合金 PK – 33、C – 263 和 N – 76,一种铁基合金 M – 152,结果焊接接头的力学性能全部满足要求,其数值与母材几乎相同。

图 2.92　钛合金激光焊接头的疲劳性能

Dop – 14 和 Dop – 26 是两种宇航用铱基合金。它们具有很高的熔点,优良的高温强度和抗氧化性。用激光焊焊接这两种合金,焊缝晶粒很细,消除了 Th 在晶界偏析所产生的热裂现象,获得了无裂纹的焊缝,这用常规的钨极氩弧焊是难以办到的。

(7) 接头的残余应力和变形

激光焊接头的残余应力和变形是比较小的。钛合金激光焊和钨极氩弧焊接头的比较表明,前者纵向应变和横向收缩只有后者的 1/5 ~ 1/6。值得指出的是:激光焊虽然有较陡峭的温度分布,但焊缝中最大残余拉应力仍然比常规焊略小一些,拉伸应力区域却小得多。因此最大残余压应力比钨极氩弧焊减少 40% ~ 70%。这个结果在薄板的焊接中十分有利,可防止产生难以消除的波浪变形。

## 习　题

1. 焊条电弧焊的基本原理是什么？

2. 简述焊条电弧焊的优缺点及适用范围。

3. 什么叫磁偏吹？磁偏吹产生的原因和预防的方法有哪些？

4. 焊条种类和牌号的选择原则是什么？

5. 焊条电弧焊焊接接头设计的基本原则是什么？

6. 焊条电弧焊焊接工艺参数包括哪几个方面，选择的原则是什么？

7. 常见的焊条电弧焊缺陷有哪些？简述产生的原因和预防的措施。

8. 埋弧焊的基本原理是什么？

9. 埋弧焊的优缺点有哪些？

10. 在埋弧焊平对接时主要的工艺方法有哪些？

11. 简述埋弧焊焊接工艺参数是如何影响焊缝形状及尺寸的。

12. 埋弧焊焊缝产生气孔的主要原因及防止措施是什么？

13. 埋弧焊时焊丝倾角和工件斜度对焊缝成形的影响是什么？

14. 带极埋弧焊的优点有哪些？

15. 简述钨极氩弧焊的基本原理。

16. 叙述钨极氩弧焊的优缺点及适用范围。

17. 钨极氩弧焊的工艺特性有哪些？

18. 采取什么方法才能解决钨极氩弧焊焊接工艺的共性问题？

19. 脉冲钨极氩弧焊和一般钨极氩弧焊的主要区别以及有哪些特点？

20. 氩弧点焊和电阻点焊比较，有什么优缺点？

21. 热丝钨极氩弧焊有何特点，对设备有什么要求？

22. 活性助焊剂 – TIG 焊和常规 TIG 焊相比有什么优缺点？

23. 简述熔化极气体保护电弧焊的焊丝金属的熔滴过渡型式。

24. 何谓熔化极气体保护电弧焊的焊缝起皱临界电流？简述焊缝起皱现象的形成机理及防止方法。

25. 熔化极气体保护焊的送丝系统有几种，各有什么优缺点？

26. $CO_2$ 气体保护焊的特点及适用范围是什么？

27. $CO_2$ 气体保护焊的电弧形态、金属熔滴过渡及气体保护作用的影响和熔化极氩弧焊不同之处是什么？

28. 简述 $CO_2$ 气体保护焊焊接低碳钢和合金结构钢与焊条电弧焊或埋弧焊相比的优点。

29. $CO_2$ 气体保护焊时减小飞溅的措施有哪些？

30. 简述电渣焊过程特点、种类、及适用范围。

31.电渣焊的焊接材料有哪些？简述选取的原则。

32.等离子弧是如何形成的？

33.等离子弧焊接有什么优缺点？

34.简述等离子弧焊的基本方法。

35.等离子弧焊的双弧现象是如何产生的？叙述防止的方法。

36.小孔型等离子弧焊接时,影响小孔稳定性的主要工艺参数有哪些？

37.简述电子束焊接的主要优缺点。

38.简述激光焊接的主要优缺点。

## 参 考 文 献

1　中国机械工程学会焊接学会编.焊接方法及设备:焊接手册(第1卷).北京:机械工业出版社,2001

2　曾乐.现代焊接技术手册.上海:上海科学技术出版社,1993

3　沈世瑶.电渣焊与特种焊:焊接方法及设备(第3分册).北京:机械工业出版社,1982

4　机械工程手册编写小组.焊接、切割与胶接:机械工程手册(第43篇).北京:机械工业出版社,1979

5　焊工手册编写小组.手工焊接与切割:焊工手册.北京:机械工业出版社,1975

6　钱乙余.先进焊接技术.北京:机械工业出版社,2000

7　王之康.真空电子束焊接设备及工艺.北京:原子能出版社,1990

8　俞尚知.焊接工艺人员手册.上海:上海科学技术出版社,1991

9　西北工业大学编.气体保护焊.西安:西北工业大学出版社,1985

10　[苏]B.B.巴申柯等.电子束焊接.北京:机械工业出版社,1976

11　牛济泰等.焊接基础.北京:机械工业出版社,1986

12　曾乐.焊接工程学.北京:机械工业出版社,1986

13　姜焕中.电弧焊及电渣焊.北京:机械工业出版社,1988

# 第三章　压焊连接原理及工艺

## 3.1　概　述

压焊,也称压力焊,是焊接过程中,必须对焊件施加压力(加热或不加热)以完成焊接的方法。它是焊接科学技术的重要组成之一,广泛应用于航空、航天、原子能、电子技术、汽车及拖拉机制造和轻工等工业部门。统计资料表明,用压焊完成的焊接量,每年约占世界总焊接量的1/3,并有继续增加的趋势。

压焊具有悠久的历史,早在春秋战国时期,人们已经懂得以黄泥作助熔剂,用加热锻打的方法把两块金属连接在一起,这就是锻焊——最古老的压焊方法。有明确记载的是1885年美国 E·汤姆逊(E. Thomson)教授取得的电阻对焊专利及1886年生产出第一台电阻对焊机,这是电阻焊历史的开始。经过100多年的发展,压焊已经成为当今焊接技术的一个重要分支,其基本组成见图3.1。

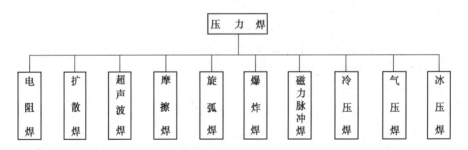

**图 3.1　压焊的分类**

众所周知,焊接过程的本质就是通过适当的物理－化学过程,使两个分离表面的金属原子接近到晶格距离(0.3~0.5 nm),形成金属键,从而使两金属连为一体,达到焊接的目的。这一适当的物理－化学过程,在压焊中是通过对焊接区施加一定的压力而实现的。压力的大小同材料的种类、所处温度、焊接环境和介质等有关,而压力的性质可以是静压力、冲击压力或爆炸力。

在少数压焊过程中(点焊、缝焊等),焊接区金属熔化并同时被施加压力,经加热→熔化→冶金反应→凝固→固态相变→形成接头,类似于熔化焊的一般过程。但是,由于有压力的作用,提高了焊接接头的质量。

多数压焊过程中,焊接区金属仍处于固相状态,依赖于在压力(不加热或伴以加热)作用下产生的塑性变形、再结晶和扩散等作用形成接头,这里强调了压力对形成接头的主导作用。但是,对加热可促进焊接过程的进行和更易于实现焊接,也应予以充分注意。因为加热可提高金属的塑性,降低金属变形阻力,显著减小所需压力。同时,加热又能增加金属原子的活动能力和扩散速度,促进原子间的相互作用。例如,铝在室温下其对接端面的变形度要达到 60% 以上才可以实现焊接(冷压焊),而当对接端面被加热至 400 ℃时,则只需 8% 的变形度就能实现焊接(电阻对焊)。当然,此时所施加的压力亦将大为降低。压力和加热温度之间存在着一定关系,如图 3.2 所示。由图可见,焊接区金属加热的温度越低,实现焊接所需的压力就越大。显然,冷

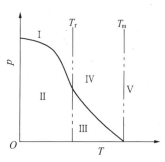

**图 3.2  压力与加热温度的关系**
Ⅰ—冷压焊区;Ⅱ—非焊接区;Ⅲ—扩散焊区;Ⅳ—热压焊区;Ⅴ—熔化焊区;$T_m$—熔点;$T_r$—再结晶温度

压焊时所需压力为最大,扩散焊时为最小,而熔化焊时则不需要压力。一般说来,这种固相焊接接头的质量,主要取决于对口表面氧化膜(室温下其厚度为1~5 nm)和其他不洁物在焊接过程中被清除的程度,并总是与接头部位的温度、压力、变形和若干场合下的其他因素(如超声波焊接时的摩擦、扩散焊时的真空度等)有关。

## 3.2  电阻焊连接原理及工艺

**一、概述**

电阻焊是焊件组合后通过电极施加压力,利用电流通过接头的接触面及临近区域产生的电阻热进行焊接的方法。

电阻焊的物理本质,是利用焊接区金属本身的电阻热和大量塑性变形能量,使两个分离表面的金属原子之间接近到晶格距离,形成金属键,在结合面上产生足够量的共同晶粒而得到焊点、焊缝或对接接头。

电阻焊与其他连接方法相比,具有接头质量高、辅助工序少、无须填加焊接材料及文明生产等优点,尤其易于机械化、自动化,生产效率高,使其经济效益显著。但电阻焊方法也存在一些缺点,例如,电阻焊接头质量的无损检验较为困难,电阻焊设备复杂、维修困难和一次性投资较高。

电阻焊按接头形式可分为搭接电阻焊和对接电阻焊两类;按工艺特点则分为点焊、凸焊、缝焊和对焊;按所使用的电流波形特征又可分为交流、直流和脉冲三类。目前已有的电阻焊分类组合如图 3.3 所示。

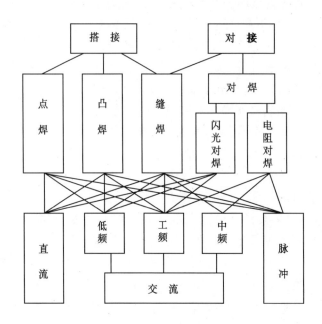

图 3.3　电阻焊分类组合

电阻焊的热源是电阻热。当电流通过两电极间的金属区域(焊接区)时,由于焊接区具有电阻,产生电阻热并在焊件内部形成热源(内部热源)。根据焦耳定律,焊接区的总析热量为

$$Q = I^2 R t \tag{3.1}$$

式中　　$I$——焊接电流的有效值(A),其数值范围一般为几千至几万安培;

　　　　$R$——焊接区总电阻的平均值($\Omega$),其数值范围一般为 $10 \sim 100\ \mu\Omega$;

　　　　$t$——通过焊接电流的时间(s),一般为交流电的几至几十个周波。

由于在电阻焊过程中,焊接电流和焊接区电阻并非保持不变,因此焊接热源总析热量的确切表达式为

$$Q = \int_0^t i^2 r \mathrm{d}t \tag{3.2}$$

式中　　$i$——焊接电流的瞬时值,是时间的函数;

　　　　$r$——焊接区总电阻的动态电阻值,是时间的函数;

　　　　$t$——通过焊接电流的时间。

电阻焊热源产生于焊件内部,与熔化焊时的外部热源(电弧、气体火焰等)相比,对焊接区的加热更为迅速、集中。电阻焊时产生的总热量正比于焊接电流的瞬时值的平方、焊接区的总电阻值及通电焊接时间。其中焊接区的总电阻取决于被焊材料的热物理性能、工件的形状和尺寸等因素;而焊接电流及通电焊接时间可作为焊接过程参数,按焊件厚度或截面大小及焊接生

产率要求不同在一定的范围内人为地设定和调节；对于完成某一特定的焊接接头（即焊接区总电阻一定），可以通过调节焊接电流及通电焊接时间的不同组合（大电流、短时间，或小电流、长时间）来获得同样的焊接热量。

总之，电阻焊的加热特点可以概括为利用焊件本身在压力作用下流过电流时的电阻热，对焊接区实现迅速和集中的加热，并在压力作用下形成接头。

### 二、点焊

焊件装配成搭接接头，并在两电极之间压紧，利用电阻热熔化母材金属，形成焊点的电阻焊方法称为点焊。

点焊按对焊件供电的方向可分为单面点焊、双面点焊和间接点焊等。按所用焊接电流波形可分为工频点焊、电容储能点焊、直流冲击波点焊、三相低频点焊和次级整流点焊等。

点焊广泛地应用在电子、仪表、家用电器的组合件装配连接上，同时也大量地应用于建筑工程、交通运输、航空航天工业中的冲压件、金属构件和钢筋网的焊接。常用点焊零件的厚度为 $0.05 \sim 6$ mm，目前点焊最厚钢件为 $(30 + 30)$ mm，铝合金件已达 $7 \sim 8$ mm。

1. 点焊时的电流场分布

由于点焊接头本身的几何特点及不均匀的焊接温度场的影响，使点焊时的电流场分布非常复杂，通常很难用实测方法来得到这一分布，但可以用差分法和有限元等方法在计算机上求解电流场的微分方程后得到。

点焊时，假定工件是两块无限大平板，采用圆形端面电极，若以电极中心线作为 $z$ 轴，则点焊电场对 $z$ 轴对称，可以用过 $z$ 轴的任一平面上的等位线表示电场分布。因为电流线垂直于等位线，所以可根据等位线做出电流线分布，以等电流线表示电场中电流场的分布。在圆柱坐标中电场分布满足以下微分方程，即

$$\frac{\partial}{\partial z}\left(\frac{1}{\rho}\frac{\partial \varphi}{\partial z}\right) + \frac{\partial}{\partial r}\left(\frac{1}{\rho}\frac{\partial \varphi}{\partial r}\right) + \frac{1}{\rho r}\frac{\partial \varphi}{\partial r} = 0 \qquad (3.3)$$

式中　　$\varphi$——求解区域内某点的电势；

$z, r$——该点轴向、径向坐标；

$\rho$——该点的电阻率。

用有限差分法计算得到点焊区域内的电流场和电流密度分布如图 3.4 所示。

图 3.4 中的等位线示出了焊接区内电势 $\varphi = 0$ 至 $\varphi = 100\%$ 之间的电势分布，电流线垂直于等位线，它指出了其所定体积范围内流过的电流占总电流的比例。根据等位线和电流线即可描绘出焊接区的电场分布。电流线越密集，表示通过该截面上的电流密度越大。

可以看出，点焊时的电场分布是很不均匀的，并具有以下特征。

1）点焊时焊接区内电流线呈现双鼓形，即电流线在接触面处产生集中收缩，使两焊件接触面处产生集中加热效果。

2）在各接触面边缘的电流密度均出现峰值。

点焊时，造成这种电场分布不均匀的主要原因有几何及温度两方面。

1）几何因素。由于点焊时电极与工件、工件与工件的接触面远远小于工件的横截面，从而引起电流的边缘效应，并且随着电极直径和焊件厚度之比 $d/\delta$ 的减小，边缘效应更趋严重。

2）温度因素。由于焊接时加热不均匀，焊接区各点温度不同，中间温度高，边缘温度低，温度高处的电阻率大，电流就会绕过较热部分，产生绕流现象。绕流现象引起的电场分布不均匀程度，与工件材料本身的热物理性能及焊接参数有关。

此外，交流电的趋表效应和焊接电流本身磁场所引起的电磁收缩效应等也会对电流场的分布产生一定的影响。

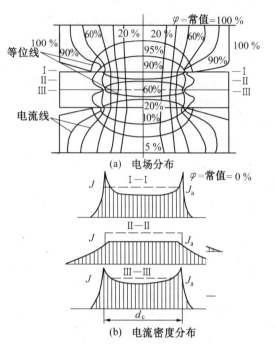

(a)　电场分布

(b)　电流密度分布

**图 3.4　点焊时电流场和电流密度分布**

$J_a$— 平均电流

了解电流场特征，并进而掌握其调整方法，就能较准确地分析、控制熔核的形状及位置，改善核心周围组织的加热状态，提高接头的质量。

**2. 点焊时的电阻**

假设点焊时两焊件的板厚、材料均相同，图 3.5 为焊接区电阻示意图，焊接区总电阻 $R$ 由焊件间接触电阻 $R_c$、电极与焊件间接触电阻 $2R_{ew}$ 及焊件本身的内部电阻 $2R_w$ 共同组成，即

$$R = R_c + 2R_{ew} + 2R_w \qquad (3.4)$$

（1）接触电阻

$R_c + 2R_{ew}$ 称为接触电阻，指在点焊压力下所测定的接触面（焊件－焊件、焊件－电极）处的电阻值，其形成原因如下。

**图 3.5　点焊时的电阻示意图**

1）从微观而论，任何导体的表面都是不平的，因而，两个导体相接触时，只能在个别点上建立物理接触点，使导电面积减小。带电粒子在电场作用下的运动、碰撞阻尼增强。而电流线弯曲又使导电路径加长，从而使两接触面间的电阻增大。

2）在导体表面上，经常有氧化膜、油污和其他脏物等存在，这些物质具有很大的电阻率，使表面层电阻增大。

接触电阻受电极和工件表面状态、电极压力、加热温度以及被焊材料的硬度等因素的影响。

1）表面状态。电极和工件的表面状态主要取决于焊接加工表面粗糙度、表面清理方法及焊前存放的时间等。焊件加工表面越光滑，接触电阻越小；机械清理比化学清洗后的接触电阻小，但化学清洗后的零件接触电阻更为均匀、稳定。因此，批量生产中最好采用化学清洗并要规定存放时间。

2）电极压力。随着电极压力增加，由于焊件的变形增加及表面不良导体破碎，使接触电阻减小。当电极压力达到最大值后重新减小时，由于塑性变形使接触点数目和接触面积不可能再恢复原状，使接触电阻低于原压力作用下的值，呈现滞后现象，如图3.6所示。同时，材质软的焊件其接触电阻的减小和滞后更为显著。

电极压力对接触电阻的影响通常可以用经验公式表示为

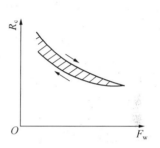

图 3.6 接触电阻与电极压力的关系

$$R_c = KF_w^{-n} \qquad (3.5)$$

式中　　$K$——与焊件材料性质及表面状态有关的系数，焊件越软、表面越光滑，则 $K$ 越小，一般在 0.001 ~ 0.01 之间；

　　　　$F_w$——电极压力（N）；

　　　　$n$——与材料性质及表面状态有关的指数，一般为 0.5 ~ 1。

3）加热温度。温度升高时，金属变形阻力降低，塑性变形增大，接触电阻随温度升高而迅速降低，当钢材达到 873 K 或铝合金温度达到 623 K 时，接触电阻几乎降为零。

接触电阻可用专用测量仪器 —— 微欧计直接测量出，其结果可作为零件焊前表面清理质量的判据。

异种金属材料相接触，其接触电阻值取决于较软的材料。同时，同一焊接区的接触电阻 $R_c$ 与 $R_{ew}$ 之间存在一定关系：

$R_{ew} \approx 0.5R_c$　　钢材、表面化学清洗、铜合金电极；

$R_{ew} \approx 0.4R_c$　　铝合金、表面化学清洗、铜合金电极；

$R_{ew} \approx R_c$　　　钼材、表面化学清洗、纯钨电极。

（2）焊件内部电阻

焊件内部电阻 $2R_w$ 是焊接区金属材料本身所具有的电阻，该区域的体积要大于以电极 – 焊件接触面为底的圆柱体体积，这是由于点焊时有边缘效应，即电流通过板件时，其电流线在板件中间部分将向边缘扩展，使电流场呈现双鼓形的现象，如图 3.4 所示。

凡是影响电流场分布的因素必然影响内部电阻 $2R_w$，主要因素有金属材料的热物理性质、力学性能、点焊规范参数及特征(电极压力、焊接电流及通电时间)和焊件厚度等。

点焊时焊接区焊件本身的电阻可以表示为

$$R_w = K_1 K_2 \rho_T \frac{\delta}{\frac{\pi d^2}{4}} \tag{3.6}$$

式中　$K_1$—— 边缘效应的影响系数;

　　　　$K_2$—— 绕流现象的影响系数;

　　　　$\rho_T$—— 焊件材料的电阻率($\Omega \cdot mm$);

　　　　$\delta$—— 单个焊件厚度(mm);

　　　　$d$—— 电极与焊件接触面的直径(mm)。

通常 $K_1 < 1$,它取决于几何特征系数 $d/\delta$,$K_1$ 值随着 $d/\delta$ 的增加而增大,一般取 $K_1 = 0.82 \sim 0.84$;$K_2$ 与各种焊件材料焊接加热不均匀程度有关,一般 $K_2 = 0.8 \sim 0.9$,电流越大,通电时间越短,焊接区温度越不均匀,$K_2$ 应取低值,小电流长时间通电情况下取较高值。

焊件材料的电阻率与温度有关,即

$$\rho_T = \rho_0 [1 + \alpha(T - 273)] \tag{3.7}$$

式中　$\rho_0$——273 K 时材料的电阻率($\Omega \cdot mm$);

　　　　$\alpha$—— 电阻温度系数(1/K)。

$d$ 主要取决于电极的端面尺寸,同时也与电极压力和被焊材料的抗塑性变形能力有关,一般可以用下式确定,即

$$d = \sqrt{\frac{4F_w}{\pi \sigma'}} \tag{3.8}$$

式中　$F_w$—— 电极压力(N);

　　　　$\sigma'$—— 被焊材料的压溃强度(MPa),它在焊接过程中随温度的升高而降低。

总之,点焊过程中,由于焊接区的形态和温度分布始终在不断地变化,因而焊件本身电阻 $R_w$ 的变化也非常复杂,通常可以认为焊接加热临近终了时,焊接区的形态和温度分布基本趋于稳定,此时焊件本身电阻也趋近于一个稳定值,此值可以用焊接终了时焊接区平均温度下的电阻率及此时的接触面直径代入公式(3.6)计算得出。

(3) 总电阻

研究表明,不同的金属材料在加热过程中焊接区动态总电阻 $R$ 的变化规律相差甚大,如图 3.7 所示。不锈钢、钛合金等材料呈单调下降的特性;铝及铝合金在加热初期呈迅速下

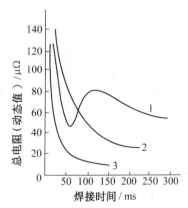

图 3.7　典型材料的动态电阻比较

1— 低碳钢;2— 不锈钢;3— 铝

降后趋于稳定;而低碳钢在点焊加热过程中其总电阻 $R$ 的变化曲线上却明显的有一峰值。下面,就低碳钢点焊时的动态电阻曲线(见图 3.8)作一分析,此曲线共分为 4 个阶段。

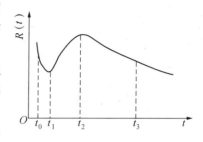

图 3.8　低碳钢动态电阻曲线

1)下降段($t_0 \sim t_1$)。加热开始几周波内,由于接触电阻迅速下降,动态电阻也呈陡降趋势,此时焊接区加热但未熔化。

2)上升段($t_1 \sim t_2$)。随着加热温度升高,焊件的电阻率增加,$R_w$ 迅速增加,使动态电阻也迅速增加。在接近于 $t_2$ 时,由于电阻率增加速率减小,动态电阻也缓慢增加直至最大值,此时焊接区金属已局部熔化,形成熔核,并逐步长大。

3)再次下降段($t_2 \sim t_3$)。由于金属软化及绕流现象,使接触面迅速增大且局部导电截面增加,动态电阻再次下降。

4)平稳段($t_3$ 以后)。此时电流场和温度场均进入准稳态,熔核及塑性环尺寸基本不变,动态电阻也趋于稳定值。

3.点焊时的温度场及加热特点

(1)点焊温度场

点焊时的电阻是产生内部热源——电阻热的基础,是形成焊接温度场的内在因素。研究表明,接触电阻 $R_c + 2R_{ew}$ 的析热量约占内部热源的 5% ~ 10%,软规范时可能要小于此值,硬规范及精密点焊时要大于此值。这部分热量对建立焊接初期的温度场、扩大接触面积、促进电流场分布的均匀化有重要作用。但过大的接触电阻有可能造成通电不正常(因为点焊机的二次空载电压很低,一般在 10 V 以下)或使接触面上局部区域过分强烈析热而产生喷溅、粘损等缺陷。

内部电阻 $2R_w$ 的析热量约占内部热源的 90% ~ 95%,是形成熔核的热量基础。内部电阻 $2R_w$ 与其上所形成的电流场,共同影响点焊时的加热特点及焊接温度场的形态和变化规律。

由焊接区的电流场和电阻产生的热量,在焊接区形成了特定的温度分布。两块无限大板点焊、采用圆形电极时,点焊温度场的热传导微分方程为

$$\frac{\partial T}{\partial t} = \frac{1}{c_V}\left[\frac{\partial}{\partial r}\left(\lambda \frac{\partial T}{\partial r}\right) + \frac{\partial}{\partial Z}\left(\lambda \frac{\partial T}{\partial Z}\right) + \frac{\lambda}{r}\frac{\partial T}{\partial r} + J^2 \rho_T\right] \tag{3.9}$$

式中　$c_V$——比定容比热容($J \cdot K^{-1} \cdot mm^{-3}$);

$\lambda$——热导率($w \cdot mm^{-1} \cdot K^{-1}$);

$T$——温度场内某点温度(K);

$J$——焊接区的电流密度($A/mm^2$);

$\rho_T$——焊件电阻率($\Omega \cdot mm$)。

由于点焊时焊接区各点的温度每一瞬间都在变化,故通常研究断电瞬间较为稳定的温度

场,此时的温度场达到最高温度并处于暂时的稳定状态,它可以反映焊后熔核形状、尺寸、位置以及可能发生的组织变化等情况。在计算机上采用数值方法对式(3.9)的微分方程求解得出断电时刻焊接区温度场分布的图形,如图3.9所示。由图可以看出,靠近熔核的等温线成闭合曲线,而远离熔核的等温线几乎成直线而且垂直于 $R$ 轴,最大的温度梯度约 3 000 ℃/cm,发生在 $z$ 轴方向。电极 – 工件接触面处温度越高,表明焊接时的加热越均匀。

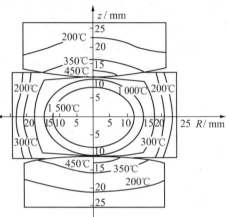

图 3.9　点焊断电时焊接区的温度分布

（2）点焊时的热平衡

点焊时,焊接区析出的热量并不能全部用来熔化母材金属,其中大部分将因向邻近物质的热传导、辐射而损失掉,如图3.10所示。其热平衡方程式为

$$Q = Q_1 + Q_2 + Q_3 + Q_4 \qquad (3.10)$$

式中　　$Q_1$——熔化母材形成熔核的热量;

　　　　$Q_2$——通过电极热传导损失的热量;

　　　　$Q_3$——通过焊件热传导损失的热量;

　　　　$Q_4$——通过对流、辐射散失到空气中的热量。

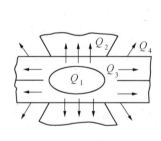

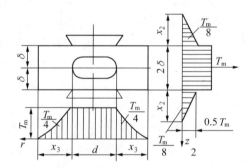

（a）　热平衡组成　　　　　　　　（b）　热量计算简图

图 3.10　点焊时的热平衡

一般认为,$Q$ 的大小取决于焊接规范特征和金属的热物理性质。有效热量 $Q_1$ 仅取决于金属的热物理性质及熔化金属量,而与热源种类和焊接规范特征无关,$Q_1 \approx (10\% \sim 30\%)Q$,导热性好的金属材料（铝、铜合金等）取低限;$Q_2$ 与电极材料、形状及冷却条件有关,$Q_2 \approx (30\% \sim 50\%)Q$,是最主要的散热损失,实际生产中往往利用控制 $Q_2$ 来获得合适的焊接温度场,$Q_3$ 与板件厚度、材料的热物理性质以及焊接规范特征等因素有关,$Q_3 \approx 20\%Q$;$Q_4 \approx$

5%$Q$,在利用热平衡方程式进行有关计算时可忽略不计。

(3) 焊接电流计算

通过热平衡方程式和焦耳定律可以近似算出点焊时焊接电流的有效值。假定 $Q_1$ 是把底面直径为 $d$、高为 $2\delta$ 的金属圆柱体加热到 $T_m$ 所消耗的热量,$Q_2$ 是把底面直径为 $d$、高为 $x_2$ 的上、下两个圆柱体电极加热到平均温度为 $T_m/8$ 所消耗的热量,$Q_3$ 是把焊接区周围内径为 $d$、宽为 $x_3$、高为 $2\delta$ 的金属环加热到平均温度为 $T_m/4$ 所消耗的热量,则

$$Q_1 = \frac{\pi d^2}{4} \cdot 2\delta \cdot c_V \cdot T_m \tag{3.11}$$

$$Q_2 = 2 \cdot \frac{\pi d^2}{4} \cdot x_2 \cdot c'_V \cdot \frac{T_m}{8} k_2 \tag{3.12}$$

$$Q_3 = \frac{\pi}{4} \left[ (d + 2x_3)^2 - d^2 \right] \cdot 2\delta \cdot c_V \cdot \frac{T_m}{4} \cdot k_3 \tag{3.13}$$

式中　　$c_V, c_V'$ —— 分别为焊件及电极的比定容比热容($J \cdot K^{-1} \cdot mm^{-3}$);

$T_m$ —— 焊接区加热终了时的平均温度(K);

$x_2$ —— 由焊接参数及电极材料热物理性能决定的系数,通常,$x_2 = 4\sqrt{\alpha' t}$,$\alpha'$ 为电极材料的导温系数,$t$ 为焊接时间,对于铜合金电极,$x_2 = 3.3\sqrt{t}$;

$x_3$ —— 由焊接参数及焊件热物理性能决定的系数,通常,$x_3 = 4\sqrt{\alpha t}$,$\alpha$ 为焊件的导温系数,对于低碳钢和低合金钢,$x_3 = 1.2\sqrt{t}$,对于铝合金,$x_3 = 3.1\sqrt{t}$;

$k_2$ —— 电极形状系数,平面电极 $k_2 = 1$,锥形电极 $k_2 = 1.5$,球面电极 $k_2 = 2$;

$k_3$ —— 考虑沿环的宽度温度分布不均匀性的系数,一般取 $k_3 = 0.8$。

忽略 $Q_4$,则 $Q = Q_1 + Q_2 + Q_3 = I^2 Rt$,可求出焊接电流的平均有效值为

$$\overline{I} = \sqrt{\frac{Q_1 + Q_2 + Q_3}{Rt}} \tag{3.14}$$

式中,$R$ 为焊接区平均总电阻,$R = K \cdot 2R_w$;$K$ 为考虑电阻在加热过程中发生变化的系数,与被焊材料有关,低碳钢 $K = 1.0 \sim 1.1$,不锈钢 $K = 1.1 \sim 1.2$,铝合金 $K = 1.2 \sim 1.4$。

4. 点焊过程分析

点焊过程,即是在热与机械作用下形成焊点的过程。热作用使焊件贴合面母材金属熔化,机械作用使焊接区产生必要的塑性变形,二者适当配合和共同作用是获得优质点焊接头的基本条件。

(1) 点焊焊接循环

一个完整的复杂点焊焊接循环,如图 3.11 所示。十个程序段组成,$I$、$F$、$t$ 中各参数均可独立调节,它可满足常用金属材料的点焊工艺要求。当将 $I$、$F$、$t$ 中某些参数设为零时,焊接循环被简化以适应某些特定金属材料的点焊要求。当参数中 $I_1$、$I_3$、$F_{pr}$、$F_{p0}$、$t_2$、$t_3$、$t_4$、$t_6$、$t_7$、$t_8$ 均为

零时,就得到由四个程序段组成的基本点焊焊接循环(见图 3.12),该循环是目前应用最广的点焊循环。

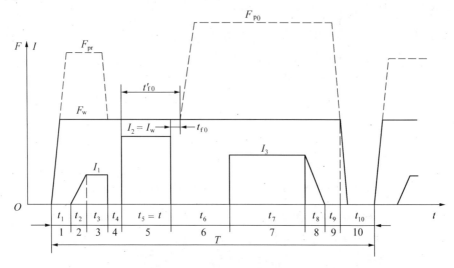

图 3.11　复杂点焊焊接循环示意图

1— 加压程序;2— 热量递增程序;3— 加热 1 程序;4— 冷却 1 程序;5— 加热 2 程序;

6— 冷却 2 程序;7— 加热 3 程序;8— 热量递减程序;9— 维持程序;10— 休止程序

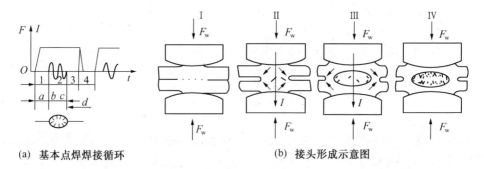

(a)　基本点焊焊接循环　　　　　　　　(b)　接头形成示意图

图 3.12　基本点焊循环下的接头形成过程

1— 加压;2— 焊接;3— 维持;4— 休止;$a$— 预压;$b,c$— 通电加热熔化;$d$— 冷却结晶

点焊焊接循环中使用预压压力($F_{pr} = (1.5 \sim 2.5)F_w$)能很好地克服焊件刚性,获得低而均匀的接触电阻,并能充分地利用设备电功率,适合厚钢板和高强铝合金等金属材料的点焊。较大的锻压力($F_{p0} = (2 \sim 3)F_w$)对板厚 $\delta > 3$ mm 的所有金属材料点焊都有积极意义,这是因为随着板厚增加在熔核内部易形成裂纹、缩松、缩孔等缺陷,对凝固过程的熔核提高压力进行锻压可有效地消除这些凝固组织缺陷。对于特别容易产生裂纹缺陷的 LF6、LY12CZ 等铝合金,从$(1 + 1)$ mm 厚度开始,就应该使用锻压力。同时,应严格控制施加锻压力的时刻,施加迟

222

缓将因熔核已结晶完毕而不能消除早已产生的缺陷;在断电瞬间同时施加锻压力,虽可防止凝固缺陷但却会使压痕深度增加,接头焊接变形加大;施加过早(通电过程中便开始锻压)会引起熔核尺寸下降,甚至产生未焊透缺陷。一般认为,在用硬规范焊接薄件时(储能点焊)$t_{f0} = 0.002 \sim 0.005$ s,在工频交流、直流冲击波、三相低频及次级整流点焊时 $t_{f0} = 0.02 \sim 0.18$ s。

预热电流 $I_1 = (0.25 \sim 0.5)I$ 有与提高预压压力相似作用的效果。同时,预热亦可降低焊接开始时焊接区金属中的温度梯度,避免金属的瞬间过热和产生喷溅。

热处理电流(缓冷电流或回火电流 $I_3 = (0.5 \sim 0.7)I$、$t_7 = (1.5 \sim 3.0)t$)可避免钢的淬透和产生淬火裂纹缺陷,提高接头的综合机械性能。

(2) 接头形成过程

熔核、塑性环及其周围母材金属的一部分构成了点焊接头。在一良好的点焊焊接循环条件下,接头的形成过程是由预压、通电加热和冷却结晶三个连续阶段所组成(见图3.12)。

1) 预压阶段。预压阶段的机 – 电过程特点是 $F_w > 0$、$I = 0$,其作用是在电极压力的作用下清除一部分接触表面的不平和氧化膜,形成物理接触点,为焊接电流的顺利通过及表面原子的键合作用准备。

2) 通电加热阶段。通电加热阶段的机 – 电特点是 $F_w > 0$、$I > 0$,其作用是在热与机械(力)作用下形成塑性环、熔核,并随着通电加热的进行而长大,直到获得需要的熔核尺寸。

图 3.13 示出了点焊熔核的形成及生长过程。刚开始通电时,由于边缘效应,使焊件接触面边缘处温度首先升高,见图 3.13(a)。接着,由于金属加热膨胀,接触面和电流场均扩展,并伴有绕流现象,而靠近电极的焊接区金属散热较有利,从而在焊接区内形成了回转双曲面形的加热区,其周围产生了较大的塑性变形,见图 3.13(b)。随着通电加热的进一步进行,电极与工件接触表面增加,表面金属的冷却增强,而焊接区中心部位由于散热困难温度继续升高,形成被塑性环包围的回转四方形液态熔核,见图 3.13(c)。继续延长通电时间,塑性环和熔核不断长大,当焊接温度场进入准稳态时,最终获得椭圆形液态熔核,周围是将熔核紧紧包围的塑性环,见图3.13(d)。

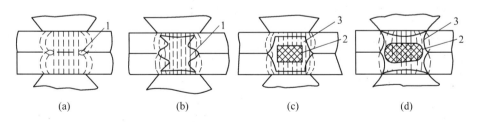

(a)　　　　　(b)　　　　　(c)　　　　　(d)

**图 3.13　点焊熔核形成及生长过程**

1— 加热区;2— 熔化区;3— 塑性环

3) 冷却结晶阶段。冷却结晶阶段的机 – 电特点是 $F_w > 0$、$I = 0$,其作用是使液态熔核在压力作用下冷却结晶。

由于材质和焊接规范特征的不同,熔核的凝固组织可有三种,柱状组织、等轴组织、柱状 + 等轴组织。

纯金属(镍、钼等) 和结晶温度区间窄的合金(碳钢、合金钢、钛合金等),其熔核为柱状组织;铝合金等其熔核为柱状 + 等轴组织;熔核凝固组织完全是等轴组织的情况极为罕见。

由于点焊加热集中、温度分布陡、加热与冷却速度极快等特点,若焊接参数选用不当,在结晶过程中常会出现裂纹、胡须、缩孔、结合线伸入等缺陷,其中裂纹对接头质量的影响最大,它的形成与被焊材料及结构、焊接参数等有关,可通过减慢冷却速度和加锻压力等措施来防止热裂纹的产生。

5. 点焊规范参数及其相互关系

(1) 点焊规范参数

以工频交流点焊为例,其基本焊接循环参见图 3.12(a),主要规范参数有焊接电流、焊接时间、电极压力及电极头端面尺寸。

1) 焊接电流。焊接时流经焊接回路的电流称焊接电流。点焊时 $I$ 一般在数万安培以内。焊接电流过小,使热源强度不足而不能形成熔核或熔核尺寸甚小;电流过大,使加热过于强烈,引起金属过热、喷溅、压痕过深等缺陷,使接头性能下降。

2) 焊接时间。电阻焊时的每一个焊接循环中,自焊接电流接通到停止的持续时间称焊接时间。点焊时 $t$ 一般在数十周波以内。$t$ 对接头性能的影响与 $I$ 相似,不同之处是当通电加热到熔核尺寸饱和时,继续延长通电时间一般不会出现飞溅,所以接头强度并不是迅速下降。

3) 电极压力。电阻焊时,通过电极施加在焊件上的压力,一般要数千牛顿。电极压力的大小直接影响到焊接接触面的导电面积及接触电阻大小,从而影响焊点性能。电极压力过小时,由于焊接区金属的塑性变形范围及变形程度不足,造成因电流密度过大而引起加热速度大于塑性环扩展速度,从而产生严重喷溅,这不仅使熔核形状和尺寸发生变化,而且污染环境。电极压力过大将使焊接区接触面积增大,总电阻和电流密度均减小,焊接区散热增加,因此熔核尺寸下降,严重时会出现未焊透缺陷。

一般认为,在增大电极压力的同时,适当加大焊接电流或焊接时间,以维持焊接区加热程度不变。同时,由于压力增大,可消除焊件装配间隙、刚性不均匀等因素引起的焊接区所受压力波动对焊点强度的不良影响。

电极压力选择时还应考虑被焊材料的性能及与其他点焊参数之间的匹配,高温强度越大的金属,$F_w$ 应相应增大;焊接规范越硬,则 $F_w$ 应相应增大;为减小采用较大电极压力所带来焊接区的加热不足,可采用马鞍形压力变化曲线(见图 3.11 中虚线所示)。

4) 电极头端面尺寸。电极头端面尺寸增大时,由于接触面积增大、电流密度减小、散热效果增强,均使焊接区加热程度减弱,因而熔核尺寸减小,使焊点承载能力降低。

（2）规范参数间相互关系及选择

点焊规范参数的选择主要取决于金属材料的性质、板厚及所用设备的特点（能提供的焊接电流波形和压力曲线）。当电极材料、端面形状和尺寸选定以后，焊接规范的选择主要是考虑焊接电流、焊接时间及电极压力这三个参数，其相互配合可有两种方式。

1）焊接电流和焊接时间的适当配合。这种配合是以反映焊接区加热速度快慢为主要特征。当采用大焊接电流、小焊接时间参数时称硬规范；而采用小焊接电流、适当长焊接时间参数时称软规范。

软规范的特点：加热平稳，焊接质量对规范参数波动的敏感性低，焊点强度稳定；温度场分布平缓、塑性区宽，在压力作用下易变形，可减少熔核内喷溅、缩孔和裂纹倾向；对有淬硬倾向的材料，软规范可减小接头冷裂纹倾向；所用设备装机容量小、控制精度不高，因而较便宜。但是，软规范易造成焊点压痕深、接头变形大、表面质量差、电极磨损快、生产效率低、能量损耗较大。

硬规范的特点与软规范基本相反。

在一般情况下，硬规范适用于铝合金、奥氏体不锈钢、低碳钢及不等厚度板材的焊接，而软规范较适用于低合金钢、可淬硬钢、耐热合金及钛合金等。

应该注意，调节 $I$、$t$ 使之配合成不同的硬、软规范时，必须相应改变电极压力 $F_w$，以适应不同加热速度及不同塑性变形能力的需要。硬规范时所用电极压力明显大于软规范焊接时的电极压力。

2）焊接电流和电极压力的适当配合。这种配合是以焊接过程中不产生喷溅为主要特征，根据这一原则制定的 $I - F_w$ 关系曲线称为喷溅临界曲线（见图3.14）。曲线左半区为无飞溅区，但焊接压力选择过大会造成固相焊接（塑性环）范围过宽，导致焊接质量不稳定。曲线右半区为飞溅区，因为电极压力不足、加热速度过快而引起飞溅，使接头质量严重下降，不能安全生产。

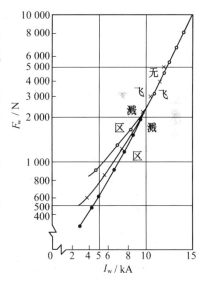

图 3.14　焊接电流与电极压力关系

6.点焊时的一些特殊问题

（1）分流

分流是指电阻焊时从焊接区以外流过的电流，这部分电流对焊点不起作用。点焊时的分流主要有先完成的焊点产生分流，电极与工件非焊接区接触、焊件装配过紧、单面点焊时引起分流等几种情况（见图3.15）。

分流使通过焊接区的有效电流减小，降低了焊点强度；分流还会导致电极与工件的接触部位局部产生很大的电流密度，以至烧坏电极或工件表面。

225

分流大小取决于焊接区的总电阻与分路电阻之比,其比值越小,分流就越小,所以可以采用下列措施以减小分流。

1) 选择合理的焊点间距。在实际生产中对各种材料在各种厚度时的焊点最小间距有一定的规定。

2) 选择合适的焊接顺序。

3) 焊前严格清理工件表面,减小焊接区电阻。

4) 避免电极与焊件非焊接区接触。

5) 适当增加焊接电流,以补偿分流。连续点焊时,由于点距很小,可通过不断递增焊接电流的方法,以保证熔核的大小基本不变。

6) 合理掌握装配间隙。

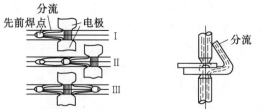

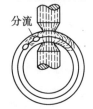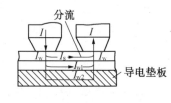

(a) 先完成的焊点产生的分流 (b) 电极与工件非焊接区接触

(c) 焊件装配过紧引起的分流 (d) 单面点焊引起的分流

**图 3.15    点焊时的几种分流现象**

7) 单面多点焊时采用调幅电流。通过调幅电流对电极侧的焊件预热,提高分路电阻,从而减小分流。

(2) 熔核偏移

在不同厚度或不同材料焊件点焊时,由于两焊件在焊接加热时的析热及散热情况不同,使熔核偏向析热多、散热慢的厚板或导电、导热性差的材料一边。

可以通过控制焊接区析热与散热条件,调整焊接温度场的方法克服或减小熔核偏移,具体措施如下。

1) 用不同直径的电极。薄件或导电导热性好的材料的一边采用较大直径的电极。

2) 用不同材质的电极。薄件或导电导热性好的材料的一边采用导热性较差的电极。

3) 采用大电流短时间焊接参数。大电流、短时间焊接时接触电阻上发热量占的比例较大,散热的影响较小,可改善熔核偏移现象。

4) 附加工艺垫片。薄件或导热性好的焊件一边,附加导热性较差材料制成的工艺垫片。

### 三、凸焊

凸焊是指在一焊件的贴合面上预先加工出一个或多个突起点,使其与另一焊件表面相接触并通电加热,然后压塌,使这些接触点形成焊点的电阻焊方法。

凸焊是在点焊基础上发展起来的,利用预先加工出的突起点或零件固有的型面、倒角来达到提高贴合面压强与电流密度的目的;同时采用较大的平板电极来降低电极与工件接触面的压强和电流密度,从而消除了工件表面的压痕,提高了电极寿命。凸焊基本类型有单点凸焊和多点凸焊、环焊、T形焊、滚凸焊、线材交叉焊等。

凸焊时除与点焊一样需表面清理外,凸焊还有预制突起点的要求,突起点可呈球状、长条状和环状等形状。凸焊不宜用于软金属,如铝、铜、镍等。

1.凸焊过程分析

凸焊接头也是在热－机械(力)联合作用下形成的,在一良好的凸焊焊接循环条件下,接头的形成过程仍是由预压、通电加热和冷却结晶三个连续阶段组成(见图3.16)。但从焊点形成过程来看,凸焊比点焊时较为复杂。

在预压阶段,电极压力从零开始较缓慢地增加,使凸点产生一定的变形,当电极压力达到预定值时,凸点预压溃量 $S_1$ 一般达到凸点总高度的 60% 左右。此阶段的作用是使凸点产生一定的塑性变形,形成一定面积的稳定的导电通路。

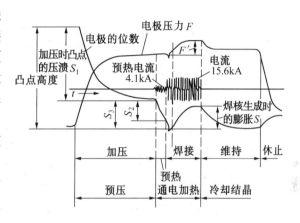

图 3.16　凸焊接头形成过程中的参数变化

通电加热阶段又分为凸点压溃期和熔核生长期两个阶段。凸点压溃是从开始通电到两板完全贴合(约 10 ms) 的过程,这一区段中,剩下的凸点高度 $S_2$ 将被全部压溃。若采用等幅工频焊接电流,开始压溃时,由于加压机构的惯性,易使焊件突然失压或减压而引起初期飞溅,为了避免初期飞溅,通常采用加预热电流或减小运动部分惯性等方法加以防止。在凸点被完全压溃的同时,便进入熔核生长期,通常当通电时间 $t = 0.5 t_{\mathrm{w}}$ 时焊点开始熔化,当 $t = (0.7 \sim 0.8) t_{\mathrm{w}}$ 时,熔核充分长大。在熔核生长期的加热过程中,焊接区金属体积膨胀,使电极向上位移 $S_3$,电极压力增加 $F'$。

切断焊接电流,熔核在压力作用下开始冷却结晶,其过程与点焊熔核的结晶过程基本相同。

凸焊接头与点焊接头在其结合特点上有明显的不同:牢固的点焊接头均为熔化连接;而凸焊接头依据其接头形式不同,可以是熔化连接(如单点、多点凸焊和线材交叉焊),也可是固相连接(如环形焊、T形焊),并都能达到可靠的连接。这是依靠了凸点或凸环在迅速压溃时产生大量塑性变形,促进焊接区再结晶,从而形成牢固的接头。

2.凸焊工艺参数

合适选择凸点尺寸是保证焊点质量的关键,可以根据被焊材料、厚度、结构形式、焊接条件和接头使用要求等来确定。在选择时,一般尽可能选用较小尺寸的凸点和较大的凸点间距。凸点的形状一般有圆球形或圆锥形的,在厚板凸焊时,为了避免由于凸点底部压不平而在接头处产生间隙,有时采用带有溢出槽的凸点,凸点形状如图 3.17 所示。

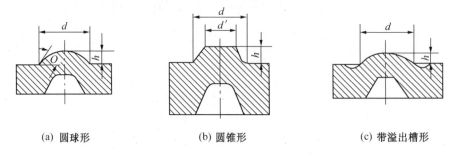

(a) 圆球形　　　　　　(b) 圆锥形　　　　　　(c) 带溢出槽形

图 3.17　凸点形状示意图

凸焊时焊接电流、焊接时间、电极压力对接头质量的影响规律与点焊时基本相同,但需注意以下两点。

1) 焊接电流与焊接时间的配合。凸焊时,通常不选用电流太大、时间太短或电流太小、时间太长的规范,以免早期飞溅倾向或焊接区及周围过热。

2) 凸焊时,电极压力对接头强度的影响很大,而且允许调节的范围很窄。电极压力太小,凸点预变形小,焊接电流密度过大,会产生飞溅或烧穿现象;电极压力太大,通电前或通电开始时使凸点瞬时压塌,破坏了凸焊过程的正常进行。

## 四、缝焊

缝焊是指焊件装配成搭接或对接接头并置于两滚轮电极之间,滚轮加压焊件并转动,连续或断续送电,形成一条连续焊缝的电阻焊方法。

1.缝焊的分类及特点

缝焊时,工件处于恒定的压力下,根据通电和工件运动方式的不同可以分为三类(见图3.18)。

(1) 连续缝焊

工件连续匀速运动,电流持续加于工件与滚轮的接触面上。其实质是每半周形成一个焊点,即当采用 50 Hz 电源时,每秒形成 100 个焊点。连续缝焊一般用于焊接较薄的工件。连续缝焊设备简单、生产率高,一般焊接速度为 10 ~ 20 m/min,但缝焊中滚轮电极表面和焊件表面均有强烈过热,使焊接质量变坏及电极磨损严重。

(2) 断续缝焊

工件连续匀速运动,电流断续施加。其实质是在每个通电期间形成一个焊点。由于有间隙时间,电极得以较好冷却。在同一电流密度下其工作端面温度比连续通电时低,可提高电极寿命。断续缝焊在生产中得到最广泛地应用,焊接电流采用工频交流或电容储能电流波形(频率可调),用以制造黑色金属气密、水密和油密焊缝,缝焊速度一般为 0.5 ~ 4.3 m/min。

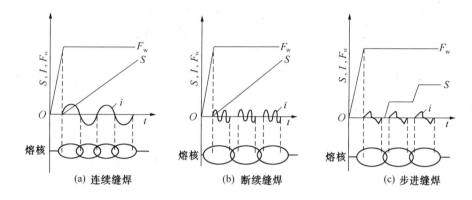

图 3.18　缝焊焊接循环示意图

（3）步进缝焊

工件作间隙运动,电流亦断续施加。其过程为:工件停止 → 通电加热熔化 → 断电冷却结晶 → 凝固后工件前进一步 → 工件停止后通电。

由于缝焊时工件处于静止状态,故整个结晶过程均可处于压力之下。这一点对铝合金等易产生裂纹的材料特别有利,可避免失压下结晶。焊接电流采用直流冲击波、三相低频和次级整流电流波形,用以制造铝合金、镁合金等的密封焊缝,缝焊速度一般较低,仅为 0.2 ~ 0.6 m/min。

若按使用焊接电流波形也可将缝焊分为工频交流缝焊、电容储能缝焊、支流冲击波缝焊、三相低频缝焊和次级整流缝焊等。

按对焊件供电的方向可将缝焊分为单面缝焊、双面缝焊。

按一次形成的焊缝数可将缝焊分为单缝缝焊、双缝缝焊。

2.缝焊过程特点

缝焊与点焊并无实质上的不同,其过程仍是对焊接区进行适当的热 – 机械的联合作用。但是,由于缝焊接头是由局部互相重叠的连续焊点所构成,以及形成这些焊点时,焊接电流及电极压力的传递均是在滚轮电极旋转 —— 焊件移动中进行(步进缝焊除外),显然使缝焊过程比点焊过程复杂和有其自身特点。

断续缝焊时,每一焊点同样要经过预压、通电加热和冷却结晶三个阶段。但由于缝焊时滚轮电极与焊件间相对位置的迅速变化,使此三阶段不像点焊时区分的那样明显。正处于滚轮电极下的焊接区和临近它的两边金属材料,在同一时刻将分别处于不同阶段。而对于焊缝上的任一焊点来说,从滚轮下通过的过程也就是经历预压 → 通电加热 → 冷却结晶三阶段的过程。从热作用方面分析,缝焊时已焊好的焊点对正在焊的焊点有较大的分流作用,削弱了焊接区的加热,同时正在焊的焊点对待焊的焊点又有一定的预热作用;从电极压力作用方面分析,缝焊时

229

的预压和冷却结晶阶段都存在压力不足的现象,容易引起焊前飞溅及焊后裂纹、缩孔等缺陷。此外,缝焊时由于焊轮在每一焊点上停留时间短,焊件表面散热条件差,容易过热。

3. 缝焊规范参数

工频交流断续缝焊在缝焊中应用最广,其主要规范参数有焊接电流、电流脉冲时间、脉冲间隔时间、电极压力、焊接速度及滚轮电极端面尺寸。

(1) 焊接电流

考虑缝焊时的分流,焊接电流应比点焊时增加 15% ~ 40%。随着焊接电流的增大,焊透率及重叠率增加,焊缝强度及密封性也提高,但电流过大时可能产生过深的压痕和烧穿,使接头质量反而下降。

(2) 电流脉冲时间和脉冲间隔时间

缝焊时,可通过电流脉冲时间 $t$ 来控制熔核尺寸,调整脉冲间隔时间 $t_0$ 来控制熔核的重叠量,因此,二者应有适当的配合。一般来说,在用较低的焊速缝焊时,$t/t_0 = 1.25 ~ 2$ 可获得良好结果。而随着焊速增大将引起点距加大、重叠量降低,为保证焊缝的密封性,必将提高 $t/t_0$ 值。因此,在采用较高焊速缝焊时 $t/t_0 \approx 3$ 或更高。

随着脉冲间隔时间 $t_0$ 的增加,焊透率及重叠量均下降。

(3) 电极压力

考虑缝焊时压力作用不充分,电极压力应比点焊时增加 20% ~ 50%,具体数值视材料的高温塑性而定。

电极压力增大时,将使熔核宽度显著增加、重叠量下降,破坏了焊缝的密封性,特别是在焊接电流较小时其作用更大。电极压力对焊透率的影响较小。

(4) 焊接速度

焊接速度是缝焊过程中的一个重要参数,其大小决定了焊轮电极与焊缝上各点作用时间的长短,从而影响了加热时间、电极压力作用效果及焊轮对焊件的冷却效果等。焊接速度越小,加热越平缓,对焊件的加压效果越好,对焊件表面的冷却效果也越好,从而提高了焊缝质量和电极寿命。在同样条件下,增加焊接速度会使焊点重叠量减小,焊缝强度降低。通常可根据被焊工件的材料和厚度来选择合适的焊接速度,研究表明,随着板厚的增加缝焊速度必须减慢。一般焊速在 3 m/min 以内,连续缝焊时也不大于 14 m/min。焊接速度与焊接电流、电极力的配合关系如图 3.19 所示。焊速过快、电流过小,会

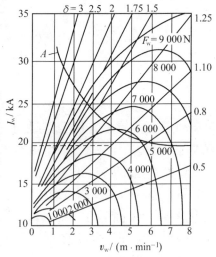

图 3.19　缝焊时焊接速度与电流及电极力的配合关系

出现未焊透现象;焊速慢、电流过大,则会出现过热现象。

(5) 滚轮电极端面尺寸

端面尺寸直接影响与工件的接触面长度,直径越大,接触长度越长,从而电流密度小,散热快,熔核小。

常常采用不同直径电极来调节焊接不等厚板或异种材料时的热量分配。

### 五、对焊

对焊是把两工件端部相对放置,利用焊接电流加热,然后加压完成焊接的电阻焊方法。对焊包括电阻对焊及闪光对焊两种。

对焊是一种快速高效的焊接方法,其特点是:不论工件截面大小(从零点几到数万平方毫米) 均一次焊成;不论端面熔化与否,熔融金属均挤出焊口成毛刺而不成为焊缝的组成部分;对焊尤其闪光对焊时,所接工件端面必须一致,对焊不同端面工件时必须有过渡段,其直径差别应小于 15% ,厚度差别应小于 10% 。

1.电阻对焊

电阻对焊是将工件装配成对接接头,使其端面紧密接触,利用电阻热加热至塑性状态,然后迅速施加顶锻力完成焊接的方法。

电阻对焊的特点是先压紧,后通电。温度沿径向不宜均匀,沿轴向则梯度小,且低于熔点。因此仅适宜于焊接小截面($<$ 250 mm$^2$)、形状紧凑(如棒、厚壁管)、氧化物易于挤出的材料(碳素钢、铜、铝等)。

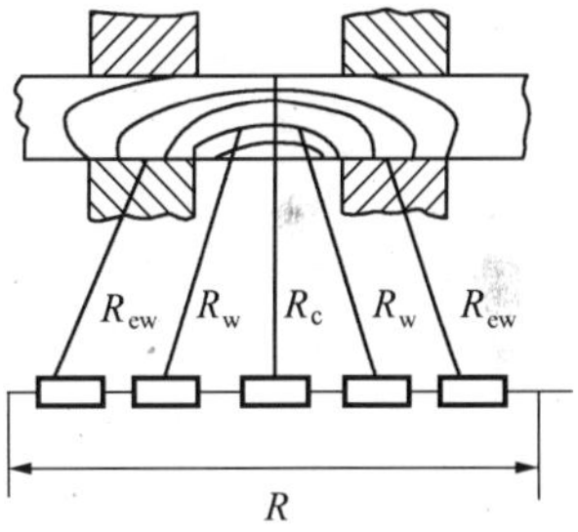

(1) 电阻对焊时的电阻及加热特点

电阻对焊焊接区总电阻 $R$ 由焊件间接触电阻 $R_c$ 及焊件本身的内部电阻 $2R_w$ 共同组成(见图 3.20),即

$$R = R_c + 2R_w \qquad (3.15)$$

接触电阻 $R_c$ 与点焊时的接触电阻具有相同的特征。焊件内部电阻 $2R_w$ 可确定为

**图 3.20　对焊等效电路**

$$R_w = m\rho_T \frac{l}{S} \qquad (3.16)$$

式中　　$m$—— 趋表效应系数;

　　　　$l$—— 焊件的调伸长度(mm);

　　　　$S$—— 焊件的截面积(mm$^2$);

　　　　$\rho_T$—— 电阻率($\Omega \cdot$ mm)。

$m$ 与焊件直径 $D$ 及焊接电流密度 $J$ 的大小有关,随 $D$ 增加,$m$ 增加;随着 $J$ 增加,$m$ 减小;

当 $D < 20 \sim 25$ mm(钢件)时,趋表效应的影响可以忽略。

总电阻的变化规律如图 3.21 所示。对焊开始时,由于接触电阻 $R_c$ 急剧降低,使总电阻 $R$ 明显下降,以后随着焊接区温度的升高,电阻率 $\rho_T$ 的增大影响显著,焊件内部电阻 $2R_w$ 增加,总电阻 $R$ 增大。一般情况下,焊件内部电阻对加热起主要作用,接触电阻 $R_c$ 析出的热量仅占焊接区总析热量的 $10\% \sim 15\%$,但由于这部分热量集中在对口,能使对口接合面温度迅速提高,从而使变形集中,有利于焊接。

电阻对焊时的温度分布如图 3.22 所示。对口处的焊接温度通常约为焊件金属材料熔点的 $0.8 \sim 0.9$ 倍。但焊件沿截面的加热有可能是不均匀的,特别是在焊接大截面或展开形工件时,这种不均匀性尤为明显。只有对端面进行焊前精心准备或增加焊接时间,零件沿截面的加热均匀性才会得以改善。

图 3.22 所示温度场,可看做由两个热源在加热过程中叠加的结果:一个是由焊件内部电阻所产生的电阻热,把焊件在两钳口之间的一段金属加热到温度 $T_1$,另一个是由接口处的接触电阻所产生的瞬时平面热源,把结合面处金属加热到温度 $T_2$,所以接口处的焊接加热温度为 $T_k = T_1 + T_2$。则

$$\frac{\partial T}{\partial t} = \frac{1}{c_V}\left[\frac{\partial}{\partial x}(\lambda \frac{\partial T}{\partial x}) + J^2\rho_T\right] \tag{3.17}$$

电阻对焊时,由焊件内部电阻加热产生的温度分布,可用下述的热传导微分方程表示:

对于最高点,$\frac{\partial T}{\partial t} = 0$,则

$$T_{max} = \frac{J^2\rho_T}{c_V} = \frac{I^2\rho_T}{S^2 c_V}$$

考虑到向电极及周围介质的散热损失,则

$$T_1 = \frac{k\rho_T I^2}{c_V S^2}$$

式中  $k$—— 有效热系数,对于珠光体钢 $k \approx 0.75$;对于奥氏体钢 $k \approx 0.9$。

由接触电阻产生的温度场可以表示为

$$T = \int_0^t \frac{q}{c_V \sqrt{4\alpha\pi t}} e^{-\frac{x^2}{4\sqrt{\alpha t}}} dt \tag{3.18}$$

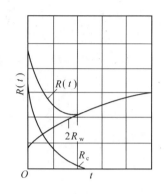

图 3.21　电阻对焊时总
电阻变化规律

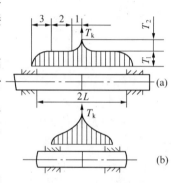

图 3.22　电阻对焊时的温度分布
(a) 伸出长度大时的温度分布
(b) 伸出长度小时的温度分布

所以
$$T_2 = T_{x=0} = \frac{q}{c_V \sqrt{4\alpha\pi}} \cdot 2t^{\frac{1}{2}}$$

由于 $q = I^2 R_c, \alpha = \dfrac{\lambda}{c_V}$，则

$$T_2 = \frac{R_c I^2 \sqrt{t}}{S \sqrt{\pi c_V \lambda}}$$

因而,电阻对焊时接口处的焊接加热温度为

$$T = T_1 + T_2 = \frac{k\rho_T I^2}{c_V S^2} + \frac{R_c I^2 \sqrt{t}}{S \sqrt{\pi c_V \lambda}} \tag{3.19}$$

(2) 电阻对焊过程分析

电阻对焊焊接循环由预压、加热、顶锻、保持、休止等程序组成(见图3.23)。其中预压、加热、顶锻三个连续阶段组成电阻对焊接头形成过程,而保持、休止等程序则是电阻对焊操作中所必须的。在等压式电阻对焊中,保持与顶锻两程序合并。

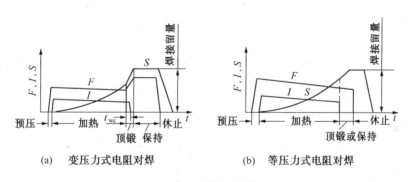

(a) 变压力式电阻对焊　　　　(b) 等压力式电阻对焊

**图 3.23　电阻对焊焊接循环图**

预压阶段与点焊时相同,只是由于对口接触表面上压强较小,使清除表面不平和氧化膜形成物理接触点的作用远不如点焊时充分。

通电加热阶段,由于焊接区温度不断升高使金属塑性增加、电阻增大,前者引起压力曲线逐渐下降,后者引起电流曲线逐渐降低。

顶锻阶段顶锻有两种方式,一是顶锻力等于焊接压力;二是顶锻力大于焊接压力。等压力方式使加压机构简单,但锻压效果不如变压力方式好。变压力方式主要用于合金钢、有色金属及其合金的电阻对焊。

电阻对焊是一种高温塑性状态下的固相焊接,其接头连接实质上可有再结晶、相互扩散两种形式,但均为固相连接。

在同种金属或结晶化学与物理性质相近的异种金属电阻对焊时,对口及其临近区域温度分布和塑性变形特点使其产生再结晶。由于对口加热温度通常高达$(0.8 \sim 0.9)\,T_m$,再结晶不

仅速度快而且进入聚合再结晶(对于钢为 950 ~ 1 000 ℃),即新产生的再结晶晶粒互相吞并长大使晶界转移完善,形成由两焊件金属所组成的共同晶粒,接触界面消失,实现了牢固的焊接。

在结晶化学和热物理性质相差甚大的异种金属电阻对焊时,会得到一种扩散连接形式,这时对口处接触界面仍明显存在,连接是由于对口接触表面达到了紧密贴合和发生了互扩散现象并具有一定的体积深度。焊前的表面严格清理并及时施焊,使低熔点的较软金属具有大的塑性变形和附加控制模(即强迫成形)是获得高质量扩散连接的关键。

为了获得优质电阻对焊接头,必须保证沿焊件长度获得合适的温度分布,沿对口端面要加热均匀、温度适当;对口及其临近区域必须产生足够的塑性变形;焊缝中不应有氧化夹杂。

(3) 电阻对焊规范参数

电阻对焊的主要规范参数有调伸长度、焊接电流密度(或焊接电流)、焊接时间、焊接压力和顶锻压力。

1) 调伸长度。调伸长度的作用是为了保证必要的留量(焊件缩短量)和调节加热时的温度场。$L$ 过大会使温度场平缓,加热区变宽,使塑性变形不易在对口处集中,因而导致排除氧化夹杂困难,同时,耗能增大和易产生错位、旁弯等形位缺陷;$L$ 过小使向夹钳电极散热增加,温度场变陡,塑性变形困难,需增大焊接压力和顶锻压力。

实践表明,调伸长度应不小于焊件直径的一半,即 $L = (0.6 \sim 1.0) d$($d$ 为圆材的直径或方材的边长)。异种材料对焊时,为获得温度分布均衡,两焊件应采用不同的调伸长度。

2) 焊接电流密度和焊接时间。当采用大电流密度、短焊接时间时,可提高焊接生产率,但要使用较大功率的焊机;当采用过长的焊接时间时,由于焊缝晶粒粗大和氧化程度增加,使接头质量降低。焊接电流密度和焊接时间符合以下数值方程式,即

$$J \sqrt{t} = K_u' \times 10^3 \tag{3.20}$$

式中　　$J$——焊接电流密度(A/cm$^2$);

$t$——焊接时间(s);

$K_u'$——系数,直径小于 10 mm 的钢 $K_u' = 10$,直径大于 10 mm 的钢 $K_u' = 8$,铝的 $K_u' = 20$,铜的 $K_u' = 27$。

3) 焊接压力和顶锻压力。顶锻压力 $F_u$ 为顶锻阶段施加给焊件端面上的压力,对接触面上的析热及对口和临近区域的塑性变形均有影响,常以单位面积压力 $p$ 来表示。在等压式电阻对焊时,焊钢 $p_w = p_u = 20 \sim 40$ MPa;焊有色金属时,$p_w = p_u = 10 \sim 20$ MPa。在变压力式电阻对焊时,焊钢 $p_w = 10 \sim 15$ MPa;焊有色金属 $p_w = 1 \sim 8$ MPa,单位面积顶锻压力则要超过十几倍至几十倍。例如,对于合金钢 $p_u = 100 \sim 150$ MPa,对于铜 $p_u = 300 \sim 450$ MPa。

2.闪光对焊

闪光对焊指焊件装配成对接接头,接通电源,使其端面逐渐移近达到局部接触,利用电阻

热加热这些接触点(产生闪光),使端面金属熔化,直至端部在一定深度范围内达到预定温度时,迅速施加顶锻力完成焊接的方法。

闪光对焊包括连续闪光对焊和预热闪光对焊两种。

闪光对焊的特点是先接通电源,后逐步靠近,仅个别点接触通电,电流密度极大,很快熔化并爆破,这些接触点在端面上随机变更位置,保证了均匀加热,且轴向温度梯度比电阻对焊大,热影响区窄,端面能保持一薄层熔化层,有利于排除氧化物。因此闪光对焊适宜于中大截面工件,可用于紧凑和展开断面、难焊材料和异种材料对接。

(1) 闪光对焊时的电阻及加热特点

闪光对焊焊接区总电阻仍可用 $R = R_c + 2R_w$ 表示。焊件内部电阻亦可由式(3.16)近似估算。闪光对焊时的接触电阻 $R_c$ 取决于同一时间内对口端面上存在的液体过梁数目、它们的横截面面积以及各过梁上电流线收缩所引起的电阻增加。$R_c$ 可按经验公式近似予以计算,即

$$R_c = \frac{9\,500}{S^{2/3} v_f^{1/3} J} \cdot 10^{-6} \tag{3.21}$$

式中　　$K$——考虑钢材性质的系数,碳钢、低合金钢 $K = 1$,奥氏体钢 $K = 1.1$;

$v_f$——闪光速度(cm/s);

$J$——电流密度($A/mm^2$);

$S$——焊件横截面积($cm^2$)。

闪光对焊时的接触电阻 $R_c$ 较大,在焊钢时约为 $100 \sim 1\,500\ \mu\Omega$,并在闪光过程中始终存在。随着闪光过程的进行,$R_c$ 减小,$2R_w$ 增大,总电阻则成下降趋势(见图 3.24)。顶锻开始时由于两零件端面相互接触、液态过梁突然消失,因而 $R$ 急剧下降,以后的变化规律同 $2R_w$。

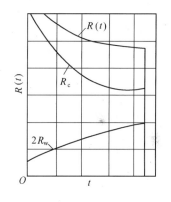

图 3.24　闪光对焊 $R$ 的变化

由于电阻的上述特点,闪光对焊时接触电阻 $R_c$ 对加热起主要作用,其产生的热量占总析热量的 85% ~ 90%。

(2) 闪光对焊过程分析

连续闪光对焊焊接循环由闪光、顶锻、保持、休止等程序组成,预热闪光对焊则在其焊接循环中尚设有预热程序,闪光对焊焊接循环如图 3.25 所示。

1) 闪光阶段。接通电源并使两焊件端面轻微接触,对口间将形成许多具有很大电阻的小触点,在很大电流密度的加热下,触点瞬间熔化而形成连接对口两端面的液体金属小桥,称为过梁。由于液态金属电阻率很高,通过的电流密度又大,因而过梁加热非常剧烈,金属瞬间加热到沸腾温度,激烈气化,在蒸气压力作用下过梁爆破,液态金属微滴以超过 $60\ m/s$ 的速度从对口间隙抛射出来,形成火花急流 —— 闪光,同时在端面上留下火坑。当一个过梁爆破后,电流

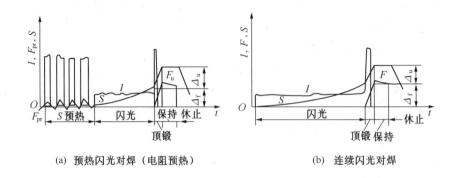

(a) 预热闪光对焊（电阻预热）　　　　　　(b) 连续闪光对焊

**图 3.25　闪光对焊焊接循环**

在剩余的过梁中重新分配，使电流密度增加，又促使其他过梁爆破。焊件继续移近，新的过梁不断形成，不断爆破。闪光的形成实质就是液体过梁不断形成和爆破过程，并在此过程中析出大量的热。

闪光的作用是用来加热焊件，并烧掉焊件端面上的脏物和不平；另外，液体过梁爆破时产生的金属蒸气及气体减少了空气对对口间隙的侵入，形成自保护；闪光后期在端面上所形成的液体金属层，也为顶锻时排除氧化物和过热金属提供了有利条件。

2）顶锻阶段。闪光后期，对焊件施加顶锻力，使烧化端面紧密接触。顶锻阶段由有电顶锻和无电顶锻两部分组成。顶锻的作用是：封闭对口间隙，挤平因过梁爆破而留下的火口；彻底排除端面上的液体金属层，使焊缝中不残留铸造组织；排除过热金属及氧化夹杂，造成洁净金属的紧密贴合；使对口和临近区域获得适当的塑性变形，促进焊缝再结晶过程。

3）预热阶段。预热阶段是预热闪光对焊所特有的。预热方式有两种，电阻预热和闪光预热。

电阻预热是多次将两焊件端面紧密接触、分开，接触时施加较小的挤压力并通以预热电流（见图 3.25）。

闪光预热是指接通电源后，多次将两焊件端面轻微接触、分开，在每次接触过程中都要激起短暂的闪光。

预热的作用是：减少需用功率，在较小容量的焊机上对焊大截面焊件；加热区域较宽，使顶锻时易于产生塑性变形，并能降低焊后的冷却速度，有利于对可淬硬金属材料的对焊；缩短闪光加热时间、减小闪光量，节约金属，减小管材内毛刺。

（3）闪光对焊规范参数

闪光对焊的主要规范参数有调伸长度、闪光留量、闪光速度、闪光电流密度、闪光时间、焊机二次空载电压(闪光阶段)；顶锻留量、顶锻速度、顶锻压力、加紧力(顶锻阶段)；预热留量、预热电流、预热时间(预热阶段)。

闪光对焊规范参数的选择应从技术条件出发,结合材料性质、断面形状及尺寸、设备条件和生产规模等因素综合考虑。一般可先确定工艺方法,然后参照推荐的有关数据及试验资料初步选定规范参数,最后由工艺试验并结合接头性能分析予以确定。

　　1)预热电流和预热时间。与被焊材料性质、焊件断面尺寸、焊机功率等因素有关,预热电流太大,预热时间过长,会降低接头的塑性和韧性;预热电流太小,预热时间太短,则不能真正达到预热的效果。

　　2)闪光留量。即考虑焊件在闪光阶段的缩短量而预留的长度。闪光留量可根据被焊材料性质、焊件截面尺寸等因素来选择,通常连续闪光对焊时闪光留量占总留量的70% ~ 80%,预热闪光对焊时闪光留量仅占总留量的30% ~ 50%,闪光留量太大、太小都不合适,太大会浪费材料及能源,太小会使加热不足,不利于顶锻时的塑性变形。

　　3)闪光速度。是保证稳定、连续闪光的重要参数。闪光速度太大,会使焊件加热区变窄,温度梯度增大,变形困难,所需焊机功率增大,浪费焊材;闪光速度太小,会使烧化中断,加热深度不足,不能形成合适的液态金属和塑性区。通常在闪光过程中,闪光速度是以一定的规律随时间递增的。

　　4)焊机二次空载电压。焊机二次回路一定的情况下,焊机二次空载电压决定了闪光电流密度。通常根据被焊材料性质、焊件断面尺寸和闪光方式选定焊机二次空载电压大小,空载电压低,过程的热效率高,但太低不能维持连续闪光;空载电压高,易于闪光进行,但弧坑深。所以,一般取能维持连续闪光的最低电压。

　　5)顶锻留量。考虑到对焊时两焊件因顶锻缩短而预留的长度称为顶锻留量。顶锻留量的大小影响到对口处液态金属及氧化物的排出和塑性变形程度。顶锻留量太小,会使液态金属残留在接口中,易形成粗大的铸造组织、夹杂及凝固缺陷,使接头性能下降;顶锻留量太大,会使接头区域纤维严重扭曲或撕裂,使接头冲击韧性下降。顶锻留量一般可根据被焊材料及焊件截面尺寸来选择,通常占总留量的20% ~ 30%。

　　6)顶锻力。顶锻力的大小应足以保证液态金属全部挤出,并使焊件对口产生适当的塑性变形。顶锻力的大小对接头的静载强度无太大影响,但对其疲劳强度及冲击韧性有较大的影响。顶锻力的选择通常考虑被焊工件的材料、截面形状和尺寸以及与其他一些顶锻参数的相互关系。

　　7)顶锻速度。足够大的顶锻速度是迅速排除接口处的液态金属和氧化物杂质,以保证纯净的端面金属紧密贴合,获得优质接头的关键。通常低碳钢的顶锻速度为20 ~ 40 mm/s,不锈钢取80 ~ 100 mm/s,铝合金取大于200 mm/s。

　　8)焊件伸出长度。焊件伸出长度的作用除了保证各种留量外,还可调节焊接区的温度场。此参数通常可根据焊件的材料性质及截面来选择。通常对于圆形截面的焊件取为0.7 ~ 1.0倍的焊件截面直径。

### 六、电阻焊接头质量及检验

1.电阻焊接头的主要质量问题

（1）点、缝焊接头的分级

设计部门根据接头受力情况、重要程度、材料和工艺特点,通常将点、缝焊接头分为三个等级：

一级 —— 承受很大静载荷、动载荷或交变载荷,接头的破坏会危及人员的生命安全;

二级 —— 承受较大的静载荷、动载荷或交变载荷,接头的破坏会导致系统失效,但不危及人员的安全;

三级 —— 承受较小的静载荷或动载荷的一般接头。

三个等级的接头反映了不同的使用要求,因而也具有不同的质量检验标准。

（2）点、缝焊接头的主要质量问题

点焊接头的质量要求,首先体现在接头应具有一定的强度,这主要取决于熔核尺寸(直径和焊透率)、熔核和其周围热影响区的金属显微组织及缺陷情况。

缝焊接头的质量要求,首先体现在接头应具有良好的密封性,而接头强度则容易满足。密封性主要与焊缝中存在某些缺陷(局部烧穿、裂纹等)及其所受外界的作用(外力、腐蚀介质等)有关。

点、缝焊接头的主要质量问题见表3.1。此外,点、缝焊时由于毛坯准备不好(折边不正、圆角半径不符合要求等)、组合件装配不良、焊机电极臂刚性较差等原因会造成焊接结构缺陷(见表3.2),这种缺陷也会带来质量问题。

**表 3.1　点、缝焊接头主要质量问题一览表**

| 名称 | 质量问题 | 产生的可能原因 | 改进措施 |
|---|---|---|---|
| 熔核、焊缝尺寸缺陷 | 未焊透或熔核尺寸小 | 电流小,通电时间短,电极压力过大 | 调整规范 |
| | | 电极接触面积过大 | 修整电极 |
| | | 表面清理不良 | 清理表面 |
| | 焊透率过大 | 电流过大,通电时间过长,电极压力不足,焊缝速度过高 | 调整规范 |
| | | 电极冷却条件差 | 加强冷却,改换导热好的电极材料 |
| | 重叠量不够(缝焊) | 电流小,脉冲持续时间短,间隔时间长 | 调整规范 |
| | | 点距不当,焊缝速度过高 | |

续表 3.1

| 名称 | 质量问题 | 产生的可能原因 | 改进措施 |
|---|---|---|---|
| 外部缺陷 | 焊点压痕过深及表面过热 | 电极接触面积过小 | 修整电极 |
| | | 电流过大,通电时间过长,电极压力不足 | 调整规范 |
| | | 电极冷却条件差 | 加强冷却 |
| | 表面局部烧穿、溢出、表面飞溅 | 电极修整得太尖锐 | 修整电极 |
| | | 电极或焊件表面有异物 | 清理表面 |
| | | 电极压力不足或电极与焊件虚接触 | 提高电极压力,调整行程 |
| | | 焊缝速度过高,滚轮电极过热 | 调整焊速,加强冷却 |
| | 表面压痕形状及波纹度不均匀(缝焊) | 电极表面形状不正确或磨损不均匀 | 修整滚轮电极 |
| | | 焊件与滚轮电极相互倾斜 | 检查机头刚度,调整滚轮电极倾角 |
| | | 焊速过高或规范不稳定 | 调整焊速,检查控制装置 |
| | 焊点表面径向裂纹 | 电极压力不足,锻压压力不足或加得不及时 | 调整规范 |
| | | 电极冷却作用差 | 加强冷却 |
| | 焊点表面环形裂纹 | 焊接时间过长 | 调整规范 |
| | 焊点表面粘损 | 电极材料选择不当 | 调换合适电极材料 |
| | | 电极端面倾斜 | 修整电极 |
| | 焊点表面发黑,包覆层破坏 | 电极、焊件表面清理不良 | 清理表面 |
| | | 电流过大,焊接时间过长,电极压力不足 | 调整规范 |
| | 接头边缘压溃或开裂 | 边距过小 | 改进接头设计 |
| | | 大量飞溅 | 调整规范 |
| | | 电极未对中 | 调整电极同轴度 |
| | 焊点脱开 | 焊件刚性大而又装配不良 | 调整板件间隙,注意装配;调整规范 |

续表 3.1

| 名称 | 质量问题 | 产生的可能原因 | 改进措施 |
|---|---|---|---|
| 内部缺陷 | 裂纹,缩松,缩孔 | 焊接时间过长,电极压力不足,锻压力加得不及时 | 调整规范 |
| | | 熔核及近缝区淬硬 | 选用合适的焊接循环 |
| | | 大量飞溅 | 清理表面,增大电极压力 |
| | | 焊缝速度过高 | 调整焊速 |
| | 核心偏移 | 热场分布对贴合面不对称 | 调整热平衡(不等电极端面、不同电极材料,改为凸焊等) |
| | 结合线伸入 | 表面氧化膜清除不净 | 高熔点氧化膜应严格清除并防止焊前的再氧化 |
| | 板缝间有金属溢出(内部飞溅) | 电流过大,电极压力不足 | 调整规范 |
| | | 板间有异物或贴合不紧密 | 清理表面,提高压力;或用调幅电流波形 |
| | | 边距过小 | 改进接头设计 |
| | 脆性接头 | 熔核及近缝区淬硬 | 采用合适的焊接循环 |
| | 熔核成分宏观偏析(溅流) | 焊接时间短 | 调整规范 |
| | 环形层状花纹(洋葱环) | 焊接时间过长 | 调整规范 |
| | 气孔 | 表面有异物(镀层、锈等) | 清理表面 |
| | 胡须 | 耐热合金焊接规范过软 | 调整规范 |

表 3.2　焊接结构缺陷

| 缺 陷 种 类 | 产生的可能原因 | 改 进 措 施 |
|---|---|---|
| 焊点间板件起皱或鼓起 | 装配不良,板间间隙过大 | 精心装配、调整 |
| | 焊序不正确 | 合理焊序 |
| | 机臂刚度差 | 增强刚性 |
| 搭接边错移 | 没定位点焊或定位点焊不牢 | 调整定位点焊规范 |
| | 定位点焊点距过大 | 增加定位点焊点 |
| | 夹具不能保证夹紧焊件 | 更换夹具 |
| 接头过分翘曲 | 装配不良或定位点焊距离大 | 精心装配,增加定位点焊数量 |
| | 规范过软,冷却不良 | 调整规范 |
| | 焊序不正确 | 合理焊序 |

（3）对焊接头质量问题

对焊接头的质量要求,体现在接头应具有一定的强度和塑性,尤其对后者应给予更多的注意。通常,由于工艺本身的特点,电阻对焊的接头质量较差,不能用于重要结构。而闪光对焊时,在适当的工艺条件下,可以获得几乎与母材等性能的优质接头。

对焊接头的薄弱环节通常是焊缝,破坏往往是由于焊缝中存在着缺陷而造成。对焊接头的主要质量问题见表 3.3。

表 3.3　对焊接头主要质量问题一览表

| 名称 | 质量问题 | 产生的可能原因 | 改进措施 |
|---|---|---|---|
| 几何形状缺陷 | 形状偏差,中心线(端面)偏移 | 毛坯弯曲,端面不平直 | 焊前校正毛坯 |
| | | 调伸长度过长,顶锻留量过大,顶锻力过大 | 调整规范 |
| | | 零件装夹不正 | 重新装夹并检验 |
| | | 活动座板行程轨道不正确,导轨间隙过大或机夹刚性不足,夹头变形太大 | 增加刚性 |
| | | 夹钳电极磨损、变形 | 更换夹钳电极 |
| | 尺寸(长度、圆周)偏差 | 烧化留量、顶锻留量不当或不稳定 | 调整规范,检修设备控制装置 |
| | 零件表面烧伤 | 夹紧力太小 | 调整规范 |
| | | 电极磨损变形或电极导电、导热性太差 | 更换电极 |
| | | 电极与焊件表面间有异物、污垢等 | 清理表面 |
| | | 零件尺寸不准 | 修整尺寸 |
| 连续性缺陷 | 未焊透 | 二次空载电压(或电流密度)太低,有电顶锻时间太短,顶锻留量太小,闪光留量太小,闪光速度太大 | 调整规范 |
| | | 预热时间太短或预热温度太低 | |
| | | 顶锻速度过低 | |
| | | 对口端面清理不干净或端面不平齐(电阻对焊) | 清理表面,加工端面,施加保护气氛焊接 |
| | 裂纹(层状撕裂) | 加热不足而顶锻留量、顶锻力过大 | 调整规范 |
| | | 过烧时顶锻留量、顶锻力又较小 | |
| | | 母材中有夹层或夹渣 | |
| | 裂纹(淬火裂纹) | 接头产生淬硬组织 | 采用合适的焊接循环,焊后热处理 |
| | 裂纹(表面纵向和环行裂纹) | 有电顶锻时间太长 | 调整规范 |
| | | 零件过热 | |
| | | 活动座板过早载着零件后移 | |
| | | 夹头和顶锻机构的零件产生弹性变形 | 增加刚性 |
| | 灰斑及氧化夹杂 | 闪光不稳定,尤其顶锻前断电 | 调整规范 |
| | | 闪光终了时的闪光速度太小 | |
| | | 顶锻留量、顶锻速度太小 | |
| | | 端面加热不均匀,区域烧化不够强烈 | |

续表 3.3

| 名称 | 质量问题 | 产生的可能原因 | 改进措施 |
|---|---|---|---|
| 组织缺陷 | 残留铸造组织和铸造缺陷(疏松、缩孔) | 二次空载电压过高,深火口 | 调整规范 |
| | | 顶锻留量、顶锻力过小 | |
| | | 顶锻速度过低 | |
| | | 母材双相区宽,固相端面不平度大 | |
| | 过热或过烧 | 有电顶锻量过大或有电顶锻时间过长 | 调整规范,过热组织可通过常化处理消除 |
| | 晶粒边界熔化 | 闪光速度、顶锻留量太小 | |
| | | 预热过度 | |
| | | 因为顶锻速度太低而使有电顶锻时间加长 | |

2.电阻焊接头质量检验

电阻焊接头质量检验主要包括接头强度的检验和接头缺陷指标的检验两方面,检验方法有破坏性检验和无损检验两类。

破坏性检验主要用于焊接规范调试、生产过程的自检和抽验,主要方法有撕破检验、低倍显微检验、金相检验、断口分析及力学性能实验(拉伸、弯曲、冲击、疲劳实验等)。

无损检验方法包括目视检验、密封性检验、X光检验、超声探伤及涡流探伤等。

# 3.3　摩擦焊连接原理及工艺

摩擦焊(Friction Welding)是一种压焊方法,它是在外力作用下,利用焊件接触面之间的相对摩擦运动和塑性流动所产生的热量,使接触面及其临近区金属达到粘塑性状态并产生适当的宏观塑性变形,通过两侧材料间的相互扩散和动态再结晶而完成焊接的。

多年来,摩擦焊以其优质、高效、节能、无污染的技术特色,深受制造业的重视,特别是近年来不断开发出摩擦焊的新技术,如超塑性摩擦焊、线性摩擦焊、搅拌摩擦焊等,使其在航空、航天、核能、海洋开发等高技术领域及电力、机械制造、石油钻探、汽车制造等产业部门得到了越来越广泛的应用。

## 一、摩擦焊原理及分类

图3.26是摩擦焊的基本形式,两个圆断面的金属工件摩擦焊前,工件1夹持在可以旋转的夹头上,工件2夹持在能够向前移动加压的夹头上。焊接开始时,工件1首先以高速旋转,然后工件2向工件1方向移动、接触,并施加足够大的摩擦压力,这时开始了摩擦加热过程,摩擦表面消耗的机械能直接转换成热能。摩擦一段时间后,接头金属的摩擦加热温度达到焊接温度,立即停止工件1的转动,同时工件2向前快速移动,对接头施加较大的顶锻压力,使其产生一定的顶锻变形量。压力保持一段时间后,松开两个夹头,取出焊件,全部焊接过程结束,通常全部

焊接过程只要2～3 s的时间。

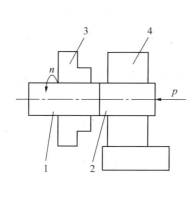

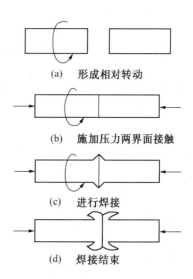

(a)　形成相对转动

(b)　施加压力两界面接触

(c)　进行焊接

(d)　焊接结束

**图3.26　摩擦焊原理示意图**

1— 工件;2— 工件;3— 旋转夹头;4— 移动夹头

在整个焊接过程中,摩擦界面温度一般不会超过材料熔点,所以摩擦焊属于固相焊接。

同种材质摩擦焊时,最初界面接触点上产生犁削－粘合现象。由于单位压力很大,粘合区增多。继续摩擦使这些粘合点产生剪切撕裂,金属从一个表面迁移到另一个表面。界面上的犁削－粘合－剪切撕裂过程进行时,摩擦力矩增加使界面温度升高。当整个界面上形成一个连续塑性状态薄层后,摩擦力矩降低到一最小值。界面金属成为塑性状态并在压力作用下不断被挤出形成飞边,工件轴向长度也不断缩短。

异种金属的结合机理比较复杂,除了犁削－粘合－剪切撕裂物理现象外,金属的物理与力学性能、相互间固溶度及金属间化合物等,在结合机理中都会起作用。焊接时由于机械混合和扩散作用,在结合面附近很窄的区域内有可能发生一定程度的合金化。这一薄层的性能对整个接头的性能会有重要影响。机械混合和相互镶嵌对结合也会有一定作用。这种复杂性使得异种金属的摩擦焊接性很难预料。

摩擦焊工艺方法目前已由传统的几种形式发展到20多种,极大地扩展了摩擦焊的应用领域。常用的摩擦焊工艺有连续驱动摩擦焊、惯性摩擦焊、线性摩擦焊、搅拌摩擦焊等。焊件的形状由典型的圆截面扩展到非圆截面(线性摩擦焊)和板材(搅拌摩擦焊),所焊材料由传统的金属材料拓宽到粉末合金和异种材料领域。

连续驱动摩擦焊是一工件固定不转动,另一工件被驱动机构驱动到恒定转速 $n$。在不转动的工件上施以轴向压力 $p_1$ 推向转动工件。两工件相接触,焊接过程开始,转速仍保持不变。经过一定时间,界面温度达到材料锻造范围,转动工件脱开驱动并制动,转速从 $n$ 降至零。在制动过程中轴向压力常增大至 $p_2$ 使界面金属产生顶锻,并保持到工件冷却。在顶锻过程中界面热塑材料被挤出界面形成飞边。连续驱动摩擦焊典型特性曲线如图 3.27 所示。

惯性摩擦焊是在焊接过程开始前输入焊接所需的全部机械能。一工件固定不转动,转动的工件装在带有可更换的飞轮组的转动夹具上,整个转动部分被驱动到转速 $n_0$ 后脱开驱动。使两工件接触并施加轴向压力 $p$,焊接过程开始。飞轮的能量通过工件结合面上的摩擦迅速消耗,转速减至零,焊接结束。在转动停止前摩擦扭矩有一个急剧上升现象。惯性摩擦焊一般是在恒定压力下完成(也有采用二级压力方法,即达到初速 $n_0$ 后先施加压力 $p_1$,当转速下降至某个值时再增加压力至 $p_2$ 保持到焊接结束)。惯性摩擦焊典型的特性曲线如图 3.28 所

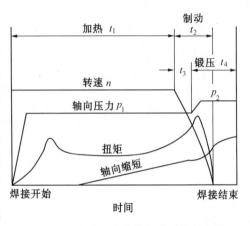

图 3.27 连续驱动摩擦焊典型特性曲线

示。Ⅰ 阶段为焊接开始,界面接触并出现较小的扭矩峰值,Ⅱ 阶段是以扭矩平稳为特征的加热阶段,Ⅲ 阶段是焊接即将结束,其特征是出现较大的扭矩峰值。

搅拌摩擦焊是英国焊接研究所推出的一项专利产品,其原理如图 3.29 所示。搅拌摩擦焊目前不仅限于对各类铝合金的焊接,也开发应用于钢和钛合金,单面可焊 2 mm 至 25 mm,双面焊的厚度可达 50 mm。用常规熔焊方法不能焊接的 2××× 系列铝合金,采用搅拌摩擦焊可以使其焊接性能大为改善。与氩弧焊接头相比,同一种铝合金搅拌摩擦焊接头的强度高 15% ~ 20%,伸长率高 1 倍,断裂韧性高 30%,接头区为细晶组织,焊缝中无气孔、裂纹等缺陷;此外,焊件焊后残余变形很小,焊缝中的残余应力很低。这种方法的缺点是,为了避免搅拌引起的振动力使焊件偏离正确的装配方位,在施焊时必须把焊件刚性固定,从而使它的工艺柔性受到限制。

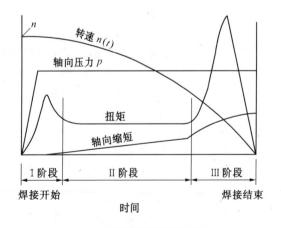

图 3.28 惯性摩擦焊典型特征曲线

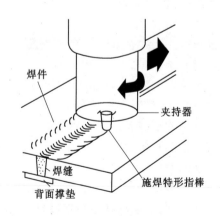

图 3.29 搅拌摩擦焊原理

搅拌摩擦焊技术及其工程应用的开发进展很快,已在新型运载工具的新结构设计中开始采用,如铝合金高速船体结构、高速列车结构及火箭箭体结构等。

**二、摩擦焊接过程分析**

　　这里主要讨论应用最广泛的结构钢连续驱动摩擦焊的焊接过程及其热源特点。

　　1. 焊接过程

　　摩擦焊接过程,是焊接表面金属在一定的空间和时间内,金属状态和性能发生变化的过程。连续驱动摩擦焊特性曲线如图 3.27 所示,摩擦焊接过程的一个周期,可分成摩擦加热过程和顶锻焊接过程两部分。

　　摩擦开始时,由于工件摩擦焊接表面不平,以及存在氧化膜、油锈、灰尘和吸附气体,使得摩擦系数很大,随着摩擦压力逐渐增大,摩擦加热功率慢慢增加,使凹凸不平的表面迅速产生塑性变形和机械挖掘现象。塑性变形破坏了摩擦表面金属晶粒,成为一个晶粒细小的变形层。沿变形层附近的母材也顺摩擦方向产生塑性变形。金属相互压入部分的挖掘,使摩擦表面出现同心圆痕迹,这样又增大了塑性变形。

　　摩擦压力增大,摩擦破坏了焊接金属表面,使纯净的金属接触,接触面积也增大,而焊接表面温度的升高,使金属的强度有所下降,塑性和韧性却有很大提高,这些因素都使摩擦系数增大,摩擦加热功率迅速提高,扭矩也出现一个峰值。焊接表面温度继续升高时,金属的塑性增高,但强度和韧性都显著下降,摩擦加热功率也迅速降低到稳定值。这一过程中,摩擦表面的机械挖掘现象减少,振动降低,表面逐渐平整,开始产生金属的粘结现象。高温塑性状态的金属颗粒互相焊合后,又被工件旋转的扭力矩剪断,并彼此过渡。

　　摩擦功率或扭矩稳定后,摩擦表面的温度继续升高,这时金属的粘结现象减少,分子作用现象增强。此时金属强度极低,塑性很大,摩擦表面似乎被一层液体金属所润滑,摩擦系数很小,各工艺参数的变化也趋于稳定,只有摩擦变形量不断增大,飞边增大,接头的热影响区增宽。

　　主轴和工件开始停车减速后,随着轴向压力增大,转速降低,摩擦扭矩增大,再次出现峰值,称为后峰值扭矩。同时接头中的高温金属被大量挤出,变形量也增大。制动阶段是摩擦加热过程和顶锻焊接过程的过渡阶段,具有双重特点。

　　主轴停止旋转后,顶锻力仍要维持一段时间,直至接头温度冷却到规定值为止。

　　总之,在摩擦焊接过程中,金属摩擦表面从低温到高温变化,而表面的塑性变形、机械挖掘、粘结和分子作用四种摩擦现象连续发生。在整个摩擦加热过程中,摩擦表面上都存在着一个高速摩擦塑性变形层。摩擦焊的发热、变形和扩散现象主要都集中在变形层中,稳定摩擦时变形层金属在摩擦扭矩和轴向压力的作用下,从摩擦表面挤出形成飞边,同时又被附近高温区的金属所补充,始终处于动平衡状态。在制动和顶锻焊接过程中,摩擦表面的变形层和高温区金属被部分挤碎排出,焊缝金属经受锻造,形成了质量良好的焊接接头。

### 2. 摩擦焊热源的特点

摩擦焊的热源就是金属摩擦焊接表面上的高速摩擦塑性变形层。它是以两工件摩擦表面为中心的金属质点,在摩擦压力和摩擦扭矩的作用下,沿工件径向与切向力的合成方向做相对高速摩擦运动的塑性变形层。这个变形层是把摩擦的机械功率转变成热能的发热层。由于它的温度最高,能量集中,又产生在金属的焊接表面,所以加热效率很高。作为一个焊接热源,主要参数是功率和温度。

摩擦焊热源的功率和温度不仅取决于焊接工艺规范参数,还受到焊接工件材料、形状、尺寸和焊接表面准备情况的影响。摩擦焊热源的最高温度接近或等于焊接金属的熔点。异种金属摩擦焊时,热源温度不超过低熔点金属的熔点,这对保证焊接质量和提高焊接过程的稳定性起了很大作用。不同材料和直径的工件,在不同转速和摩擦压力下焊接时,摩擦焊接表面的稳定温度列于表 3.4。

金属焊接表面的摩擦不仅产生热量,而且还能破坏和清除表面的氧化膜。变形层金属的封闭、挤出和不断被高温区金属更新,可以防止焊口金属的继续氧化。顶锻焊接后,部分变形层金属像填料一样留在接头中会影响焊接质量。

**表 3.4　摩擦焊接表面的稳定温度**

| 试件编号 | 被焊材料 | 试件直径/mm | 转速/(r·min⁻¹) | 摩擦压力/MPa | 被焊材料熔点/℃ | 实际表面温度/℃ |
|---|---|---|---|---|---|---|
| 1 | 45 钢 | 15 | 2 000 | 10 | 1 480 | 1 130 |
| 2 | 45 钢 | 80 | 1 750 | 20 | 1 480 | 1 380 |
| 3 | 铜 + 铝 | 10 | 2 000 | 90 | 660 | 580 |
| 4 | 铜 + 铝 | 10 | 2 000 | 140 | 660 | 660 |
| 5 | 铜 + 铝 | 10 | 3 000 | 90 | 660 | 580 |
| 6 | 铜 + 铝 | 10 | 3 000 | 140 | 660 | 660 |
| 7 | 钢 + 铝 | 10 | 3 000 | 140 | 660 | 660 |
| 8 | 钢 + 铜 | 16 | 2 000 | 24 | 1 083 | 1 030 |
| 9 | 钢 + 铜 | 28 | 1 750 | 16 | 1 083 | 1 080 |
| 10 | 钢 + 铜 | 28 | 1 750 | 24 | 1 083 | 1 080 |
| 11 | 钢 + 铜 | 28 | 1 750 | 32 | 1 083 | 1 080 |

### 三、摩擦焊规范参数

#### 1. 连续驱动摩擦焊工艺参数

连续驱动摩擦焊主要工艺参数有转速、摩擦压力、摩擦时间、停车时间和顶锻时间以及顶锻压力和顶锻变形量等。这些参数取决于工件的横截面积、金属的熔点和导热系数以及热循环过程中冶金性能的变化(特别是在异种金属焊接时)等因素。

(1) 转速和摩擦压力

摩擦焊接过程的加热来源于摩擦能,其加热功率为

$$\eta = K_\mathrm{f} p n \mu R^3 \tag{3.22}$$

式中　　$R$——焊件的工作半径(mm);

　　　　$n$——主轴转速(r/min);

　　　　$p$——摩擦压强(MPa);

　　　　$\mu$——摩擦系数,其值在摩擦过程中是变化的,数值在 0.2 ~ 2 之间;

　　　　$K_\mathrm{f}$——常数。

由上式可见:焊件直径越大,所需的摩擦加热功率也越大;焊件直径确定时,所需摩擦加热功率将取决于主轴转速和摩擦压力。实验研究表明,只有摩擦面的平均线速度足够高时,才能把焊件结合面加热到焊接温度。对于实心圆断面焊件,可以取 2/3 半径处的摩擦线速度为平均线速度。对于低碳钢摩擦焊,实验证明应使其平均摩擦线速度为

$$\overline{v}_\mathrm{f} = \frac{4}{3}\pi n R \geqslant 0.3 \ \mathrm{m/s} \tag{3.23}$$

实际平均摩擦线速度的选用范围为 0.6 ~ 3.0 m/s。

必须注意,只有在一个恰当的转速数值范围内,摩擦焊接过程才会在端面形成一个贯穿整个端面深度的深塑区,这时,其外面包覆着一层封闭的挤压变形层,使结合面免受空气侵入。转速过高,深塑区将减小并移向轴心区,挤压变形阻力增大,轴向缩短,速度减小,高温粘滞状金属难以向外流动,形成图 3.30(c) 所示沿端面两侧对称的落翅状飞边,同时变形层金属变薄而不能封闭接口,使其易受氧化。

为了产生足够的热量和保证端面的全面接触摩擦,摩擦压力必须足够大,其数值范围为 20 ~ 100 MPa。

(2) 摩擦时间

在摩擦压强 $p$ 和主轴转速 $n$ 确定的前提下,适当的摩擦时间是获得结合面均匀加热温度和恰当变形量的条件,这时接头区沿轴向有一层恰当厚度的变形层及高温区,但飞边较小,而在随后的顶锻阶段能产生足够大的轴向变形量,变形层沿结合面径向有足够扩展,形成粗大、不对称封闭圆滑的飞边,如图 3.30(a) 所示。

对于同一个焊件,$n$、$p$、$t$ 的参数条件不是惟一的。当 $n$ 较低、$p$ 较大时,$t$ 可以较短,只需几秒钟;而当 $n$ 高、$p$ 较小时,$t$ 将较长,例如可达 40 s。显然对于小焊件宜尽可能采用短时间参数,大端面焊件则只可用弱参数。此外,不同材质的焊件,$t$ 的匹配条件也不一样,例如高合金钢摩擦焊,摩擦压力和时间都应增加。

（3）停车时间及顶锻延时

一般应在制动停车 0.1 ~ 1 s 后进行顶锻,其间转速降低,摩擦阻力和摩擦扭矩增大,轴向缩短速度也增大。调节顶锻延时则可以调整后峰值扭矩及变形层厚度。

（4）顶锻压力及顶锻变形量

顶锻是为了挤碎和挤出变形层中氧化了的金属和其他有害杂质,并使接头区金属得到锻压、结合紧密、晶粒细化、性能提高。顶锻变形量是锻压程度的主要标志。

顶锻力大小取决于焊件材质、温度及变形层厚度,也跟摩擦压力有关。材质高温强度高、接头区温度低或变形层较薄时,顶锻压力应取大一些。一般顶锻压力宜为摩擦压力的2 ~ 3 倍,顶锻量为 1 ~ 6 mm,顶锻速度宜为10 ~ 40 mm/h。

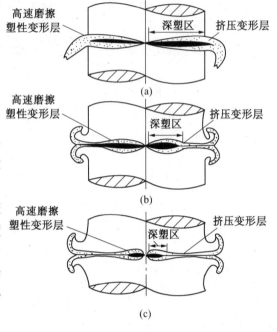

**图 3.30　主轴转速高时产生的不良影响**

2. 惯性摩擦焊工艺参数

主要有三项参数,飞轮转动惯量、飞轮初速、轴向压力。前两项参数决定焊接的总能量,压力的大小一般取决于被焊材质和焊接界面的面积。

（1）飞轮转动惯量

取决于飞轮的形状、直径、质量(包括飞轮、卡爪、轴承和传动部件)。在焊接循环的任一瞬间,其能量可确定为

$$E = 54.7 \times 10^{-4} In^2 = 54.7 \times 10^{-4} Wr^2 n^2 \tag{3.24}$$

式中　　$I$——惯性矩,$I = Wr^2 (\mathrm{kg \cdot m^2})$;

　　　　$W$——飞轮系统的质量(kg);

　　　　$r$——回转半径(m);

　　　　$n$——瞬时转速(r·min$^{-1}$)。

飞轮惯量大,产生的顶锻作用亦大。大的低速飞轮产生的锻造量大于小的高速飞轮,尽管动能量是相同的。能量的大小将明显影响飞边的尺寸和形状。在初始速度和轴向压力一定时,增加飞轮惯量,焊接总能量增加,焊接时间增长,界面上热塑状态金属被挤出的量增加,焊接飞边增大。

（2）飞轮初速

钢与钢焊接时，推荐的范围是 2.5 ～ 7.6 m/s。如果速度太低，界面加热不匀，中心部位的热量将不足以使整个截面形成结合，毛刺粗糙不匀，飞边亦少。当初速高于 6 m/s 时，焊缝呈鼓形，中心处比外围厚。

速度对塑性区的宽度影响较大，速度增加，焊缝及热影响区的宽度加大，接头的冷却速度变小，引起不同的组织转变。

（3）摩擦压力

摩擦压力控制着焊接周期时间，对焊接界面的能量输入有直接影响。它的作用一般与速度变化的影响相反。轴向压力增大，界面相对运动功耗增大，界面热塑性金属挤出量增多，飞边量增多，焊接热影响区变窄。压力降低，热影响区增宽。压力过高会导致接头中心结合不良。

**四、摩擦焊接头的缺陷及检测**

1. 摩擦焊接头中的缺陷

摩擦焊是固相连接，接头中不会出现与熔化、凝固有关的缺陷，但当材料焊接性差、焊接参数不当或表面清理不好时，在摩擦焊连接界面上也会出现一些"非理想结合"的缺陷，如裂纹、未焊合、夹杂、金属间化合物、错叠等，这些缺陷一般具有二维、平面、弥散分布的特征。

（1）"灰斑"缺陷

"灰斑"是一种焊接缺陷在断口上的表现形式，它在断口上一般表现为暗灰色平斑状，无金属光泽，一般为近似圆形、椭圆形或长条形，与周围金属有明显的分界，无显著塑性变形，具有明显的沿焊缝断裂的特征。微观上看，"灰斑"是从焊合区破碎或未破碎的夹杂物与基体金属的界面为空穴形成核心，在外力作用下不断扩展，最终聚合成密集细小的浅韧窝，在宏观上表现为脆性断裂。

根据扫描电镜分析和 X 射线能谱分析，"灰斑"缺陷系由以 Si、Mn 为主的低塑性物质组成。一般认为其形成机理为：由于焊接部位母材内部存在的一些夹杂物，在摩擦加热、顶锻加压时被碎化而进入焊接面，但又未被完全挤出，从而形成"灰斑"。

（2）焊接裂纹

摩擦焊接头上的裂纹主要出现在焊合区边缘飞边缺口部位、焊合区内部、近缝区及飞边上。飞边缺口裂纹沿焊合区向内扩展，其产生与材料的淬硬性及焊接参数有关。有限元分析表明，当焊合区两侧塑性区较宽、顶锻力过大时，会在焊合区周边部位产生较大的拉应力，这是形成飞边缺口裂纹的主要原因。异种材料焊接时可能在焊合区内部产生裂纹。脆性材料（陶瓷）或易淬硬材料（高速钢）与其他异种材料焊接时，在焊后或热处理后会产生由飞边缺口部位起裂，并向脆性材料一侧近缝区内部扩展的环状裂纹，这类裂纹的产生与焊接接头内部的残余应力分布及焊接过程中脆性材料的损伤有关。飞边裂纹是指飞边上沿径向或环向开裂的裂纹，其产生的原因主要是焊合区温度不当（过高或过低），飞边金属塑性低以及焊接变形速度（特别是顶锻速度)过快。通过改变焊接转速及顶锻速度可有效地防止飞边裂纹的产生。

(3)未焊合

未焊合一般产生于焊接接头的焊合面上,其表面宏观特征呈氧化颜色。在断口上表现为摩擦变形特征及其上分布的氧化物层,氧化物主要是焊接过程中在高温形成的氧化铁。另外,结合表面上的氧化物、油污、杂质及凹坑等也会在焊合面上造成"未焊合"缺陷。它的产生与摩擦加热不足、顶锻力过小及原始表面状态等因素有关。

另外,摩擦焊接头中还会出现焊缝脱碳、过热组织、淬火组织等缺陷。

2.摩擦焊接头的无损检测

摩擦焊接头中出现非理想结合的缺陷时,会使接头的抗断能力下降几倍甚至几十倍。如当"灰斑"面积为20% ~ 30%时,焊合区冲击功可下降70% ~ 80%,疲劳寿命下降25% ~ 50%。因此,对摩擦焊接头进行无损检测,对于保证焊件的性能与安全是非常重要的。

由于摩擦焊焊接缺陷具有二维、弥散和近表面分布的特征,故应采用高聚焦性能和高分辨力的无损检测技术。目前摩擦焊接头的无损检测主要以超声波和渗透检测技术为主,再辅以视觉检查。表3.5给出了检验摩擦焊接头常用的方法及适用的范围。

表 3.5　检验摩擦焊接头常用的方法及适用的范围

| | 检验方法 | 裂纹 | 未焊合 | 夹杂 | 金属间化合物 | 错叠 | 力学性能 | 硬度 | 化学成分 | 焊合区及热影响区位置 |
|---|---|---|---|---|---|---|---|---|---|---|
| 无损检测 | 超声波 | √ | √ | √ | | | | | | |
| | 磁粉 | √ | √ | √ | | | | | | |
| | X射线 | √ | √ | | | √ | | | | |
| | (荧光)渗透 | √ | √ | √ | | | | | | |
| | 渗漏(气密性) | √ | √ | | | | | | | |
| | 目测 | | | | | √ | | | | √ |
| | 表面腐蚀 | √ | √ | √ | | | | | | √ |
| | 加压或加载检验 | √ | √ | | | | | | | |
| | 声发射 | √ | √ | | √ | | | | | |
| | 涡流 | √ | √ | √ | | | | | | |
| | 测量尺寸 | | | | | √ | | | | √ |
| 破坏检验 | 弯曲 | √ | √ | √ | | | √ | | | |
| | 拉伸 | √ | √ | √ | | | √ | | | |
| | 扭转 | √ | √ | √ | | | √ | | | |
| | 冲击 | √ | √ | √ | | | √ | | | |
| | 剪切 | √ | √ | √ | | | √ | | | |
| | 疲劳 | √ | √ | √ | | | √ | | | |
| | 硬度 | | | | | | √ | √ | | √ |
| | 断口 | √ | √ | √ | | | | | | |
| | 金相 | | | | | | | | √ | |
| | 成分分析 | | | √ | √ | | | | √ | |

# 3.4　超声波焊连接原理及工艺

随着科学技术的进步,超声技术以多方面的独特性能应用于各行各业,包括机械、电子、仪表、石油化工、航空航天等部门的科研和生产。

超声波作为一种能源应用于焊接还是20世纪50年代的事,尤其在电子工业领域技术的更新换代中,超声波焊接新工艺显示出越来越重要的地位。

**一、超声波焊接的基本原理及分类**

超声波焊是利用超声波的高频振荡能,对焊件接头进行局部加热和表面清理,同时施加压力实现焊接的一种压焊方法。

1.超声波焊接的基本原理

超声波焊接的基本原理如图3.31所示。

工件6被夹持在上声极和下声极之间(声极在声学上相当于电阻焊中的电极),上声极用来向工件引入超声波频率的弹性振动能和施加压力。下声极是固定的,用于支撑工件。超声波焊接中,弹性振动能量的大小取决于引入工件的振幅大小,处于谐振状态时的振幅分布及其大小如图3.31所示。$A_1$即为沿换能器及聚能器轴线上的各点振幅分布状况。就图示的系统而言,由于换能器及聚能器均选择为谐振频率的半波长,因而存在两个振幅为零的波节点(面)。在实用上往往就选择聚能器的波节点作为整个系统的固定面。

聚能器上的振幅分布由锥面形状及其放大系数来确定。例如对常用的指数锥聚能器,其振幅放大系数等于锥面两端面积之比。

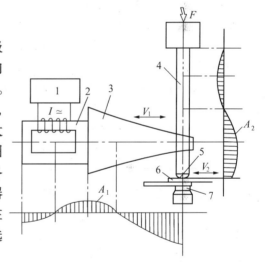

**图 3.31　超声波焊原理**
1— 发生器;2— 换能器;3— 聚能器;4— 耦合杆;5— 上声极;6— 工件;7— 下声极;$A$— 振幅分布;$I$— 发生器馈电;$V$— 振动方向

$A_2$即为在耦合杆上各点的振幅分布。如图所示,耦合杆改变了振动型式及其分布,但并没有改变振幅的大小。

振动方向 $V$ 常被用来确定振动型式。如图3.31所示,$V_1$ 的振动方向与聚能器3的轴线相同,称之为纵向振动,而 $V_2$ 的振动方向则与耦合杆的轴线相垂直,耦合杆(合上声极)将产生弯曲振动。

由上声极传输的弹性振动能是经过一系列的能量转换及传递环节而产生的。这些环节中,超声波发生器是一个变频装置,它将工频电流转变为超声波频率(15 ~ 60 kHz)的振荡电流。

换能器则通过磁致伸缩效应将电磁能转换成弹性机械振动能。聚能器用来放上振幅，并通过耦合杆，上声极耦合到负载（工件）。由换能器、聚能器、耦合杆及上声极所构成的整体一般称为声学系统。声学系统中各个组元的自振频率，将按同一个频率设计。当发生器的振荡电流频率与声学系统的自振频率一致时，系统即产生了谐振（共振），并向工件输出弹性振动能。工件在静压力及弹性振动能的共同作用下，将机械动能转变成工作间摩擦功，形变能和随之而产生的温升，从而使工作在固态下实现连接。

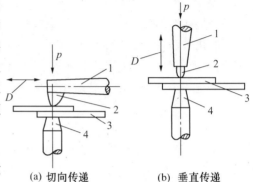

（a）切向传递　　　　（b）垂直传递

**图 3.32　超声波焊接的两种类型**

$D$— 振动方向；1— 聚能器；2— 上声极；
3— 焊件；4— 下声极

2.超声波焊接分类

按照超声波弹性振动能量传入焊件的方向不同，超声波焊接的基本类型可分成两类。

1）振动能由切向传递到焊件表面而使焊接处界面之间产生相对摩擦，这种方法适用于金属材料的焊接，如图 3.32(a) 所示。

2）振动能由垂直于焊件表面的方向传入焊件，这一类主要用于塑料焊接，如图 3.32(b) 所示。

金属超声波焊接，根据接头形式不同可分为点焊、环焊、缝焊和线焊四种。

（1）点焊

点焊机的振动系统可根据上声极振动状况分为纵向振动（轻型结构）系统、弯曲振动（重型结构）系统以及介于二者之间的轻型弯曲振动系统等几种，如图 3.33 所示。

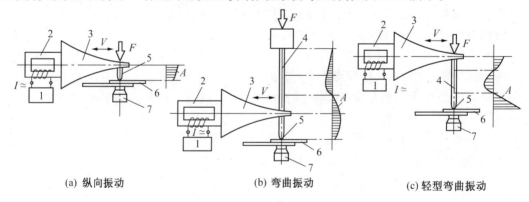

（a）纵向振动　　　　　　（b）弯曲振动　　　　　　（c）轻型弯曲振动

**图 3.33　超声波点焊的振动系统类型**

1— 发生器；2— 换能器；3— 聚能器；4— 耦合杆；5— 上声极；6— 工件；7— 下声极

轻型结构适用于功率小于 500 W 的小型点焊机,重型结构适用于千瓦级大功率焊机,轻型弯曲振动系统则适用于中小功率焊机,它兼有两振动系统的诸多优点。

(2) 环焊

用环焊方法可以一次形成封闭形焊缝,采用的是扭转振动系统,如图 3.34 所示。

焊接时焊盘扭转,振动的振幅相对于声极轴线是对称线性分布,轴心区振幅为零,焊盘边缘振幅最大。显然环焊最适用于微电子器件的封装工艺。有时环焊也用于对气密要求特别高的直线焊缝场合,这时候可以采用部分重叠环焊方法,形同缝焊以获得连续的直线焊缝。由于环焊的面积较大,需要较大的功率输入,因此常常采用多换能器驱动方式。

(3) 缝焊

缝焊机的振动系统按其焊盘的振动状态可分为:(a) 纵向振动系统;(b) 弯曲振动系统;(c) 扭转振动系统,如图 3.35 所示。其中(a) 及(b) 两种较为常用,其焊盘的振动方向与焊接方向垂直。而(c) 的振动方向则与焊接方向平行。

缝焊可以获得密封的连续焊缝。通常工件被夹持在上、下焊盘之间。在特殊情况下可采用平板式下声极。

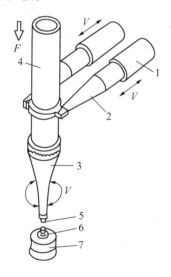

**图 3.34 超声波环焊的工作原理**

1— 发生器;2— 换能器;3— 聚能器;4—
耦合杆;5— 上声极;6— 工件;7— 下声极

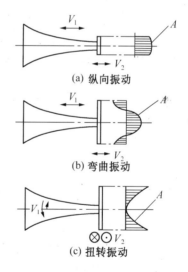

(a) 纵向振动

(b) 弯曲振动

(c) 扭转振动

**图 3.35 超声波缝焊的振动系统**

⊙ — 垂直于纸面（向外）
⊗ — 垂直于纸面（向里）

(4) 线焊

线焊可以看成是点焊方法的一种延伸。现在已经可以通过线状上声极一次获得 150 mm 长的线状焊缝。这种方法最适用于箔片的线状封口,参看图3.36。

3.超声波焊接的特点和应用

超声波焊接有以下特点。

1）焊件不通电,不外加热源,焊接过程中不出现宏观的气相和液相,因而不致出现任何铸态熔核或脆性金属间化合物,也不会发生像电阻焊时易出现的熔融金属的喷溅。

2）焊区金属的物理和机械性能不发生宏观的变化,其焊接接头的静载强度和疲劳强度都比电阻焊的高,且稳定性好。

3）可焊的材料范围广,可用于金属与金属间的焊接,尤其是对高导电、高导热性的材料和一些难熔金属。也可用于性能相差悬殊的异种金属焊接,以及金属与非金属和塑料的焊接。

4）可焊接厚薄悬殊以及多层箔片等特殊结构。

5）被焊金属表面氧化膜或涂层对焊接质量影响较小,因而焊前表面准备工作比较简便。

6）形成接头所需电能少,仅为电阻焊的5%,焊件变形小。

7）超声波焊的主要缺点是受现有超声焊接设备功率的限制,因而与上声极接触的工件厚度只能是相当薄的尺寸范围。此外,这种工艺只限于搭接接头,对于对接接头还无法应用超声波焊接。

超声波焊接目前主要用于小型薄件的焊接(例如可焊接 2 μm 的金箔),已广泛应用于电子工业。特别是微电子器件的迅猛发展,IC、LSI 集成电路的超声波焊接得到应用。

目前美国、日本等国在微电机制造中,几乎全部应用了超声波焊接而取代了电阻焊和钎焊。电枢与铜导线和整流子之间的连接,励磁线圈中铝线圈、铜线圈与铝导线之间的连接更是超声波焊接的特长。

超声波焊接还应用于航空航天等新兴工业领域。目前铝及其合金的焊接,可以在功率为 25 kW 的超声波焊机上焊接3.2 mm 的厚板,它比用电阻焊焊铝有很多方面的优越性。钼合金可以焊到 1 mm。

目前应用超声波焊接的多半是铝、金、铜等较软的材料,但也逐渐扩大到铁、钨、钛、钽等金属的焊接,以及应用其他方法难于解决的某些材料的连接。特别是近几年来出现了高功率大输出的超声波发生器,其应用的范围将进一步扩大。

塑料的连接也是超声波焊接技术所能发挥作用的广阔天地,用超声波焊接可对硬聚氯乙烯塑料、聚乙烯及聚氯乙炔尼龙和有机玻璃等进行连接。

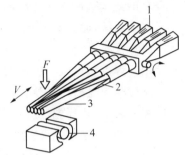

**图 3.36　超声波线焊方法**

1—换能器;2— 聚能器;3—125 mm 长焊接声极头;4— 周围绕放罐形坯料的心轴

**二、超声波焊接过程及工艺参数对质量的影响**

1.超声波焊接过程和结合机理

（1）超声波焊接过程

超声波焊接是对被焊处加以超声频率的机械振动使之达到连接的过程。和电阻焊类似,可将整个焊接过程分为预压、焊接和维持三个阶段,组成一个焊接循环,如图 3.37 所示。焊接所需的超声频率的弹性机械振动是通过一系列电能、磁能和机械能的转变过程得到的,这是一个相当复杂的能量转换和传递过程,如图 3.38 所示。

超声波焊接电源为工频电网,通过超声波发生器输出超声波频率的正弦波电压,而将此电磁能转变为机械振动能通常是通过磁致伸缩换能器或压电换能器。

聚能器(变幅杆)是传递高频机械振动的元件,与换能器相耦合处于谐振状态。同时通过聚能器来放大振幅和匹配负载。它直接与上声极相连,通过上声极与上焊件接触处的摩擦力将超声波机械振动能传递给焊件,因此与上声极相接触的上焊件表面留有金属塑性挤压的痕迹。由于上声极的超声振动,

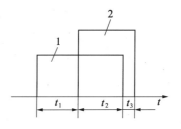

图 3.37  焊接循环的图示

1— 压力;2— 超声接通;$t_1$— 预压时间;$t_2$— 焊接时间;$t_3$— 维持时间;$t_1 + t_2$— 全部压力维持时间;$t_2 + t_3$— 全部超声维持时间;$t_1 + t_2 + t_3$——一个焊接循环

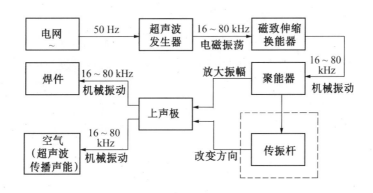

图 3.38  超声波焊接中能量的转换与传递过程

使其与上焊件之间产生摩擦而造成暂时的连接,然后通过它们直接将超声振动能量传递到焊件间的接触界面上,在此产生剧烈的相对摩擦,由初期个别凸点之间的摩擦,逐渐扩大摩擦面,同时破坏、排挤和分散表面的氧化膜及其他附着物。在继续的超声频往复摩擦过程中,接触表面温度升高,变形抗力下降,在静压力和弹性机械振动引起的交变剪应力的共同作用下,焊件间接触表面的塑性流动不断进行,使已被破碎的氧化膜继续分散甚至深入被焊材料内部,促使纯净金属表面的原子无限接近到原子能发生引力作用的范围内,较高的表面晶格能级和激烈的扩散过程形成共同的晶粒,以及出现再结晶现象。另外,由于微观接触部分严重的塑性变形,此时焊接区能发现涡流状的塑性流动层(见图 3.39),出现焊件表面之间的机械啮合。焊接初期啮合点数少,啮合面积小,结合强度不高,很快被超声振动所引起的剪切应力所破坏。但随着摩擦过程的进行,将产生不断的啮合和不断的破坏,直至啮合点数增加,啮合面积扩大。当焊接界面的结合力超过上声极与上焊件表面之间的结合力时,则上声极与上焊件将在振动造成的

剪力作用下分离,而焊件之间不再被切向振动所切断。

超声波焊,包含着一种静压力、振动剪切力与焊接区温升之间的复杂关系,形成焊缝所需要的这三个因素的大小,取决于工件的厚度、表面状态及其常温性能。

为了进一步探讨超声波焊接的实质,有人专门从测量焊接区温度着手,因为焊接区的温度状况往往反映该焊接方法的实质。为此,曾进行过直接或间接的试验方法来规定焊接区温度分布情况。直接和间接的测温,都说明超声波焊接中温度没有达到熔点,材料没有发生熔化,由此断定这是一种特殊的固相焊接方法。

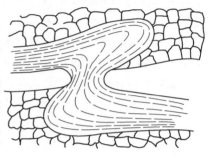

**图 3.39 超声波焊点区的涡流状塑性流动层**

(2) 超声波焊接机理

超声波焊接的接头区呈现出复杂多样的组织,对接头形成机理的认识也不尽一致。到目前为止,对超声波焊接机理可从四个方面进行分析。

1) 材料在两焊件接触处塑性流动层内相互的机械嵌合。例如在镍与镀金可伐合金焊接接头的显微组织(见图3.40)中,可伐合金的锯齿状嵌合几乎深入到镍片厚度的75%。这种犬牙交错的机械嵌合作用在大多数接头中出现,对连接强度起到有利的作用,但并不能认为是连接金属的关键,而在金属与非金属之间的超声波连接时,这种机械嵌合作用却起着主导的地位,因为它们之间排除了物理冶金的可能。

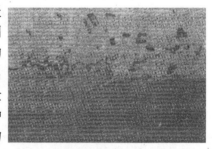

**图 3.40 超声波焊接接头的显微组织**

2) 金属原子间的键合过程。超声波焊接接头的常见显微组织,是在界面消失,而被连接的部位存在大量被歪扭的晶粒,有些是跨越界面的"公共晶粒",而且晶粒大小与基本金属的晶粒无明显差别。根据这一事实,认为超声波接头的形成是通过金属原子的键合而获得的。这种键合可以简单地描述为:在焊接开始时,被焊材料在摩擦功作用下发生强烈的塑性流动,为纯净金属表面之间的接触创造了条件,而继续的超声弹性机械振动以及温升,又进一步造成金属晶格上原子处于受激状态。因此当有共价键性质的金属原子相互接近到以 0.1 nm 计的距离时,就有可能通过公共电子云形成原子间的电子桥,这就实现了所谓金属的健合过程。金属原子相互接近,则原子间作用力的大小和性质与它们间的距离有关。

3) 焊接过程中金属间的物理冶金反应。金属材料的超声波焊接接头中,存在着由于摩擦生热所引起的冶金反应,例如再结晶、扩散、相变以及金属间化合物的形成等。

人们对超声波接头区再结晶、渗透和扩散等现象的存在,有不同的看法。有人认为这些物理冶金反应是形成接头强度的基本原因;也有人认为,若从物理冶金反应的动力学来分析,再结晶或是扩散需要有一定的反应温度和时间,而在一般的超声波焊接时间内(小于 2 s)难以完成。实际上,超声波焊接接头的再结晶、扩散和渗透,常常是在通过人工处理后接头区才能呈现出它们的组织,例如铜接头中的再结晶现象必须是在焊接时间超过接头形成所需时间的很多倍以后才能出现,而采用一般的焊接规范所得接头中不一定出现再结晶组织。相变也同样,例如钛的超声波焊接接头中,必须在 1 000 ℃ 时才有 $\alpha \rightarrow \beta$ 的相变过程,而一般钛的超声波焊接温度低于 1 000 ℃,此时无相变存在而同样可形成接头,从这一角度说明,再结晶、扩散和相变等不是形成接头的必要条件。

上述 1)~3) 观点的共同点是认为,超声波焊接方法属于固相焊接,连接处的温度没有达到材料的熔化温度,没有出现过作为电阻点焊特征的熔核区。

4) 超声波焊接过程中界面微区的熔化现象是超声波焊接的一种可能的连接机理。早在 20 世纪 60 年代初就有人断言:超声波焊接时结合处的温度超过被焊材料的熔化温度。把界面上亚微观级的熔化现象看成是超声波焊接的一种可能的连接机理。在确定焊接过程中所能达到的最高温度方面作了大量的工作。由于焊接时间短,又只是在一个极小的区域内受到焊接过程的影响,用各种不同测温法所获得的结果并不一致。但可确认,用一般的间接或直接的测温法所得的结果只是焊接区的平均温度,不代表焊接区每个微点上的最高温度,故并不可能排除局部熔化作为一种可能的连接机理。

直到目前,对超声波焊接机理还有待于进一步研究和探讨。

2.超声波焊接工艺

(1) 超声波焊接的一般要求

超声波焊接接头的质量主要由焊点质量决定,影响焊点质量的好坏有各种工艺因素和设备因素,本节主要讨论工艺因素对焊接质量的影响。

一个好的焊点,要求有高的强度和合格的表面质量,除了表面不能有明显的挤压坑和焊点边缘的凸肩,还应注意观察和上声极接触处的焊点表面情况。例如 LY12M 焊点表面为灰色时,说明焊点质量较好,而光亮表面说明焊点强度不高,或者根本没有形成接头,而只是上焊件产生局部塑性变形而已。此外,焊点不允许有裂纹或界面上局部未焊合,焊点尺寸应该满足强度要求等。

超声波焊接时,对焊件表面不需要进行严格清理,因为超声振动本身对焊件表面层有破碎清理作用。同时,在焊接区材料的塑性流动过程中促使它们进而在一定范围内成弥散状分布,对焊接质量的影响比较小。

超声波焊接接头设计和焊点位置的考虑均与电阻焊有所不同,接头的搭边尺寸、边缘距离及焊点间的最小点距,在电阻焊中均对焊点的成形和强度有很大影响。而在超声波焊接时,上述的尺寸影响很小,可以根据焊件结构需要和设备条件灵活设计。

(2) 超声波焊接工艺参数及其对焊点质量的影响

超声波焊接最普遍应用的是点焊,就以点焊为例讨论其工艺。

超声波点焊的主要工艺参数是超声振动频率 $f$、振幅 $A$、静压力 $p$ 和焊接时间 $t_w$。

1) 所谓振动频率，在工艺上有两方面的含义，即谐振频率的数值和谐振频率的精度。

谐振频率一般在 15 ~ 75 kHz 之间，频率的选择应考虑被焊材料的物理性能及其厚度。在焊接薄件时通常选用比较高的谐振频率，因为在维持声功能不变的前提下，提高振动频率可以相应降低振幅，因而可减少薄件因交变应力而引起焊点的疲劳破坏可能性。通常功率越小，频率越高。而在焊接厚件时或焊接硬度及屈服强度都比较低的材料时，宜选用较低的振动频率。

图 3.41 为超声波焊点抗剪力与谐振频率的关系曲线，可见材料越硬、厚度越大时，频率的影响越明显。

随着频率的提高，高频振荡能量在声学系统中的损耗将增大，因此大功率超声波点焊机宜选用较低的谐振频率，一般在 15 ~ 20 kHz。振动频率决定于焊机系统给定的名义频率，但其最佳操作频率则可随声极极头、工件和压紧力的改变而变化。

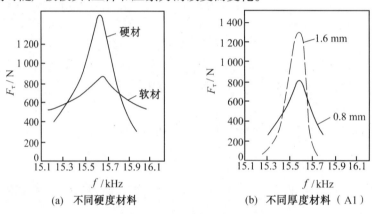

(a) 不同硬度材料 　　　　　　　　(b) 不同厚度材料（Al）

**图 3.41　焊接接头抗剪力与频率谐振条件的关系**

谐振频率的精度是保证焊点质量稳定的重要因素。由于超声波焊接过程中机械负荷的多变性，会出现随机的失谐现象，以致造成焊点质量的不稳定。

2) 振幅是超声波焊接规范中最基本的参数之一，它决定着摩擦功的大小，关系到焊接区表面氧化膜的去除条件、结合面摩擦生热的情况、塑性变形范围的大小以及材料塑性流动的状况等。因此针对被焊材料的性质及其厚度来正确选择一定的振幅值是获得良好接头质量的保证之一。

在超声波焊接中，所选用的振幅一般在 5 ~ 25 $\mu m$ 之间。较低的振幅适合于硬度较低或较薄的焊件，所以小功率超声波点焊机其频率较高而振幅范围较低。随着材料硬度及厚度的提高，所选用的振幅值也应有相应的提高，因为振幅大小表征着焊件接触表面间的相对移动速度的大小，而焊接区的温度、塑性流动以及摩擦功的大小均由这个相对移动速度所确定。因而就不难理解振幅的大小与焊点强度有着密切的关系。对于某一定材料的焊件，存在着一个合适的振幅范围。这可以从单点的拉剪试验得到证实，图 3.42 为铝镁合金在不同振幅值下焊点强度的试验结果。当振幅为 17 $\mu m$ 时焊点剪切强度最大，振幅减小，强度随之降低；当振幅小于 6 $\mu m$

时已经不可能形成接头，即使增加振动作用的时间也无济于事了，这是因为振幅值过小，焊件间接触表面的相对移动速度过小所致。当振幅值过大，如图 3.42 中振幅值大于 17 μm 时，焊点强度反而下降，这主要与金属材料内部及表面的疲劳破坏有关。因为振幅过大，由上声极传递到焊件的振动剪力超过了它们之间的摩擦力。在这种情况下，声极将与工件之间发生相对的滑动摩擦现象，并产生大量热和塑性变形，上声极埋入焊件，使焊件截面减小，从而降低了接头强度。

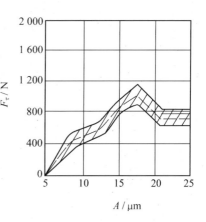

**图 3.42　焊点抗剪力与振幅的关系**
（材料：Al – Mg 合金；厚度 0.5 mm）

声极和工件间的摩擦，也同样会产生啮合点，这不仅使焊件表面受到严重损伤，而且常常引起焊点四周的疲劳破坏。

超声波焊机的换能器材料和聚能器结构，决定焊机超声振动的振幅大小。当它们确定以后，要改变振幅往往是通过调节超声波发生器的电参数来实现。

振幅值的选择与其他工艺参数有关，应综合考虑。必须指出，在合适的振幅范围内，采用偏大的振幅可大大缩短焊接时间，这相当于电阻焊中的强规范，它指出了提高超声波焊接生产率的途径。

3）静压力将通过声极使超声振动有效地传递给焊件。静压力和焊点剪切强度之间的关系如图 3.43 所示。通过试验，各种不同材料都有类似的特征。

当静压力过低时，由于超声波几乎没有被传递到焊件，不足以在焊件与焊件之间产生一定的摩擦功，超声波能量几乎全部损耗在上声极与焊件之间的表面滑动，因此不可能形成连接。随着静压力的增加，改善了振动的传递条件，使焊区温度升高，材料的变形抗力下降，塑性流动的程度逐渐加剧，另外由于压应力的增加，接触处塑

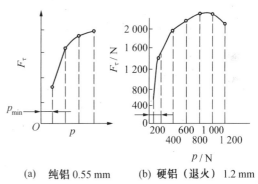

(a)　纯铝 0.55 mm　　(b)　硬铝（退火）1.2 mm

**图 3.43　焊点抗剪力与静压力的关系**

性变形的面积，以致最终的连接面积增加，因而接头的破断载荷也会增加。

当静压力达到一定值以后，再增加，实际上强度不再提高或反而下降，这是因为当静压力过大时，振动能量不能合理运用。过大的静压力使摩擦力过大，造成焊件间的相对摩擦运动减弱，甚至会使振幅值有所降低，焊件间的连接面积不再增加或有所减小，加之材料压溃造成截面削弱，这些因素均使焊点强度降低。

同时必须指出，在其他焊接条件不变的情况下，选用偏高一些的静压力，可以在较短的焊

接时间内得到同样强度的焊点。因为偏高的静压力能在振动早期比较低的温度下开始同样程度的塑性变形。同时,选用偏高的静压力,将在较短的时间内达到最高的温度,这当然使焊接过程的时间缩短,提高了生产率。图3.44是厚度为1.2 mm + 1.2 mm的硬铝超声波点焊试验结果,当其余条件不变,而只改变静压力的情况下,静压力最高的最先得到强度最高的接头。

4)焊接时间 $t_w$。焊接时间过短,则接头强度过低,甚至不形成接头,因为这时焊件表面的氧化膜来不及被破坏,而只是几个凸点间的接触。随着焊接时间的延长,焊点强度迅速提高(见图3.44),并在一定的时间内保持一定的强度范围。但当时间超过一定值以后,反使焊点强度下降。这一方面是因为焊件受热加剧,塑性区扩大,上声极陷入工件,使焊点截面削弱;另一方面是由于超声振动作用时间过长,引起焊点表面和内部的疲劳裂纹,从而降低了焊点的强度。焊接时间 $t_w$ 的选择是由被焊材料的性质、厚度及其他工艺多数而定。

以上几个主要的工艺参数不是孤立的,而是相互影响的,必须统筹考虑选取。

超声波焊接中除了上述参数之外。还有一些影响焊接过程的工艺因素,例如上声极的材料、形状尺寸及其表面状态等。

(3)超声波焊接接头的强度

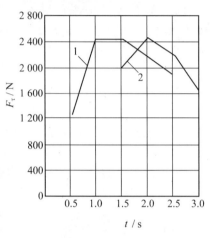

图 3.44　静压力的大小对形成强度
最高的接头所需时间的影响

(材料:硬铝,板厚 1.2 mm + 1.2 mm)

1—$p = 1\ 200$ N, $A = 23\ \mu$m;

2—$p = 1\ 000$ N, $A = 23\ \mu$m

由于超声波焊接消除了熔化焊和电阻焊中因金属熔化及高温对热影响区性能的影响,以及超声波焊点有效结合面积可以适当加大,使焊点的机械性能包括静载强度和疲劳强度都比较高。

超声波焊点在室温时所能承受的抗剪力与电阻焊相比较见表3.6,可见超声波焊点拉剪力优于电阻点焊。但在高于150 ℃以上的温度下两者基本接近。同时大量试验还证明,超声波点焊质点稳定,其强度波动约为10%,而电阻点焊强度波动达30%。

表 3.6　室温下超声波点焊和电阻点焊的抗剪力试验比较

| 焊件<br>材料 | 焊件厚度<br>/mm | 焊点平均拉剪载荷 /N | |
|---|---|---|---|
| | | 电阻点焊 | 超声波点焊 |
| 纯铝 | 0.8 | 940 | 1 180 |
| | 1.0 | 1 260 | 1 460 |
| | 2.0 | 2 910 | 3 100 |
| 纯铜 | 0.8 | 1 460 | 1 780 |
| | 1.0 | 1 940 | 2 700 |

超声波点焊的疲劳强度同样优于电阻焊,如图 3.45 所示。

超声波焊接的这种优点不仅是对铝合金,同时还反映在不锈钢、高温合金等材料的焊接中。尤其是对钼、钨等高熔点金属,由于焊接过程中免除了加热脆化现象,可使其承受的最大拉剪载荷超过电阻点焊。

超声波焊点的机械性能之所以比较高,与焊点及其附近的材料性能改变很少有关。通过对焊点各部位及母材的显微硬度测试结果发现,焊接区的硬度基本没有明显变化。

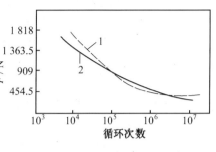

**图 3.45 超声波点焊与电阻点焊的疲劳实验结果比较**

(材料:铝铜合金,厚度:1.2 mm + 1.2 mm)

1— 超声波点焊;2— 电阻点焊

另外,由于超声波焊接中焊件金属的局部塑性流动造成的纤维有向分布,使超声振动方向与焊件受力方向平行时的强度最高。

(4) 超声波胶点焊新工艺

与电阻焊中金属的胶点焊联合工艺类似,是利用超声波点焊和金属的胶接两种连接手段的组合。它不但增加了连接的强度,还使焊点内部周围具有密封防腐的特有性能。

超声波胶点焊采用先胶后焊的工艺程序,既便于涂胶,又利于焊点周围的密封防腐。因为焊件间的胶层和金属表面氧化膜同时被超声振动所引起的金属塑性变形所排挤,焊接区及其周围的胶粘剂由于摩擦生热而熔化,随后固化了的胶粘剂将紧密包围焊点周围,而使焊点与空气或其他介质隔绝。

由于两焊件间胶层的存在,使超声振动的机械阻抗增加,所以胶点焊需要适当提高焊机声功率及振幅值。

我国已成功地将超声波胶点焊新工艺应用于超高压变压器的屏蔽构件中,焊接 0.01 mm 铝箔和 0.06 mm 铜箔接头,使变压器的局部放电量实测值为国际电工标准值的 1/5,单个焊点电阻值仅为原引进工艺的 1/5 ~ 1/10,而且由于防腐性能的提高,老化试验大大优越于其他工艺,此项胶点焊新工艺已达国际先进水平。

(5) 超声波缝焊

超声波缝焊和点焊没有本质的差别,只是因形式不同而有其本身的特点。

目前最常见的超声波缝焊形式是由旋转的焊接滚盘代替固定的上声极,如果下声极为移动的工作台(见图 3.46)则必须使焊接滚轮的线速度和工作台的移动速度相等,否则产生焊件的残余

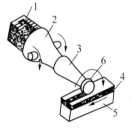

**图 3.46 超声波缝焊示意图**

1— 换能器;2— 变幅杆;3— 传振杆;4— 焊件;5— 工作台;6— 滚盘式振动头

变形,甚至使焊接过程不能进行。

缝焊工艺规范参数与点焊基本相同,只是以焊件的移动速度(滚盘的线速度)代替了焊接时间。焊接相同条件的焊件,缝焊所需的焊机功率比点焊稍高,这可能是缝焊时前一焊点在一定程度上阻碍了焊接过程的超声振动所致。

### 三、常用材料的超声波焊接

#### 1.金属材料的超声波焊接

超声波焊接可以很好地焊接多种金属和合金,对于物理性质相差悬殊的异种金属,甚至金属与半导体、金属与陶瓷等非金属以及塑料等的焊接,均是这种焊接方法的特长。

通过试验,目前可以用超声波焊接得到满意焊点质量的金属材料范围见表3.7。

表 3.7　超声波焊接的材料范围

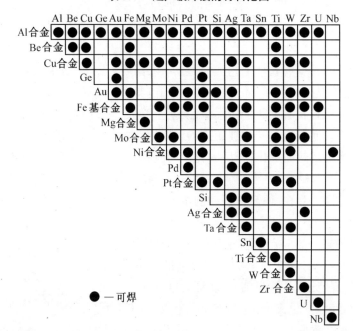

铝及铝合金是应用超声波焊接最多,也是最能显示出这种焊接方法优越性的一种材料。不论是纯铝,铝镁及铝锰合金,或是铝铜、铝锌镁及铝锌镁铜等高强度合金,它们在任何状态下,如铸、轧、挤及热处理状态均可焊接。铝铜合金的超声波点焊强度可比电阻点焊平均高出30% ～ 50%。

铜的超声波焊接性好,与铝类似。焊前的表面处理只需除油污,青铜、黄铜均如此。所需焊机功率也与铝相仿。镁的超声波焊接性与铜相仿。

钛及其合金也有很好的超声波焊接性,其规范区间较宽。焊点经显微分析有时产生 $\alpha \rightarrow \beta$

的相变,也有未经相变的焊点组织,均能获得满意的强度。

不锈钢 18 – 8 型在冷作硬化或淬火状态下的超声波焊接性也比较满意。

对于金属钼、钽、钨等,由于其特殊的物理化学性能,它们在超声波焊接时困难一些,必须采用相应的措施,如振动头和工作台需用硬度较高和较耐磨的材料制造,所选择的焊接规范参数也应适当的偏高,特别是振幅值及施加的静压力应取较高值,而焊接时间较短,这是难熔金属的超声波焊接特点。

高硬度金属材料之间的超声波焊接,或焊接性较差的金属材料之间的焊接,可通过另一种硬度较低金属的箔片作为中间过渡层。

多层结构的焊接是超声波焊接一种特殊的接头形式,可将数十层的铝箔或银箔一次焊上,也可利用中间过渡层焊接多层结构。

2.不同性质及不同厚度的金属材料超声波焊接

不同性质的金属材料之间的超声波焊接,决定于两侧的硬度。材料的硬度越接近、越低,则其超声波焊接性越好。而当两者硬度相差悬殊的情况下,只要其中有一种材料的硬度较低、塑性较好,也可以形成接头。当一对被焊材料中没有一个是高塑性时,则同样可通过塑性高的中间过渡层来实现。

不同硬度的金属材料焊接时,硬度低的材料置于上面,使其与上声极相接触,焊接所需之规范参数及焊机之功率值也取决于上焊件的性质。

对于不同厚度的金属材料也有很好的超声波焊接性,甚至焊件的厚度比几乎可以是无限制的,例如可将热电耦丝焊到被测温度的厚大物件上。对于厚度比为 1 000 的 25 $\mu m$ 的铝箔与 25 mm 的铝板之间的超声波焊接也可以顺利实现,得到优质的接头。

## 3.5  爆炸焊连接原理及工艺

爆炸焊是利用炸药爆炸产生的冲击力造成焊件的迅速碰撞,实现连接焊件的一种压焊方法。主要用于金属包覆、过渡接头(铝 – 铜、铝 – 钢等)以及和爆炸压力成形加工组成复合工艺。

**一、爆炸焊原理**

按装配方式可将爆炸焊分为两种。

1) 平行法爆炸焊。装配中,使基板、复板(管)成为间距相等(预置角 $\alpha$ 为零)的安装方法,如图 3.47(a) 所示。

2) 角度法爆炸焊。装配中,使基板、复板(管)成为间距不等(预置角 $\alpha$ 大于零)的安装方法,如图 3.47(b) 所示。

按爆炸焊接头形式,又可将其分为点爆炸焊、线爆炸焊和面爆炸焊等。

下面以金属复合板的爆炸焊为例介绍爆炸焊原理。

在金属复合板爆炸焊小型试验中,用平行法和角度法均可,但在大面积复合板的爆炸焊时多用平行法。间隙距离在平行法时是不变的,在角度法时是可变的。在炸药和复板之间,一般还需要设置塑料板、纸板、水玻璃沥青或黄油的保护层。整个系统通常置于地面之上,在特殊情况下置于砧座之上。

爆炸焊过程的瞬间状态示意如图 3.48 所示。当置于复板之上的炸药被雷管引爆后,爆轰波便以爆轰速度在炸药层中向前传播。这个速度与炸药的品种、密度和数量有关。随后,爆轰波的能量和迅速膨胀的爆炸产物的能量向四面八方传播。当这两部分能量的向下分量传递给复板后,便推动复板高速向下运动。复板在间隙中被加速,最后与基板高速撞击。当撞击速度和撞击角合适时,便会在撞击面上发生金属的塑性变形,而使它们紧密接触。与此同时,伴随着强烈的热效应。此时接触面上金属的物理性质类似于流体,在撞击点前形成射流。这种射流将复板和基板的原始表层上的污物冲刷掉,使金属露出活性的清洁表面,为形成强固的冶金结合提供良好的条件。

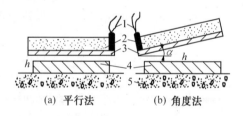

图 3.47　复合板的爆炸焊工艺安装示意图

1—雷管;2—炸药;3—复板;4—基板;5—基础(地面);$\alpha$— 安装角;$h$— 间隙

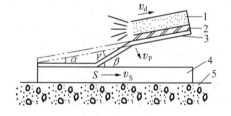

图 3.48　角度法爆炸焊过程瞬间情况示意图

1—炸药;2—保护层;3—复板;4—基板;5—地面;$v_d$—炸药的爆轰速度;$v_p$— 复板向基板运动的速度;$v_S$— 撞击点 $S$ 的移动速度;$\alpha$— 安装角;$\beta$— 撞击角;$h$— 间隙

在不同的焊接条件下,两种金属的结合面有不同的形状。当撞击速度低于某一临界值时,结合面为直线形(见图 3.49)。在大多数情况下,结合面为波浪形(见图 3.50)。在波形界面上,有的只在波前有漩涡区,有的在波前和波后都有漩涡区。在漩涡区内的熔体,有的是固溶体,有的是中间化合物,还有的是它们的混合物。这些熔体通常硬而脆。但是,它们是断续地分布在界面上,对金属间结合强度的影响,比

图 3.49　爆炸复合板直线形结合面(5×)

撞击能量过大时产生的连续熔化层(见图 3.51) 要小得多。而当结合面形成连续熔化层时,双金属的结合强度和延性将大为降低。

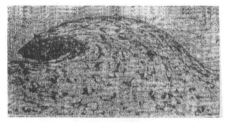

(a) 波前漩涡区

(b) 波前和波后漩涡区

**图 3.50 爆炸复合板的波形结合区(50 ×)**

### 二、可爆炸焊接的金属材料

任何具有足够强度和塑性并能承受工艺过程所要求的快速变形的金属,都可以进行爆炸焊。即采用爆炸焊时,各种金属组合的焊接性都比较好。这些金属及合金组合见表 3.8,其中一些常用金属材料的组合已经应用到工业生产上,如钛 – 钢、不锈钢 – 钢、铜 – 钢、铝 – 钢、铝 – 铜等。

**图 3.51 爆炸复合板连续熔化层形结合区(50 ×)**

在合适的工艺参数下,爆炸焊接的双金属层之间的结合强度随金属延性的增加而增大。当金属材料的常温下的破断冲击吸收功不太小时,爆炸后不会脆裂,都可以用爆炸焊法焊接。即使破断冲击吸收功小的金属材料,如钼、钨、镁、铍和灰铸铁等,如采用热爆炸焊(热爆炸焊是将常温下 $A_K$ 值较小的金属材料加热到它的转变温度以上后,立即进行的爆炸焊) 方法也能制成复合材料。使用热爆炸焊法还可以使金属与陶瓷、塑料及玻璃焊接起来。

通过相应合金相图的分析,可以预测用爆炸焊时,具体的一对金属组合的焊接性和结合强度以及后续热加工和热处理对爆炸复合材料结合性能的影响。

### 三、爆炸焊方法及安装工艺

1.爆炸焊方法

爆炸焊的方法很多。就金属材料的形状而言,除板 – 板外,还有管 – 管、管 – 管板、管 – 棒、异形件,以及金属粉末与板的爆炸焊;从焊接接头的类型来分,有爆炸搭接、对接、斜接和压接;从爆炸焊实施的位置来分,有地面、地下、空中、水下和真空中的爆炸焊;还有一次、二次和多次爆炸焊、多层爆炸焊,单面和双面爆炸焊,内、外和内外同时进行的爆炸焊,热爆炸焊和冷爆炸焊等。此外,爆炸焊工艺还可以与常见的金属压力加工工艺,如轧制、锻压、旋压、冲压、挤压、拉拔和爆炸成形等联合起来,以生产更大、更长、更粗、更细和异型的金属复合材料。这种联合是爆炸焊方法的延伸和发展。

表3.8　可进行爆炸焊接的金属组合

| | 1 碳钢 | 2 低合金钢 | 3 合金钢 | 4 不锈钢 | 5 银 Ag | 6 铝及其合金 Al | 7 金 Au | 8 钴合金 Co | 9 铜合金 Cu | 10 镁 Mg | 11 钼 Mo | 12 铌 Nb | 13 镍 Ni | 14 铅 Pb | 15 铂 Pt | 16 钽 Ta | 17 钛 Ti | 18 钨 W | 19 锆 Zr | 20 哈斯特洛依合金 Hastelloy | 21 斯太立特合金 Stellite 6B |
|---|---|---|---|---|---|---|---|---|---|---|---|---|---|---|---|---|---|---|---|---|---|
| 21 Stellite 6B 斯太立特合金 | | | • | • | | | | | | | | | | | | | | | | | |
| 20 Hastelloy 哈斯特洛依合金 | • | | • | | | | | | | | | | • | | | | | | | • | |
| 19 锆 Zr | ⊡ | □ | • | □ | | □ | | | | | | □ | | | | ⊡ | ⊡ | | ⊡ | | |
| 18 钨 W | □ | □ | | | | | | | | | | | | | | | | | | | |
| 17 钛 Ti | ⊡ | | ⊡ | ⊡ | • | ⊡ | | ⊡ | • | | | ⊡ | ⊡ | | | ⊡ | ⊡ | | | | |
| 16 钽 Ta | ⊡ | □ | ⊡ | ⊡ | | ⊡ | • | | ⊡ | | | ⊡ | | | | ⊡ | | | | | |
| 15 铂 Pt | | | | | | | | | | | | • | • | | • | | | | | | |
| 14 铅 Pb | □ | □ | | | | | | | □ | | | | | | | | | | | | |
| 13 镍 Ni | ⊡ | □ | ⊡ | ⊡ | | | • | | ⊡ | • | | | ⊡ | | | | | | | | |
| 12 铌 Nb | ⊡ | | | ⊡ | | | | | ⊡ | | | • | | | | | | | | | |
| 11 钼 Mo | | | | □ | | | | | | | | | | | | | | | | | |
| 10 镁 Mg | • | | • | | | • | | | | • | | | | | | | | | | | |
| 9 铜合金 Cu | ⊡ | □ | ⊡ | ⊡ | | ⊡ | | | ⊡ | | | | | | | | | | | | |
| 8 钴合金 Co | | | • | • | | | | | | | | | | | | | | | | | |
| 7 金 Au | • | | • | • | □ | | | | | | | | | | | | | | | | |
| 6 铝合金 Al | ⊡ | | ⊡ | ⊡ | • | • | | | | | | | | | | | | | | | |
| 5 银 Ag | • | | | • | ⊡ | | | | | | | | | | | | | | | | |
| 4 不锈钢 | ⊡ | □ | ⊡ | ⊡ | | | | | | | | | | | | | | | | | |
| 3 合金钢 | ⊡ | | ⊡ | | | | | | | | | | | | | | | | | | |
| 2 低合金钢 | □ | □ | | | | | | | | | | | | | | | | | | | |
| 1 碳钢 | ⊡ | | | | | | | | | | | | | | | | | | | | |

• ——国外已试验成功的组合

□ ——我国已试验成功的组合

⊡ ——国内外均已试验成功的组合

**2.爆炸焊安装工艺**

一部分爆炸焊的安装工艺如图3.52所示。由图可见,不同的爆炸焊方法,有不同的安装工艺,但它们都有一些必须注意的问题。以复合板为例,这些问题包括以下5方面。

1) 爆炸大面积复合板时用平行法。此时如用角度法,前端则因间隙距离增加很多,复板过分加速,使其与基板撞击时能量过大。这样会扩大边部打伤打裂的范围,从而减少复合板的有效面积和增加金属的损耗。

2）在安装大面积复板时,再平整的金属板材安装后中部也会下垂或翘曲,以致与基板表面接触。此时为保证复板下垂位置与基板表面保持一定间隙,可在该处放置一个或几个高度稍

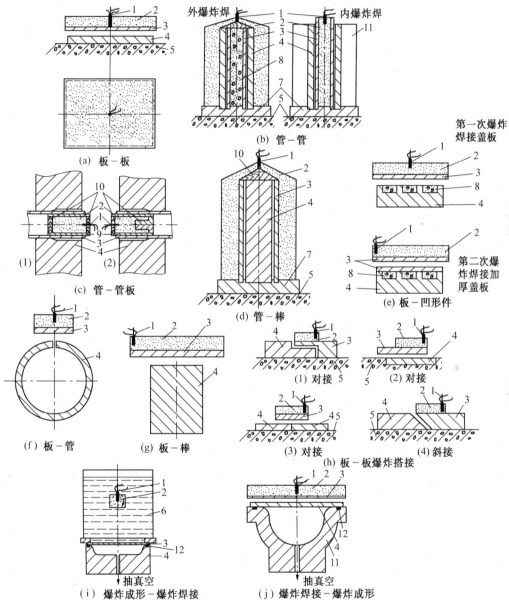

**图 3.52 部分爆炸焊方法的工艺安装示意图**

1— 雷管;2— 炸药;3— 复层(管或板);4— 基层(板、管、棒或凹形件);5— 地面(基础);6— 传压介质(水);

7— 底座;8— 低熔点或可溶性材料;9— 塑料管;10— 木塞;11— 模具;12— 真空橡皮圈

267

小于应有的间隙值的金属片。

3) 爆炸大面积复合板时,最好用中心起爆法引爆炸药,或者从长边中部引爆炸药。这样可使间隙中气体的排出的路程最短。从而有利于复板和基板的顺利撞击,减少结合区金属熔化的面积和数量。

4) 为了引爆低爆速炸药和减少雷管区的面积,通常在雷管下放置一定数量的高爆速炸药。

5) 为了将边部缺陷引出复合板之外和保证边部质量,通常复板的长、宽尺寸比基板的大20 ~ 50 mm。管与管板爆炸焊时,管材也应有类似的额外伸出量(即除规定伸出量外的补强伸出量)。

**四、爆炸焊工艺参数**

1.爆炸焊工艺步骤

爆炸焊工艺一般包括如下 5 部分。

1) 被焊金属材料的准备。即按产品和工艺的要求,准备好所需尺寸的复层和基层材料。基板与复板的厚度比一般为 1∶1 ~ 10∶1。基板越厚,基板与复板的厚度比越大,还越容易实现焊接。

2) 待焊金属材料的清理。用手工、机械、化学或电化学的方法对金属材料的待结合面进行清洁净化。各种钢材可用砂轮机打磨、磨床磨削或喷砂处理等。有色和稀有金属则宜用砂纸擦、钢丝轮刷刷、化学腐蚀或电化学腐蚀等。净化处理后的金属表面粗糙度 $Ra \leqslant 12.5\ \mu m$。安装时,将待结合面上的污物用酒精擦净,直到其上没有其他固态物质为止。

3) 炸药的准备。根据工艺和金属材料形状的要求,选择一定品种、状态和数量的炸药。

4) 安装。在爆炸场进行焊前安装,其中的一些安装方法如图 3.52 所示。并做好爆炸前的一切准备,如接好起爆线、搬走所用的工具和物品,撤离工作人员和在危险区安插警戒旗等,根据药量的多少和有无屏障,设置半径为 25 m、50 m 或 100 m 以上的危险区。

5) 引爆炸药实现爆炸焊接。待工作人员和其他物件撤至安全区后,用起爆器通过雷管引爆炸药,完成试验或产品的爆炸焊接。

2.爆炸焊工艺参数

爆炸焊工艺参数主要有复层与基层金属材料的厚度、长度和宽度尺寸、炸药的品种、状态和剂量及其爆炸性能数据,安装后复层和基层之间的间隙距离等。在工件金属和炸药品种确定之后,只要知道炸药量和间隙距离,就可以进行爆炸焊试验。所使用的炸药量和间隙值与工件金属的厚度和强度有一定的关系。这种关系有各种经验表达式,下面以复合板的爆炸焊为例,列出经验表达式,即

$$h = A(\rho \delta)^{0.6}$$

$$W_e = BC \frac{(\rho\delta)^{0.6}\sigma_s^{0.2}}{h^{0.5}}$$

式中　　$h$——复板与基板之间的间隙距离(cm);

　　　　$W_e$——复板单位面积上布放的炸药量(g/cm$^2$);

　　　　$\rho$——复板的密度(g/cm$^3$);

　　　　$\delta$——复板的厚度(cm);

　　　　$\sigma_s$——复板金属材料的屈服强度(MPa);

　　　　$A,B,C$——计算系数,$A$ 为 0.1 ~ 1.0,$B$ 为 0.05 ~ 3.0,$C$ 为 0.5 ~ 2.5。

当 $h$ 和 $W_e$ 计算出来之后,就准备相应尺寸的间隙柱和算出炸药的总需量。然后进行一组小型复合板的试验。试验结果如有偏差,可对原来计算的 $h$ 和 $W_e$ 值进行适当的调整。再使用试验得到的能满足技术要求的工艺参数,进行大面积复合板的爆炸焊接。

**五、爆炸焊缺陷和检验**

1.爆炸焊缺陷

爆炸焊的缺陷可以分为宏观和微观两大类。

(1)宏观缺陷

1)爆炸结合不良。指进行爆炸焊接以后,复层与基层之间全部或大部分没有结合以及即使结合但强度甚低的情况。欲克服这种缺陷,首先应选择低爆速的炸药,其次是使用足够的炸药量和适当的间隙距离。此外,采用中心起爆法等能缩短间隙中气体排出的路程,创造有利的排气条件的引爆方法。

2)鼓包。在复合件(板)的局部位置(通常在起爆端)上复层偶尔有凸起,其间充满气体,在敲击下发出"梆、梆"的空响声。欲消除鼓包,在选择低爆速炸药、最佳药量和最佳间隙值之后,重要的是造成良好的排气条件。

3)大面积熔化。某些双金属,例如钛 – 钢爆炸复合板,在撬开复层和基层后,有时在结合面上发现大面积金属被熔化了的现象,其宏观形貌如图 3.53 所示,微观形貌如图 3.51 所示。这一现象发生的原因是:在爆炸焊接过程中,间隙内未被及时排出的气体,在高压下被绝热压缩。大量的绝热压缩热便使气泡周围的一薄层金属熔化了。其减轻和消除的办法是采用低爆速炸药和中心起爆法等,以创造好的排气条件,不使间隙中气体的绝热压缩过程发生。

4)表面烧伤。指复层表面被爆炸热氧化烧伤的情

**图 3.53　钛 – 钢爆炸复合板钢侧结合面
上大面积熔化的宏观形貌**

况。使用低爆热的炸药和采用黄油水玻璃或沥青等保护层,可以防止这一缺陷的发生。

5)爆炸变形。在爆炸载荷剩余能量的作用下,复合板(管)在长、宽和厚三个方向的尺寸和形状上发生的宏观的和不规则的变形。变形后的复合件在加工和使用前必须校平(复合板)或校直(复合管)。爆炸变形在一般情况下无法避免,但可设法减轻。欲使这种变形最小,需要增加基础的刚度和采取其他特殊的工艺措施。这一点,对于无法校平的大型复合管板件来说尤为重要。

6)爆炸脆裂。某些常温下 $A_k$ 值太小、强度和硬度特高的金属材料,采用一般的爆炸焊方法时,将脆断和开裂。实施热爆工艺可以消除这种现象。

7)雷管区。在雷管引爆的部位,由于能量不足和气体排不出去而造成复层和基层未能很好结合的缺陷。雷管区可用增加附加药包的办法尽量缩小。

8)边部打裂。除雷管区之外的复合板的其余周边或复合管(棒)的前端,由于边界效应而使复层被打伤打裂所形成的缺陷。这一现象产生的原因主要是周边和前端能量过大。减轻和消除它的办法是减少前端(复合管、棒)或边部(复合板)的药量、增加复板或复管的尺寸,或者在厚复板的待结合面之外的周边刻槽等。

9)爆炸打伤。由于炸药结块或分布不均匀使局部能量过大或者炸药内混有固态硬物,它们撞击复层表面,使其对应位置上出现麻坑、凹境或小沟等影响表面质量的缺陷。细化和净化炸药以及均匀布药是防止复层表面打伤的主要措施。

(2)微观缺陷

微观缺陷见于爆炸复合材料的内部,是用一些非破坏性和破坏性的方法检测出来的。这些缺陷的存在,会造成同一复合件内显微组织和力学性能的不均匀。

2.爆炸焊检验

爆炸复合材料的检验项目和方法,分为非破坏性的和破坏性两大类。

(1)非破坏性检验

1)表面质量检验。其目的是对复合件的复层表面及其外观进行质量检查,如打伤、打裂、氧化、烧伤、翘曲度、尺寸公差和其他外观情况等。

2)轻敲检验。用手锤对复层各个位置逐一轻敲,以其声响来初步判断复合材料的结合情况。由此还可以大致计算其结合面积率。

3)超声检验。其目的是对复合件的结合情况和结合面积进行定量的测定。关于用超声波检验爆炸复合板结合情况的方法和标准,国内外已有不少。

(2)破坏性检验

根据 GB—6396《复合钢板性能试验方法》,爆炸复合板的破坏性检验有如下一些项目和方法。

1)剪切试验。此项试验是将装在模具内的剪切试件,用压力使复层和基层发生剪切形式的破坏,以此剪切应力来确定复合件的抗剪切性能。

2）拉伸试验。此项试验是将拉伸试件留在试验机上，然后沿结合面方向对其施加拉力，到破断为止。以此破断应力和相对伸长来确定爆炸复合板的抗拉强度和伸长率。

3）弯曲试验。以预定达到的弯曲角或试件破断时的弯曲角，来确定爆炸复合件（板或管）的结合性能和加工性能。

4）显微硬度检验。此项检验是对爆炸复合件的结合区、复层和基层进行显微硬度的测量与分析，以确定在爆炸前后（包括后续热加工和热处理）这些材料各部分显微硬度的变化及其变化的规律。也可以测定特定位置（如漩涡区）上特殊组织的硬度。从而判断它的性质和影响。

5）金相检验。从爆炸复合件的一定位置切取金相样品，进行结合区显微组织的检验。以确定是平面结合、波状结合还是熔化层结合，以及与基体不同的新的组织。

爆炸焊接的金属复合件的检验主要有以上几项。此外，还可以视具体情况和需要，进行另外一些项目的检验，如冲击、扭转、疲劳、热循环和各种腐蚀性能的检验等。

## 习　题

1. 何谓压焊？压焊包括哪几类？
2. 简述焊接实现过程中，压力与温度的关系。
3. 何谓电阻焊？电阻焊的物理本质是什么？
4. 试分析电阻点焊时，造成电场分布不均匀的主要原因。
5. 试分析接触电阻形成的原因及其影响因素。
6. 以低碳钢为例，分析点焊时动态电阻变化过程。
7. 简述点焊接头的形成过程。
8. 什么是电阻点焊的硬规范和软规范？简述其各自的特点及适用范围。
9. 何谓分流？如何减小点焊过程中的分流？
10. 何谓凸焊？凸焊接头与点焊接头在结合特点上有何不同？
11. 何谓缝焊？缝焊分哪几类？
12. 简述缝焊过程的特点。
13. 何谓电阻对焊？电阻对焊有何特点？
14. 试分析电阻对焊时电阻变化规律。
15. 何谓闪光对焊？闪光对焊的特点是什么？
16. 何谓摩擦焊？常用的摩擦焊工艺有哪些？
17. 简述连续驱动摩擦焊与惯性摩擦焊的区别。
18. 简单分析摩擦焊过程。
19. 简述摩擦焊热源的特点。
20. 常见摩擦焊的缺陷有哪些？

21.何谓超声波焊？简述超声波焊的原理。

22.超声波焊分哪几类？适用范围如何？

23.简述超声波焊的特点。

24.简单分析超声波焊的机理。

25.超声波点焊的主要工艺参数有哪些？其对焊点质量各有何影响？

26.何谓爆炸焊？简述爆炸焊的原理。

27.爆炸焊的工艺参数有哪些？

28.爆炸焊的缺陷有哪些？

## 参 考 文 献

1 赵熹华.压焊.北京:机械工业出版社,1988

2 潘际銮等.焊接手册.北京:机械工业出版社,1993

3 李志远等.先进连接方法.北京:机械工业出版社,2000

4 中国机械工程学会焊接学会编.电阻焊理论与实践.北京:机械工业出版社,1994

5 何德孚.焊接与连接工程学导论.上海:上海交通大学出版社,1998

6 曾乐.现代焊接技术.上海:上海科学技术出版社,1996

# 第四章　钎焊连接原理与工艺

## 4.1　钎焊连接原理

利用电弧将两焊件的接缝处加热熔化并填入焊材(焊条或焊丝),随后冷却凝固成连接接头,这是熔化焊的典型过程。若将两焊件加热而不熔化,仅由熔化的焊材(钎料)填入其间隙中,并使液态的钎料与固态母材相互作用,再凝固成连接接头的过程,我们称之为钎焊连接。与熔焊相比,钎焊时只有钎料熔化而母材保持固态;由于钎焊温度是比较低的(一般远低于母材的熔点),因而对母材的物理化学性能通常没有明显的不利影响;其次,在低的钎焊温度下,可对焊件整体均匀加热,引起的应力和变形小,容易保证焊件的尺寸精度;同时,由于存在焊件整体加热的可能性,这对微型精密、形状复杂、开敞性差的焊件结构特别适宜,甚至可一次完成多缝多零件的连接;再者,对于不少异种金属、金属与非金属材料的连接,如铝 – 不锈钢、钛 – 不锈钢、金属 – 陶瓷、金属 – 复合材料等,用其他连接方法往往难以甚至无法实现连接,但采用钎焊却可以较容易解决;又鉴于钎焊对热源要求较低,工艺过程较为简单,故极易实现生产过程的自动化,保证了焊件具有更高的可靠性。为此,钎焊工艺技术在材料连接的工程实际中得到了越来越广泛的应用。

工程中通常将钎焊分为两类,即硬钎焊和软钎焊。液相线温度在 450℃ 以上的钎料用于钎焊时称为硬钎焊,450℃ 以下的钎料用于钎焊时称为软钎焊。本章将着重介绍钎焊连接的一些基本原理和接头形成过程,同时就钎焊工艺所涉内容展开一定的讨论。

### 一、液体钎料对固体母材的润湿与填缝

#### 1.液态钎料的润湿性

材料的钎焊连接是由熔化的钎料填入焊件间隙并相互作用而凝固成接头的。所以钎焊时,熔化的钎料与固态母材首先相接触。从物理化学得知,一滴液体置于固体表面,若液滴和固体界面的变化促使液 – 固体系自由能降低,则液滴将沿固体表面自动铺展,即呈图 4.1 所示的状态。图中 $\theta$ 称为润湿角,$\sigma_{SG}$、$\sigma_{LG}$、$\sigma_{LS}$ 分别表示固 – 气、液 – 气、液 – 固界面间的界面张力。铺展终了时,润湿角 $\theta$ 与固体表面张力 $\sigma_{SG}$、液体表面张力 $\sigma_{LG}$ 以及液 – 固界面张力 $\sigma_{LS}$ 存在以下关系,即

$$\sigma_{SG} = \sigma_{LS} + \sigma_{LG}\cos\theta \tag{4.1}$$

$$\cos\theta = \frac{\sigma_{SG} - \sigma_{LS}}{\sigma_{LG}} \qquad (4.2)$$

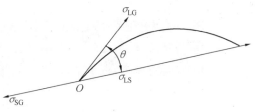

$\theta$ 角表示了液滴对固态的润湿程度,$0 < \theta < 90°$ 表明液滴能润湿固体,$90° < \theta < 180°$ 表明液滴不能润湿固体,$\theta = 0°$ 表明液 – 固完全润湿,$\theta = 180°$ 视为完全不润湿。钎焊时希望钎料的润湿角小于 $20°$。从式(4.2) 中还看出,如 $\sigma_{SG}$ 和 $\sigma_{LG}$ 为某定值,则 $\sigma_{LS}$ 与 $\theta$ 有一定的正比关系,即 $\sigma_{LS}$ 越

**图 4.1　液滴在固体表面的平衡条件**

小,$\theta$ 也越小,也就是说液 – 固间的界面张力越小,它们也越易润湿,这是很重要的润湿条件。

　　固体的表面张力由于晶体缺陷、表面分凝和力学上的应变等因素,难于界定其精确值。液体的表面张力的物理意义是指增加单位表面积液体时自由能的增值。液体的表面张力是易于测定的,其单位为 mN/m。液体金属的表面张力常在 $200 \sim 2\,500$ mN/m 之间。

　　2. 钎料的毛细填缝

　　实际上在钎焊时,对液态钎料的要求主要不是沿固态母材表面的自由铺展,而是尽可能填满钎缝的全部间隙。通常钎缝很小,如同毛细管。钎料是在对母材润湿的前提下,依靠毛细作用在钎缝间隙内流动的。因此,钎料能否填满钎缝取决于它在母材间隙中的毛细流动特性。

　　液体在固体间隙中的毛细流动特性表现为如下的现象:当把间隙很小的两平行板插入液体时,液体在平行板的间隙内会自动上升到高于液面的一定高度,但也可能下降到低于液面,如图 4.2 所示。液体在两平行板的间隙中上升或下降的高度可由下式确定,即

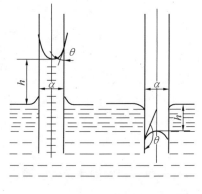

$$h = \frac{2\sigma_{LG}\cos\theta}{\alpha\rho g} = \frac{2(\sigma_{SG} - \sigma_{LS})}{\alpha\rho g} \qquad (4.3)$$

式中　　$\alpha$—— 平行板的间隙,钎焊时即钎缝间隙;

　　　　$\rho$—— 液体的密度;

　　　　$g$—— 重力加速度。

　　当 $h$ 为正值时,表示液体在间隙中上升;$h$ 为负时表

**图 4.2　在平行板间的液体毛细作用**

示液体下降。

　　由式(4.3) 可以看出:

　　1) 当 $\theta < 90°$、$\cos\theta > 0$ 时,$h > 0$,液体沿间隙上升;若 $\theta > 90°$、$\cos\theta < 0$,则 $h < 0$,液体沿间隙下降。因此,钎料填充间隙的好坏首先取决于它对母材的润湿性。显然,钎焊时只有在液态钎料能充分润湿母材的条件下钎料才能填满钎缝。

　　2) 液体沿间隙上升的高度 $h$ 与间隙大小 $\alpha$ 成反比。随着间隙的减小,液体的上升高度增大。图 4.3 是在铜或黄铜板间钎料填缝高度与间隙的关系。从上升高度来看,是以小间隙为佳。

因此,钎焊时为使液态钎料能填满间隙,必须在接头设计和装配时保证小的间隙。

若钎料是预先安放在钎缝间隙内的,如图 4.4(a) 所示,润湿性和毛细作用仍有重要意义。当润湿性良好时,钎料填满间隙并在钎缝四周形成圆滑的钎角,如图 4.4(b) 所示;若润湿性不好,钎缝填充不良,外部不能形成良好的钎角;在不润湿的情况下,液态钎料甚至会流出间隙,聚集成球状钎料珠,如图 4.4(c) 所示。

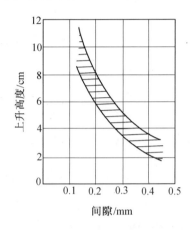

图 4.3　钎料上升高度与间隙
　　　　大小的关系

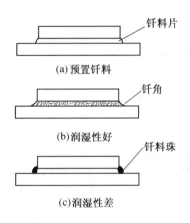

图 4.4　预置钎料在间隙内的
　　　　润湿情况

研究表明,液态钎料在毛细作用下的流动速度 $v$ 可表示为

$$v = \frac{\sigma_{LG}\alpha\cos\theta}{4\eta\,h} \tag{4.4}$$

式中　$\eta$——液体的粘度。

从此式可以看出:润湿角 $\theta$ 越小,即 $\cos\theta$ 越大,流动速度就越大;液体的粘度越大,流速越慢;流速 $v$ 又与 $h$ 成反比,亦即液体在间隙内刚上升时流动快,以后随 $h$ 增大而逐渐变慢。所以,为使钎料能迅速填满全部间隙,钎料必须有好的润湿性,并应有足够的钎焊加热、保温时间,因为液体的粘度与温度有关。

需要指出的是,以上钎料的润湿性、填缝性叙述是局限于液体金属与固体金属间仅以色散力相互作用的情况,其间既无化学反应发生,也无相互溶解和原子渗透等物理反应发生。但实际在钎焊时,液态钎料与母材或多或少地存在相互作用,致使液态钎料的成分、密度、粘度和熔点等会发生变化,从而使钎料的润湿、毛细填缝现象变复杂化。甚至出现这种情况,在母材表面铺展得很好的液态钎料却不能流入间隙,这往往是由于钎料在填入间隙前就已被母材饱和而失去了填缝能力。

3.影响钎料润湿性和填缝性的因素

由式(4.1)可以看出,钎料对母材的润湿性取决于具体条件下固 – 气、液 – 气和液 – 固三相间的相互关系。表4.1～4.3分别提供了主要的纯液态金属在其熔点时的表面张力 $\sigma_{LG}$、某些固态金属的表面张力 $\sigma_{SG}$ 和一些金属系统的界面张力 $\sigma_{LS}$ 的数据。除液态纯金属的表面张力数据比较齐备外，后两项数据目前为数很少。由于钎料通常均为多元合金，故上述各项数据更为稀少。然而，公式(4.1)却为我们指出了改善钎料润湿性的主要方向。在钎焊的实践中，一般希望 $\sigma_{SG}$ 增大、$\sigma_{LG}$ 减小、$\sigma_{LS}$ 亦减小，这样能够促进和改善液态钎料的润湿性。

表4.1　一些液态金属的表面张力

| 金属 | $\sigma_{LG}/(N \cdot m^{-1})$ | 金属 | $\sigma_{LG}/(N \cdot m^{-1})$ | 金属 | $\sigma_{LG}/(N \cdot m^{-1})$ | 金属 | $\sigma_{LG}/(N \cdot m^{-1})$ |
|---|---|---|---|---|---|---|---|
| Ag | 0.93 | Cr | 1.59 | Mn | 1.75 | Sb | 0.38 |
| Al | 0.91 | Cu | 1.35 | Mo | 2.10 | Si | 0.86 |
| Au | 1.13 | Fe | 1.84 | Na | 0.19 | Sn | 0.55 |
| Ba | 0.33 | Ga | 0.70 | Nb | 2.15 | Ta | 2.40 |
| Be | 1.15 | Ge | 0.60 | Nd | 0.68 | Ti | 1.40 |
| Bi | 0.39 | Hf | 1.46 | Ni | 1.81 | V | 1.75 |
| Cd | 0.56 | Ln | 0.56 | Pb | 0.48 | W | 2.30 |
| Ce | 0.68 | Li | 0.40 | Pd | 1.60 | Zn | 0.81 |
| Co | 1.87 | Mg | 0.57 | Rh | 2.10 | Zr | 1.40 |

表4.2　一些固态金属的表面张力

| 金属 | $t/℃$ | $\sigma_{LG}/(N \cdot m^{-1})$ |
|---|---|---|
| Fe | 20 | 4.0 |
| Fe | 1 400 | 2.1 |
| Cu | 1 050 | 1.43 |
| Al | 20 | 1.91 |
| M | 20 | 0.70 |
| W | 20 | 6.81 |
| Zn | 20 | 0.86 |

表4.3　一些金属系统的界面张力

| 系统 | $t/℃$ | $\sigma_{SG}/(N \cdot m^{-1})$ | $\sigma_{LG}/(N \cdot m^{-1})$ | $\sigma_{LS}/(N \cdot m^{-1})$ |
|---|---|---|---|---|
| Al – Sn | 350 | 1.01 | 0.60 | 0.28 |
| Al – Sn | 600 | 1.01 | 0.56 | 0.25 |
| Cu – Ag | 850 | 1.67 | 0.94 | 0.28 |
| Fe – Cu | 1 100 | 1.99 | 1.12 | 0.44 |
| Fe – Ag | 1 125 | 1.99 | 0.91 | > 3.40 |
| Cu – Pb | 800 | 1.67 | 0.41 | 0.52 |

大量试验表明，下述因素对钎料的润湿性、填缝性有着明显的影响。

(1) 钎料成分和母材的相关系

钎料成分和母材的相关系对润湿性有着重要的影响。一般液体钎料与母材间若有一定的互溶度，通常就能很好地润湿，反之则较难润湿。例如液态 Zn 和固体 Al 在500℃有近30%溶解度，它们润湿得就很好。液态 Pb 和固态 Al 在500℃时几乎完全没有互溶度，它们极难润湿。这些关系可以从 Al – Zn 和 Al – Pb 的相图上看出来。类似的情况如液态 Ag 在1 200℃时稍溶于镍中，即 $w(Ag) = 3\% \sim 4\%$，而在同样的温度下与 Fe 的互溶度几乎为零。这样的结果是 Ag 对 Ni 较易润湿而对 Fe 则难以润湿。同样在779℃时 Ag 于 Cu 中的溶解度为 $w(Ag) = 8\%$，因而 Ag 在 Cu 上的润湿性极好。查表4.3可看到，液态银与固态铁间的界面张力大于3.40 N/m，而与铜的界面张力则不大于0.28 N/m。可见同样的钎料，对于不同的母材，只要随着它们之间相互作用的加强,使液－固界面张力减少,就可以提高润湿性。

　　由此可见,对于那些与母材无相互作用因而润湿性差的钎料,借助在钎料中加入能与母材形成共同相的合金元素,就可以改善它对母材的润湿性。图4.5为银钯料在镍铬合金上润湿角与钎料含钯量的关系曲线。随着含钯量的提高,润湿角大大减小,这是因为钯与 Ni(Fe、Co、Cu、Ag、Au) 等金属不但在液相,就是在固相也有完全的互溶度,故增加润湿性最为有效,由此导致发展了许多含Pd的钎料。图4.6为锡铅钎料的表面张力在钢上的润湿角与钎料成分的关系。纯铅与钢基本上不形成共同相,故铅对钢润湿性很差,但铅中加入能与钢形成共同相的锡后,钎料在钢上的润湿角减小。含锡量越多,润湿性越好。但从图上看,钎料本身的表面张力在加锡后是提高的,应该不利于润湿性的改善,然而仍取得了润湿角显著减小的效果。其原因主要是依靠加锡使液态钎料与钢的界面张力 $\sigma_{LS}$ 得以减小所致。

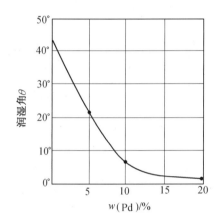

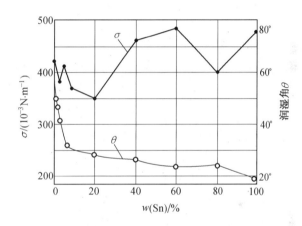

**图4.5　银钎料含钯量与润湿角的关系**　　**图4.6　锡铅钎料的含锡量对其表面张力及在钢上的润湿角关系**

　　研究表明,钎料加入合金元素而改善润湿性的作用,主要取决于它们对液态钎料与母材界面张力 $\sigma_{LS}$ 的影响。合金元素与母材存在相互作用时均能使此张力减小。图4.7是在银铜共晶钎料中加入不同数量的钯、锰、镍、硅、锡、锌等元素在钢上的润湿性试验。可以看出,上述元素对钎料润湿性影响具有不同的特点,锌、锡、硅虽可提高该钎料的润湿性,但作用较弱,因为锌、锡、硅均与铁形成金属间化合物;钯、锰润湿性则很强,添加少量即可得到明显的效果,因为钯、锰与铁形成无限固溶体;镍含量少时与钯、锰效果相近,但超过一定数量后它却使钎料熔点提高反使润湿性变坏。可见,能与母材无限

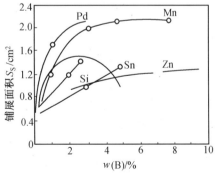

**图4.7　合金元素对银铜共晶钎料在钢上的铺展面积的影响**

固溶的合金元素可显著减小此界面张力,从而使钎料润湿性得到明显的改善;但对与母材形成金属化合物的元素,其减小界面张力的作用有限,提高钎料润湿性的作用也就较弱。

实践发现,有时液态钎料和母材间有不太大的互溶度却更有利于铺展。相反,互溶度过大,铺展性能反而较低,这是因为过大的互溶度将使液体钎料向母材晶间和晶粒中渗透而难以向表面铺展,其典型的例子是 Zn – Cd 钎料中加入的 Cd 与 Al 互溶度极小,但却明显改善了纯 Zn 在 Al 上的铺展性能。

上述规律为探索新钎料开拓了广阔的前景。

(2) 温度的影响

液体的表面张力 $\sigma$ 与温度 $T$ 呈下述关系,即

$$\sigma A_{\mathrm{m}}^{2/3} = K(T_0 - T - \tau) \tag{4.5}$$

式中    $A_{\mathrm{m}}$——一个摩尔液体分子的体积;

$K$——常数;

$T_0$——表面张力为零时的临界温度;

$\tau$——温度常数。

由此式可知,随着温度的升高,液体的表面张力不断减少,有助于提高钎料的润湿性。图4.8是一些硬钎料在不同温度下在不锈钢上的铺展面积。此图表明,随着钎焊温度的提高,钎料的铺展面积显著增大。其原因除了钎料本身的表面张力减小外,液态钎料与母材间的界面张力的降低也有着较大作用,这两个因素均有助于提高钎料的润湿性。

为使钎料具有必要的润湿性,选择合适的钎焊温度是很重要的,但并非加热温度越高越好。温度过高,钎料的润湿性太强,往往造成钎料流失,即钎料流散到不需要钎焊的地方去。温度过高还会引起母材晶粒长大,溶蚀等现象的产生。因此,必须全面考虑钎焊加热温度的影响。通常钎焊温度选择为高于钎料液相线温度 25 ~ 60℃ 为宜。

(3) 金属表面氧化物的影响

金属表面总是存在氧化物。在有氧化膜的金属表面上液态钎料往往凝聚成球状,不与金属发生润湿。氧化物对钎料润湿性的这种有害作用是由于氧化物的表面张力比金属本身的要低得多所致。表4.4列出某些金属氧化物的表面张力数据,对照表4.2可以明显看出这种差别。

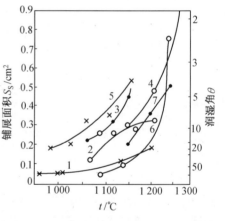

**图4.8    各种硬钎料在不锈钢上的铺展性同温度的关系**

1—Ag;2—Ag – 5Pd;3—Ag – 20Pd – 5Mn;4—Ag – 33Pd – 4Mn;5—Ag – 21Cu – 25Pd;6—Cu;7—Ni – 15Cr –4.5Si – 3.75B – 4Fe

如前所述，$\sigma_{SG} > \sigma_{LS}$ 是液体润湿固体的基本条件。覆盖着氧化膜的母材表面比起无氧化膜的洁净表面，其表面张力显著减小，致使 $\sigma_{SG} < \sigma_{LS}$，出现不润湿现象。所以在钎焊中应十分注意清除钎料和母材表面的氧化物，以保证足够的润湿性。

表 4.4　某些金属氧化物的表面张力

| 氧化物 | $\sigma_{SG}/(\text{N} \cdot \text{m}^{-1})$ |
|---|---|
| $Fe_2O_3$ | 0.35 |
| $CuO$ | 0.76 |
| $Al_2O_3$ | 0.56 |

（4）母材表面状态的影响

母材表面粗糙度在不少情况下也影响到钎料对它的润湿。假设液 – 固界面在一个理想的固体表面上从图 4.9(a) 中的 $A$ 点推进到 $B$ 点，这时液 – 固界面积扩大 $\delta_s$，固体表面减小了 $\delta_s$，而液 – 气界面积则增加了 $\delta_s\cos\theta$。

从公式(4.1) 得知，当系统处于平衡时，则有

$$\sigma_{LS} \cdot \delta_s + \sigma_{LG} \cdot \delta_s \cdot \cos\theta - \sigma_{SG}\delta_s = 0 \tag{4.6}$$

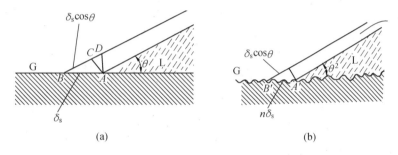

图 4.9　表面粗糙度对润湿的影响

但实际的固体表面是有一定的粗糙度，如图 4.9(b) 所示。因此，真实表面积较理想表面积为大（设大 $n$ 倍）。这样界面位置同样从 $A'$ 点推进到 $B'$ 点，将使液 – 固界面的真实表面积增大了 $n\delta_s$，固 – 气界面积减小了 $n\delta_s$，而液 – 气界面积则仍净增大 $\delta_s\cos\theta_n$。于是式(4.6) 变为

$$\sigma_{LS} \cdot n \cdot \delta_s + \sigma_{LG} \cdot \delta_s \cdot \cos\theta_n - \sigma_{SG} \cdot n \cdot \delta_s = 0 \tag{4.7}$$

或

$$\cos\theta_n = \frac{n(\sigma_{SG} - \sigma_{LS})}{\sigma_{LG}} = n \cdot \cos\theta \tag{4.8}$$

$$\frac{\cos\theta_n}{\cos\theta} = n > 1 \tag{4.9}$$

式中 $n$ 是表面粗糙度系数，$\theta_n$ 是对粗糙表面的接触角。由于 $n$ 总是大于 1 的，故 $\cos\theta_n > \cos\theta$。当 $\theta < 90°$ 时，表明液态润湿性好，因 $\theta_n < \theta$，此时粗糙度越大，真实接触角 $\theta_n$ 越小，也就越容易润湿。通过以上分析，可以认为，液态钎料具备良好润湿性时，随着表面粗糙度 $n$ 的增大，越发容易润湿。

实践中，有人曾做过这样的试验：把铜和 LF 21 铝合金的圆片分成四等份，分别用下列方法清理表面，抛光；钢刷刷；砂纸打光；化学清洗。然后在铜片中心放上体积为 0.5 $cm^3$ 的锡铅钎

料 HISnPb58 – 2,在铝合金片的中心放上同体积的 Sn – 20 Zn 钎料,加上钎剂后在炉中加热到各自的钎焊温度,保温 5 min。试件冷却后,分别测出钎料在扇形块上的铺展面积。结果表明,钎料在钢刷刷过的铜扇形块上的铺展面积最大,而在抛光的铜扇形块上铺展面积最小。但在铝合金的各扇形块上钎料的铺展面积几乎相同。究其原因,这是因为经钢刷刷过的表面上形成较粗糙的纵横交错的细槽,它对液态钎料起了特殊的毛细管作用,促进了钎料沿洁净母材的表面铺展,改善了润湿。这种情况在母材与钎料相互作用弱的情况下(如 HISnPb58 – 2 钎焊铜),有明显的影响。不过,表面粗糙的这种特殊毛细管作用在液态钎料同母材相互作用较强烈的情况下(如 Sn – 20 Zn 钎焊铝),却不能表现出来,因为这些细槽迅速被液态钎料溶解而不复存在。

(5) 表面活性物质的影响

凡是能使溶液表面张力显著减小,促使溶液的表面自由能降低而发生正吸附的物质,称为表面活性物质。因此,当液态钎料中加有表面活性物质时,它的表面张力将明显减小,使母材的润湿性得到改善。表面活性物质的这种有益作用已在生产中加以利用。表 4.5 列举了钎料中加有表面活性物质的某些实例。

表 4.5    钎料中的表面活性物质

| 钎料成分 | 表面活性物质 | 表面活性物质 $w_B$/% | 母材 |
|---|---|---|---|
| Cu | P | 0.04 ~ 0.08 | 钢 |
| Cu | Ag | < 0.6 | 钢 |
| Cu – 37Zn | Si | < 0.5 | 钢 |
| Ag – 28.5Cu | Si | < 0.5 | 钼、钨 |
| Ag | $Cu_3P$ | < 0.02 | 钢 |
| Ag | Pd | 1.0 ~ 5.0 | 钢 |
| Ag | Ba | 1.0 | 钢 |
| Ag | Li | 1.0 | 钢 |
| Sn | Ni | 0.1 | 铜 |
| Al – 11.3 Si | Sb,Ba,Br,Bi | 0.1 ~ 2.0 | 铝 |

(6) 环境气氛的影响

钎焊时,环境气氛对润湿性的影响是显而易见的。在钎焊温度下,钎焊区域裸露在空气中,金属表面极易氧化,严重阻碍钎料的润湿。当采用保护气氛的钎焊,如惰性气氛氩气,虽然氩气没有去除金属表面氧化膜的能力,但它能保护金属不被氧化以利钎料的润湿;而还原性气氛如氢和一氧化碳作为钎焊的保护气氛,除了保护金属不被氧化外,还能将金属氧化膜还原;真空钎焊更是将焊件置于真空条件下,使金属的氧化得以根本性的抑制。这些均有利于保证钎焊的润湿性。

4.钎料润湿性、填缝性的评定

钎料对母材的润湿性、填缝性好坏是衡量钎料工艺性能的重要指标。对其的评定,难以从理论上加以确定,主要借助试验方法。用得较多的是下述几种方法。

（1）测定润湿角

将一定体积的钎料放在母材上,采取相应的去除氧化膜措施,在选定的温度下保持一定时间。冷凝后截取钎料的横截面,测出钎料的润湿角 $\theta$ ,以 $\theta$ 的大小来评定钎料润湿性的好坏。$\theta$ 角越小,润湿性越好。

（2）测定铺展面积

试验方法同上,但以测出钎料铺展面积 $S$ 的大小作为评定的指标。铺展面积 $S$ 越大,钎料的润湿性越好。

（3）测定填缝长度

取一定体积的钎料放在 T 型试件的一端的一侧,采用相应的去除氧化膜措施,将试件在选定的温度下保持一定时间,钎料熔化后沿接头间隙流动,冷凝后测量钎料流动的距离 $L$ ,按 $L$ 长短来评定其填缝性。$L$ 长表明钎料填缝性好。试验中试件尺寸可根据具体情况确定,试件间隙可选择等间隙或不等间隙。

（4）测定流动系数

对表面涂覆钎料的双层板(覆钎料板) 的 T 型接头,可用流动系数 $K$ 来表示润湿性(见图4.10),即

$$K = \frac{V_f}{V} = \frac{A_s n}{l \delta}$$ (4.10)

式中　$V_f$ —— 单位长度的钎缝钎角的总体积;

$V$ —— 单位长度双层板上的钎料总体积;

$A_s$ —— 钎角的截面,$A_s = 0.215\ r^2$ ;

$l$ —— 覆钎料板的宽度;

$n$ —— 钎角数;

$\delta$ —— 钎料层的厚度。

流动系数 $K$ 大者,表示钎角半径 $r$ 大,润湿性好。

除了以上介绍的评定方法外,不同国家、不同行业都可能提出各种相应的评定方法。但任何一种评定润湿性、填缝性的方法,所得出的数据都与其试验条件密不可分,所以这些试验只有相对比较的意义。因此,应根据具体条件、试验经验加以选用和评定。

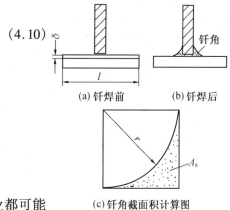

(a)钎焊前　　(b)钎焊后

(c)钎角截面积计算图

**图 4.10　双层板 T 型接头钎焊时的流动系数测定**

**二、液体钎料与固体母材的相互作用**

液态钎料在固态母材上的润湿与铺展并良好地填满接头间隙,仅仅是钎焊的第一个过程。事实上,液体钎料一旦与母材润湿,其第二个过程即液态钎料与固态母材的相互作用立即开始了。这种作用可以归结为两方面:一是母材向液态钎料的溶解;二是钎料组分向母材的扩散。这些作用对钎焊接头的性能有决定性的影响。其形式和程度主要取决于它们之间的相关系,同时

也受到钎焊工艺的影响。下面让我们来做些讨论。

1. 固态母材向液态钎料的溶解

钎焊时，一般都发生母材向液态钎料的溶解过程。母材向钎料溶解，可以认为是：液态金属与固态金属接触时，使固态金属晶格内的原子结合被破坏，促使它们同液态金属的原子形成新的键，这个过程便是固态母材向液态金属的溶解过程。

母材在液态钎料中的溶解量 $G$ 可表示为

$$G = \rho_y C_y \frac{V_y}{S}(1 - e^{-\frac{aSt}{V_y}}) \tag{4.11}$$

式中　　$G$——单位面积母材的溶解量；

　　　　$\rho_y$——液态钎料的密度；

　　　　$C_y$——母材在液态钎料中的极限溶解度；

　　　　$V_y$——液态钎料的体积；

　　　　$S$——液、固相的接触面积；

　　　　$\alpha$——母材的原子在液态钎料中的溶解系数；

　　　　$t$——接触时间。

由此式可见：母材向钎料的溶解量与母材在钎料中的极限溶解度有关；与液态钎料的数量有关；亦与钎焊的工艺参数(温度、保温时间等) 有关。分析这些因素有利于认识母材向钎料溶解的一些规律。

(1) 母材与钎料的相关系

钎焊时，母材向液态钎料的溶解倾向和大小，从它们之间的状态相图便可作出判断。

如果钎料和母材固、液相互溶度极小，钎缝实际上是由纯钎料构成，例如用纯银钎焊铁或纯铅钎料钎焊铜，因在固、液态下它们都不相互作用，所以不发生铁向银、铜向铅的溶解。

若母材 B 在液态的钎料 F 中溶解度很大(见图 4.11，$T_B$ 为钎焊温度)，这时母材 B 以很快的速度溶入液态钎料 F 中直至达到 $L_b$ 点(极限溶解度)。极限溶解度越大，溶解量也就越多。倘若钎料中含有母材的组分，则该组分含量越多，母材溶解量越少。如用铝 – 硅系共晶钎料钎焊铝和铝合金时，随钎料含硅量减少(即含铝量增多)，铝向钎料中的溶解量也随之减少。

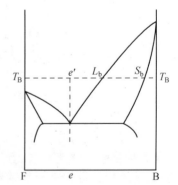

图 4.11　钎料与母材在液态下互溶的状态图

试验证明：有些情况下，母材在钎料中的溶解量还会受到钎料组分在母材中溶解度大小的影响。图 4.12 表示了在 1 200℃ 钎焊温度下，分别用 Ni – 4B、Ni – 4Be 和 Ni – 11Si 钎料钎焊镍时所测得钎缝处镍的溶解深度。可以看到，镍在这些钎料中的溶解量差别是很大的，其中 Ni 在 Ni – 4B 钎料中溶解最多，而在 Ni – 11Si 钎料中最少。查阅有关相图，发现镍在硅、铍和硼中的溶解度均超过 90%。但是硅、铍和硼在镍中的溶解度则差别很大，分别是 7.5%、2.5% 和小于

0.5%。经分析认为:钎料与母材的相互作用首先是钎料组分向母材扩散,达到饱和溶解度后,母材才开始向钎料中溶解。所以钎料组分在母材中溶解度大(如硅在镍中),首先向母材扩散所达到饱和溶解度时间长,消耗的钎料量也多,随后母材的溶解就少。反之(如硼在镍中),溶解就多。

(2) 液态钎料数量

我们经常发现,钎焊接头的钎角处,母材向钎料溶解的量往往比较大。严重时钎角处会出现溶蚀坑甚至溶穿。这是因为钎角处相比狭小钎缝内的钎料数量要多很多,不像钎缝内的钎料很少,母材的溶解会很快达到饱和状态。而钎角处堆积的钎料最多,它为母材向钎料的溶解提供了一个很充分的场所。所以钎料数量的增多势必增大母材的溶解量,这在互溶度大的钎料与母材匹配时必须加以注意。

(3) 钎焊工艺参数

钎焊的温度和保温时间亦是影响母材向钎料溶解的重要工艺因素。可以想见,随着钎焊温度的增高,母材的溶解速度将会加快(表现为溶解系数值增大),而且母材在钎料中的溶解度也是随温度升高而增大的,保温时间的延长,更使母材向钎料的溶解得以充分进行。图 4.13 反映了母材铜向液态锌中的溶解量随温度、时间不同而变化的趋势。

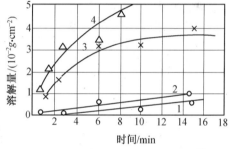

**图 4.12　钎缝钎角处镍的溶解深度,保温 20 分钟**
1—Ni－4B;2—Ni－4Be;3—Ni－11Si

**图 4.13　铜在液态锌中的溶解量**
1—440℃;2—480℃;3—580℃;4—620℃

母材向钎料的适量溶解,可使钎料成分合金化,有利于提高接头强度。但是,母材的过渡溶解会使液态钎料的熔点和粘度提高,流动性变坏,往往导致不能填满钎缝间隙,严重时也可能使母材表面出现溶蚀缺陷。

2.钎料组分向母材的扩散

钎焊时,钎料的组分会向固态母材进行扩散。其扩散量除与钎焊温度有关外,还与扩散组分的浓度梯度、扩散系数、扩散面积和扩散时间有关。其扩散规律由下式确定,即

$$D_m = - DS \frac{D_c}{D_x} \mathrm{d}t \tag{4.12}$$

式中　$D_m$—— 钎料组分的扩散量;

$S$—— 扩散面积;

$D$—— 扩散系数;

$\frac{D_c}{D_x}$—— 在扩散方向上扩散组分的浓度梯度;

d$t$——扩散时间。

显而易见，浓度梯度、扩散系数、扩散面积和扩散时间增大，扩散量也随之增大。其中扩散系数 $D$ 是一个活跃的因素。除了扩散元素自身的晶体结构、原子直径对扩散系数 $D$ 有影响外，温度的影响似乎更为突出。因为钎焊时的高温给钎料向母材的扩散创造了有利的条件，表现为使扩散系数增大。图 4.14 为 Al – 28Cu – 6Si 钎料钎焊铝合金的钎缝接头金相组织图。可以看到，在靠近交界面的母材上，一条与钎缝平行的明亮条纹，即是钎料中的硅和铜向铝中扩散而形成的固溶体组织。如果钎料扩散至母材的组分浓度在饱和溶解度内，则形成固溶体组织，这对接头性能没有不良影响。但若冷却时扩散区发生相变，则组织将产生相应的变化。

在钎焊过程中有时发现钎料或其组分向母材晶间有渗入的现象。这是因为钎料组分向母材中扩散，由于晶界上空隙较多，扩散速度比较大，结果在晶界上形成了钎料组分同母材的共晶体，它的熔点低于钎焊温度，因此在晶界上出现了一层液体层，这就是晶间渗入。图 4.15 显示了含硼镍基钎料钎焊不锈钢时的晶间渗入特征。

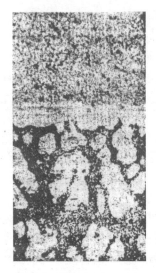

图 4.14　用 Al – 28Cu – 6Si 钎料钎焊铝合金时的金相组织

根据 Smith 理论，一种液态金属如果要渗入到另一种多晶体固态金属晶界中去，必须满足如下的条件，即

$$\sigma_{GB} \geqslant 2\sigma_{LS} \tag{4.13}$$

式中　$\sigma_{GB}$——多晶体晶界的界面能，也称界面张力；

　　　$\sigma_{LS}$——液态金属与固态金属间的界面能，也称液 – 固界面张力。

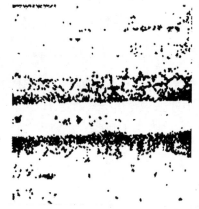

图 4.15　含硼镍基钎料钎焊不锈钢时的晶间渗入（1 100℃,10 min,150 ×）

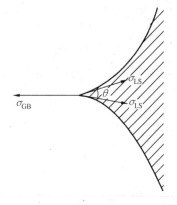

图 4.16　多晶体内液相同固相界面的平衡图

当多晶体内液相与固相平衡时(见图 4.16),式(4.13) 可写为

$$\sigma_{GB} = 2\sigma_{LS}\cos\frac{\theta}{2} \tag{4.14}$$

或

$$\cos\frac{\theta}{2} = \frac{\sigma_{GB}}{2\sigma_{LS}} \tag{4.15}$$

式中 $\theta$—— 二面角。

当 $\sigma_{LS} \geqslant 1/2\sigma_{GB}$ 时,上式可以求解。随着界面能之比 $\frac{\sigma_{GB}}{\sigma_{LS}}$ 的增大,二面角将由 180° 向 0° 转变。当 $\theta < 90°$ 时,可以认为液态金属能够渗入固态金属晶界而产生晶间渗入。

由于目前有关 $\sigma_{LS}$ 和 $\sigma_{GB}$ 的数据非常有限,因此难以从式(4.14)来判断液态钎料是否会对母材发生晶间渗入。但从有限的数据同实验结果发现,铜在 1 100℃ 左右温度下钎焊钢时,铜向钢有晶间渗入的现象,计算得出二面角 $\theta = 17.5° < 90°$。

在液态钎料向母材晶间扩散渗入的同时,母材晶界上的某些元素,或者从晶内向晶界扩散的某些元素,会加剧晶间渗入的过程。例如,铜的晶间渗入随着钢的含碳量的增加而加剧。这是因为铜向碳钢晶界渗入的同时,形成了 Fe－Cu－C 三元共晶,从而在晶界出现了更多的液相。

由于钎料组分向母材晶间扩散时先形成固溶体,只有达到它在母材中的饱和溶解度后才形成共晶体。因此,钎料组分在母材中的溶解度越大,晶间渗入的可能性越小。表 4.6 的数据可以看出这一规律。钎料及其组分向母材晶间渗入,往往使钎焊接头的强度、塑性及其他性能变坏。也有文献认为适量的晶间渗入有利于钎缝的牢固。

表 4.6　钎料晶间渗入的有关数据

| 母　　材 | 钎　　料 | 系　　统 | 钎料在母材中的溶解度 $w_{钎料}$/% | 晶间渗入情况 |
|---|---|---|---|---|
| Zn | Sn | Zn－Sn | ～0.1 | 中等 |
| B1 | Sa | Bi－Sn | ～0.1 | 中等 |
| N1 | Ni－4B | Ni－B | 0 | 强烈 |
| Ni | Ni－3Be | Ni－Be | 2.7 | 中等 |
| Cu | Cu－P | Cu－P | 1.75 | 中等 |

### 三、液体钎料的凝固与钎缝组织

一个完整的钎焊接头基本上由三个区域组成,从母材向钎缝中心依次是扩散区、界面区和中心区(见图4.17)。不难理解,由于钎焊时钎料和母材的相互作用,钎缝的组织和成分同钎料原有组织和成分差别较大,并且是很不均匀的。在扩散区,其组织是钎料组分向母材扩散形成的。界面区组织是母材向钎料溶解、冷却后形成的。在钎缝中心区,由于母材的

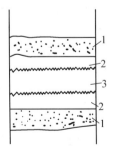

图 4.17　钎缝组织示意图
1— 扩散区;2— 界面区;3— 钎缝中心区

溶解和钎料组分的扩散以及结晶时的偏析,其组织也不同于钎料的原始组织。钎缝间隙小时,二者差别可能很大,只有间隙大时,该区的组织同钎料原始组织才较接近。

根据一般的结晶原理,凝固过程取决两个因素:即液相单位容积内晶核的形成速度以及它们的生长速度。如果在液相内有合金固态质点或合金的某个相存在,则会使晶核形成的自由能减小。显然,在钎焊时,与液态钎料接触的母材界面便是钎缝现成的结晶晶核。但是,由于钎料同母材的成分、熔点有着很大的差别。因此,钎缝的结晶和组织有其明显的特征。

1. 固溶体钎缝组织

当钎焊纯金属和单相合金时,如果选用的钎料与母材基体相同,并且本身也是单相合金,只是含一些合金元素。那么随着凝固过程的进行,液态钎料就从母材晶粒表面向液态金属继续生长。这种结晶叫做交互结晶。例如用黄铜来钎焊铜时就可以看到黄铜晶粒在铜晶粒的基础上连续生长,形成共同晶粒(见图4.18)。

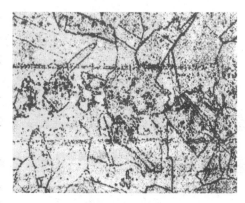

**图4.18 用黄铜钎焊铜时接头的金相组织**

如果母材是纯金属和单相合金,而钎料与母材的基体相同,但本身是双相和多相组织的,则并不总是出现交互结晶。在一定的条件下可以出现局部的交互结晶。如用 Al – 12 Si 共晶钎料钎焊铝时就是这样。铝硅共晶钎料的组织是α铝固溶体和硅形成的共晶。冷凝时首先从母材表面开始结晶,最先结晶出来的是α铝固溶体,最后凝固的是共晶。因此,在界面区可发现一层参差不齐地向钎缝中心生成的硅在铝中的固溶体(见图4.19)。由于铝固溶体和铝是同基,成分差别也不大,故在界面区形成交互结晶。可以看到钎缝中心区仍保留着钎料原始的共晶组织,但也出现了少量的铝固溶体,这就是局部的交互结晶。

**图4.19 用铝硅钎料钎焊铝合金时的钎缝金相组织(600℃,10 min,150×)**

若母材是纯金属和单相合金,但母材和钎料不是同基,钎料本身也不是单相组织,但钎缝也会出现交互结晶。例如用 Ni – 19Cr – 10Si 钎料钎焊不锈钢,在钎缝间隙相当小的情况下钎缝就出现交互结晶,钎缝和母材完全形成共同晶粒。出现这种组织的原因是:不锈钢虽是铁基,钎料属镍基,但铁和镍均属体心立方点阵,它们的晶格常数又非常接近,这就为交互结晶创造了条件。其次,Ni – 19Cr – 10Si 钎料本身系多相组织,由α固溶体、$Ni_5Si_2$ 和 $Cr_3 – Ni_5Si_2(\pi)$ 相组成,但在钎焊过程中钎缝中的硅向母材扩散,其浓度下降到极限浓度以下,成为单一的镍铬固溶体,凝固后在钎缝内就形成完全的交互结晶。

一般说来,在状态图上钎料与母材能形成固溶体,钎焊后在界面区即可能出现固溶体。固溶体组织是具有良好的强度和塑性,对接头性能是有利的。

2.共晶体钎缝组织

钎缝中可能出现共晶组织,一方面是钎料本身含有大量的共晶体组织,如铜 – 磷、银 – 铜、铝 – 硅、锡 – 铅等钎料;另一方面是钎料和母材作用可能形成共晶体组织。

在钎焊时,只要钎料和母材作用能够形成共晶体组织,那么熔化钎料填入钎缝,母材即向液态钎料中溶解,随着钎料向前方流动和母材同组元的成分增多,逐渐呈亚共晶组织。

利用钎料和母材作用形成共晶体的这一可能性,可用来进行接触反应钎焊。典型的生产应用实例是用银来接触反应钎焊铜。因 Ag – Cu 二元系在 $w(Cu) = 28\%$ 时形成熔点为779℃的共晶,如用银来钎焊铜(将银箔置于铜件间或在铜的钎接面电镀银层),在钎焊温度(略高于共晶温度)下,依靠银和铜的相互扩散作用,于是在界面上形成了熔化的 Ag – Cu 共晶体,冷凝后,连接成一个完整的接头。图4.20示出了这种共晶体接头的形貌。

有些共晶体是由钎料沿母材晶界渗入而形成的。这在钎焊能与钎料形成共晶的金属或合金时可以发现。如用锡钎焊锌,锌与锡能形成共晶 $w(Zn) = 9.0\%$,该共晶的熔化温度为199℃。虽然锡在锌中的溶解度不是很大,但钎焊时,由于晶界特殊的能量状态(化学结合较弱),液态钎料锡沿着被钎接的锌的晶界渗入。这种沿晶界剧烈的相互作用可形成共晶,在随后冷却时,便形成了一种特殊的伪共晶组织(见图4.21)。

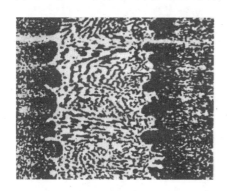

图4.20　1 000℃ 时纯银钎焊铜的钎缝组织

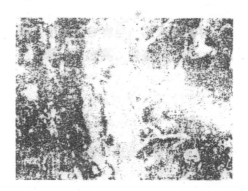

图4.21　用锡钎焊锌接头的显微组织(细小分散的 Zn – Sn 共晶)(300 ×)

3.金属间化合物钎缝组织

钎料中某一个组元如果含量较大又能与母材生成金属间化合物,则在钎缝中就会出现这些化合物的特征。母材和钎料在界面上形成金属间化合物的过程可能如下:在温度 $T$ 时,以 B 钎料钎焊 A(见图4.22),则 A 迅速向 B 中溶解,界面区的浓度可达 $C$,冷凝时,首先在界面上析出金属间化合物。如果 A－B 系存在几种化合物,在一定条件下(如钎焊温度过高),母材向钎料的溶解在界面区先生成含母材少的一种化合物,当仍未达到该温度下的平衡状态时,A、B之间还将继续扩散,钎缝冷凝后就有可能形成另外一种或几种化合物。例如,用锡钎焊铜的温度达到 350℃,则界面除形成 $Cn_6Sn_5$($\eta$ 相)外(见图 4.23),还有含铜量较高的化合物 $Cn_3Sn$($\varepsilon$ 相)。除了溶解、扩散形成化合物外,界面区的化合物也可能由母材和钎料直接化学反应形成。

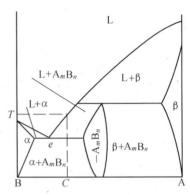

图 4.22　形成化合物的状态图

在实际的钎焊中,钎料往往是某种合金系。此时,钎缝中的化合物形成不但取决于钎料组分同母材的状态图,还取决于该组分的浓度以及它对母材和钎料基体金属的亲和力对比。如果某组分能与母材形成化合物,并且它对母材的亲和力又显著大于对钎料基体金属的亲和力,则在该组分浓度很低的情况下就会出现化合物层,例如以 Ag－Si 钎料钎焊低碳钢($w(Si)$ 低达 1%) 就是这样。反过来,以 Ag－Zn 钎料钎焊低碳钢,由于 Zn 对钎料基体 Ag 的亲和力比对母材 Fe 的亲和力大得多,即使该组分浓度很高($w(Zn)$ 可高达 50%)也不易产生化合物层。如该组分对二者的亲和力大小相近,则它在钎料中的浓度达到一定值后

图 4.23　用 Sn 钎焊 Cu 时形成化合物($Cu_6Sn_5$($\eta$ 相))的金相组织 350℃,10 s 200×)

才形成化合物层,例如同样 Ag－Sn 钎料钎焊低碳钢,含 $w(Sn)$ < 14.5% 时,不出现化合物相,$w(Sn)$ = 26% 时,则出现了脆性的化合物。

鉴于以上的规律,若在钎料中加入能同钎料形成化合物但不同母材形成化合物的组分,或者控制同母材形成化合物的组分浓度,均可避免或减少钎缝界面上出现化合物层。因为钎缝中出现金属间化合物总会使钎焊接头的性能降低。另外,从钎焊工艺上来看,温度高、保温时间长,化合物层便会增厚。

### 四、金属表面氧化膜去除机制

如前所述,在有氧化膜的金属表面上,液态钎料难与金属发生润湿。因此,分析金属表面氧化膜的形成并予以去除是钎焊必不可少的工艺过程。

一般情况下,不论液态钎料还是固体母材,其表面总是覆盖一层厚度不等的表面氧化膜,并且这种表面膜在钎焊加热过程中还会加速的形成。对清除氧化膜来说,其难点不仅是氧化膜的厚度,还有是它们的物理化学特性。氧化膜越致密,它与金属基体的结合越牢固,它的热稳定性和化学稳定性越高,钎焊时要去除它们也就越困难。

对于纯金属而言,该金属与周围气氛所产生的结合产物(膜)的稳定性取决于膜的结构和存在的条件。例如亲氧的金属铝、钛、铍、镁等,它们的表面膜主要是氧化物。另一些金属如铜、铁等,它们除与氧结合外还与 $CO_2$ 有相当的亲合力,表面层中常发现有碱式碳酸盐存在。两性金属如锡、锌等表面常存在 $Sn(OH)_2$ 或 $Zn(OH)_2$ 等。表面膜的结构决定了膜的致密程度。通常,结晶度低或者无定形结构的表面膜具有较大的致密度,例如铝表面的 $\gamma - Al_2O_3$,铁表面的 $Fe_3O_4$,铜表面的 $Cu_2O$ 都具有低的结晶度和高的致密度,它们能够完善地保护着金属免于进一步被氧化。在一定的条件下加热将促进表面膜的增厚。清洁表面的金属与周围气氛反应速度如果很大,表面膜去除后新的表面膜又会立即生成,例如铝、镁、钛等活泼金属。

合金的表面膜情况就变得更为复杂了。合金中有利于降低表面能的组元以及亲表面气氛的组元即使在固体状态下,也不停地向表面扩散(加热时更是明显),则会形成结构复杂的表面膜。例如含微量 Al 的 $GH_{37}$ 镍基合金加热时表面膜几乎全为 $Al_2O_3$,含微量 Ti 的铁镍合金表面膜是 $TiN^+ - TiO^{2+}$,含 Mg 的铝合金尽管 Mg 含量很少,在表面膜中也明显出现 $MgAlO_4$ 相。由于这种扩散,使得合金的某些组元和表面膜形成纵深的结合,合金表面膜与基底金属的结合往往比纯金属的结合要牢固得多。由于合金成分是多元的,它们表面的氧化膜也可能由几种氧化物组成,这些都增加了去除的难度。

就金属面上的表面膜分布可以发现是不均匀的。膜在晶粒中心则较薄,沿晶界处膜较厚。然而,沿晶界处却又是膜与基底金属结合的薄弱环节。因此,活性钎料或钎剂与母材作用时常可看到由此处破膜渗入的现象。

通常,钎焊对焊件的备制常采用机械方法(如锉、磨、砂、喷丸)、物理方法(如超声波清洗)以及化学浸蚀的方法来清除金属表面的氧化膜。然而,在钎焊加热的条件下,经备制的金属清洁表面立刻又会生成新的表面膜。因此,在钎焊过程中仍需要采取必要的措施来清除焊件和钎料表面的氧化膜并防止它们进一步被氧化。这无疑是钎焊过程的一个重要环节。目前,在钎焊技术中普遍采用钎剂来去膜,在有的场合,则采用气体介质来去膜。

研究表明,在钎剂的作用下金属表面膜的清除有溶解、反应、剥落、松动或被流动的钎料推开等多种过程。

在较高温度下钎焊铜合金或铁合金时,选用钎剂的主要成分是 $B_2O_3$,又称硼酸酐。熔融态的硼酸酐对过渡金属(除了碱金属、碱土金属、稀土金属以外的大部分金属)的氧化物有很大的溶解度。例如在钎焊铜及铜合金时,表面膜与硼酸酐或硼砂产生下列反应,即

$$CuO + 2H_3BO_3 \Longrightarrow Cu(BO_2)_2 + 3H_2O\uparrow \qquad (4.16)$$

或

$$CuO + B_2O_3 \Longrightarrow Cu(BO_2)_2 \qquad (4.17)$$

$$CuO + Na_2B_4O_7 \Longrightarrow Cu(BO_2)_2 + Na_2B_2O_4 \qquad (4.18)$$

所生成的反应物溶于过量的硼酸酐之中,这是个典型的以溶解作用去除氧化膜的机制。黄铜表面膜中的 ZnO,铁合金表面的 $Fe_2O_3$ 均以类似的方式生成 $Zn(BO_2)_2$ 和 $2Fe_2O_3 \cdot 3B_2O_3$ 并溶

于过量的 $B_2O_3$ 而除去。

多数合金表面膜的清除不是一个简单的溶解机制,在一些含铬、钛、钨、钼的合金钢或耐热钢钎焊时,简单的硼酸酐的去膜能力已远远不够了,即使在 $B_2O_3$ 中加入增强钎剂活性的氟化物也不足以彻底清除表面膜。如在钎焊高铬合金时,对铬氧化膜的破除,只有通过在钎剂中加入 Al – Cu – Mg 合金以进一步增强活性,使其在高温 850 ~ 1 150℃ 下凭借取代反应的过程将铬氧化膜清除,即

$$Cr_2O_3 + 2Al == Al_2O_3 + 2Cr \tag{4.19}$$

$$Cr_2O_3 + 3Mg == 3MgO + 2Cr \tag{4.20}$$

以氯化物为主的铝钎剂在钎焊铝及铝合金时,其表面膜的去除基本上是一个松动、破碎,为流布的钎料所推开的过程。虽然,高温下 $\gamma - Al_2O_3$ 在氟化物熔盐中有一定的溶解度,但在氯化物为主的铝钎剂中氟化物含量很低,因此铝氧化膜在氯化物钎剂中的溶解作用绝非是主要的。这类钎剂的去膜作用主要是促使氧化膜从铝表面机械地脱落下来,破碎成细片,作为悬浮物进入熔化的钎剂中,最后与钎剂残渣一起被除去。这种去膜机理是以钎剂对铝的电化学腐蚀作用,引起附着在铝上的氧化膜被剥脱为依据的。因在钎焊温度下,铝的氧化膜在钎剂作用下产生溶胀起皱,此时,呈电离态的熔化钎剂中的阴离子(如 $Cl^-$ )能迅速渗过其缝隙,使膜与铝的界面处形成微电池,引起电化学腐蚀,膜与母材的结合遂被破坏,使氧化铝膜从铝上剥落下来,破碎成细片进入熔化的钎剂中,最后与钎剂残渣一起被清除。至于全氟化物钎剂($K_3AlF_5$ – $KAlF_4$)在钎焊铝及铝合金时,其氧化膜的去除,现在的研究表明,主要还是以溶解的方式去除的。

对于一些不用钎剂而直接在大气下进行的钎焊,选用的钎料无不是具有自钎性能的。它们往往凭借钎料中的挥发组元在加热时与表面膜反应将其还原破坏,或趁母材表面膜的破隙渗入膜下,再由它们与和母材的互溶与润湿以及钎料的流布来推开氧化膜,达到去膜的目的。例如 Cu – P 钎料在钎焊铜时,利用磷在钎焊过程中对氧化铜的还原反应,即

$$5CuO + 2P == P_2O_5 + 5Cu \tag{4.21}$$

所生成的还原产物 $P_2O_5$ 又与氧化铜形成复合化合物覆盖在母材表面,起着保护作用。又如含锂、硼的银基自钎钎料也是通过还原母材表面的氧化物,生成 $Li_2O$ 和 $B_2O_3$,它们之间又能生成一系列复合化合物或覆盖于金属表面或进一步溶解其他氧化物。

钎焊过程在钎剂的作用下,一旦开始往往在几秒至几十秒钟内便完成。除非表面膜在钎剂中以极快的速度溶解(例如高温下 CuO 在 $B_2O_3$ 的溶解),否则表面氧化膜在钎剂中去除机制通常不会是单纯的一种溶解作用,因此实际钎焊中钎剂去膜作用宁可认为是一综合的过程。

在保护气氛和真空条件下的钎焊,对不同的金属合金其金属表面膜的破坏机制是不同的。但总的来说,在保护气氛和真空条件下,钎焊区形成了一个低氧分压,这对金属氧化物的分解是很重要的。我们知道,金属与氧之间的可逆反应为

$$mMe + \frac{n}{2}O_2 \longleftrightarrow Me_mO_n \tag{4.22}$$

其平衡常数为

$$K_p = \frac{p_{Me}^m p_{O_2}^{\frac{n}{2}}}{p_{Me_mO_n}} \qquad (4.23)$$

式中　$p_{Me}, p_{O_2}, p_{Me_mO_n}$——系统中金属、氧和氧化物的分压。

当反应温度不变时,系统中金属、氧和氧化物的分压均为常数值,则上式可表述为

$$K_p = \alpha p_{O_2}$$

式中　$\alpha$—— 常数。

由此式可见,在温度一定时,系统中金属的氧化和金属氧化物的分解之间存在某一氧分压。此氧分压称为氧化物的分解压。分解压越高,该氧化物越易分解。而氧化物的分解压与温度成下列关系,即

$$\lg p_{O_2}/101\ kPa = -\frac{Q_V}{4.571\ T} + 1.75\ \lg T/K + 2.8 \qquad (4.24)$$

式中　$Q_V$—— 常温时析出 1 mol 氧的氧化物分解热(J/mol);

　　　$T$—— 温度(K)。

图 4.24 是以式(4.24)绘制的金属氧化物的分解压与温度的关系曲线。须知,平衡曲线以下的温度和氧分压满足该氧化物的分解,反之,曲线以上则满足金属的氧化。

由图可见,在一定的氧分压条件下,加热至一定的温度,金属的氧化物即可发生分解。只是在大气下,大多数金属氧化物完全分解需要的温度是很高的。然而,在保护气氛和真空条件下,给钎接区提供了一个低的氧分压,使一些金属氧化物在钎焊温度下可能发生分解至少处于不稳定状态,然后受液态钎料的吸附作用、金属 - 氧化膜界面上的热应力作用而破碎脱落被去除;对于活性气体(如氢、二氧化碳等) 保护下的钎焊,更表现出这种还原性气体对某些金属氧化膜的还原反应的去膜作用;在某些特殊场合,选用气体钎剂(三氟化硼、三溴化硼) 也同样因其强烈的活性,对含铝、镁、钛等氧化物起着还原反应作用;在真空条件下的钎焊,表面氧化膜的

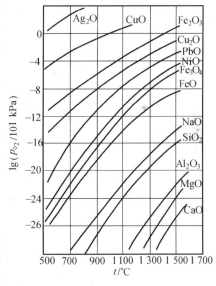

**图 4.24**　氧化物的分解压与温度的关系曲线

去除,除了在低氧分压下氧化膜的分解作用外,还可能因有些金属氧化膜在真空下加热到一定温度时,会产生挥发作用而除去,如 $Cr_2O_3$、$Fe_3O_4$ 和 $1Cr_{18}Ni_9Nb$ 钢的氧化物在温度高于 1 000℃、1.33 MPa 时会挥发而去除;但在真空条件下,钛的氧化膜在温度高于 700℃ 时则强烈地溶入钛中,这又是氧化膜溶解去除的一个典型例子;另一些情况是金属表面膜在真空中加热时发生破

裂,熔态钎料由裂缝渗入母材而润湿,这也是一种去膜的方式;真空钎焊不锈钢时,超过 900℃ 其本身所含的碳即足以使氧化膜被还原而破坏;而真空钎焊铝时则是微量 Mg 的蒸气直接对铝氧化膜的还原置换并渗入膜下母材表层达到破坏表面氧化膜与母材的结合。

由上分析可见,不同的去膜方式,其去膜机制是不尽相同的。即使相类似的去膜方式,也可表现出不同的去膜机制。不可能用一个单一的或统一的模式来理解去膜过程。往往对于不同的母材,所表现的去膜机制可能有所侧重,有的可能是两种并重,有的甚至是多种作用机制兼而有之。有些去膜机制尚在深入研究之中。应该看到,钎焊实际上是一个破膜——→ 润湿——→ 填缝——→ 扩散——→ 凝固的过程,这个过程是相当复杂交错的,并不一定能明确地划分出各个阶段来。尤其不应将去膜看成是一个独立的阶段,或产生"只有母材表面膜先去光了才会开始下一个过程"的观点。既然在钎焊温度下,金属表面具有形成氧化膜的倾向,那么整个钎焊过程保持必要的去膜作用是必不可少的。

# 4.2 钎料、钎剂及其选用

## 一、钎料及其选择

### 1.钎料的基本要求及分类

钎焊时,焊件是依靠熔化的钎料凝固后连接起来的。因此,钎焊接头的质量在很大程度上取决于钎料。为了满足工艺要求和获得高质量的钎焊接头,钎料应具有以下几项基本要求。

1) 钎料应具有合适的熔点。它的熔点至少应比母材的熔点低几十摄氏度。二者熔点过于接近,会使钎焊过程不易控制,甚至导致母材晶粒长大、过烧以及局部熔化。

2) 钎料应具有良好的润湿性,能充分填满钎缝间隙。

3) 钎料与母材能有适当的相互作用,保证它们之间形成牢固的结合。

4) 钎料应具有稳定和均匀的成分,尽量减少钎焊过程中的偏析现象和易挥发元素的损耗等。

5) 所得到的接头应能满足产品的技术要求,如机械性能(常温、高温或低温下的强度,塑性、冲击韧性等) 和物理化学性能(导电、导热、抗氧化性、抗腐蚀性等) 方面的要求。

此外,也必须考虑钎料的经济性,应尽量少用或不用稀有金属和贵重金属。

钎料按熔点的高低可分为两大类。通常把熔点低于 450℃ 的钎料称为易熔钎料,俗称软钎料。熔点高于 450℃ 的钎料称为难熔钎料,俗称硬钎料。把 450℃ 作为分界线是人为的,所以易熔和难熔、软与硬都是相对的。

另外,又根据组成钎料的主要元素把软钎料和硬钎料划分为各种合金基的钎料。如软钎料又可分为锡基、铅基、铋基、铟基、镉基、锌基等类钎料。硬钎料又可分为铝基、银基、铜基、锰基、镍基等类钎料,其熔点范围如图 4.25 所示。

目前国家只制定出银基和铜基钎料标准,其牌号以 B 开头,随后是一组化学元素符号,第一个化学元素符号表示钎料的基本组元,并用数字于其后表示其质量分数,其余组元按含量多少依次排列出化学元素符号。如 BAg 45 CuZn,表示该钎料属银基钎料,含银 $w(Ag) = 45\%$,同时还含有合金元素 Cu 和 Zn。与此同时,早期使用的两种编号方法仍在继续沿用。一种是冶金工业部的钎料编号方法:其第一部分用"Hl"表示钎料,次用两个化学元素符号表明钎料的主要组元,最后用一组数字标出除用第一个化学元素符号表示的钎料基础组元外的钎料中主要合金组元的含量,数字之间用"–"隔开。例如:HlSnPbl0 表示锡铅钎料,成分中 $w(Pb) = 10\%$;HlAlCu26 – 4 为铝基三元合金钎料,除 $w(Cu) = 26\%$ 外,尚含有质量分数 4% 的其他合金元素。钎料成分更复杂时,编号后面的数字序列也相应增长。另一种是机械电子工业部的钎料牌号编制方法:牌号前加"HL"表示钎料,牌号第一位数字表示钎料的化学组成类型,其具体系列编排见表 4.7,牌号第二、第三位数字表示同一类型钎料的不同牌号。

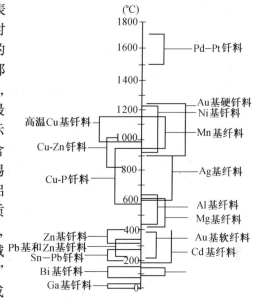

图 4.25　各类钎料的熔化温度范围

表 4.7　机械电子工业部钎料牌号

| 编　　号 | 化学组成类型 | 编　　号 | 化学组成类型 |
|---|---|---|---|
| HL1×× | 铜锌合金 | HL5×× | 锌合金 |
| HL2×× | 铜磷合金 | HL6×× | 锡铅合金 |
| HL3×× | 银合金 | HL7×× | 镍基合金 |
| HL4×× | 铝合金 | | |

此外,一些单位自行研制的钎料,还往往各有其独特的编号,可参阅产品说明书。

2.软钎料

(1)锡基钎料

锡基钎料主要是在纯锡中加铅等元素,即形成软钎料中应用最广的锡铅钎料。从 Sn – Pb 状态图(见图 4.26)看出,当锡铅合金 $w(Sn) = 61.9\%$ 时,形成熔点为 183℃ 的共晶。

图 4.27 所示为锡铅合金的机械性能和物理性能。纯锡强度为 23.5 MPa,加铅后强度提高,在共晶成分附近抗拉强度达 51.97 MPa,抗剪强度为

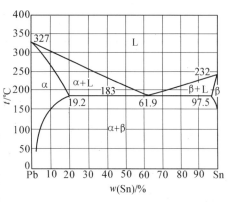

图 4.26　Sn – Pb 状态图

39.22 MPa,硬度也达到最高值,电导率则随含铅量的增大而降低。所以,可以根据不同要求,选择不同的钎料成分。

锡铅钎料加少量锑,用以减少钎料在液态时的氧化,提高接头的热稳定性。锑的质量分数一般控制在 3% 以下,以免发脆。

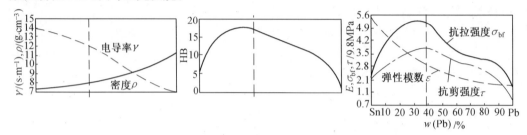

**图 4.27  锡铅钎料的物理性能和机械性能**

国产锡铅钎料的化学成分及主要性能列于表 4.8 中。

**表 4.8  锡铅钎料**

| 牌　号 | | 化学成分 $w_B$/% | | | 熔化温度 /℃ | 抗拉强度 /MPa | 伸长率 /% | 电阻率 /($\Omega \cdot cm^2 \cdot m^{-1}$) |
|---|---|---|---|---|---|---|---|---|
| | | Sn | Sb | Pb | | | | |
| HlSnPb10 | HL 604 | 89 ~ 91 | ≤ 0.15 | 余量 | 183 ~ 222 | 42.14 | 25 | 0.12 |
| HlSnPb39 | HL 600 | 59 ~ 61 | ≤ 0.8 | 余量 | 183 ~ 185 | 46.10 | 34 | 0.145 |
| HlSnPb50 | HL 613 | 49 ~ 51 | ≤ 0.8 | 余量 | 183 ~ 210 | 37.24 | 32 | 0.156 |
| HlSnPb58 – 2 | HL 603 | 39 ~ 41 | 1.5 ~ 2.0 | 余量 | 183 ~ 235 | 37.24 | 63 | 0.170 |
| HlSnPb68 – 2 | HL 602 | 29 ~ 31 | 1.5 ~ 2.0 | 余量 | 183 ~ 256 | 32.34 | – | 0.182 |
| HlSnPb80 – 2 | HL 601 | 17 ~ 19 | 2.0 ~ 2.5 | 余量 | 183 ~ 277 | 27.44 | 67 | 0.220 |

在其他锡基钎料中加入银、锑、铜是为提高其高温性能和抗腐蚀性能。在表 4.9 中列出的其他锡基钎料,BIIp9 和 BIIp6 两种钎料加入银是为了提高钎料的抗腐蚀性和强度,加入铜和锑是为了改善其机械性能。BIIp9 钎料与最常用的锡铅钎料 HlSnPb68 – 2 相比,熔点相近,但强度和导电性,特别是在较高温度的潮湿大气中的抗腐蚀性较好,因此在特定环境下可代替HlSnPb68 – 2 钎料。

**表 4.9  其他锡基钎料**

| 牌　号 | 化学成分 $w_B$/% | | | | 熔化温度 /℃ | 抗拉强度 /MPa | 伸长率 /% | 电阻率 /($\Omega \cdot cm^2 \cdot m^{-1}$) |
|---|---|---|---|---|---|---|---|---|
| | Sn | Sb | Ag | Cu | | | | |
| HL 605 | 95 ~ 97 | – | 35 | – | 221 ~ 230 | 53.9 | – | – |
| 95Sn – 5Sb | 95 | 5 | – | – | 234 ~ 240 | 39.2 | 43 | – |
| BIIp 9 | 92 | 1 | 5 | 2 | 250 | 49.0 | 23 | 0.13 |
| BIIp 6 | 84.5 | 7.5 | 8 | – | 270 | 80.4 | 8.8 | 0.18 |

另外,锡铅钎料在低温下有冷脆性。这是因为锡在低温下会发生同素异构转变,体积膨胀而导致脆性破坏。但铅在低温下无冷脆现象,若锡固溶体少而弥散分布时,冷脆现象可得到抑制。故在低温下工作的钎焊接头,应采用这种含锡低的钎料,如 HlSnPb80 - 2 钎料,只是这种钎料的润湿性较差。锡铅钎料的工作温度一般不高于 100℃。

　　(2) 铅基钎料

　　纯铅因为不能很好润湿铜、铁、铝、镍等常用金属,所以不宜单独用做钎料。但在铅中添加银、锡、镉、锌等合金元素不然了。如加入 $w(Ag) = 3\%$,达到共晶成分使钎料能润湿铜及铜合金,并降低它的熔化温度。但这种钎料对铜的润湿性和填缝能力仍较差,则可进一步在钎料中加入锡,加以改善。通用的铅基钎料牌号、成分和性能如表 4.10 所示。

表 4.10　铅基钎料

| 牌　　　号 | 化学成分 $w_B$/% | | | 熔化温度 /℃ | 抗拉强度 /MPa | 伸长率 /% | 电阻率 /(Ω·cm²·m⁻¹) |
|---|---|---|---|---|---|---|---|
| | Pb | Sn | Ag | | | | |
| HlAgPb 97 | 97 ± 1 | – | 3 ± 0.3 | 300 ~ 305 | 30.4 | 45 | 0.2 |
| HlAgPb 92 - 5.5 | 92 | 5.5 ± 0.3 | 2.5 ± 0.3 | 295 ~ 305 | 34 | – | – |
| HlAgPb 83.5 - 15 | 83.5 | 15 ± 1 | 1.5 ± 0.8 | 265 ~ 270 | – | – | – |

　　铅基钎料一般用于钎焊铜及铜合金,它们的耐热性比锡铅钎料好,可在 150℃ 以下工作温度使用。但用这类钎料钎焊的铜和黄铜接头在潮湿环境中的耐腐蚀性较差,必须涂敷防潮涂料保护。

　　(3) 锌基钎料

　　锌基钎料主要用于钎焊铝及铝合金,由于熔点较低属于软钎料。锌的熔点为 419℃,在锌中加入锡和镉能明显降低其熔点,加入银、铜、铝等元素可提高润湿性和接头的抗腐蚀性。如 HL505、Zn - 5A1 等均是,常用锌基钎料见表 4.11。

　　总的来讲,大部分锌基钎料强度低,延性差,液态时粘度大,流动性欠佳,又缺乏满意的钎剂配套,对钢、铜及铜合金的润湿性不够理想。主要用于对铝的钎焊,但钎料含锌量高将对铝材的熔蚀倾向明显增大。

表 4.11　常用锌基钎料

| 牌　　　号 | 化学成分 $w_B$/% | | | | | 熔化温度 /℃ | 抗拉强度 /MPa |
|---|---|---|---|---|---|---|---|
| | Zn | Sn | Al | Cu | Bi | | |
| Zn95Al | 95 | – | 5 | – | – | 382 | – |
| Zn89AlCu | 89 | – | 7 | 4 | – | 377 | – |
| Zn86AlCuBi | 86 | 2 | 6.7 | 3.8 | 1.5 | 304 ~ 350 | – |
| HL 505 | 72.5 | – | 27.5 | – | – | 430 ~ 500 | 196 ~ 245 |
| HL 501 | 58 | 40 | – | 2 | – | 200 ~ 350 | 88.3 |

3.硬钎料

(1) 铝基硬钎料

铝基硬钎料是用来钎焊铝和铝合金的。由于铝和铝合金的熔点都不很高,如果加热温度超过铝合金的过烧温度(即超过该合金的固相线温度),内部将开始出现熔化相,造成结构组织的破坏。因此钎焊不同的铝合金就必须要有相应熔点的钎料。铝基硬钎料主要以铝硅共晶和铝硅铜共晶包括亚共晶、过共晶为基,有时加入 Cu、Zn、Ag、Ge 等元素以满足工艺性能的要求。一些铝基硬钎料的成分列于表 4.12 中。

表 4.12　铝基硬钎料

| 牌　　号 | 化学成分 $w_B$/% | | | | | 熔化温度 /℃ | 抗拉强度 /MPa |
|---|---|---|---|---|---|---|---|
| | Al | Cu | Si | Zn | Mg | | |
| HL 400 | 余量 | – | 12 ± 1 | – | – | 577 ~ 582 | 147 ~ 157 |
| HL 401 | 余量 | 25 ~ 30 | 4.0 ± 0.7 | – | – | 525 ~ 535 | 脆性大 |
| HL 402 | 余量 | 4 ± 0.7 | 10 ± 1 | – | – | 521 ~ 585 | 245 ~ 294 |
| HL 403 | 余量 | 4 ± 0.7 | 10 ± 1 | 10 ± 1 | – | 516 ~ 560 | 245 ~ 294 |
| HlAlSiMg7.5 – 1.5 | 余量 | 0.25 | 6.6 ~ 8.2 | – | 1 ~ 2 | 559 ~ 607 | – |
| HlAlSiMg10 – 1.5 | 余量 | 0.25 | 9 ~ 10 | – | 1 ~ 2 | 559 ~ 579 | – |
| HlAlSiMg12 – 1.5 | 余量 | 0.25 | 11 ~ 13 | – | 1 ~ 2 | 559 ~ 569 | – |

HL 400 钎料基本上属于铝硅共晶成分(Al – 12Si),它具有良好的润湿性和流动性,钎焊接头的抗腐蚀性很好,钎料具有一定的塑性,可加工成薄片,所以是应用最广的一种钎料。缺点是熔点较高(~ 580℃),操作必须注意对钎焊温度的控制。

HL 401 钎料接近铝铜硅三元共晶合金(Al – 28Cu – 6Si),熔点较低(~ 540℃),操作比较容易,故在火焰钎焊时应用甚广。但它很脆,难以加工成丝或片,只能以铸棒使用。另外,由于含有较多的铜,形成 $CuAl_2$ 化合物,使接头的抗腐蚀性下降,不如用铝硅钎料钎焊得好。

HL 402 钎料在铝硅合金基础上加入了质量分数为 4% 左右的铜,使钎料的固相线温度降到 521℃ 左右,因而具有较宽的熔化温度间隔,容易控制钎料的流动。由于钎料含铜量不高,塑性仍较好,可以加工成片和丝,使用方便,接头的抗腐蚀性比铝硅钎料钎焊降低不多。钎焊接头的强度也比较高。因此也是一种应用广泛的钎料,适用于各种钎焊方法。

HL403 钎料是在 HL402 钎料中加入质量分数为 10% 的锌,使其熔点有所下降,其他性能相近。但其接头的抗腐蚀性比用 HL402 钎料来得差。另外,因含锌量高,容易产生溶蚀,必须控制加热温度和保温时间。

HlAlSiMg7.5 – 1.5、HlAlSiMg10 – 1.5、HlAlSiMg12 – 1.5 钎料主要用于对铝的真空钎焊。这类钎料利用镁作为活性剂既能提高钎料的润湿性又能达到去除铝氧化膜的目的。

现有铝基钎料的熔点均与铝合金的熔点比较接近。因此寻找一种熔点较低,工艺性能好,接头的机械性能和抗腐蚀性能高的钎料,是亟待解决的课题。

（2）银基钎料

银基钎料是应用最广的一类硬钎料。因其熔点不很高，对多数金属均表现出良好的润湿性，并具有较为理想的强度、塑性、导热性、导电性和耐各种介质腐蚀的性能，所以广泛用于钎焊低碳钢、结构钢、不锈钢、高温合金、铜及铜合金、可伐合金和难熔金属等。

银基钎料主要由银－铜系、银－铜－锌系、银－铜－锌－镉系等合金系组成。有时加入锡、锰、镍、锂等元素以满足不同的钎焊工艺要求。常用银基钎料的成分和性能见表 4.13。

**表 4.13　常用银基钎料**

| 牌　　号 | | 化　学　成　分 $w_B$/% | | | | | $T_m$ /℃ | $\sigma_{bf}$/MPa |
|---|---|---|---|---|---|---|---|---|
| | | Ag | Cu | Zn | Cd | 其他 | | |
| BAg72Cu | | 72 ± 1 | 余量 | — | — | — | 779 | 353 |
| BAg50CuZn | HL 304 | 50 ± 1 | 34 ± 1 | 余量 | — | — | 688 ~ 774 | 343 |
| BAg45CuZn | HL 303 | 45 ± 1 | 30 ± 1 | 余量 | — | — | 677 ~ 743 | 386 |
| BAg25CuZn | HL 302 | 25 ± 1 | 40 ± 1 | 余量 | — | — | 700 ~ 800 | 353 |
| BAg10CuZn | HL 301 | 10 ± 1 | 53 ± 1 | 余量 | — | — | 815 ~ 850 | 451 |
| BAg35CuZnCd | | 35 ± 1 | 26 ± 1 | 21 ± 2 | 18 ± 1 | — | 605 ~ 702 | 441.2 |
| BAg40CuZnC | HL 312 | 40 ± 1 | 16 ± 0.5 | 17.8 ± 0.5 | 26 ± 0.5 | Ni0.1 ~ 0.2 | 595 ~ 605 | 392.2 |
| BAg50CuZnC | HL 313 | 50 ± 1 | 15.5 ± 1 | 16.5 ± 2 | 18 ± 1 | — | 627 ~ 635 | 419.7 |
| BAg50CuZnCdNi | | 50 ± 1 | 15.5 ± 1 | 15.5 ± 2 | 16 ± 1 | Ni3 ± 0.5 | 632 ~ 688 | 431.4 |
| BAg56CuZnSn | | 56 ± 1 | 22 ± 1 | 17 ± 2 | — | Sn5 | 618 ~ 652 | — |
| BAg34CuZnSn | | 34 ± 1 | 36 ± 1 | 27 ± 2 | — | Sn3 ± 0.5 | 630 ~ 730 | — |
| BAg50CuZnSnNi | | 50 ± 1 | 21.5 ± 1 | 27 ± 1 | — | Sn1,Ni0.5 | 650 ~ 670 | — |
| BAg40CuZnSnNi | | 40 ± 1 | 25 ± 1 | 30.5 ± 1 | — | Sn3,Ni1.4 | 630 ~ 640 | — |
| BAg72Cu － V | | 72 ± 1 | 28 ± 1 | — | — | — | 779 | — |
| BAg50Cu － V | | 50 ± 0.5 | 50 ± 0.5 | — | — | — | 779 ~ 850 | — |
| BAg61CuIn － V | | 余量 | 24 ± 0.8 | — | — | In15 ± 1 | 625 ~ 705 | — |
| BAg63CuIn － V | | 余量 | 27 ± 0.8 | — | — | In10 ± 1 | 660 ~ 730 | — |
| BAg59CuSn － V | | 余量 | 31 ± 0.8 | — | — | Sn10 ± 0.8 | 600 ~ 720 | — |
| BAg92CuLi | | 余量 | 7.5 ± 0.5 | — | — | Li0.5 | 780 ~ 890 | — |
| BAg72CuLi | | 余量 | 27.5 ± 1 | — | — | Li0.5 | 780 ~ 800 | — |
| HlAgCu29.5 － 5 － 0.5 | | 余量 | 29.5 ± 1 | — | — | Li0.5 | 830 ~ 900 | — |
| HlAgCu25.5 － 5 － 3 － 0.5 | | 余量 | 25.5 ± 1 | — | — | Li0.5 | — | — |

1）银铜钎料。Ag – Cu 系合金钎料典型的是 BAg72Cu。它是银 – 铜共晶合金，共晶温度779℃，不含易挥发元素，在铜以及镍上的铺展性很好，导电性高，适用于铜和镍在真空和还原气氛下的钎焊。

2）银铜锌钎料。在银铜基础上加入锌，可进一步降低银铜合金的熔点。图 4.28(a) 是银铜锌合金的液相面图，借此可根据不同熔点要求，选择不同的银铜锌合金成分。但是从银铜锌合金组成相图 4.28(b) 可以看出，合金的含锌量超过一定值后，组织中将出现脆性的 β、γ、δ 和 ε 等相，尤其是 γ、δ、和 ε 诸相塑性极差。我们希望钎料的组织是 $\alpha_1 + \alpha_2$ 固溶体相，使钎料兼有强度高和塑性好的性能。

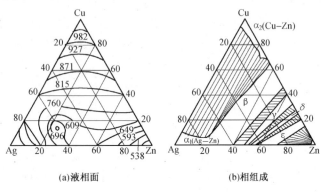

(a)液相面　　　　(b)相组成

**图 4.28　银铜锌合金状态图**

为了避免出现脆性相，Zn 以不大于 35%（质量分数）为宜。

典型的银铜锌钎料主要有以下几种。

BAg45CuZn(HL303) 钎料熔点低，含银量较少，比较经济，应用甚广，常用于要求钎缝表面光洁，强度高，能承受振动载荷的工件。

BAg50CuZn 钎料与 BAg45CuZn 钎料性能基本相似，但塑性较好，常用以钎焊需承受多次振动载荷的工件，如带锯等。

BAg25CuZn(HL302) 钎料熔点稍高，也是应用较广的一种银基钎料。其良好的润湿性和填缝能力，与 BAg45CuZn 用途亦相似。

3）银铜锌镉钎料。银铜锌钎料的熔点多在 720℃ 以上，为了进一步降低钎料的熔点，可加入镉。适量的镉能溶于银和铜中形成固溶体，它既降低了钎料的熔点，改善了它的润湿性，又能保证钎料具有较高的塑性，但含镉量大时也会出现脆性相。由于镉在银中的溶解度比较大，所以钎料的含银量不能太低，以 $w(Ag) = 40\% \sim 50\%$ 为宜。为了避免出现脆性相，$w(Zn) + w(Cd)$ 不超过 40%。

BAg 40 CuZnCd(HL 312) 钎料是银钎料中熔点最低的(~ 605℃)。钎焊工艺性能非常好，常用于铜和铜合金、钢、不锈钢等材料的钎焊。由于其熔点低于一些合金钢的回火温度，因此适于钎焊淬火合金钢、铍青铜、铬青铜等以及分级钎焊中最后一步的钎焊。另外，这种钎料的接头强度高，完全可替代银铜锌钎料。

BAg5OCuZnCd(HL313) 钎料与 BAg40CuZnCd 相比，含锌和镉的量较低，熔点稍高一些，但强度也较高些。因此适于钎焊温度要求不很严，而对接头强度要求较高的工件。

BAg5OCuZnCdNi 钎料 $w(Ni) = 3\%$，提高了钎料对硬质合金的润湿性，适于钎焊硬质合金。镍也提高了钎焊不锈钢时接头的抗腐蚀性，是银钎料钎焊的不锈钢接头中抗腐蚀性最好的一种。

4) 银基无镉钎料。含镉的银基钎料具有熔点低，工艺性能好等优点。但镉是有害元素，且蒸气压很高，冶炼和钎焊时挥发出来的镉蒸气可能对人体造成危害，故近年来国内外都致力于无镉银钎料的研究。较为成熟的方案是以锡代镉，如 BAg50CuZnSnNi 钎料。它的性能同 BAg50CuZnCd 相当，可替代来钎焊铜和铜合金、钢和不锈钢等。但锡加入的质量分数不超过5%，以免钎料变脆。近年一类 Ag – Cu – Zn – In 系合金钎料已开发应用（BAg40CuZnIn、BAg34CuZnIn、BAg30CuZnIn 等），并被列入了国家标准。这类钎料含有元素铟，可降低钎料的熔点，改善润湿性，用以替代含镉银基钎料钎焊多种金属。

5) 真空银基钎料。钎焊电真空器件用的银基钎料，除了应满足一般要求外，还要求钎料不能含蒸气压高的元素，也就是易挥发的元素。因为电真空器件往往要求保持很低的压力（$10^{-8}$ ~ $10^{-10}$ Pa），要求钎料在室温下的蒸气压不应高于 $10^{-10}$ Pa，工作温度下也不应高于 $10^{-8}$ Pa。所以电真空钎料中不能含磷、镉、锌、锂等易挥发元素，而且对杂质限制很严，即杂质中的易挥发元素含量控制得很低，以满足饱和蒸气压的要求。一般，真空用银基钎料都要求在真空下冶炼加工。

BAg72Cu – V 钎料是银铜共晶合金，它的结晶间隔小，在铜和镍上具有良好的润湿性，导电性高，是钎焊真空器件应用最广的一种钎料。

BAg50Cu – V 钎料的熔点较高，当要求钎焊温度较高时可以采用这种钎料。

表4.13中列出的 BAg61CuIn – V、BAg59CuSn – V 钎料是含有不同量的铟或锡，其目的是降低钎料的熔点，以满足产品分级钎焊的要求。这些钎料的结晶间隔比较大，只有在钎焊加热速度比较快的情况下才能保证钎焊质量。

6) 银基自钎钎料。在钎焊不锈钢时，对去除不锈钢表面可能形成的 $Cr_2O_3$、$Al_2O_3$、$TiO_2$ 等氧化物，无论采用钎剂还是保护气体的方法来去膜，其效果都不够稳定。工程中常选用自身含有能起到钎剂作用的微量或一定量元素（如锂和硼）的钎料。从而保证钎焊过程能可靠地去膜。

目前国产的银基自钎剂钎料主要以银铜合金为基体，大多含有锂的质量分数为0.5%。锂是表面活性物质，能提高钎料的润湿性，锂在银中的溶解度也较大。因此，锂是较理想的自钎剂元素。虽然锂的氧化物 $Li_2O$ 熔点较高，但它能与许多氧化物形成低熔复合化合物，如 $Li_2CrO_4$ 的熔点为517℃，低于钎焊温度。并且氧化锂对水的亲和力极大，它和周围气氛中的水分作用，形成熔点为450℃的 LiOH；这层熔化的氢氧化锂几乎能溶解所有的氧化物。同时，它呈薄膜状覆盖于金属表面，促进钎料的铺展，在保护气氛中钎焊不锈钢特别适用。

(3) 铜基钎料

铜基钎料是非常普通也是应用极为广泛的一类钎料。主要由纯铜钎料、铜锌系钎料、铜磷系钎料及铜基高温钎料组成。主要铜基钎料的成分和性能见表4.14。

表 4.14　铜基钎料

| 牌　　号 | | 化学成分 $w_B$/% | | | | | $T_m$/℃ | $\sigma_{bf}$/MPa |
|---|---|---|---|---|---|---|---|---|
| | | Cu | Ag | P | Zn | 其　　他 | | |
| Cu54Zn | HL 103 | 54 ± 2.0 | – | – | 余量 | – | 885 ~ 888 | 254.9 |
| H62 | | 62 ± 1.5 | – | – | 余量 | – | 900 ~ 905 | 313.8 |
| Cu58ZnMn | | 58 ± 1.0 | – | – | 余量 | Mn4 ± 0.3, Fe 0.15 | 880 ~ 909 | |
| Cu60ZnSn – R | HS – 221 | 60 ± 1.0 | – | – | 余量 | Sn1 ± 0.2, Si 0.25 ± 0.1 | 890 ~ 905 | 343.2 |
| BCu58ZnFe – R | | 58 ± 1.0 | – | – | 余量 | Sn 0.85 ± 0.15, Si 0.1 ± 0.05, Fe 0.35 ~ 1.2 | 880 ~ 900 | 333.4 |
| BCu93P | HL 201 | 余量 | – | 8 ± 1.0 | – | – | 710 ~ 800 | 470.4 |
| BCu91PAg | HL 209 | 余量 | 2 ± 0.2 | 7 ± 0.2 | – | – | 645 ~ 810 | |
| | HL 205 | 余量 | 5 ± 0.2 | 6 ± 1.0 | – | – | 650 ~ 800 | 519.4 |
| BCu80PAg | HL 204 | 余量 | 15 ± 0.5 | 5 ± 1.0 | – | – | 640 ~ 815 | 499.8 |
| HlAgCu70 – 5 | | 余量 | 25 ± 0.5 | 5 ± 0.5 | – | – | 650 ~ 710 | – |
| HlCuP6 – 3 | | 余量 | – | 6 ± 0.5 | – | Sn3 ± 0.5 | 640 ~ 680 | 560 |

1) 纯铜钎料。铜的熔点为 1 083℃。用它作钎料时,钎焊温度约为 1 100 ~ 1 150℃。为了防止钎焊时焊件氧化,多半在还原性气氛、惰性气氛和真空条件下钎焊低碳钢、低合金钢。由于铜对钢的润湿性和填缝能力很好,以它作钎料时要求接头间隙很小(0 ~ 0.05 mm),所以对零件的加工和装配提出了严格要求。

2) 铜锌系钎料。为了降低铜的熔点,可加入锌,组成铜锌钎料。根据铜锌状态图(见图 4.29)锌量的增加,组织中可出现 α、β、γ 等相。其中 α 为强度和塑性良好的固溶体相,β 是强度高,塑性低的化合物相,γ 是极脆的 $Cu_2Zn_3$ 化合物相。因此,在借加锌来降低钎料熔点时应考虑含锌量对其性能的影响。

HlCu54Zn(HL103)钎料的强度和塑性一般,所钎接头性能亦不高。主要用于钎焊铜、青铜和钢等不受冲击和弯曲的工件。

H62 钎料,俗称 62 黄铜。因其为 α 固溶体组织,所以具有良好的强度和塑性,用来钎焊受力大、塑性要求高的铜、镍、钢零件,是目前应用最广泛的铜锌钎料。

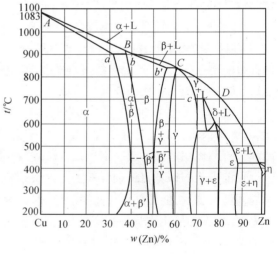

图 4.29　Cu – Zn 状态图

BCu60ZnSn – R、BCu58ZnFe – R 为硅化黄铜和锡化黄铜钎料。这些钎料中含有硅是因钎焊时硅被氧化,可同钎剂中的硼酸盐形成低熔点的硅酸盐,浮在液态钎料的表面,防止了锌的挥发。而锡的加入可提高钎料的铺展性。但硅和锡都会降低锌在铜中的溶解度,促进 β 相生成,使钎料变脆。另外,一旦生成过量的氧化硅,不易去除,故应分别控制 $w(Si) < 0.5\%$ 和 $w(Sn) < 1\%$。

BCu58ZnMn 中含锰,锰可提高钎料的强度、塑性和润湿性,适于钎焊硬质合金刀具等。

3)铜磷系钎料。Cu – P 系钎料是一类以 Cu – P 和 Cu – P – Ag 合金为基的钎料,主要用于钎焊铜和铜合金。由于这类钎料工艺性能好,价格低,钎焊紫铜时可以不用钎剂(有自钎作用)。钎焊接头具有满意的抗腐蚀性和较好的导电性,因此,在电机制造和制冷设备等方面获得了广泛的应用。

在铜中加磷起两种作用:一是根据铜磷状态图(见图 4.30),磷能显著地降低合金的熔点,当 $w(P) = 8.38\%$ 时,铜与磷形成熔点为 714℃ 的低熔共晶体($\alpha + Cu_3P$),只是 $Cu_3P$ 脆得很,使其塑性比银基钎料低得多,多用于钎焊不受冲击和弯曲载荷的铜接头;二是在钎焊紫铜时有着很好的自钎剂作用。因为磷在钎焊过程中能够还原氧化铜,还原产物 $P_2O_5$ 又与氧化铜形成复合化合物,在钎焊温度下呈液态覆盖在母材表面,可防止母材氧化。

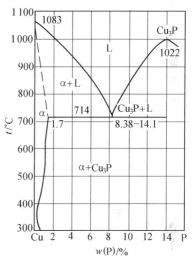

图 4.30 Cu – P 状态图

BCu93P(HL201)钎料中 $w(P) = 8.0\%$,接近铜磷共晶成分,组织中有大量 $Cu_3P$ 化合物相存在。这种钎料在钎焊温度下流动性很好,并能渗入间隙极小的接头,最适宜于钎焊间隙为 0.03 ~ 0.08 mm 的铜接头。HL202 钎料的含磷量较低,组织为初生 α 固溶体和共晶体,$Cu_3P$ 化合物相相应减少,但钎料的结晶间隔增大,液相线温度提高,钎料的流动性变坏。这种钎料适用于不能保持紧密装配的场合。接头间隙建议为 0.03 ~ 0.13 mm。

铜磷合金中加入银形成铜银磷系钎料。根据用途的不同,加入不同数量的银。可改善其加工性和塑性,提高抗拉强度、导电性及降低熔点。铜银磷三元系液相面图如图 4.31 所示。其三元共晶点含磷 $w(P) = 7.2\%$,熔点为 646℃,这种成分的合金仍比较脆。但银元素的加入不仅降低了钎料的熔点,提高了润湿性(见图 4.32),同时在保证 Cu – P 钎料的钎焊工艺性的前提下,可适当降低 P 的含量,减少脆性相 $Cu_3P$,达到改善钎料和接头塑性的目的。但这类钎料主要用于钎焊承受冲击,振动载荷较小的工件。

BCu91PAg(HL209)钎料是含银的质量分数最低(2%)的铜银磷钎料。它的填充间隙的能力比较强,在较高钎焊温度下具有良好的流动性,能够填充间隙小的接头,在较低钎焊温度下能填充间隙较大的接头。这种钎料往往以预制成环形的型式,广泛地用于钎焊热交换器和管接头。

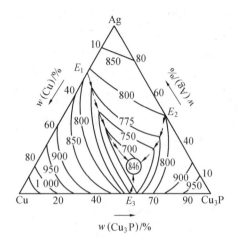

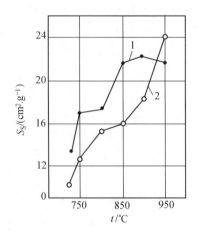

图 4.31　Cu－Ag－Cu₃P 合金系液相面图

图 4.32　银铜钎料在铜板上的铺展面积
1—BCu80PAg　2—HL202

BCu88PAg(HL205)钎料是含银的质量分数较低(5%)的铜银磷钎料,性能比简单的二元铜磷钎料略有提高。

BCu80PAg(HL204)钎料中 $w(Ag)=15\%$,该钎料的润湿性,接头的强度,塑性和导电性都有很大的提高。由于它的熔化温度范围较大,对接头的装配要求较低,这是一种应用较广的铜银磷钎料。

HlAgCu70－5 钎料的含银的质量分数更高(25%),熔点最低,塑性也有进一步的提高,是铜银磷钎料中性能最好的一种,主要用于钎焊要求较高的电气接头。

由于银是贵重金属,故国内外均设法用其他元素代替银,而又能保持铜银磷钎料的性能,锡就是被找到的可用元素。例如在 Cu－6P 合金中加入少量的锡(质量分数为 2%)就可使其熔点明显下降,由原来的 890℃ 降低到 700℃ 左右。锡的加入又能改善钎料组织,使 α 固溶体的数量增加,钎料的塑性有所提高;HlCuP6－3 钎料就是在此基础上开发的。

虽然用铜磷系列钎料钎焊铜时可以不用钎剂。但是钎焊铜合金如黄铜等时,因磷不能充分还原锌的氧化物,还需使用钎剂。这些含磷钎料主要用来钎焊铜及铜合金、银、钼等金属,但不能用于钎焊钢、镍合金和 $w(Ni)$ 的铜镍合金。因为在它们的钎缝界面区会形成极脆的磷化物。

4)铜基高温钎料。上述银基和铜基钎料的强度随温度的升高而下降(见图 4.33),不能满足较高温度下工作的要求。铜基高温钎料则通过在铜中加镍、钴和锰来提高其耐热性能,但钎料的熔化温度也相应提高。又可以通过加入适量的硅和硼来降低熔点,改善钎料的润湿性。常用铜基高温钎料有 HlCuNi30－2－0.2、Cu58MnCo、Cu40MnNi、Cu69NiCoSiB 等。

HlCuNi30－2－0.2 钎料在室温和高温下都几乎与 1Cr18Ni9Ti 不锈钢等强度。在 600℃ 以下,钎料的抗氧化性也与 1Cr18Ni9Ti 不锈钢很接近,并有较好的塑性,可加工成各种形状。但这种钎料熔点甚高,如操作不当,会导致不锈钢晶粒长大和近缝区产生麻面等缺陷。

另一种铜基高温钎料为 Cu – 31.5Mn – 10Co 钎料。加入 $w(Co) = 10\%$ 的钎料,其液相线温度为950℃,熔点较低,钎焊不锈钢时不会引起晶粒长大、软化等现象。接头和母材基本保持等强度,特别是钎焊马氏体不锈钢,如 1Cr13 和 Cr17Ni2 等时,钎焊温度(约1 000℃)正在这些材料的淬火温度范围内,可将钎焊与淬火处理合并进行,简化了工艺过程。这种钎料塑性好,可加工成各种形状,适用于钎焊在538℃以下工作的接头。由于这种钎料含锰量高,而锰既易氧化又易挥发,因此它不宜用于火焰钎焊和真空钎焊,主要采用于保护气体炉中钎焊。

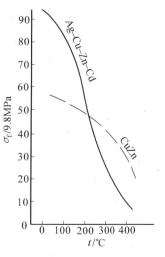

**图 4.33　钎料强度与温度的关系**

上述两种钎料,一个熔点太高,一个含锰高而不能用于火焰钎焊和真空钎焊。因此,新研制的 HlCu – 2α 铜基高温钎料,其钎焊温度比 HlCuNi30 – 2 – 0.2钎料低80 ~ 100℃,钎焊不锈钢时不会产生晶粒长大和麻面等缺陷。又由于含锰量低,可用于火焰钎焊及真空钎焊,具有与 HlCuNi30 – 2 – 0.2 钎料相近的高温性能及抗氧化性能。表4.15列出典型的高温铜基钎料成分和性能。

**表 4.15　高温铜基钎料**

| 牌　　号 | 化学成分 $w_B/\%$ | | | | | | | $T_m/℃$ | $T_B/℃$ |
|---|---|---|---|---|---|---|---|---|---|
| | Ni | Si | B | Fe | Mn | Co | Cu | | |
| HlCuNi30 – 2 – 0.2 | 27 ~ 30 | 1.5 ~ 2.5 | ≤ 0.2 | < 1.5 | – | – | 余量 | 1 080 ~ 1 120 | 1 175 ~ 1 200 |
| Cu58MnCo | – | – | – | – | 31.5 | 10 | 余量 | 943 ~ 950 | 1 000 ~ 1 050 |
| HlCu – 2α | 18 | 1.75 | 0.2 | 1 | 5 | 5 | 余量 | 1 053 ~ 1 084 | 1 090 ~ 1 110 |

(4) 锰基钎料

对于工作温度高于600℃的不锈钢钎焊接头,可采用锰基钎料。锰基钎料是以 Ni – Mn 合金为基体,加入铬、钴、铜、铁、硼等元素来降低钎料的熔化温度,并改善工艺性能和提高抗腐蚀性。锰基钎料的延性好,对不锈钢、耐热钢具有良好的润湿能力,钎缝有较高的室温和高温强度,中等的抗氧化性和耐腐蚀性。它对不锈钢没有强烈的溶蚀作用和晶间渗入作用。适用于在低真空及保护气氛下钎焊于500℃左右长期工作的不锈钢和耐热钢部件。锰在国内资源丰富,价格较低,但锰基钎料的蒸气压高,锰又易于氧化、抗腐蚀性不够高,

常用锰基钎料 BMn70NiCr、BMn40NiFeCo、BMn50NiCuCrCo、BMn45NiCu 等。其中 BMn50NiCuCrCo 钎料利用了锰镍以及铜锰形成低熔组织的特点来调节钎料的熔点,加入钴来提高其高温性能。这样,钎料熔化温度低,钎焊不锈钢时不会发生晶粒长大现象,钎料还能填充

较大间隙,特别适合于氩气保护下的不锈钢感应钎焊。而 BMn45NiCu 钎料由于大量铜的加入,钎料熔化温度大大下降,适用于分步钎焊的末级钎焊以及补焊。表 4.16 为典型锰基钎料的成分和性能。

表 4.16 锰基钎料

| 牌 号 | 化学成分 $w_B$/% | | | | | | $T_m$/℃ | $T_B$/℃ |
|---|---|---|---|---|---|---|---|---|
| | Mn | Ni | Cr | Cu | Co | Fe | | |
| BMn70NiCr | 70 ± 1 | 25 ± 1 | 5 ± 0.5 | — | — | — | 1 035 ~ 1 080 | 1 150 ~ 1 180 |
| BMn40NiFeCo | 40 ± 1 | 41 ± 1 | 12 ± 1 | — | 3 ± 0.5 | 4 ± 0.5 | 1 065 ~ 1 135 | 1 180 ~ 1 200 |
| BMn50NiCuCrCo | 50 ± 1 | 27.5 ± 1 | 4.5 ± 0.5 | — | 4.5 ± 0.5 | — | 1 010 ~ 1 035 | 1 060 ~ 1 080 |
| BMn45NiCu | 45 ± 1 | 20 ± 1 | — | 35 ± 1 | — | — | 950 | 1 000 |

(5) 镍基钎料

当在更高温度下工作的钎焊接头,可采用镍基钎料。镍基钎料具有优良的抗腐蚀性和耐热性,用它钎焊的接头可以承受的工作温度高达 1 000℃。镍基钎料常用于钎焊奥氏体不锈钢、双相不锈钢、马氏体不锈钢、镍基合金和钴基合金等,也可用于碳钢和低合金钢的钎焊。镍基钎料的钎焊接头在液氧液氮等低温介质内也有满意的性能。

镍基钎料内常加的元素有铬、硅、硼、铁、磷和碳等。铬的主要作用是增大抗氧化、抗腐蚀力及提高钎料的高温强度。硅可降低熔点,增加流动。硼和磷是降低钎料熔点的主要元素,并能改善润湿和铺展能力,但含硼的钎料对不锈钢和高温合金有晶间渗入倾向,使晶界发脆。碳可以降低钎料的熔化温度而对高温强度没有多大的影响。少量的铁可以提高钎料的强度。由于镍基钎料中含有较多的硅、硼、磷等非金属元素,比较脆,常以粉末状使用,但近年来已制成非晶态箔状镍基钎料。

表 4.17 镍基钎料

| 牌 号 | 化学成分 $w_B$/% | | | | | | | $T_m$/℃ |
|---|---|---|---|---|---|---|---|---|
| | Ni | Cr | B | Si | Fe | C | 其他 | |
| BNi89P | 余量 | — | — | — | — | — | P 10 ~ 12 | 877 |
| BNi76CrP | 余量 | 13 ~ 15 | 0.01 | 0.1 | 0.2 | 0.08 | P 9.7 ~ 10.5 | 890 |
| BNi74CrSiB | 余量 | 13 ~ 15 | 2.75 ~ 3.5 | 4 ~ 5 | 4 ~ 5 | 0.6 ~ 0.9 | — | 975 ~ 1 038 |
| BNi71CrSi | 余量 | 18.5 ~ 19.5 | — | 9.75 ~ 10.5 | — | 0.1 | — | 1 080 ~ 1 135 |

常用镍基钎料有 BNi74CrSiB,含铬量高,钎焊时硼和碳向母材扩散,可以使钎缝的重熔温度提高,具有很好的高温性能,适用于高温下受大应力的部件。BNi89P 和 BNi76CrP 是镍基钎料中熔化温度最低的两种钎料,它们属于共晶成分,流动性极好,钎料对母材的溶蚀作用小。BNi71CrSi 不含硼,与母材作用弱,适于钎焊薄板,且含铬量高,接头的高温强度和抗氧化性亦好。

(6) 贵金属钎料

1) 金基钎料。金基钎料早先主要用于钎焊金银首饰,现在被开发应用于电子工业、核能工业、航天和航空等国防工业中。国产金基钎料主要分金铜系和金镍系钎料,见表 4.18。

表 4.18　金基钎料

| 牌　号 | 化学成分 $w_B$/% | | | $T_m$/℃ |
| --- | --- | --- | --- | --- |
| | Cu | Ni | Au | |
| HlAuCu20 | 20 ± 0.5 | – | 余量 | 910 |
| HlAuCu50 | 50 ± 0.5 | – | 余量 | 950 ~ 975 |
| HlAuCu62 – 3 | 62 ± 0.5 | 3 ± 0.5 | 35 | 975 ~ 1 030 |
| HlAuNi17.5 | – | 17.5 ± 0.5 | 余量 | 950 |

金与铜能形成无限固溶体,因此按不同比例可以配制成不同熔点的钎料。如 HlAuCu20 即是两者形成的低熔点(910℃)固溶体钎料。金铜钎料对 Cu、Ni、Fe、Co、Mo、W、Ta、Nb 等合金具有良好的润湿性,且相互作用小,不易发生熔蚀现象。金铜钎料由于蒸气压低,合金元素也不易挥发,因而特别适合于电真空器件的钎焊。此外,金铜钎料抗腐蚀性好、延性好,容易加工成丝、片、箔等形状,使用方便。

Au – 17.5Ni 是金基钎料中具有代表性的一种。它熔点合适,蒸气压低,高温强度、塑性和抗氧化性都好,所以在国外航空工业、电子工业中曾得到广泛的应用。

2) 含钯钎料。含钯钎料是在银铜合金和银锰合金基础上加入钯而组成。具有以下特点。

① 钯能明显改善钎料的润湿性,甚至能润湿轻微氧化的金属表面。例如银中加入质量分数为 10% 的钯后,钎料在镍基高温合金上的润湿角显著减小,其原因是:母材中的镍、铬、铁向熔化的钎料中扩散,与钯形成一种贵金属相,使熔化钎料 – 母材的界面张力降低,改善了钎料的润湿性。

② 含钯钎料的溶蚀作用很小,没有向母材晶间渗入的倾向,适于钎焊薄件。

③ 钯能完全溶于银和镍中形成无限固溶体,所以含钯钎料具有良好的塑性,容易加工成各种形状。并且钎焊接头的性能好。

钯基钎料有银铜钯系、银钯锰系和镍锰钯系。表 4.19 列出钯基钎料的成分。

表 4.19　钯基钎料

| 牌　号 | 化学成分 $w_B$/% | | | | | $T_m$/℃ | $T_B$/℃ |
| --- | --- | --- | --- | --- | --- | --- | --- |
| | Pd | Ag | Cu | Mn | Ni | | |
| Pd25AgCu | 25 | 54 | 21 | – | – | 901 ~ 950 | 955 |
| Pd33AgMn | 33 | 64 | – | 3 | – | 1 180 ~ 1 200 | 1 220 |
| Pd21NiMn | 21 | – | – | 31 | 48 | 1 120 | 1 125 |

银铜钯系钎料的熔点比较低。对不锈钢有良好的润湿性。又由于钯的蒸气压低,不易挥发,适用于气体保护钎焊和真空钎焊。其中以 Pd25AgCu 钎料的综合性能最好,可代替 HlAuNi17.5 钎料,钎焊工作温度不高于 427℃ 的部件。

银钯锰钎料的钎焊温度较高,但高温性能也较好,可用来钎焊工作温度达 600 ~ 700℃ 的部件。其中 Pd33AgMn 钎料的工作温度可达 800℃。

镍锰钯钎料可以代替银钯锰钎料。它的熔点比 Pd33AgMn 钎料低,但钎焊接头的高温性能却比后者好,且钎缝内没有出现偏析区的危险。但是,镍锰钯钎料比较脆,难以成形,多以粉末状使用。

含钯钎料的缺点是价格昂贵。

除以上介绍的几种钎料外,还有一些专用的钎料,如钎焊钛及钛合金、石墨、陶瓷、难熔金属等用的钎料以及用于真空条件下钎焊的真空级钎料等等。关于钎料的成分、牌号、用途、特性可查阅相关材料工程手册。

4.钎料的选择

由于钎料的性能在很大程度上既影响钎焊的工艺性能又决定了钎焊的接头性能,所以在品种繁多的钎料种类中,它的选择应从接头使用要求,钎料和母材的相互匹配,钎焊加热工艺以及经济成本等角度进行综合考虑来确定。

从接头使用要求出发,对钎焊接头强度要求不高的,可以用软钎料钎焊,对钎焊接头强度要求比较高的,则应选用硬钎料钎焊。对在低温下工作的软钎料钎焊的接头,应使用含锡量低,或添加有防止发生冷脆性元素(如锑)的钎料。对高温下工作的接头,应选用高温强度和抗氧化性好的钎料,如镍基钎料。

由于钎料与母材的成分差别往往很大,容易产生电化学腐蚀。对接头有耐蚀要求时,选用的钎料应保证钎焊接头的抗腐蚀性。例如铝的软钎焊接头,应选用耐腐蚀性能比较好的锌基钎料,甚至干脆用铝基硬钎料直接钎焊。又如一些专门的锡基钎料,如 92Sn – 5Ag – 1Sb – 2Cu 和 84.5Sn – 8Ag – 7.5Sb 钎料,钎焊的接头抗腐蚀性比用锡铅钎料和铅基钎料都要好,在较高温度和湿度条件下工作的焊件,应选用前者。又如用银钎料钎焊不锈钢时,采用不含镍的银钎料钎焊的钎缝在潮湿空气或水中会产生缝隙腐蚀,而采用含镍的银基钎料,就不会发生这种现象。

在钎焊电气零件时,为了满足导电性的要求,应选用导电性好的钎料。例如,选用含锡量或含银量高的锡铅钎料或银基钎料。

对于有一定特殊要求的接头,如真空密封接头,应选用真空级钎料。这类钎料不但要求钎料成分的蒸气压要低,而且对易挥发的杂质也应控制得很严。对于在核反应堆工作的部件,不应选用含硼的钎料钎焊。

钎料与母材的相互匹配是很重要的问题。在匹配中首先是润湿性问题。例如,锌基钎料对钢的润湿性很差,所以不能用锌基钎料钎焊钢。BAg72Cu 银铜共晶钎料在铜和镍上的润湿性很好,而在不锈钢上的润湿性很差,因此用 BAg72Cu 钎料钎焊不锈钢时,应在不锈钢上预先涂覆镍，或选用其他钎料。钎焊硬质合金时，采用含镍和（或）锰的银基钎料和铜基钎料能获得更好的润湿性。

在选择钎料时，又必须考虑钎料与母材的相互作用。若钎料与母材相互作用可形成脆性金属间化合物时，会使金属变脆，就应尽量避免使用。例如，钎焊钢和镍时不能选用铜磷钎料，因为铜磷钎料与钢或镍相互作用，在界面生成脆性磷化物，使接头变得很脆。又如用镉基钎料钎焊铜，很容易在界面生成脆性的铜镉化合物，使接头的塑性大大降低。用铜基钎料钎焊钛及其合金时，也因在界面处产生脆性化合物而不予推荐。钎料与母材的另一类不利的相互作用，是可能产生晶间渗入或使母材过量溶解从而产生溶蚀，对于薄件的钎焊尤应注意。例如用镍基钎料 BNi－1 钎焊不锈钢和高温合金时，由于钎料组元对母材的晶间渗入比较严重，母材的溶解也比较显著，因此，不适宜于钎焊薄件。用黄铜钎料钎焊不锈钢时，由于母材容易产生自裂而尽量避免使用。

选择钎料时又必须考虑钎焊温度对母材性能的影响。例如，钎焊奥氏体不锈钢时，为了避免晶粒长大，钎焊温度不宜超过 1 100 ~ 1 150℃，钎料的熔点应低于此温度。对于马氏体不锈钢，如 2Crl3 等，为了使母材发挥其优良的性能，钎焊温度应与其淬火温度相匹配，以便钎焊和淬火加热同时进行。若如钎焊温度过高，母材有晶粒长大的危险，从而使其塑性下降，若钎焊温度过低，则母材强化不足，机械性能不高。对于已调质处理的 2Cr13 的焊件，可选用 BAg40CuZnCd钎料，使其钎焊温度低于 700℃，以免影响焊件的性能。又如对于调质处理的铍青铜，所选择的钎料不应高于它的退火温度。对于冷作硬化铜材的钎焊，为了防止母材焊后软化，宜选用钎焊温度不超过 300℃ 的钎料钎焊。

对于异种材料的钎焊，应考虑不同材料的热膨胀系数的差别而引起的钎缝开裂等现象。对于陶瓷或硬质合金刀具的钎焊，上述问题尤为突出。作为减小应力的方法，除了在工艺上采取相应的措施外，在选择钎料时应尽可能采用熔点低的钎料。对于异种母材，应选用膨胀系数介于两者之间的钎料。

钎焊加热方法也影响钎料的选用。如电阻钎焊希望采用电阻率大的钎料。炉中钎焊时，因加热速度比较慢，不宜用含易挥发元素多的钎料，如黄铜和部分银铜锌钎料。真空钎焊要选用不含高蒸气压元素的钎料，故含锂的银钎料只适宜于保护气氛中钎焊。结晶间隔大的钎料，应采用快速加热的方法，以防止钎料在熔化过程中发生熔析。含锰量高的钎料不能用火焰钎焊，以免发生飞溅和产生气孔等等。

从经济角度出发，在能保证钎焊接头质量的前提下，应选用价格便宜的钎料。如制冷机中铜管的钎焊，使用银基钎料固然能获得良好的接头，但用铜磷银或铜磷锡钎料钎焊的接头也不亚于银基钎料钎焊的接头，但后者的价格要比前者便宜得多。又如在选择锡铅钎料和银基钎料时，在满足工艺和使用性能要求下，尽可能选用含锡量低和含银量低的钎料。

总之，钎料的选用是一个综合问题，应从设计要求、母材性能、经济成本及现有的钎焊设备等方面进行考虑。

### 二、钎剂及其选择

1.钎剂的活性机制及作用

钎料本身的表面张力及液态钎料与母材间界面张力的降低对钎焊的润湿性有着根本的影响。人们在钎焊时使用钎剂以清除钎料和母材表面氧化膜以改善润湿,就是基于当钎料和钎焊金属表面覆盖了一层熔化的钎剂后,它们之间的界面张力发生了变化(见图4.34)。液态钎料终止铺展时的平衡方程为

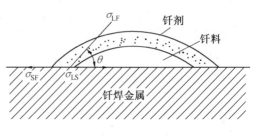

**图4.34　使用钎剂时母材表面上的液态钎料所受的界面张力**

$$\sigma_{SF} = \sigma_{LS} + \sigma_{LF}\cos\theta \qquad (4.25)$$

$$\cos\theta = \frac{\sigma_{SF} - \sigma_{LS}}{\sigma_{LF}} \qquad (4.26)$$

式中　　$\sigma_{SF}$—— 固体与液态钎剂界面上的界面张力;

$\sigma_{LF}$—— 液态钎料与液态钎剂间的界面张力;

$\sigma_{LS}$—— 液态钎料与母材间界面张力。

由此式看出,要提高润湿性,即减少 $\theta$,必须增大 $\sigma_{SF}$ 或减小 $\sigma_{LF}$ 及 $\sigma_{LS}$。钎剂的作用除能清除表面氧化物使 $\sigma_{SF}$ 增大外,另一重要作用就是减小液态钎料的界面张力 $\sigma_{LS}$。例如,锡铅钎料在钎焊时,常用的一种钎剂是氯化锌钎剂。锡铅钎料同氯化锌界面张力就比钎料本身的表面张力小得多,即 $\sigma_{LF} < \sigma_{LG}$,因而有助于提高润湿性。若在氯化锌中再加入氯化铵作钎剂,锡与钎剂的表面张力又显著减少。故使用氯化锌 - 氯化铵二元钎剂比起单独使用氯化锌其润湿性可得到进一步的提高。

在许多领域都发现一些物质界面上有传质作用发生时,其界面张力将会有下降。研究认为:界面传质在初始阶段,由于速度过低,界面张力微有上升,随即开始直线下降。亦即界面张力下降与界面传质速度的升高成反比,可得出图4.35的关系。据此类比,钎剂与固体母材的界面张力应有相似的关系。一项钎焊实验证实了以上结论见表4.20。

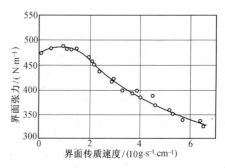

**图4.35　界面传质速度与界面张力变化的关系**

在序号为1的条件下,无任何传质反应发生,钎料不能润湿母材。而在序号为2的条件下,在钎料 - 钎剂和钎剂 - 母材的界面上同时发生传质反应,因而能够良好润湿。序号为2的化学反应为

$$2Al + 3ZnCl_2 \Longrightarrow 3Zn\downarrow + 2AlCl_3\uparrow(母材) \qquad (4.27)$$

$$2Al(Si) + 3ZnCl_2 \Longrightarrow 3Zn\downarrow + 2AlCl_3\uparrow（液态金属）\qquad(4.28)$$

表 4.20　混合溶盐中液体钎料在 Al 面上的润湿与界面传质速度的关系

| 序号 | 固体 | 液体金属 | 温度 /℃ | 基体溶盐 | 添加化合物 $w_B$/% | 液体钎料润湿情况 |
|---|---|---|---|---|---|---|
| 1 | Al | Al – Si(m.p.557℃) | 600 | KCL – LiCl – LiF | — | — |
| 2 | Al | Al – Si | 600 | KCL – LiCl – LiF | $ZnCl_2$ | ＋　＋ |
| 3 | Al | Pb(m.p.327℃) | 500 | KCL – LiCl – LiF | — | — |
| 4 | Al | Pb | 500 | KCL – LiCl – LiF | $ZnCl_2$ | — |
| 5 | Al | Pb | 500 | KCL – LiCl – LiF | $CuCl_2$ | ＋ |
| 6 | Al | Pb | 500 | KCL – LiCl – LiF | AgCl | ＋　＋ |

序号 3 中液态 Pb 与 Al 不能润湿。在序号为 4 的条件下,钎剂与母材间有传质反应而与钎料 Pb 没有传质,润湿尚未发生。在序号 5、6 中则在两个界面上均有传质,特别是序号 6 传质速度更快。结果使得 Pb 与 Al 几乎完全没有互溶度的条件下得以良好润湿。

可见界面张力的下降与传质速度有关,但只有在一定时间内能保持直线下降速度,随着传质速度减缓,界面张力随着上升,这也是钎剂的活性有一定时效的原因。

传质速度还需传质的物质与钎料或母材的合金化速度相匹配,如果传质速度过快,传质的物质来不及与母材或钎料合金化则会使析出的金属呈微粒悬浮在钎剂中,表现出来是钎剂发黑。

钎剂的施加大大增加了界面张力降低的可能性。在一些场合,气相中含有能够向母材和钎料同时渗入的蒸气时也非常有利于钎料对母材的润湿,例如真空钎焊铝时施加 Mg 蒸气可大大提高钎料的润湿能力,事实上镁蒸气起了钎剂的作用。

总之,钎剂作为一种传质形式,只要当它们在界面上发生均会有效地降低界面张力。

以上所述仅是钎剂的活性机制。它的组分按功能可划分三类组成,一是基质,二是去膜剂,三是界面活性剂。基质是钎剂的主要成分,它控制着钎剂的熔点,并且又是钎剂中其他组元的溶剂;去膜剂主要起去除母材和钎料表面氧化膜的作用;界面活性剂的作用是进一步降低熔化钎料与母材的界面张力,加速清除氧化膜并改善钎料的铺展。应该指出,上述每种组分的作用往往不是单一的,而是共同起着三方面的功能。

为了达到上述要求,钎剂必须要满足以下各点。

1) 具有足够去除母材及钎料表面氧化物的能力。

2) 熔化温度及钎剂稳定发挥有效作用的温度(活性温度) 的最低值,应稍低于钎料的熔化温度,并要求活性温度范围覆盖整个钎焊温度。

3) 在钎焊温度下具有足够的流动性,低的粘度,小的密度,利于均匀铺展和覆盖钎料和母材,也便于残渣的排出。

4) 具有良好的热稳定性,不易过分分解、蒸发或炭化而丧失钎剂的作用。

5) 钎剂及其残渣腐蚀性小,无毒性,焊后易清除。

钎剂可分为软钎剂、硬钎剂、铝用钎剂和气体钎剂等。

2.软钎剂

软钎剂主要指的是钎焊在450℃以下用的钎剂。它主要分腐蚀性钎剂和非腐蚀性钎剂两大类。

(1)腐蚀性软钎剂

腐蚀性软钎剂由无机酸和(或)无机盐组成。这类钎剂化学性强,热稳定性好,能有效地去除母材表面的氧化物,促进钎料对母材的润湿,可用于黑色金属和有色金属的钎焊,但残留的钎剂对钎焊接头具有强烈的腐蚀性,钎焊后的残留物必须彻底洗净。

氯化锌水溶液是最常用的腐蚀性软钎剂,在氯化锌中加入氯化铵可提高钎剂的活性,降低钎剂的熔点和粘度,还能减小钎剂与钎料间的界面张力。加入其他一些组分如盐酸和正磷酸可进一步提高其活性,可用于钎焊硅青铜、铝青铜和不锈钢。

(2)非腐蚀性软钎剂

非腐蚀性软钎剂的化学活性比较弱,对母材几乎没有腐蚀性。松香、胺和有机卤化物等都属于非腐蚀性软钎剂。松香是最常用的非腐蚀性软钎剂,但松香去除氧化物能力较差。通常加入活化物质而配成活性松香钎剂,如加入硼脂酸、盐酸谷氨酸等,以提高其去除氧化物的能力。活性松香钎剂在电气和无线电工程中被广泛应用于铜、黄铜、磷青铜、银、镉零件的钎焊。钎剂的残渣不腐蚀母材和钎缝,或者腐蚀性很小。松香钎剂只能在300℃以下使用,超过300℃时,松香将碳化而失效。表4.21~4.22列出了典型的腐蚀性钎剂和非腐蚀性钎剂的一些成分配方。

表4.21　典型的腐蚀性钎剂

| 编　号 | 成　　　　　分 | 用　　途 |
|---|---|---|
| 1 | $ZnCl_2$ 1 130g, $NH_4Cl$ 10g, $H_2O$ 4L | 钎焊铜和铜合金、钢 |
| 2 | $ZnCl_2$ 1 020g, NaCl 280g, $NH_4Cl$ 15g, HCl 30g, $H_2O$ 4L | 钎焊铜和铜合金、钢 |
| 3 | $ZnCl_2$ 600g, NaCl 170g | 浸沾钎焊的覆盖剂 |
| 4 | $ZnCl_2$ 710g, $NH_4Cl$ 100g, 凡士林 1 840g, $H_2O$ 180g | 钎焊铜和铜合金、钢 |
| 5 | $ZnCl_2$ 1 360g, $NH_4Cl$ 140g, HCl 85g, $H_2O$ 4L | 钎焊硅青铜、铝青铜、不锈钢 |
| 6 | $H_3PO_4$ 960g, $H_2O$ 455g | 钎焊锰青铜、不锈钢 |
| QJ205 | $ZnCl_2$ 50g, $NH_4Cl$ 15g, $CdCl_2$ 30g, NaF 6g | 镉基钎料钎焊铜和铜合金 |

表4.22　典型的非腐蚀性钎剂

| 编号 | 成分 $w_B$/% |
|---|---|
| 1 | 水白松香 10~25,酒精、松精、松节油或凡士林余量 |
| 2 | 水白松香 40,盐酸谷氨酸 2,酒精 58 |
| 3 | 水白松香 40,十六烷基溴化吡啶 4,酒精 56 |
| 4 | 水白松香 40,硼脂酸 4,酒精 56 |
| 5 | 水白松香 40,一氢溴化肼 2,酒精 58 |

3.硬钎剂

硬钎剂指的是钎焊在 450℃ 以上用的钎剂。黑色金属常用的硬钎剂的主要组分是硼砂、硼酸及其混合物。其去除氧化膜主要是依靠硼砂、硼酸在加热时分解出来的硼酐($B_2O_3$)与金属氧化物形成易溶的硼酸盐，或再与偏硼酸钠($NaBO_2$)形成熔点更低的复合化合物，即

$$MeO + 2NaBO_2 + B_2O_3 \longrightarrow (NaBO_2)_2 \cdot Me(BO_2)_2 \tag{4.29}$$

覆盖于钎缝的表面，达到去膜的目的。

但是，硼砂、硼酸及混合物的粘度大、活性温度相当高，必须在 800℃ 以上使用，去膜能力有限，不能去除铬、硅、铝、钛等氧化物。为了降低硼砂、硼酸钎剂的熔化温度及活性温度，改善其润湿能力和提高去除氧化物的能力，常在硼化物中加入一些碱金属和碱土金属的氟化物。例如加入氟化钙就能提高钎剂去除氧化物的能力，适宜于在高温下钎焊不锈钢和高温合金；加入氟化钾可降低其熔化温度和表面张力，同时可提高钎剂的活性。这类钎剂主要适用于熔化温度较高的一些钎料，如铜锌钎料在钎焊碳钢、铜和铜合金等时用。但是这些钎剂的残渣难于清除。表 4.23 为一些常用硬钎剂的成分配方。

表 4.23　常用硬钎剂的成分配方

| 牌　　号 | 成分 $w_B$/% | $T_B$/℃ | 应　用　范　围 |
|---|---|---|---|
| YJ1 | 硼砂 100 | 800 ~ 1 150 | 铜基钎料钎焊碳钢、铜及铜合金 |
| YJ2 | 硼砂 25,硼酸 75 | | |
| 200(苏) | 硼酐 66 ± 2,脱水硼砂 19 ± 2,氟化钙 15 ± 1 | 850 ~ 1 150 | 铜基钎料钎焊不锈钢、合金钢、高温合金 |
| YJ6 | 硼酸 80,硼砂 14.5,氟化钙 5.5 | | |
| QJl04 | 硼砂 50,硼酸 35,氟化钾 15 | 650 ~ 850 | 银基钎料炉中钎焊铜合金、钢、不锈钢 |
| QJl02 | 氟化钾(脱水)42,氟硼酸钾 23,硼酐 35 | 600 ~ 850 | 银基钎料钎焊铜及铜合金、合金钢、不锈钢和高温合金 |
| QJl01 | 硼酸 30,氟硼酸钾 70 | 550 ~ 850 | |
| QJl03 | 氟硼酸钾 > 95,碳酸钾 < 5 | 550 ~ 850 | |
| 284(前苏) | 氟化钾(脱水)35,氟硼酸钾 42,硼酐 23 | 500 ~ 850 | |

如在这类钎剂中加入氟硼酸钾($KBF_4$)则能进一步降低其熔化温度，并明显提高钎剂去除氧化物的能力。在钎焊不锈钢时，氧化铬的清除过程是这样的，即

$$KBF_4 \longrightarrow KF + BF_3 \qquad Cr_2O_3 + 2BF_3 \longrightarrow 2CrF_3 + B_2O_3 \tag{4.30}$$

含氟化钾和(或)氟硼酸钾的钎剂残渣较易去除，但有腐蚀性，钎焊后应予仔细清除。常用的这类钎剂有 QJ102、QJ102D 等，主要与银基钎料相配使用。

4.铝用钎剂

铝的氧化膜致密且稳定，钎焊铝和铝合金时必须采用专门的钎剂。铝及铝合金用钎剂按其使用温度可分为软钎剂和硬钎剂两类。

(1) 铝用软钎剂

铝用软钎剂按其去氧化膜方式通常分为有机钎剂和反应钎剂两类,见表4.24。

表4.24　铝用软钎剂组分

| 类别 | 牌号 | 组分 $w_B/\%$ | 钎焊温度/℃ | 腐蚀性 |
|---|---|---|---|---|
| 有机钎剂 | 剂204 | $Cd(BF_4)_2$ 10,$Zn(BF_4)_2$ 2.5,$NH_4BF_4$ 5,三乙醇胺 82.5 | 180 ~ 275 | 小 |
| 反应钎剂 | 剂203 | $ZnCl_2$ 55,$SnCl_2$ 28,$NH_4Brl$ 5,NaF 2 | 280 ~ 350 | 大 |
| | | $SnCl_2$ 88,$NH_4Cl$ 10,NaF 2 | 300 ~ 340 | 大 |
| | | $ZnCl_2$ 88,$NH_4Cl$ 10,NaF 2 | 330 ~ 385 | 大 |

有机钎剂的主要组分为三乙醇胺,为了提高活性可加入氟硼酸或氟硼酸盐,这类钎剂在温度超过275℃后由于三乙醇胺迅速炭化而丧失活性,所以钎焊温度不能超过275℃,钎焊时应防止热源直接接触钎剂。有机钎剂活性较小,钎料也不易流入接头间隙,但钎剂残渣的腐蚀性低。

反应钎剂含有大量锌、锡等重金属的氯化物,如 $ZnCl_2$、$SnCl_2$、$NH_4Cl$ 等,加热时这些重金属氯盐渗过氧化铝膜的裂缝,破坏膜与母材的结合,并在铝表面析出锌、锡等金属,大大提高钎料的润湿能力。有时常加入一些氟化物以溶解氧化铝膜,加快对膜的清除。反应钎剂极易吸潮,且吸潮后会形成氯氧化物而丧失活性。

(2) 铝用硬钎剂

铝用硬钎剂通常分为氯化物钎剂和氟化物钎剂,见表4.25。

表4.25　铝用硬钎剂组分

| 牌号 | 组分 $w_B/\%$ | 钎焊温度/℃ | 用　　途 |
|---|---|---|---|
| 211 | KCl 47,NaCl 27,LiCl 14,$CdCl_2$ 4,$ZnCl_2$ 3,$AlF_3$ 5 | > 550 | 火焰钎焊,炉中钎焊 |
| YJ17 | KCl 51,LiCl 41,$AlF_3$ 4.3,KF 3.7 | > 500 | 浸沾钎焊 |
| | KCl 44,LiCl 34,NaCl 12,KF – $AlF_3$ 共晶(45KF,54$AlF_3$) 10 | > 560 | 浸沾钎焊 |
| 剂201 | KCl 50,LiCl 32,$ZnCl_2$ 28,NaF 10 | 460 ~ 620 | 火焰钎焊 |
| | | | 钎料,炉中钎焊 |
| 剂202 | KCl 28,LiCl 42,$ZnCl_2$ 24,NaF 6 | 450 ~ 620 | 火焰钎焊 |
| H701 | KCl 46,LiCl 12,NaCl 26,KF – $AlF_3$ 共晶 10,$ZnCl_2$ 1.3,$CdCl_2$ 4.7 | > 560 | 火焰钎焊 |
| 1712B | KCl 7,$LiCl_2$ 3.5,NaCl 21,$AlF_3$ 3,$ZnCl_2$ 1.5,$CdCl_2$ 20,$TlCl$ 2 | > 500 | 火焰钎焊,炉中钎焊 |
| QF | KF – $2H_2O_4$2 – 44$AlF_3$ 31/$2H_2O$ 56 ~ 58 | > 570 | 炉中钎焊 |

1) 氯化物钎剂是目前应用较广的一类钎剂,它的基本组分是碱金属及碱土金属的氯化物,它使钎剂具有合适的熔化温度和粘度。为了进一步提高钎剂的活性,可加入氟化物如 LiF、NaF。但氟化物的加入量必须控制,否则会使钎剂熔点升高,表面张力增大,反使钎料铺展变差。为此,可再加入一种或几种易熔重金属氯化物,如 $ZnCl_2$、$SnCl_2$ 等。钎焊时的 Zn、Sn 等被还原

析出,沉积在母材表面,促进去膜和钎料的铺展。

　　这种钎剂的去膜过程,早期被认为是钎剂对铝膜的溶解作用。后来的研究表明,它的去膜主要是利用了钎剂对铝的电化学腐蚀作用。因为在钎焊温度下,熔化的钎剂呈电离状态,使铝膜与铝的界面处在熔化钎剂中形成微电池产生电化学腐蚀,使得膜与母材结合力削弱,再受到铝阳离子 $Al^{3+}$ 从膜下渗出时的力作用以及熔化钎剂的表面张力作用,遂将铝膜从铝上剥落下来,破碎成细片,成为悬浮物进入熔化的钎剂中,最后与钎剂残渣一起被清除。

　　氯化物钎剂对铝和铝合金有着强烈的腐蚀作用,因而焊后对残渣的清除必须十分彻底,未被除尽的氯化物残渣引起的腐蚀往往是产品报废的原因。同时,氯化物钎剂的吸潮性亦很强,容易失效。

　　2)氟化物钎剂是近些年开发出的一种新型铝用硬钎剂。它不含氯化物,由两种氟化物组成(KF、$AlF_3$),各自的质量分数为 $KF \cdot 2H_2O$ 42%、$AlF_3 \cdot 3.5H_2O$ 58%,接近于它们的共晶成分(见图 4.36)。

　　这种钎剂的流动性相当好,具有较强的去膜能力。

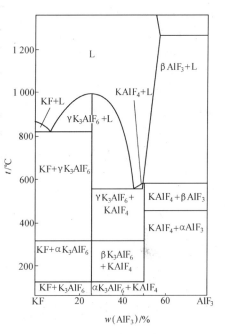

图 4.36　KF – $AlF_3$ 系状态图

钎剂本身又不同铝相互作用,钎剂与残渣不水解,不吸潮。更可贵的是,铝用氟化物钎剂对铝和铝合金没有腐蚀作用。只是该钎剂熔点较高,热稳定性较差,缓慢加热将导致失效。

　　5.气体钎剂

　　在炉中钎焊或气体火焰钎焊的过程中,加入一种起着钎剂作用的气体,称气体钎剂。气体钎剂的最大优点是钎焊后没有固体残渣,所以钎后工件不需清洗。

　　炉中钎焊时,最常用的气体钎剂是三氟化硼,它是 $KBF_4$ 在 800 ~ 900℃ 分解后的产物,三氟化硼是添加在惰性气体中使用的,主要用于在高温下钎焊不锈钢等。

　　气体火焰钎焊时,可采用含硼有机化合物的蒸气代替硼砂作为钎剂。如用黄铜钎料钎焊时,常用硼酸甲酯及甲醇组成的气体钎剂,它由乙炔带入火焰中,与氧发生反应形成硼酐,起着钎剂作用。

　　所有用做气体钎剂的化合物的气化产物均有毒性,使用时应采取相应的安全措施。

　　**三、钎剂和钎料的匹配**

　　钎剂的作用是保证钎料在母材上顺畅地铺展填缝,所以钎剂的去膜能力的强弱是十分关键的。然而,当钎焊采用钎剂去膜时,不能仅从钎剂的去膜能力方面考虑,还必须与钎料的特点和具体加热方法结合起来。

一般说来,钎焊时钎料最好在钎剂完全熔化后的5～10 s即开始熔化,这时最易赶上钎剂的活性高潮。这种时间间隔当然主要取决于钎剂及钎料本身的熔化温度,但也可以通过加热速度来进行一定的调节。快速加热将缩短钎剂和钎料熔化温度时间间隔,缓慢加热则延长二者的时间间隔。

对熔化温度区间大的钎料,即钎料的固相线和液相线的温度相隔较大,在钎焊升温过程中钎料的低熔部分很容易过早的流失。因此,除了钎焊时需要快速加热外,对钎剂开始熔化温度也应当选择较高者,甚至接近或略高于钎料的固相线以推迟钎剂活性时间的到来,从而避免钎料过早的流走。

在钎焊温度下钎料与母材的液相互溶度如果很大,就得注意不能让钎料在高温下过多停留,否则将可能产生严重的熔蚀。这时应当控制钎剂溶化的时间,保证使钎剂的活性高潮在钎料熔化时正好已经到达,这样钎料一熔化就铺展流走。

在升温速度缓慢的钎焊工艺条件下,钎剂的熔化温度要选择较高者,而且升温越慢越应选择钎剂熔化温度高的,有时甚至可略超过钎料液相线的程度。这样钎料的熔化与熔化钎剂的活性高潮可保持同步。

在某些钎焊方法中,调节钎焊加热升温程序,对钎剂和钎料熔化温度区间的控制是有效果的。如在炉中钎焊的情况下,有时需要采用快速升温,将炉膛升至高温甚至远高过母材的熔点,再送工件入炉,一旦完成钎焊后立即出炉的极端办法;有时工件质量或体积较大,传热需要时间,则可采用先预热保温,后加热钎焊的方法。这些方法都可有效地调控钎剂和钎料熔化温度区间,使得钎料和钎剂较为协调地发挥作用。

总之,在钎焊时选择钎剂去膜,首先要保证钎剂的活性温度范围(钎剂稳定有效发挥去膜能力的温度区间)覆盖整个钎焊温度。其次是钎剂与钎料的流动、铺展进程要协调。在许多情况下,后者显得更为重要。因此忽略了钎剂与钎料的匹配,往往难有良好的去膜效果。

# 4.3 钎焊方法

钎焊方法很多,通常是以实现钎焊加热所使用的热源来命名的。如火焰钎焊、炉中钎焊、电阻钎焊、感应钎焊、盐浴钎焊,还有电弧钎焊、红外钎焊、激光钎焊、光束钎焊、蒸气浴钎焊等。通过各种钎焊方法向连接接头处提供合适的钎焊温度,确保匹配适当的母材、钎料、钎剂或气体介质之间进行必要的物理化学过程,从而获得优质的钎焊接头。近数十年来,随着钎焊技术的应用范围不断扩大,许多新的热源得到了开发和使用,陆续涌现出不少新的钎焊方法。本节将介绍目前生产中广泛采用的几种主要钎焊方法,而对某些新钎焊方法仅做原理性说明。

**一、烙铁钎焊**

烙铁钎焊就是利用烙铁工作部(烙铁头)积聚的热量来熔化钎料,并加热钎接处的母材而形成钎焊接头的一种软钎焊方法。烙铁种类甚多,结构也各不相同。目前最广泛使用的电烙铁本身具备恒定作用的热源,使烙铁头的温度保持在一定范围内,可以连续工作。电烙铁所用的加热元件有两种:一种是绕在云母或其他绝缘材料上的镍铬丝;另一种是陶瓷加热器,它是把特殊金属化合物印刷在耐热陶瓷上经烧制而成,分别称做外热式和内热式。内热式电烙铁加热器寿命长,热效率和绝缘电阻高,静电容量小,因此在相同功率下内热式电烙铁外形比外热式小巧,特别适于钎焊电子器件。烙铁的工作部为烙铁头,是顶端呈楔形等形状的金属杆或金属块,通常采用紫铜制作,具有导热好、易为钎料润湿的优点,但也易被钎料溶蚀,而且不耐高温氧化和钎剂的腐蚀。为了克服这些缺点,可在铜制烙铁头表面均匀镀有一层铁,厚度为 0.2 ～ 0.6 mm。由于铁不易溶于锡,因而与一般铜烙铁头相比,这种烙铁头的寿命可延长 20 ～ 50 倍。为了改善对钎料的粘附能力,镀铁烙铁头的工作面可进一步镀银或镀锡。

　　烙铁钎焊时,应根据焊件的质量大小选用相应的烙铁大小(电功率),才能确保必要的加热速度和钎焊质量。由于烙铁钎焊大多为手工操作,烙铁的质量不能太大,通常限制在 1 kg 以下。这样就使烙铁所能积聚的热量受到限制。因此,烙铁钎焊只适用于以软钎料钎焊薄件和小件,故在电子、仪表等工业部门得到广泛应用。

　　用烙铁进行钎焊时,钎料常以丝材或棒材形式手工进给到钎接处,直至钎料完全填满间隙,并沿钎缝另一边形成圆滑的钎角为止。烙铁钎焊一般采用钎剂去膜。钎剂可以单独使用,但在电子工业中大多选用松香芯钎料丝。在钎焊某些金属时,烙铁钎焊可采用刮擦或超声波的去膜方法。

## 二、火焰钎焊

　　火焰钎焊是利用可燃气体或液体燃料的气化产物与氧或空气混合燃烧所形成的火焰来进行钎焊加热的。最常用的是氧乙炔火焰。钎焊时,常用火焰的外焰区来加热,因为该区的火焰温度较低而且横截面较大。一般使用中性焰或碳化焰,以防止母材和钎料氧化。考虑到氧乙炔焰的高温对钎焊来说有时是有害的(如易造成母材过热甚至熔化),所以现在较多采用压缩空气来代替纯氧,用其他可燃气体代替乙炔,如压缩空气雾化汽油火焰、空气丙烷火焰等。表 4.26 为可供火焰钎焊使用的各种可燃气体和蒸气的特性。

　　目前火焰钎焊的主要工具是焊炬和喷灯。它们的作用是使可燃气体与氧或空气按适当的比例混合后从出口喷出、燃烧形成火焰。火焰钎焊的焊炬构造与气焊炬相似。当采用氧乙炔焰时,一般即可使用普通气焊炬,但最好配上多孔喷嘴,这样得到的火焰比较柔和、截面较大,温度比较适当,有利于保证加热的均匀。使用其他火焰的焊炬均具有多孔喷嘴或有类似功能的喷嘴结构。火焰钎焊的喷灯是直接使用液体燃料(煤油、汽油或酒精),靠自身的气化装置使燃料气化,再与吸入的空气混合后燃烧。

　　火焰钎焊时,通常是用手进给棒状或丝状的钎料,采用钎剂去膜。加热前把钎剂均匀地涂在母材和钎料棒上,或者在钎焊过程中,利用烧热的钎料棒粘附粉末钎剂不断进给到接头上,这样能防止母材和钎料在加热过程中氧化。还有一类膏状钎剂或钎剂溶液,它们在使用时就更加方便。

表 4.26　可供火焰钎焊使用的各种可燃气体和蒸气的特性

| 燃　气 | 密度 $\rho/(kg \cdot m^{-3})$ [蒸气 $\rho/(kg \cdot L^{-1})$] | 最低发热值 $Q/(J \cdot m^{-3})$ [蒸气 $Q/(J \cdot kg^{-1})$] | 火焰温度 $T$ /℃ | $1 m^3$ 燃气的需氧量 $V/m^3$ | 爆炸性混合气体的体积分数 $\varphi_B/\%$ | |
|---|---|---|---|---|---|---|
| | | | | | 与空气混合 | 与 $O_2$ 混合 |
| 乙炔 | 1.179 | 47 916 | 3 150 | 2.5 | 2.2 ~ 81 | 2.8 ~ 93 |
| 甲烷 | 0.715 | 35 542 | 2 000 | 2.0 | 4.8 ~ 16.7 | 5.4 ~ 59.3 |
| 丙烷 | 2.0 | 85 875 | 2 050 | 5.0 | 2.2 ~ 9.5 | — |
| 丁烷 | 2.7 | 112 500 | 2 050 | 6.5 | 1.5 ~ 8.4 | — |
| 氢 | 0.089 8 | 10 708 | 2 100 | 0.5 | 3.3 ~ 81.5 | 2.6 ~ 93.9 |
| 天然气 | 0.7 | — | 2 100 | 2.0 | 3.8 ~ 24.8 | 10 ~ 73 |
| 石油气 | 0.776 ~ 1.357 | 43 750 ~ 45 833 | 2 400 | 3.5 | — | — |
| 汽油蒸气 | 0.69 ~ 0.76 | 44 300 | 2 550 | 2.6 | 2.6 ~ 6.7 | — |
| 煤油蒸气 | 0.8 ~ 0.84 | 42 700 | 2 400 | 2.55 | 1.4 ~ 5.5 | — |

　　火焰钎焊时,开始应将焊炬沿钎缝来回运动,使之均匀地加热到接近钎焊温度,然后再从一端用火焰连续向前熔化钎料,直至填满钎缝间隙。为适应大量生产的需要,火焰钎焊也可实现机械化。此时钎焊装置可以设计成工件运动,或者钎炬组运动。

　　由于火焰钎焊通用性大,工艺过程较简单,所用设备简单轻便,容易自制,燃气来源广,不依赖电力供应,又能保证必要的钎焊质量,所以应用很广。目前主要用于以铜基钎料,银基钎料钎焊碳钢、低合金钢、不锈钢、铜及铜合金的薄壁和小型焊件。也用于铝基钎料钎焊铝及铝合金。

　　火焰钎焊的缺点是手工操作时加热温度难掌握,因此要求有较高的操作技术,另外,火焰钎焊是一个局部加热过程,可能在母材中引起应力或变形。

### 三、电阻钎焊

　　电阻钎焊是利用电流通过焊件或与焊件接触的加热块所产生的电阻热来加热焊件和熔化钎料的一种钎焊方法。在钎焊时往往需要对钎焊处施加一定的压力。

　　一般的电阻钎焊,用电极从零件两侧压紧钎焊处,当电流流经钎焊面形成回路,如图4.37(a)所示,则在钎焊面及毗连的部分母材中产生了电阻热,使焊件的钎焊处被加热,因此加热速度很快而且集中。然而,在这种钎焊过程中,要求零件钎焊面彼此得保持紧密贴合,否则,将因接触不良,造成母材局部过热或接头严重未钎透等缺陷。有时由于结构原因,也可采用两个电极在同一侧的所谓平行间隙钎焊法,如图 4.38 所示。

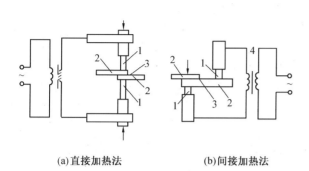

(a)直接加热法　　　　(b)间接加热法

**图 4.37　电阻钎焊原理图**

1— 电极；2— 焊件；3— 钎料；4— 变压器

**图 4.38　平行间隙钎焊法**

1— 电极；2— 金属箔；3— 引线；
4— 底座；5— 钎料

电阻钎焊的去膜可采用钎剂和气体介质。但不能使用固态钎剂，因其不导电。如有自钎剂钎料选用是最方便的。当必须采用钎剂时，应以水溶液或酒精溶液调制钎剂的形式使用。电阻钎焊时，钎料尽可能预先放置。特别适于采用箔状钎料，它可以方便地直接放在零件的钎焊面之间。另外，在钎焊面预先镀覆钎料层也是常采用的工艺措施。

电阻钎焊还有可称为间接加热方式的两种类型：一种是电流只通过焊件中的一个零件，如图 4.37(b) 所示，钎料的熔化和其他零件的加热均靠导热来实现，另一种是电流不通过焊件，而是通过紧靠焊件的加热块，焊件则靠由加热块传导来的热量加热。这两种电阻钎焊方法的显著优点是便于钎焊热物理性能差别大的材料和厚度相差悬殊的焊件，使之不会出现加热中心偏离钎焊面的情况。同时，由于电流不需通过钎焊面，因此可以直接使用固态钎剂，而且对零件钎焊面的配合要求也可以适当放宽，使工艺简化。但为了保证装配准确度和改善导热过程，对焊件仍需压紧。由于在这两种方式中，焊件的加热是一个热传导过程，因此加热速度较慢。目前，加热块型式的电阻钎焊在电子工业的印刷板电路生产中使用甚广。

电阻钎焊适宜于使用低电压大电流，通常可在普通的电阻焊机上进行，也可使用专门的电阻钎焊设备(电阻钎焊钳或电阻钎焊机)。根据所要求的导电率，电极可采用碳、石墨、铜合金、耐热钢、高温合金或难熔金属制造。一般电阻钎焊用的电极应有较高的导电率，相反，用做加热块的电极则需采用高电阻材料。在所有情况下，制作电极的材料应不为钎料所润湿。为了保证加热均匀，通常电极的端面应制成与钎焊接头相应的形状和大小。电阻钎焊使用的电极压力应比电阻焊使用的低，目的仅在于保证零件钎焊面良好的电接触和从钎缝中排除多余的熔化钎料和钎剂残渣。

电阻钎焊的优点是加热迅速、热量集中、对母材热影响小、工艺较简单、劳动强度低、易实现自动化，故生产效率高。但钎焊的接头尺寸不能太大，形状也不能很复杂，焊件装配及钎料、钎剂放置有一定要求，这是电阻钎焊应用的局限性。目前主要用于钎焊刀具、带锯、电机的定子线圈、导线端头、各种电触点以及电子设备中印刷电路板上集成电路块和晶体管等元器件的连接。

### 四、感应钎焊

感应钎焊是将零件待钎焊部分置于交变磁场中,通过它在交变磁场中产生的感应电流的电阻热来实现加热钎焊的一种方法。在线圈的交变磁场中,导体内产生的感应电流强度可由下式确定,即

$$I = \frac{4.44 \ B \ S \ f \ W \ 10^{-12}}{Z} \tag{4.31}$$

式中　　$B$——最大磁感应强度(T);

　　　　$S$——零件受磁场作用的断面积($\mathrm{cm}^2$);

　　　　$f$——交流电的频率(Hz);

　　　　$W$——线圈(感应圈)的匝数;

　　　　$Z$——焊件的全部阻抗(Ω)。

可见,导体内产生的感应电流强度与交流电频率成正比。交流电频率提高,感应电流增大,焊件的加热速度变快。所以感应加热大多使用高频交流电。一般频率越高,电流渗透深度越小。虽然使表面层迅速加热,但加热的厚度却越薄。焊件的内部只能靠表面层向内部的导热来加热。但选用过高的频率并不总是有利的。因为频率对交流电的集肤效应有影响,进而影响电流的渗透深度。对于一般钎焊工件来说,500 kHz左右的频率是比较适宜的。下式给出了它们的数值关系,即

$$\delta = 5.03 \times 10^4 \sqrt{\frac{\rho}{\mu f}} \tag{4.32}$$

式中　　$\delta$——导体中的电流渗透深度(mm);

　　　　$\rho$——导体的电阻系数(Ω·mm);

　　　　$\mu$——导体的磁导率(H/m);

　　　　$f$——交流电的频率(Hz)。

不难看出,电流渗透深度也与材料的电阻系数和磁导率有关。电阻系数越大,磁导率越小,则电流渗透深度就越深。例如,钢在温度低于768℃时,磁导率很大,集肤效应显著,温度高于768℃后,磁导率急剧减小,集肤效应也随即减弱,有利于较均匀地加热。非磁金属如铜、铝等,磁导率较小,且不随温度变化,集肤效应都较小。在确定钎焊工艺参数时必须考虑母材的有关物理性能对电流渗透深度的影响。

感应钎焊所用设备主要由两部分组成,即交流电源和感应圈。图4.39是感应钎焊设备的原理图。

交流电源按频率可分为工频、中频和高频三种。工频电源很少直接用于钎焊;中频电源较多是电动机－发电机组,它们适用于钎焊大厚件;高频电源主要是真空管振荡器。真空管振荡

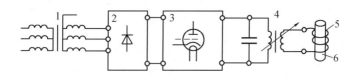

**图 4.39　感应钎焊装置原理图**

1— 变压器;2— 整流器;3— 振荡器;4— 高频变压器;5— 感应圈;6— 焊件

器产生的频率范围从 200 kHz 至高于 8 MHz,频率较高,特别适合于钎焊薄件,但也具有通用性,因此得到广泛采用。

感应圈是感应钎焊设备的重要器件,交流电源的能量是通过它传递给焊件而实现加热的。图 4.40 所示为感应圈的典型结构。正确设计和选用感应圈的基本原则是:保证焊件加热迅速、均匀及效率高,通常圈用紫铜管制作。感应圈应制成与所钎焊的接头相似的形状,并与焊件保持不大于 3 mm 的均匀间隙。但对于壁厚不均的焊件或非圆形焊件,有时也可借调节感应圈与焊件间的间隙来保证较均匀的加热。感应圈的匝间距离一般取为管径的 0.5 ~ 1 倍。工作时管内通水冷却,管壁厚度应不小于电流渗透深度,一般为 1 ~ 1.5 mm。另外,应尽可能采用外热式感应圈,这是由于电流的环向效应,使外热式感应圈比内热式感应圈的加热效率高。感应圈的安放方式有两种:一种是置于一容器外,容器材料作为导体,靠感应加热容器,再由容器来加热容器内的焊件;另一方式是感应圈置于焊件钎接处,靠感应圈直接加热。

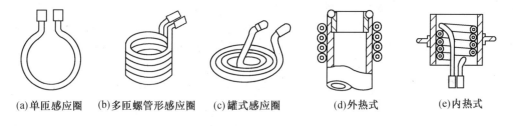

(a)单匝感应圈　　(b)多匝螺管形感应圈　　(c)罐式感应圈　　(d)外热式　　(e)内热式

**图 4.40　感应圈型式**

为了保证焊件装配的准确性及与感应圈的相对位置,感应钎焊往往需要使用一些辅助夹具,应注意与感应圈邻近的夹具零件不应采用金属,以免也被感应加热。

感应钎焊可分为手工的、半自动的和自动的三种方式。手工感应钎焊时,焊件的装卸,钎焊过程的实施和调节都靠手工操作。这种方式只适用于简单焊件的小批量生产。生产效率低,对工人的技术水平要求高,但它具有较大的灵活性。半自动感应钎焊,焊件的装卸和通电加热仍靠人操作,但钎焊过程的断电结束是借助于时间继电器或光电控制器自动控制。自动感应钎焊,使用的感应圈是盘式或隧道式,如图 4.41 所示。工作时感应圈一直通电,利用传送带或转盘把焊件连续送入感应圈中。焊件所需的加热是靠调整传送机构的运动速度以控制焊件在感应圈中经过的时间来保证。这种方式生产率高,主要用于小件的大批量生产。

感应钎焊时,钎料和钎剂一般都是预置的,可使用箔状、丝状、粉末状和膏状的钎料。安置的钎料不宜形成封闭环,以免因自身的感应电流加热而过早熔化。钎焊可采用钎剂和气体介质去膜,液态和膏状的钎剂最便于使用。采用气体介质去膜时,焊件需置于容器中。

感应钎焊广泛用于钎焊钢、铜及铜合金、不锈钢、高温合金等具有对称形状的焊件,特别适用于管件套接、管和法兰、轴和轴套之类的接头。对于铝合金的硬钎焊,由于温度不易控制,不宜使用这种方法。

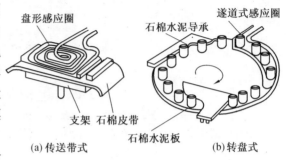

(a) 传送带式    (b) 转盘式

图 4.41    自动感应钎焊装置

### 五、浸沾钎焊

浸沾钎焊是把焊件整体或局部浸入盐混合物或钎料溶液中,依靠这些液体介质的热量来实现钎焊过程的一种方法。用于这种方法的液体介质的热容量大、导热快,能迅速而均匀地加热焊件,钎焊过程的持续时间短。因此,生产率高,焊件的变形、晶粒长大和脱碳等现象都不显著。这些液体介质又能隔绝空气,保护焊件不受氧化,并且溶液温度能精确地控制在 ± 5℃ 范围内。因此,钎焊过程容易实现机械化。有时,在钎焊的同时还能完成淬火、渗碳、氰化等热处理过程。由于这些特点,工业上广泛用来钎焊各种合金。

浸沾钎焊按使用的液体介质不同可分为盐浴钎焊、熔化钎料浸沾钎焊两种。

1. 盐浴钎焊

盐浴钎焊的工作介质是盐混合物溶液。盐混合物的成分选择对钎焊过程影响很大,它需要有合适的熔点;能保持成分和性能稳定;对焊件能起保护作用而无不良影响。一般多使用氯盐的混合物。表 4.27 列举了一些应用较广的盐混合物成分。在使用中必须定期检查盐溶液的组成及杂质含量并加以调整。

表 4.27    钎焊用盐混合物成分

| 成分 $w_B$/% | | | | $T_m$/℃ | $T_B$/℃ |
|---|---|---|---|---|---|
| NaCl | CaCl$_2$ | BaCl$_2$ | KCl | | |
| 30 | – | 65 | 5 | 510 | 570 ~ 900 |
| 22 | 48 | 30 | – | 435 | 485 ~ 900 |
| 22 | – | 48 | 30 | 550 | 605 ~ 900 |
| – | 50 | 50 | – | 595 | 655 ~ 900 |
| 22.5 | 77.5 | – | – | 635 | 665 ~ 1 300 |
| – | – | 100 | | 962 | 1 000 ~ 1 300 |

盐浴钎焊的基本设备是盐浴槽。盐浴槽大多是电热的,得到广泛采用的是内热式盐浴槽,它靠电流通过盐溶液时产生的电阻热来加热自身并进行钎焊。内热式盐浴槽的典型结构示于图 4.42。其内壁采用耐盐溶液腐蚀的材料如高铝砖或不锈钢制成。铝用盐浴槽使用石墨或铝板。加热电流通过插入盐浴槽中的电极导入。电极材料也视盐溶液成分而定,一般可用碳钢、紫铜。对铝钎焊盐浴槽应采用石墨、不锈钢等。为了保证安全,常使用低电压大电流的交流电工作。

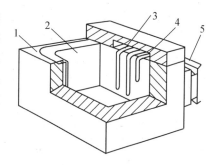

**图 4.42 内热式盐浴槽**
1— 炉壁;2— 盐浴槽;3— 电极;
4— 热电偶;5— 变压器

在盐浴钎焊中,除了在用铜基钎料钎焊结构钢时可以不用钎剂去膜外,其他仍需使用钎剂,只是由于盐溶液的保护作用,对去膜的要求有所降低。加钎剂的方法是把焊件浸入熔化的钎剂中或钎剂水溶液中,取出后加热到 120 ~ 150℃除去水分。当盐浴钎焊铝及铝合金时,可直接使用钎剂作为盐混合物。

由于焊件的浸入,盐溶液温度会下降,为了缩短钎焊时间,最好采用两段加热钎焊的方式,即先将焊件置于电炉内预热到低于钎焊温度 200 ~ 300℃,再将焊件浸入盐浴槽进行盐浴钎焊。

盐浴钎焊时,经常发现装配好的焊件和钎料发生错位,这是由于盐溶液的粘滞作用和电磁循环引起的。因此必须对钎料的放置可靠定位。尽可能将钎料预置于钎缝间隙内,如采用钎料箔,或将钎料放置于焊件特定的沟槽、台阶处。有条件的情况下,焊件采用敷钎料板制成则可完全避免错位的发生。

对钎缝沿细长孔道分布的焊件,不应使孔道水平地浸入盐溶液,这样会使空气被堵塞在孔道中而阻碍盐液流入,造成漏钎。必须以一定的倾角浸入,钎焊结束后,焊件也应以一定的倾角取出,以便盐液流出孔道,不致冷凝在里面。但倾角不能过大,以免尚未凝固的钎料流积在接头一端或流失。

尤其要注意的是,钎焊前,一切要接触盐液的材料、器具均应预热除水,防止接触盐液时引起盐液猛烈喷溅,严重时有爆炸的危险。

盐浴钎焊有如下缺点:需要使用大量的盐类,特别是钎焊铝时要使用大量含氯化锂的钎剂,成本很高;盐溶液大量散热和放出腐蚀性蒸气,劳动条件较差;不适于钎焊有深孔、盲孔和封闭型的焊件,因为此时盐液很难流入和排出。

2.熔化钎料浸沾钎焊

这种钎焊方法的过程,是将经过表面清理并装配好的焊件进行钎剂处理,然后浸入熔化的钎料中。熔化的钎料把零件钎焊处加热到钎焊温度,同时渗入钎缝间隙中,并在焊件提起时,保持在间隙内,凝固形成接头。图 4.43 是这种方法的原理图。

焊件的钎剂处理有两种方式：一种是将焊件先浸在熔化的钎剂中，然后再浸入熔化钎料中，另一方式是熔化的钎料表面覆盖有一层钎剂，焊件浸入时先接触钎剂再接触熔化的钎料。前种方式适用于在熔化状态下不显著氧化的钎料。如果钎料在熔化状态下氧化严重，则必须采用后一方式。

熔化钎料浸沾焊具有工艺简单、生产率高的优点。其主要缺点是，在焊件浸入部分的全部表面上都涂覆上钎料，这不但大大增加了钎料的消耗，而且焊后为清除这些钎料往往还需花费大量劳动。另外，由于表面氧化，浸沾时混入污物以及焊件母材的溶解，槽中钎料很快变脏，需要经常更换。

目前，这种方法主要用于以软钎料钎焊钢、铜及铜合金。特别是对那些钎缝多而密集的产品，诸如蜂窝式换热器、电机电枢、汽车水箱等。在电子工业中，为适应印刷电路板制作的需要，发展了一种机械化的波峰钎焊方法。图4.44为波峰焊的原理图。波峰钎焊过程的特点是用泵将液态钎料通过喷嘴向上喷起，形成波峰去接触随传送带前进的印刷电路板底面，实现元器件的引线和铜箔电路的钎焊连接。

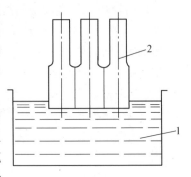

**图4.43　熔化钎料浸沾钎焊**
1— 熔化的钎料；2— 焊件

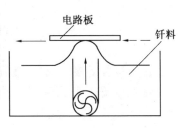

**图4.44　波峰钎焊原理图**

### 六、炉中钎焊

炉中钎焊是利用电阻炉来加热焊件完成钎焊的一种方法。按钎焊过程中钎焊区的气氛组成可分为三类，即空气炉中钎焊、保护气氛炉中钎焊及真空炉中钎焊。

1. 空气炉中钎焊

空气炉中钎焊的方法十分简单，即把装配好的加有钎料和钎剂的焊件放入普通的工业电炉中加热升至钎焊温度，依靠钎剂去除钎焊表面的氧化膜，钎料熔化后流入钎缝间隙，冷凝后形成接头。

这种钎焊方法加热均匀，焊件变形小，需用的设备简单通用，成本较低。虽然加热速度较慢，但因一炉可同时钎焊多件，生产率仍然很高。其严重缺点是，由于加热时间长，又是对焊件整体加热，因此焊件在钎焊过程中会遭到严重氧化，钎焊温度高时尤为明显。因此其应用受到限制。目前较多地用于钎焊铝和铝合金。

2. 保护气氛炉中钎焊

保护气氛炉中钎焊亦称控制气氛炉中钎焊。其特点是加有钎料的焊件是处在保护气氛下，于电炉中加热钎焊的。按使用气氛不同，又可分为活性气氛炉中钎焊和中性气氛炉中钎焊。

保护气氛炉中钎焊首先要配备供气系统。供气系统包括气源、净气装置、管道及阀门等。

作为中性气体使用的氩和氮一般均以瓶装供应。作为活性气体使用的氢,通常可瓶装供应,也可采用分解氨,即用瓶装的液态氨,通过专门的分解器进行分解。分解器是通过加热至650℃左右的铁屑或磁铁矿,把氨加热分解为氮和氢。净气装置包括除水和除氧两部分,用来清除所用气体中的水和氧等杂质,降低气体的露点和氧分压,提高它们的去膜能力。对于氢气,通常的净化过程是将它顺序通过下列物质:硅胶、分子筛、105 催化剂、分子筛。硅胶和分子筛起脱水作用,105 催化剂起触媒作用,使氢与所含的氧化合成水,因此需再次通过分子筛脱水。这样净化过的氢露点可降至 − 60℃。氩可以用同样方式脱水,但不能使用 105 催化剂去氧,而是通过温度为 850 ~ 920℃ 的海绵钛来去氧。

保护气氛炉中钎焊的钎焊炉一般设有钎焊室和冷却室两部分。较先进的可为三室结构,即钎焊室、冷却室、预热室。炉内通保护气体,其压力高于大气压力,以防止外界空气渗入。图4.45所示为此类钎焊炉的工作原理图。工作时,焊件经炉门 1 送入预热室 2,焊件在预热室内缓慢加热,防止变形,也缩短了焊件在钎焊室内的加热过程。然后,焊件送入钎焊室 3 加热到钎焊温度并保温,完成钎焊过程。随后,焊件送入围有水套的冷却室 4,在保护气氛中冷却到 100 ~ 150℃,最后经炉门 5 取出。上述钎焊过程往往是人工装配焊件,但送入和取出可以是自动的,由底部安装的网状运输带或辊道运输带来完成。这是很适宜批量生产的流水线操作。

对于小尺寸焊件可放在通有保护气体的密封钎焊容器中,再把容器放入炉中加热钎焊。此时,可使用普通的电炉。图 4.46 所示为一砂封的钎焊容器,它是由不锈钢或耐热钢焊接而成。容器上焊有保护气体的进气管和出气管,保护气体比空气轻(例如氢)时,出气管应安置在容器底部,反之,若重于空气(例如氩),出气管应安放在容器上部。它们的位置安排对保护气体能否驱尽容器内空气有较大影响。当焊件对容器的密封要求不特别严格时,使用前可借助在砂封槽中填砂来保证,要求严格时,应采用熔焊封死或螺栓夹紧气密垫圈等方法来保证。在钎焊加热前,应先用保护气体(氩或氮)送入容器排净空气,一段时间后再入炉加热钎焊,或者按抽真空、充氩的程序重复数次,使容器内的残余空气含量降至很低。然后加热钎焊,均能获得满意的质量。

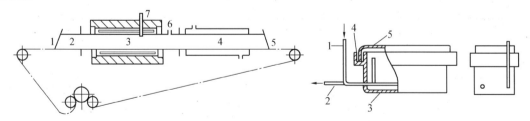

图 4.45　保护气氛钎焊炉原理图
1— 入口炉门;2— 预热室;3— 钎焊室;4— 冷却室;
5— 出口炉门;6— 气体入口;7— 热电偶

图 4.46　砂封型钎焊容器结构图
1— 进气管;2— 出气管;3— 容器;
4— 砂封槽;5— 顶盖

另外,在钎焊加热中,由于外界空气的渗入、容器壁和零件表面吸附气体的释放、氧化物的分解或还原等,将导致保护气氛中氧、水气等杂质增多,逆转为氧化。因此,在钎焊加热的全过程中,应连续地向炉中或容器内送入新鲜的保护气体,排出其中已混杂了的气体,使焊件在流动的纯净的保护气氛中完成钎焊。这是保持钎焊区保护气体高纯度的需要,也是使炉内气氛对炉外大气保持一定的剩余压力,阻止空气渗入所必须的。对于排出的氢,应点火使之在出气管口烧掉,以消除它在炉旁积聚而爆炸的危险。

钎焊结束断电后,应等炉中或容器中的温度降至150℃以下,再停止输送保护气体。这是为了保护加热元件和焊件不被氧化,对氢气来说也是为了防止爆炸。

保护气氛炉中钎焊时,不能满足于通过检测炉温来控制加热,必须直接监测焊件的温度,对于大件或复杂结构,还必须监测其多点的温度。

3.真空炉中钎焊

真空条件下的炉中钎焊是一种高质量的先进钎焊技术。其过程如下:加有钎料的焊件放入炉中先抽真空;通过机械泵(抽低真空)、扩散泵(高真空)抽至要求的真空度;然后通电加热,开始钎焊;钎焊结束后,待焊件冷却至150℃以下出炉。需要指出的是:因为真空系统和钎焊炉各接口处的空气渗漏,钎焊炉在升温后炉壁、夹具和焊件等吸附的气体和水气的释放以及金属与氧化物的挥发,使炉内维持的真空度往往比常温时要低半个至一个数量级。因此,在升温加热的全过程中真空机组应持续工作或向炉中通入保护气体,以维持炉内的真空度。

真空炉中钎焊的设备主要由真空钎焊炉和真空系统两部分组成。真空钎焊炉有热壁和冷壁两种类型。

热壁真空钎焊炉实质上是一个真空钎焊容器,如图4.47(a)所示。焊件放在容器内,容器抽真空后送入炉中加热钎焊。加热炉可采用通用的工业电炉。这种真空容器内部没有加热元件和隔热材料,不但结构简单,容易制作,而且加热中释放的气体少,有利于保持真空。工作时,抽真空与加热升温同时进行,钎焊后,容器可退出炉外空冷,缩短了生产周期,防止了母材晶粒长大。因此,设备投资少,生产率高。但容器在高温、真空条件下受到外围大气压力的作用,易变形,故适于小件小量生产。大型热壁炉则常采用双容器结构,即加热炉的外壳也设计成低真空容器,如图4.47(b)所示。但结构的复杂化使其应用受到限制。

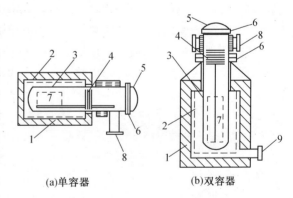

(a)单容器　　　　(b)双容器

**图4.47　热壁真空炉简图**

1—炉壳;2—加热器;3—真空容器;4—反射屏;5—炉门;6—密封环;7—工件;8—接扩散泵;9—接机械真空泵

冷壁炉的结构特点是炉壁为双层水冷结构,加热炉与钎焊室为一体(见图4.48)。内置的热反射屏由多层表面光洁的薄金属板组成,材料选用钼片或不锈钢片,其作用是防止热量向外辐射,减轻炉壳受热且提高加热效率。在反射屏内侧分布着加热元件,依据炉子的额定温度不同而选用不同的发热体,中温炉一般使用镍–铬和铁–铬–铝合金,高温炉主要使用钼(1 800℃)、钽(2 200℃)、钨(2 500℃)、石墨(2 000℃)。冷壁炉工作时,炉壳由于水冷和受反射屏屏蔽,温度不高,壳体强度有保证,故适于高温钎焊。

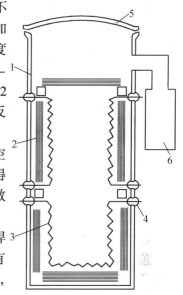

真空系统主要包括真空机组、真空管道、真空阀门等。真空机组通常由旋片式机械泵和油扩散泵组成。单用机械泵只能得到低于 133 MPa 的真空度。要获得高真空必须同时使用油扩散泵,此时能达到 $133 \times 10^{-3}$ MPa 级的真空度。

真空炉中钎焊的主要优点是钎焊质量高,可以方便地钎焊那些用其他方法难以钎焊的金属和合金,钎缝光亮致密,具有良好的机械性能和抗腐蚀性能。但由于在真空中金属易挥发,因此真空炉中钎焊不宜使用含蒸气压高的元素,如锌、镉、锂、锰、镁和磷等较多的钎料,也不适于钎焊含这些元素多的合金。此外,真空炉中钎焊需先抽真空后加热,钎焊后焊件只能随炉冷却(特别使用冷壁真空炉),且低温阶段炉温下降缓慢,因此

**图 4.48　冷壁真空炉简图**

1— 炉壳;2— 反射屏;3— 加热元件;
4— 绝缘子;5— 炉盖;6— 真空泵

生产率低。另外,真空炉中钎焊设备比较复杂,要求较多的投资,对工作环境和工人技术水平要求较高。

### 七、其他钎焊方法

除上述一些工业中广泛使用的钎焊方法外,还涌现出一些新的具有一定应用特点的钎焊方法。

#### 1.蒸气浴钎焊

基本原理是利用液体的饱和蒸气凝结时释放出来的蒸发潜热来加热焊件并熔化钎料而实现钎焊的一种方法。具体钎焊过程:在一容器内添注专用的工作液体,主要有氟化五聚氧丙烯和高氟三戊胺$(C_8F_{11})_3N$,沸点温度分别为 224℃ 和 215℃;由底部的加热器加热;使工作液体产生蒸气;将焊件送入此蒸气区;蒸气在焊件表面凝结成液滴而释放出蒸发潜热,将焊件迅速而均匀地加热至与蒸气相同的温度,使钎料得以熔化填缝;随后,将焊件提起退出蒸气区冷却,使钎缝凝固成接头。

这种钎焊方法的主要优点是不管焊件的形状和尺寸如何,都能保证加热均匀,能够自然地精确控制加热温度,不会出现过热现象,加热迅速、效率高。由于饱和蒸气排除了空气,焊件氧化不明显,不需使用活性强的钎剂,甚至可不用钎剂。因此钎焊质量好、可靠性大、生产率高,它

是一种适合于成批生产的软钎焊方法。已相当普遍地应用于电子器件的钎焊。其缺点是只适于锡铅钎料的软钎焊,且所用加热液体价格昂贵。

### 2. 红外线钎焊

利用红外线辐射能来加热焊件和熔化钎料的一种钎焊方法。目前大功率石英白炽灯作为主要红外线辐射器。根据焊件的外形与结构合理地布置石英灯组,使之组成朝向钎焊面的辐射束。在石英灯上附加抛物面聚焦装置,能获得很高的能量照度,可达 $60 \sim 100\ kW/m^2$,在脉冲条件下应用甚至高达 $1\ 600\ kW/m^2$。因此适用于形状较简单的薄壁结构的高温钎焊。已用于印刷电路板上小型元器件的钎焊连接。

### 3. 光束钎焊

利用氙弧灯的光辐射能进行钎焊加热的一种钎焊方法,其加热原理如图 4.49 所示。作为光源的氙弧灯放置在椭圆反射器的第一焦点位置上,它发出的强热光线经椭圆反射镜聚光,使其在第二焦点处形成高能量密度的光束。待焊零件恰好放置在第二焦点处,使照射到焊件表面的光辐射能转变为热能,将焊件加热,即可进行钎焊。

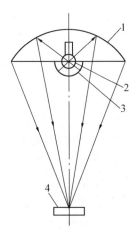

**图 4.49　光束钎焊原理图**
1— 反射器;2—氙弧灯;
3— 逆向反射器;4— 焊件

由于接头单位面积上接受的热量与光束的能量密度和照射时间成正比。光束的强度与照射时间的乘积就是供给焊件的能量。因此调节此能量即可控制加热温度。另外,调整零件与第二焦点的相对位置,可以改变零件表面的加热斑点面积和光束能量密度,以适应不同的钎焊需要。这种钎焊方法,既可用于低温钎焊,也可用于高温钎焊。

这种钎焊方法具有的优点是,可以有效地加热钎焊各种材料而不受它们的热物理性能和电磁性能的限制,在空气、保护气氛和真空中均可进行钎焊,故具有较大的灵活性。但是,由于受能量的限制,这种钎焊方法所能连接的焊件大小受到限制。

### 4. 电子束钎焊

利用在高真空下,被静电的或磁的聚焦棱镜而聚焦的电子流,在强电场中高速地由阴极向阳极运动中,电子与零件的钎焊面(阳极)碰撞的动能转变为热能来实现钎焊加热的一种钎焊方法。与电子束焊不同的是,由于钎焊要求的加热温度要低得多,因此通常采用扫描的或散焦的电子束。

电子束钎焊与其他钎焊方法相比钎焊精密、质量高,其缺点是它需要使用高真空和高精度的操纵装置,设备复杂,钎焊过程生产率低、成本高。

### 5. 激光钎焊

以激光束作为钎焊加热的热源。激光束是用激光器发射的高相干性的、几乎是单色的、高强度的细电磁辐射波束,它能聚焦在直径仅为 $1 \sim 10\mu m$ 的小面积中,从而得到很高的能量密度。因此可以使用激光来实现对微小面积的高速加热并保证对毗连的母材的性能不产生明显影响。

激光的这种加热特性适宜于钎焊连接对加热敏感的微电子器件。激光辐射与电子束具有近似的特性,但激光辐射可以用简单的光学系统来实现聚焦,而且它不要求真空环境,可在任何气氛中使用。因此相比设备较简单,成本较低,生产率高。

# 4.4 钎焊工艺

钎焊工艺合理与否将直接决定钎焊接头的质量优劣,制定一个钎焊工艺应包括如下步骤。

1) 钎焊接头设计。设计接头的型式、间隙大小。

2) 焊件表面处理。清除表面油污和氧化物,必要时在表面镀覆各种有利于钎焊的金属涂层。

3) 焊件装配和固定。确保钎焊零件间的相互位置和间隙不变。

4) 钎料和钎剂的选择。选择钎料类型、形状、填入或预置方式及与钎剂的匹配,确保钎料能够在纵横复杂的钎缝中获得最佳的填缝走向,表现出良好的钎焊工艺性,获得满意的钎缝组织和性能。

5) 钎焊工艺参数确定。包括钎焊方法、温度、升温速度、保温时间及冷却速度等;

6) 钎后质量检验和清洗。检验钎缝质量,清除腐蚀性的钎剂残留物或影响钎缝外观的堆积物。

以上工艺过程的制定对不同钎焊产品是有不同的具体技术要求和质量标准,但其根本的任务是要确保钎料、钎剂的流动、铺展、填缝过程的充分以及钎料与母材相互作用过程的适宜。必须根据实际情况予以制订。

**一、钎焊接头的设计**

焊接接头与母材等强度的设计原则在工程上是得到普遍确认的。然而,由于钎焊技术的自身特点,要普遍保证接头与母材具有等强度尚有一定的难度。不过,通过钎焊接头的设计,使其与母材达到同等的承受外力能力是完全可能的。虽然钎焊接头的承载能力与许多因素有关,诸如钎料种类、钎料和母材相互间作用程度、钎缝的钎着率等,但钎焊接头型式和间隙却起着相当重要的作用。

1.钎焊接头型式

钎焊接头的型式有多种,归结起来有三种基本形式,端面 – 端面钎缝(例如对接)、表面 – 表面钎缝(例如搭接)和端面 – 表面钎缝(例如 T 接)。

由于钎料的强度大多低于母材强度,故端面 – 端面型接头和端面 – 表面型钎缝往往不能保证与焊件有等同的承载能力,一般不推荐采用。

在工程实际中,表面－表面型接头可依靠增大搭接面积达到接头与焊件有相等的承载能力。另外,它的装配要求也较简单,故搭接或局部搭接形式是钎焊连接的基本形式。较大的搭接面具有较大的承载能力。但因钎接面积较大,毛细能力则相对较弱,同时填充钎料也要增多,因此搭接面积的大小是有一定限度的。需要提及的是,搭接接头会增加母材的消耗,接头截面也不是圆滑过渡,会导致应力集中,选用时也应予以考虑。

实际上,钎焊连接的零件其相互位置是各式各样的,具体的钎焊接头型式往往不是单一的。图4.50列出了各种钎焊接头的装配型式,可参考这些实例来具体设计。

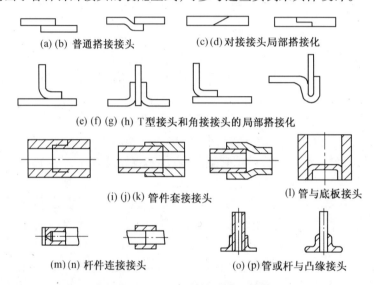

(a)(b) 普通搭接接头  (c)(d) 对接接头局部搭接化

(e)(f)(g)(h) T型接头和角接接头的局部搭接化

(i)(j)(k) 管件套接接头  (l) 管与底板接头

(m)(n) 杆件连接接头  (o)(p) 管或杆与凸缘接头

图4.50  各类钎焊接头装配型式

值得注意的是,钎焊加热过程中焊件、钎料和钎剂会析出气体,也有剩余的钎剂残渣,要保证它们有排流的通道。必要时,在焊件设计上,可考虑开设工艺孔予以解决,这对封闭型结构件尤为重要。图4.51列举了一些方式。

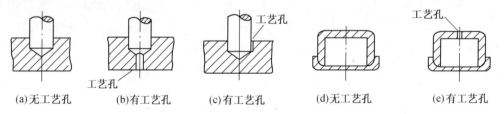

(a)无工艺孔  (b)有工艺孔  (c)有工艺孔  (d)无工艺孔  (e)有工艺孔

图4.51  钎焊封闭型接头时开工艺孔的方法

2.钎焊接头搭接长度

根据接头与焊件承载能力相等的原则,对于几种典型结构件,可按以下搭接长度计算公式:

板件搭接长度 $$L = \frac{\sigma_b}{\tau_j} \cdot H \qquad (4.33)$$

套管套接长度 $$L = \frac{F\sigma_b}{2\pi r\tau_j} \qquad (4.34)$$

圆杆件搭接长度(见图 4.52) $$L_j = \frac{\pi}{2} \cdot \frac{\sigma_b}{\tau_j} \cdot D_0 \qquad (4.35)$$

圆杆与板件搭接长度(见图 4.53) $$L_j = \frac{\pi}{4} \cdot \frac{\sigma_b}{\tau_j} \cdot D_0 \qquad (4.36)$$

式中　　$\sigma_b$——焊件材料的抗拉强度;

　　　　$\tau_j$——钎焊接头的抗剪强度;

　　　　$H$——焊件厚度;

　　　　$F$——管件横截面;

　　　　$r$——管件半径;

　　　　$D_0$——圆杆的直径。

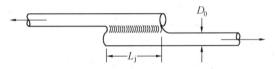

图 4.52　圆杆件钎焊接头

在实际钎焊中,大多根据经验来确定焊件的钎焊搭接长度。例如,对于板件取搭接长度等于组成此接头的零件中薄件厚度的 2 ~ 5 倍。对使用银基、铜基、镍基等高强度钎料的接头,搭接长度通常不超过薄件厚度的 3 倍。对用锡铅等低强度钎料钎焊的接头,可取为薄件厚度的 5 倍。除非特殊需要,一般搭接长度值不大于

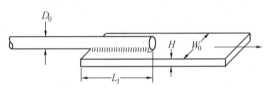

图 4.53　圆杆 – 平板钎焊接头

15 mm,因搭接长度过大,既耗费材料、增大结构重量,又难以使钎缝为钎料全部填满,往往产生大量缺陷。另需指出的是,搭接接头主要靠钎缝的外缘承受剪切力,中心部分不承受大的力,而随搭接长度增加的却正是钎缝的中心部分。因此,过大的搭接长度已失去了意义。对有导电要求的钎焊接头须考虑接头可能因电阻大而引起过度发热的问题。为此,设计的接头应保证钎缝的电阻值与所在电路的同样长度的铜导体的电阻值相等。从这一原则出发,其搭接长度的计算公式与相应的承力接头具有相似的形式:

板 – 板 $$L_j = \frac{\rho_f}{\rho_c} \cdot H \qquad (4.37)$$

圆杆 – 圆杆 $$L_j = \frac{\pi}{2} \cdot \frac{\rho_f}{\rho_c} \cdot D_0 \qquad (4.38)$$

圆杆 – 板 $$L_j = \frac{\pi}{4} \cdot \frac{\rho_f}{\rho_c} \cdot D_0 \qquad (4.39)$$

式中　　$\rho_f$——钎料的电阻率;

　　　　$\rho_c$——导体的电阻率。

### 3.钎焊接头装配间隙

接头装配间隙的大小也是钎焊接头设计须考虑的参数,因为钎缝间隙值对接头性能有很大的影响。这种影响主要是通过对钎料的毛细填缝过程,钎剂残渣及气体的排出过程,母材与钎料相互的扩散过程以及母材对钎缝合金层受力时塑性流动的机械约束作用而体现出来的。

通常钎焊接头存在某一最佳间隙值,在此间隙值内接头具有最大强度值甚至可能高于原始钎料的强度。大于或小于此间隙值,接头强度均随之降低。如图4.54所示,这是因为偏大的间隙值会使毛细作用减弱,钎料难以填满间隙。同时母材对填缝钎料中心区的合金化作用减弱使钎缝结晶生成柱状组织和枝晶偏析。在受力时母材对钎缝合金层的支撑作用也将减弱。反之,过小的间隙却使钎料填缝变得困难。间隙内的钎剂残渣和气体也不易排尽而造成钎缝内未焊透、气孔或夹杂的形成。一般说来,钎料对母材润湿性越好间隙要越小;钎料与母材相互作用强烈,间隙必须增大,这可减弱母材对钎缝的过多溶入不致使钎料熔点升高,流动性下降;对于单一熔点的纯金属钎料、共晶成分的钎料以及具有自钎剂作用的钎料,应取较小的间隙值;有些钎焊接头是需要钎料的某些组元向母材扩散来改善钎缝组织和性能的,就要严格保持小间隙,如镍基钎料钎焊不锈钢时,小间隙有助于不出现或少出现脆性相;采用钎剂去膜应比气体介质去膜、真空钎焊的间隙值来得大,因前者须排渣,后者只是排出气体。所以钎缝间隙的最佳值由多方面因素综合而定。表4.28是根据大量生产实践积累而推荐的钎缝间隙值。

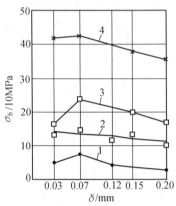

图 4.54 钎焊接头强度与钎缝间隙值的关系(Cu – 30Zn 钎料钎焊钢,炉中 1 000 ℃ 硼砂钎剂)
1— 疲劳;2— 抗剪;3— 断裂;4— 弯曲

表 4.28 钎缝间隙推荐值

| 母　　材 | 钎料系统 | 间隙 $\delta$/mm | 母　　材 | 钎料系统 | 间隙 $\delta$/mm |
|---|---|---|---|---|---|
| 铝及铝合金 | Al 基 | 0.15 ~ 0.25 | 钢 | Cu | 0.01 ~ 0.05 |
| | Zn 基 | 0.1 ~ 0.25 | | 黄铜 | 0.02 ~ 0.1 |
| 铜及其合金 | 黄铜 | 0.04 ~ 0.20 | 不锈钢 | Ag 基 | 0.025 ~ 0.15 |
| | Cu – P | 0.04 ~ 0.20 | | HlCuNi30 – 2 – 0.2 | 0.03 ~ 0.20 |
| | Cu – Ag – P | 0.02 ~ 0.15 | | Mn 基 | 0.04 ~ 0.15 |
| | Pb – Sn, Sn – Sb – Ag | 0.05 ~ 0.3 | | Ni 基 | 0.04 ~ 0.1 |
| | Sn – Pb, Sn – Sb | 0.1 | | Cu | 0.01 ~ 0.1 |
| | Ag – Cu – Zn – Cd | 0.08 ~ 0.2 | 钛及钛合金 | Cu, Cu – P, Cu – Zn | 0.03 ~ 0.05 |
| 镍合金 | Ni – Cr | 0.05 ~ 0.1 | | Ag, Ag – Mn | 0.03 |

## 二、焊件的表面处理

焊件在焊前的加工和存放过程中不可避免地会覆盖着氧化物,沾染上水气、油脂和灰尘,毫无疑问在焊前对焊件的表面须进行必要的处理。

(1) 表面脱脂处理

清除焊件表面的水气、油脂、油污和脏物。方法:用有机溶剂(乙醇、丙酮、三氯乙烯等) 擦洗或浸洗焊件;在有机溶剂蒸汽中清洗;碱液(苛性钠、碳酸钠、磷酸酸钠等) 清洗;电化学脱脂清洗;超声波清洗。任何脱脂处理均须对焊件再次用清水漂洗净,然后予以干燥。

(2) 表面氧化物清除

焊件表面氧化物(膜) 的清除是十分关键的。方法:机械清除(锉、刮砂、磨、喷丸等);化学侵蚀具有效率高、清洗均匀的优点。如质量分数为 10% 的 $H_2SO_4$ 或 HCl 水溶液清洗低碳钢和低合金钢;$10\% HNO_3$(质量分数) + $6\% H_2SO_4$(质量分数) + $50g/L$ HF 的水溶液清洗不锈钢;质量分数为 5% ~ 10% 的 $H_2SO_4$ 清洗铜及铜合金;NaOH100g/L 水溶液清洗铝及铝合金等。化学侵蚀施加一定的温度(20 ~ 100℃) 效果更好。凡化学侵蚀过的金属一定要用清水彻底漂洗干净并干燥。电化学侵蚀和超声波清洗与单纯的化学侵蚀相比,其去除氧化膜更为迅速有效。

(3) 表面预镀覆

这是一种特殊的表面处理工艺。镀覆层既可以起到表面防氧化、增加润湿性的作用,也可以镀覆钎料层,直接用做钎料填缝。在许多精密钎焊的场合质量完全能得到保证。

表面处理过的焊件应及早施焊,尽量缩短保存时间,若需保存必须注意保持洁净。同样在搬运、装配等触摸过程中更要防止再次污染。

## 三、焊件的装配和固定

焊件正确的装配和固定不仅能使钎焊顺利进行,同时也是保证焊件尺寸精度,尤其保证钎缝间隙的需要。其基本要求是正确保持各焊接零件的相互位置,不得错位。

可用来固定零件的方法很多, 如图4.55 所示。对于简单的焊件,可根据结构采用诸如紧配合、突起部、定固焊、铆钉、螺钉、定位销、弹簧夹等方法来固定;有时在装配面加工出滚花、压纹利于定位;扩管、卷边、镦粗也是可行的办法。对于结构复杂,装配精度高的焊件,尤其是多钎缝

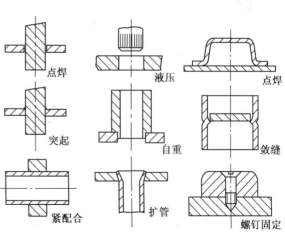

**图 4.55　钎焊时零件的固定方法举例**

的钎焊件,多半要采用夹具工装。这时夹具的设计和用材不容马虎,应该依据钎焊的特点度身定制。如感应钎焊用夹具,材料应是非磁性的;盐浴钎焊用夹具应考虑耐蚀性;整体加热的炉中钎焊,夹具应选用耐热性和抗氧化性好的材料;另外选用的材料与零件有相近的热膨胀系数、又不为钎料所润湿也是基本的条件。

设计的钎焊夹具应该灵巧、可靠,拆卸便捷,压紧力稳定,还易于更换清理。

### 四、钎料的放置

在手工钎焊时,钎料大多由人工直接送入。但在自动钎焊时或者钎缝表面要求高的场合,钎料必须预置。有两种预置方式:一是明预置,即将钎料放置于钎缝间隙外缘;一是暗预置,把钎料置于钎缝间隙内特制的钎料槽中。

明预置的钎料往往利用焊件某些特定的台阶、沟槽等处放置,如图 4.56(a) ~ (f) 所示。通过熔化钎料的重力和毛细吸附力将钎料填入缝隙。此时应尽可能把钎料紧贴钎缝,以免钎料熔化后向四周流失。

暗预置的钎料大多放置于事先加工开出的特制钎料槽内。钎料槽一般都开在较厚的焊件上,如图 4.56(g) ~ (h) 所示。钎料放置一定要牢靠、紧凑。其位置应使钎料的填缝路径最短。

一些箔状或垫片状的钎料都可直接放置于钎缝间隙内,如图 4.55(i) ~ (j) 所示,完全不必再开槽放置,但钎焊凝固前应施加一定压力,以保证钎缝填满且致密。

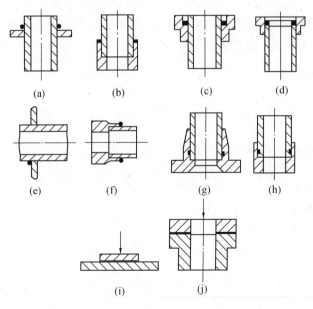

图 4.56　钎料的放置举例

### 五、钎焊工艺参数确定

钎焊过程的主要工艺参数是钎焊温度、保温时间和冷却速度。它们对钎焊过程和接头质量有相当重要的影响。

钎焊是在高于钎料熔化温度低于母材熔化温度的加热温度下进行的。虽然高的钎焊温度有利减小液态钎料的表面张力，改善润湿和填缝，并使钎料与母材相互充分作用。但温度过高，可引起钎料中低沸点组元的蒸发、母材晶粒的长大，也使钎料与母材相互作用过度而出现溶蚀、晶间渗入、脆性化合物层增厚等问题。一般钎焊温度控制在钎料熔点以上 25 ~ 60℃。有些例外的情况是，当使用某些结晶温度间隔宽的钎料，由于在固相线温度以上已有液相存在，具有了一定的流动性，这时钎焊温度可以等于或低于钎料液相线温度；有时钎焊温度可依照钎缝中形成新合金的熔点温度来确定；在一些特殊情况下，如用纯银钎焊铜，钎焊温度达 800℃ 左右（远低于银的熔点）即可，因为，此时的纯银钎料与母材铜在加热时能形成低熔点的 Ag – Cu 二元系液态共晶层，布满缝隙凝固成接头。

需要重视的是钎焊升温速度。升温速度除了有调节钎剂、钎料熔化温度区间的作用以外，与材料的热导率、尺寸还应有相应的配合。对那些性质较脆、热导率较低和尺寸较厚的工件不宜升温过快，否则将产生表面与内部的应力差而导致变形甚至开裂。升温速度过慢会促使母材晶粒长大，金属的氧化，钎料低熔点组元的蒸发等不利情况的发生。

钎焊过程完成以后适当加以保温再进行冷却往往有利于钎缝的均匀化而增加强度。一般说来，钎料与母材的相互作用会产生强烈溶解、生成脆性相、引起晶间渗入等有害倾向，应尽量缩短保温时间。相反，通过二者的相互作用能消除钎缝中的脆性相或低熔组织时，则应适当延长保温时间。钎焊大件比钎焊小件保温时间要长，以保证加热的均匀。钎缝间隙大时，应有较长的保温时间以便钎料与母材有必要的相互作用。钎料和母材间有金属间化合物产生时，由于钎焊后的保温，钎料中能与母材产生化合物的组元也会向母材晶粒中或晶界扩散而减少化合物的存在和影响。

冷却速度对钎缝的结构有很大的影响。一般说来，钎焊过程完结以后快速冷却有利于钎缝组织的细化，从而加强钎缝的各种力学性能。这对于薄壁、传热系数高、韧性强的材料是不成问题的。相反，对那些厚壁、热导率低、性脆的材料则会产生与加热速度过快时的同样弊病，还会因钎缝迅速凝固使气体来不及逸出而产生气孔。另外，较慢的冷却速度有利于钎缝结构的均匀化，这种作用对一些钎料与母材能生成固溶体时比较明显。例如 Cu – P 钎料钎焊铜时，较慢的冷却速度使得钎缝中含更多的固溶体而较少一些 $Cu_3P$ 化合物共晶。

总之，合理的钎焊温度，合适的加热或冷却速度，必要的保温时间，应该综合考虑母材的性质、工件的形状与尺寸、钎料的特点及与母材的相互作用等等条件后加以确定。

### 六、钎焊的后处理

焊件在钎焊后往往还需要作某些处理,主要是钎焊后的热处理和清洗。

(1) 钎焊后的热处理

一种是扩散热处理,是为了改善钎焊接头组织性能。一般是在低于钎料固相线温度下的长时间保温处理。通过这种扩散处理,消除某些组元成分的偏析,使钎缝组织均匀。另一种低温退火处理,以消除焊件在钎焊过程中可能产生的内应力。有些焊件利用钎焊温度同时进行了淬火处理,则一定要注意焊后的冷却速度。

(2) 钎缝的焊后清洗

主要用于使用钎剂的钎焊接头上。因为钎焊结束后,残留的钎剂残渣会对母材产生不良影响,如耐腐蚀性、镀覆性等。钎缝的焊后清洗可以用汽油、酒精、丙酮等有机溶剂进行擦洗,最后再用热水和冷水洗尽。对于氯化锌、氯化铵等强腐蚀的钎剂可以在 $w(NaOH) = 10\%$ 的水溶液中加以清洗中和。这些主要用于软钎剂残渣的清洗。对于硬钎剂中的硼砂和硼酐在焊后留下的残渣呈玻璃状牢牢粘着在钎缝上,这时的渣壳较硬,清除它并不容易。一般用机械的方法或浸煮在沸腾的水中一段时间加以清除;一些含氟化物的硬钎剂残渣也较难清除,如含氟化钙的残渣可先在沸水中浸洗 $10 \sim 15$ min,然后在 $120 \sim 140℃$ 的 NaOH($300 \sim 500$ g/L) 和 NaF($50 \sim 80$ g/L) 的水溶液中长时间浸煮;在不锈钢或铜合金表面的氟化物残渣,可先用 $70 \sim 90℃$ 的热水中清洗 $15 \sim 20$ min,再冷水清洗 30 min 即可;如为结构钢接头,则需按下法清理:在 $70 \sim 90℃$ 的质量分数为 $2\% \sim 3\%$ 的铬酸钠或铬酸钾溶液中清洗 $20 \sim 30$ min,再在质量分数为 $1\%$ 的重铬酸盐溶液中洗涤 $10 \sim 15$ min,最后以清水洗净重铬酸盐并干燥。上述清洗均不应迟于钎焊后 1 h。

铝用氯化物硬钎剂的残渣腐蚀性极大,钎焊后应立即清除。对一般焊件可先在 $50 \sim 60℃$ 的水中仔细刷洗,然后在 $60 \sim 80℃$ 的质量分数为 $2\%$ 的铬酐溶液中作表面钝化处理。但此法效果一般,对复杂结构也无法采用。较有效的方法是先将冷至钎料凝固温度以下的焊件投入热水中骤冷,使残渣急冷收缩而开裂,再经水分子气化的喷爆作用,它们可大部分脱落下来。残渣中的可溶部分也同时发生溶解。但投入热水时焊件温度不可太高,速度不宜太快,以避免焊件发生变形或裂纹。残留的不溶性残渣再由酸洗侵蚀使之松散剥落。此时采用下述几种酸洗液效果较好:① 硝酸与水体积比 $1:1$ 配成水溶液,室温下洗涤。$10 \sim 20$ s 即见效;② 硝酸:氢氟酸:水(体积比) $= 1:0.06:9$ 配成清洗液,室温下使用。$10 \sim 15$ min(时间过长会蚀去母材金属)即可;③5 L 硝酸 + 3.5 kg 重铬酸钠($Na_2Cr_2O_7$) + 40 L 水配成清洗液,温度保持 $65℃$,$5 \sim 10$ min 完毕;④ 体积分数为 $5\%$ 磷酸、$1\%$ 铬酸酐($CrO_3$) 的水溶液,温度 $80℃$。经酸洗后的焊件均应用热水和冷水冲净。同时,也应经常检查清洗液的纯度,不符合要求即更换。

# 4.5　钎焊接头的缺陷及质量控制

钎焊生产过程中,接头常常会出现一些缺陷,如气孔、夹渣、未焊透、裂缝和溶蚀、溶析等。这些缺陷的存在,将直接影响钎焊产品的接头强度、抗腐蚀性、密封性及导电性等。因此,分析钎焊接头缺陷的特征和成因,制定防止措施,是钎焊质量控制的工作。

**一、钎缝不致密性缺陷**

钎缝不致密性缺陷主要指接头钎缝中存在各种气孔、夹渣、未钎透、裂缝等缺陷。这类缺陷的存在不仅降低接头的强度也使接头的气密性大受影响。

(1) 气孔

钎缝中气孔主要是钎料和钎剂甚至钎焊金属在钎焊加热过程中所释放的气体在随后的冷却凝固时难以顺畅地逸出而导致的。这与钎焊前工件表面和钎料清洗不严有关,使一些水分和游离的氧化物在加热时分解放气;也与钎剂选择不当有关,造成过量气体的析出,加之加热温度过高,冷却过快难以有足够的时间使气体排出钎缝。

(2) 夹渣

钎缝中夹渣的形成除了钎焊区裹有污物外,很多情况下是钎剂用量过多;钎剂密度或粘度过大;钎料与钎剂的熔点不匹配;钎料填加方向不妥(两面填入);加热温度不均匀,接头装配间隙不当等因素造成污物、钎剂残渣和氧化物无法排出钎缝外,最后夹留在钎缝中。在一些封闭的结构件钎焊时,由于没有开设工艺孔也是造成夹渣的原因之一。

(3) 未焊透

未焊透明显表现出钎料填缝性差。主要原因是钎料或钎剂选择不当(润湿性不好、活性不足、钎料和钎剂熔点不匹配);接头设计和装配不合适(过小或过大);钎焊温度不够,钎料填缝不充分;焊前表面清洗不充分。这些都使得钎料难以充分填满接头间隙,形成未焊透。由于钎焊温度过高,钎焊时间过长,导致钎料的流失,出现缝隙未填满则是钎焊工艺参数选择不当的原因。

(4) 裂缝

钎缝中出现裂缝虽不普遍,但对接头造成的危害却是致命的。如果在钎焊时,尤其钎料凝固过程中焊件发生振动,裂缝的产生就在所难免了。对于选用钎料的液 - 固相线温度相差过大,在大的热应力作用下也很可能导致钎缝的开裂。那些对钎焊金属具有晶间渗入倾向的钎料应慎重选用,因为晶间渗入的发生使接头变脆,钎焊金属区域出现裂缝的敏感性增大。钎焊金属的过热或过烧也同样增大裂缝的敏感性。一些工具钢或合金钢在钎焊时出现开裂,可能是钎缝组织发生相变或膨胀系数差别过大引起的,这时采用补偿垫片的钎焊结构有很好的效果。

（5）表面麻点

钎缝表面的麻点既影响美观又可能成为接头的腐蚀源；对焊后须镀敷涂层的焊件往往因镀后出现钎缝翻浆引起镀层表面的发霉。表面麻点很可能是钎焊温度过高,保温时间过长,致使钎料某些组元的过度挥发等造成的。

钎缝不致密性缺陷的产生除与钎焊工艺参数(温度、保温时间、冷却速度)不当、焊前清理不干净、钎料、钎剂不合适外,还与钎焊时熔化钎料及钎剂的填缝过程有很大的关系。

大量试验证明,一个完全致密的钎缝是较难达到的,尤其在钎接面大的条件下,钎料及钎剂的填缝过程存在所谓小包围、大包围的现象导致钎缝更难以完全致密。

从理论上说,如果接头间隙均匀,且间隙内部金属表面粗糙度和清洁度是均一的,则液态钎剂或液态钎料在间隙内部的填缝过程中,速度和走向应该比较均匀整齐的。而从实际情况的观察中却看到,在常用的平行间隙情况下,液态钎剂或钎料在填缝时不是均匀、整齐地流入间隙,而是以不同的速度、不规则的路线流入间隙的。这是因为,一方面,由于间隙内部的金属表面不可能绝对平齐,清洁度也有所差异,加之液态钎剂和钎料同金属表面的物理化学作用等因素的影响,使钎剂和钎料在填缝时常常以不整齐的前沿向前推进。通常总是钎剂先熔化,熔化的钎剂在平行间隙中不整齐的填缝,将一部分气体包住,被包围的区域无法去膜且气体很难被排出。当熔化的钎料填

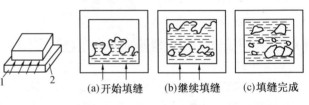

(a)开始填缝　　(b)继续填缝　　(c)填缝完成

图4.57　实际的填缝过程和小包围缺陷形成过程示意图
1— 加钎料方向；2— 试件

缝时,由于包围处的金属缺乏钎剂的去膜作用,钎料也无法填充,结果形成小包的现象,如图4.57所示。残留在包围圈内的气体便形成了气孔。同样的道理,在钎料填缝时也会造成对钎剂的小包围现象,结果形成小块的夹渣。这样钎缝不致密性缺陷就形成了。

另一方面,在平行间隙条件下钎焊时,钎缝外围受钎剂或气体介质去氧化膜的作用比间隙内部更为充分,同时钎缝外围的温度往往比间隙内部高,其结果将使钎料在外围流动比在间隙内部填缝要快,这就可能造成钎料对间隙内部的气体或钎剂的大包围现象,如图4.58所示。一旦形成了大包围后,所夹

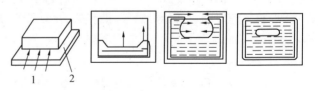

图4.58　钎缝中大包围缺陷形成示意图
1— 加钎料方向；2— 试件

的气体或残渣就很难从很窄的平行间隙中排出,使钎缝中形成大块的气孔和夹渣缺陷。

此外,钎剂在加热过程中可能分解出气体,母材或钎料中某些高蒸气压元素的蒸发以及溶解在液态钎料中的气体在钎料凝固时会析出。这些气体在钎料凝固前如来不及全部排出钎缝,

也会形成气孔。

从以上分析来看,在一般钎焊过程中,尤其对较大钎接面的接头,要完全消除这类缺陷是很困难的。但仍应采用相应的措施,尽量减少产生的可能性。下面的措施有利于提高钎缝致密性。

1) 适当增大钎缝间隙。适当增大间隙,可使缝隙表面高低不平而造成缝隙差值较小,因而毛细作用力比较均匀,这样有助于钎料比较均匀的填缝,可以减少由于小包围现象而形成的缺陷。

2) 采用不等间隙。不等间隙也就是不平行间隙。然而完全采用不等间隙,焊件的装配精度难以保证。但可以采用部分不等间隙,不等间隙接头如图 4.59 所示。其夹角 $\alpha$ 以 $3° \sim 6°$ 为宜。

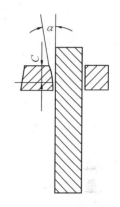

图 4.59　不等间隙接头示意图

对不等间隙来说,小间隙端的毛细作用最强,无论从小间隙端添加钎料,如图 4.60(a) 所示,还是从大间隙端或侧端填缝,如图 4.60(b)、(c) 所示,总是先填满小间隙,逐渐再向大间隙发展。这样就大大减少了小包围的倾向,较容易获得致密的钎缝。基于同样原因,不等间隙也有利于减少大包围现象。因为熔化的钎料总先在小间隙外围形成钎角,再向大间隙外围推进。最后,不等间隙对间隙内已形成的气孔或夹渣也有一定的排除可能性,因为被包围的气体或夹渣都有向大间隙端移动的倾向。采用不等间隙可以提高钎缝的致密性,但是,由于影响钎缝致密性的因素很多(如前所述),因此并不能解决全部问题,在这方面还有待于进一步的研究,以确保钎焊质量。

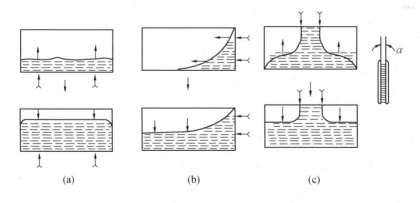

(a)　　　　　　　　　(b)　　　　　　　　　(c)

图 4.60　不等间隙对钎剂或钎料填缝的影响

→ — 运动方向; ≫ — 加钎料方向

## 二、熔析和溶蚀

钎焊时有时发现钎缝并不光滑,有的钎焊在钎料的流入端留下一个剩余的钎料瘤,有时又会留下一个凹坑,前者称为熔析后者称为溶蚀。二者产生的根本原因在于钎料的组成和钎焊温度搭配不当。

熔析的现象主要在应用亚共晶钎料时容易发生。图 4.61 为共晶型料的相图。钎料的主成分 B 和母材具有相同的组元,如果钎料的成分为 $a$,钎焊温度上升到 $T_1$,这时出现的是组成为 $s$ 的固相和组成为 $c'$ 的液相。钎焊进行时,液相 $c'$ 顺着钎缝流走,剩下的是组成为 $s$ 的固相,而 $s$ 只有相当于 $s'$ 的温度时才有可能熔化,但它已接近母材 B 的熔点 $B_T$,因此注定它将成为一个赘瘤留下,只能用随后的机加工将其除掉。如果一开始工件的温度是 $T_2$ 或高于 $T_2$ 的温度,钎料熔化后其中便不存在固相,钎料流走后则不会有任何高熔点的残余留下。钎料成分越靠近 B,上述熔析现象就会越严重。通常,钎焊温度总是高于钎料的液相,也即成分为 $a$ 的

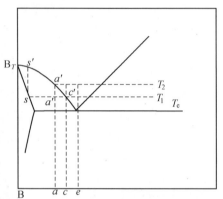

图 4.61 熔析的产生原因

亚共晶钎料其钎焊至少要高出 $T_2$ 许多,产生熔析的原因似乎根本不存在。但问题在于工件的升温速度如果较缓慢,当升到 $T_e$ 至 $T_2$ 区间而钎料低熔部分很快流走的话,这种熔析就会发生。

溶蚀是钎焊的另一种特殊缺陷。一般情况下,母材向液态钎料的适量溶解有助钎缝的合金化。但母材向钎料过度的溶解则会成为钎接接头的缺陷。溶蚀缺陷的存在将降低钎焊接头性能,对薄

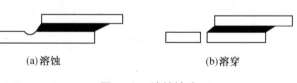

(a)溶蚀  (b)溶穿

图 4.62 溶蚀缺陷

板结构或表面质量要求高的零件,是不允许出现溶蚀缺陷的。溶蚀缺陷一般发生在钎料安置处,其形式见图 4.62。

研究表明,正确地选择钎料是避免产生溶蚀现象的主要途径。选择钎料时应遵循这样的原则:钎焊时,不应因母材向液态钎料的溶解而使钎料熔点进一步下降,否则母材就可能发生过量的溶解,其溶蚀倾向就较大;反之,溶蚀的倾向就小。其次,钎焊工艺参数(加热温度、保温时间和加热速度)、钎料用量等均将对能否发生溶蚀现象有较大的影响。

图 4.63 所示的是 Al – Si 合金状态图,如用共晶钎料,即 $w(Si) = 11.7\%$ 的钎料钎焊。这种钎料的特点是在固定温度下全部熔化,然后铺展填缝、冷凝结晶,整个过程很短,母材来不及液态钎料溶解。此外,即使母材向液态铝钎料溶解,也将导致钎料熔点的升高,从而使溶解过程停

止。所以用共晶成分钎料钎焊时,母材发生溶蚀的可能性较小。若用亚共晶成分钎料,即 $w(Si) < 11.7\%$ 的钎料钎焊时,母材铝向液态铝钎料的溶解也将使钎料的熔点升高,这一切均不利于母材的溶解。所以用亚共晶成分钎料钎焊时,母材发生溶蚀的倾向也不大。若钎料为过共晶成分,即 $w(Si) > 11.7\%$ 时,情况就完全不同了,这时母材铝向液态铝钎料的溶解,将使钎料熔点下降,从而形成新的共晶成分液相,直到全部形成共晶成分。显然,这将使母材的溶入量增多。而且,即使钎料全部形成共晶成分后,母材铝还要向液相继续溶解以形成亚共晶,直到在钎焊温度下所能达到的溶解度为止。所以,在过共晶成分的钎料钎焊时,母材的溶解量要比共晶、亚共晶成分钎料多得多,母材发生溶蚀的倾向也就大得多。因此,钎料成分对溶蚀缺陷有着内在的根本性的影响。

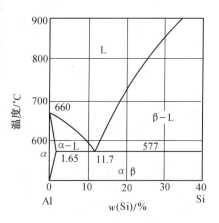

图 4.63　Al – Si 状态图

另外,钎焊温度越高,溶解速度也增大,促使母材更快的溶解。保温时间过长,也将为母材与钎料相互作用创造更多的机会,也容易产生溶蚀。同样,钎料量越多,母材的溶解也越大,而钎角处的钎料往往比钎缝中的钎料多得多,所以产生溶蚀的可能性大大增加。这对于薄件的钎焊影响更为致命。当已发生溶蚀的液态钎料顺着钎缝流走,则会在放置钎料处留下麻面或凹坑。如果流不走,长时间的停留在原处,则产生难以补救的溶穿。

正如前述,亚共晶钎料的熔蚀较小而过共晶钎料则有较大的熔蚀。因此除在特殊的情况下,一般较少使用过共晶钎料。如果钎料含有较多的母材组分,也可缓解母材向钎料中的溶蚀。图4.64显示用Al – Si钎料焊纯铝“T”接头的情况。由于第二相Si的质量分数(也即钎料中含铝量)不同,在同一温度下(600℃)钎焊时,钎缝接头产生了不同的熔蚀结果。

图 4.64　600℃ 钎焊铝时钎料(Al – Si) 的组成对钎缝的影响

由左至右钎料 $w(Si)/\%$ = 4,6,9,11,12.5,14,15

### 三、母材的自裂

在钎焊许多高强度材料,如不锈钢、镍基合金、铜镍合金等,发现在与熔化钎料接触过的地方容易产生自裂现象。例如用 H62 黄铜钎料钎焊 1Cr18Ni9Ti 不锈钢和钎焊某些铜合金时，这种自裂现象相当普遍。并经研究发现，这种自裂现象多出现在焊件受到锤击或有划痕的地方以及存在冷作硬化的焊件上。当焊件被刚性固定，或者钎焊加热不均匀时，也容易产生自裂。可见，钎焊过程中的自裂，一是发生在被液态钎料湿润过的地方，二是与应力作用有关。

关于自裂破坏发生的机理存在着不同的观点，较多的人认为：某些固态金属在接触表面活性液态金属时，其表面能会降低，这时液态金属可向这些固态金属表面的显微裂缝处渗入扩大，并且使固态金属的强度降低，一旦受到应力的作用便形成脆性破坏。例如，液态黄铜 H62 可使 1Cr18Ni9Ti 钢的强度下降 35%。在这种情况下，如果又有较大的拉应力作用，当应力值超过它的强度极限时，就会产生自裂。由于晶界的强度低，液态黄铜就沿着开裂的晶界渗入。所以裂缝都是沿晶界分布的。

为了消除自裂，从减小内应力出发可以采用以下措施。

1) 采用退火材料代替淬火材料。

2) 有冷作硬化的焊件预先进行退火处理。

3) 减小接头的刚性，使接头在加热时尽量能自由膨胀和收缩。

4) 降低加热速度，尽量减少产生热应力的可能性；或采用均匀加热的钎焊方法，如炉中钎焊等。这不但可减小热应力，而且由冷作硬化等造成的内应力也可以在加热过程中消除。

5) 在满足钎焊接头性能要求的前提下，尽量选用熔点低的钎料。如用银基钎料代替黄铜钎料，因为这样可降低钎焊温度，使热应力减小。并且银基钎料对不锈钢的强度和延性降低的影响比黄铜钎料要小。

### 四、钎焊质量的检验

钎焊接头的质量检验方法可分无损（非破坏）检验和破坏检验两类。日常生产中多采用无损检验方法。破坏检验方法只用于重要结构的钎焊接头的抽查检验。无损检验方法主要有以下5 种。

1) 外观检验。一种简便但应用甚广的方法。它凭借肉眼或低倍放大镜来检查接头质量。如钎缝外形是否良好，有无钎料未填满的地方，钎缝表面有无裂纹、缩孔，母材上有无麻点等。所有接头外部较明显的缺陷，用外观检查方法是可以发现。

2) 着色渗透检验。这种方法的原理是，在接头表面涂刷带有红色染料的渗透剂，使其渗入表面缺陷中，再用清洗液将表面上的渗透剂清洗干净后，喷上显示剂，使表面缺陷内残留的渗透剂渗出，便显示出缺陷的痕迹。着色法所显示的缺陷在一般光线下能看到红色痕迹。这种方法主要用来检查用外观检查发现不了的微小的裂纹、气孔、疏松等缺陷。着色法检验的灵敏度较高，且更适用于大件。如检验后要对缺陷进行修补，最好不要采用这类方法，因渗入缺陷中的渗透剂难以完全清除。

3) 射线探伤。这是采用 X 射线或 γ 射线照射接头，因其钎合好部分和缺陷部分对射线的吸收能力不同,使感光的胶片建立起缺陷的影像,从而判定钎缝内部的气孔、夹渣、未钎透等缺陷。它广泛用于钎焊接头的内部质量检验。

4)超声检验。这是利用超声波束透入金属材料中,遇到缺陷时将发生反射,通过分析荧光屏反射回来的脉冲波形,可以判断缺陷的位置、性质和大小。超声检验同样用于检查内部缺陷,所能发现的缺陷范围与射线检验相同。

5)致密性检验。容器结构上钎焊接头的致密性检验常用方法有水压试验、气压试验和煤油渗透试验。其中水压试验用于高压,气压试验用于低压,煤油渗透试验则用于不受压的容器检验。水压试验时,将容器密封、充水,然后用水泵将容器内的水压提高到试验压力,保持一定时间后,检查接头有无渗水或开钎的现象。气压试验时,容器密封并通压缩空气达试验压力值,试验压力较低时,可在接头外部涂肥皂液,观察有无气泡产生,试验压力高时,可将容器沉入水槽中,观察有无气泡冒出。煤油渗透试验时,先在接头的一面涂上白垩粉,于另一面涂刷煤油,待一定时间后,观察是否有煤油渗出而润湿白垩粉。上面介绍的各种检验方法,都有各自的适用范围和特点,选用时应视产品的技术要求、产品结构和具体情况而确定。

## 习　题

1.与熔焊和压力焊相比,钎焊连接的基本特征是什么?主要区别在哪里?

2.影响钎料对母材的润湿性因素有哪几个方面?具体是如何起影响作用的?

3.金属表面的氧化膜为何对钎料的润湿性有不利影响?去除金属表面氧化膜有哪些方法?其大致过程是怎样的?

4.为什么说钎焊时,固态母材向液态钎料的溶解及钎料组分向母材的扩散对接头的组织和性能有决定性的意义?

5.钎焊接头的钎缝组织有何特征?它们是在什么条件下形成的?

6.一种铝质换热器如图示(a),其全部材料选用 LF21 铝合金。现采用钎焊方法连接成图示(b)结构,请对此提出钎焊方法、钎料和钎剂成分以及钎焊工序过程,并说明主要理由。

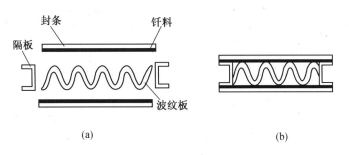

(a)　　　　　(b)

**图　示**

7.试分析镍基钎料 BNi71CrSi 钎焊 1Cr18Ni9Ti 时,随着接头间隙的增大,其强度和延性严重恶化的原因。

8.选用 Al – 12Si 钎料,QJ201 钎剂(LiCl – 32、KCl – 50、ZnCl – 8、NaF – 10),对一纯铝焊件进行炉中钎焊。采用两组钎焊工艺:(A)450℃ 预热 10 min 入炉,钎焊温度 580℃,保温 15 min 出炉冷却;(B) 直接入炉,钎焊温度 610℃,保温 6 min 出炉冷却。结果发现均存在不同程度的溶蚀现象,试分析可能引起的原因。

9.现有钎料 BCu58ZnMn、BCu93P、BAg40CuZnCd,依次用以对调质处理的 2Cr13 工件进行火焰钎焊,试分析钎焊可能产生的结果。

10.实践中发现以 Cu – P 钎料钎焊材质 $TU_2$,若是升温较慢的炉中钎焊,其钎缝表面成形远不如火焰钎焊来得光顺,其原因是什么?

11.用锡铅钎料钎焊铜合金,钎焊温度分别为 250℃、320℃、360℃,发现随着温度升高,接头开始变脆,强度显著下降。这是什么原因造成的?

12.大面积钎焊往往在钎缝中出现气孔、夹杂及未钎合等缺陷,其根本原因是什么?可采取哪些措施加以克服?

## 参 考 文 献

1　邹僖.钎焊.第 2 版.北京:机械工业出版社,1997

2　张启运,庄鸿寿.钎焊手册.北京:机械工业出版社,1999

3　中国机械工程学会焊接学会编.焊接方法及设备:焊接手册(第 1 卷).北京:机械工业出版社,1992

4　美国金属学会.焊接手册(第 6 卷).第 9 版.北京:机械工业出版社,1994

5　虞觉奇等.二元合金状态图集.上海:上海科学技术出版社,1987

6　张启运.铝及其合金的无腐蚀不溶性钎剂.焊接,1995,10(2)

7　Lugscheider E,庄鸿寿.高温钎焊.北京:国防工业出版社,1989

8　王世伟.合金元素对铜基低银钎料性能的影响.中国有色金属学报,1995,5(2)

9　虞觉奇,陈明安,高香山 . 快捷凝固 Al – Si 基钎料性能的研究 . 焊接学报,1994,15(2)

10　庄鸿寿,孙德宽 . 无银铜磷锡钎料的研究.焊接,1989,11(2)

11　R B Ballentine.The Function of Ag in the P – Cu Filler Metal on the Brazing.Welding Journal,1994,73(10)

# 第五章 扩散连接原理与工艺

## 5.1 概 述

扩散连接过程不同于熔化焊,也不同于钎焊。扩散连接在以往的教材和参考书中多称为扩散焊,焊接的内涵是广泛的,既包含熔化焊,也应包含非熔化焊。但焊接在习惯上多被认为是熔化焊,为了突出扩散焊与熔化焊过程的区别,近年来在许多场合已用扩散连接来代替扩散焊。同样,用连接来代替焊接,使其内涵更加广泛。

扩散连接是一种精密连接方法,本身并不是一种非常新的连接方法。用锻焊方法连接纯铁和低碳钢已有很长的历史,中世纪著名的"大马士革剑"就是用锻焊制造的。自20世纪的20至30年代以来,随着航空航天、电子和原子能等工业技术的发展,扩散连接技术获得了快速的发展。在发达国家,扩散连接在尖端科学技术部门起着日益重要的作用,是异种金属材料、耐热合金和新材料(如陶瓷、复合材料、金属间化合物材料)连接的主要方法之一。我国20世纪50年代末期才开始对扩散连接方法进行研究,20世纪70年代又开始了专用扩散焊机的开发。目前,大型超高真空扩散焊机、钛－陶瓷静电加速管和钛合金飞机构件等产品的试制成功标志着我国扩散连接已发展到一个较高的水平。但在研究的深度和应用广度上与发达国家相比仍有较大的差距。

扩散连接是把两个或两个以上的固相材料(包括中间层材料)紧压在一起,置于真空或保护气氛中加热至母材熔点以下温度,对其施加压力使连接界面微观凸凹不平处产生微观塑性变形达到紧密接触,再经保温、原子相互扩散而形成牢固的冶金结合的一种连接方法。可见,扩散连接过程是在温度和压力的共同作用下完成的,但连接压力不能引起试件的宏观塑性变形。温度和压力的作用主要是:使连接表面微观凸起处产生塑性变形而增大紧密接触面积,激活原子之间的扩散。扩散连接时控制和保证接头质量的主要因素是连接界面区原子扩散的情况。这正是扩散连接与其他连接方法的不同之处,并因此而得名。根据扩散连接的定义,各种材料扩散连接接头组合可分为四种类型,如图5.1所示。

扩散连接发展至今,已出现了多种扩散连接方法,可根据不同的准则进行分类。一般扩散连接可分为固相扩散连接和液相扩散连接。前者所有的反应均在固态下进行,后者则是在异种材料

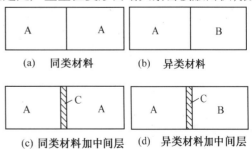

(a) 同类材料     (b) 异类材料

(c) 同类材料加中间层     (d) 异类材料加中间层

**图5.1 扩散连接接头四种组合类型**

之间发生相互扩散,致使界面组分变化导致连接温度下液相的形成。在液相形成之前,固相扩散连接和液相扩散连接的原理、工艺相同,而一旦液相形成,液相扩散连接实际上就变成等温钎焊。当然,也可按连接时是否使用中间层、连接气氛来分类,具体的几种分类方法如图5.2所示。

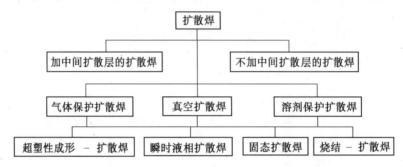

**图 5.2  扩散连接分类**

扩散连接方法主要有以下特点。

1)扩散连接可成功地连接用熔化焊和其他连接方法难以连接的材料,如弥散强化型合金、活性金属、耐热合金、陶瓷和复合材料等;特别适合于不同种类的金属、非金属及异种材料的连接,在扩散连接技术研究与实际应用中,有70%涉及异种材料的连接。

2)扩散连接可以进行内部及多点、大面积构件的连接,以及电弧可达性不好,或用熔焊方法根本不能实现的连接。

3)扩散连接是一种高精密的连接方法,用这种方法连接后,工件不变形,可以实现机械加工后的精密装配连接。

扩散连接与熔焊、钎焊相比,在工艺和接头性能等方面的对比见表5.1。

**表5.1  不同连接方法的比较**

| 条件 \ 方法 | 熔 焊 | 扩散连接 | 钎 焊 |
|---|---|---|---|
| 加热 | 局部 | 局部,整体 | 局部,整体 |
| 温度 | 母材熔点 | 母材熔点的 0.5~0.8 | 高于钎料的熔点 |
| 表面准备 | 不严格 | 注意 | 注意 |
| 装配 | 不严格 | 精确 | 不严格,有无间隙均可 |
| 焊接材料 | 金属,合金 | 金属,合金,非金属 | 金属,合金,非金属 |
| 异种材料连接 | 受限制 | 无限制 | 无限制 |
| 裂纹倾向 | 大 | 无 | 小 |
| 气孔 | 有 | 无 | 有 |
| 变形 | 大 | 无 | 小 |
| 接头施工可达性 | 有限制 | 无限制 | 有限制 |
| 接头强度 | 接近母材 | 接近母材 | 决定于钎料强度 |
| 接头耐腐蚀性 | 敏感 | 好 | 差 |

下面以固相扩散连接为例,讨论扩散连接的原理和工艺。

# 5.2 扩散连接的基本理论及原理

扩散连接时,首先必须要使待连接母材表面接近到相互原子间的引力作用范围。图5.3为原子间作用力与原子间距的关系示意图。可以看出,两个原子充分远离时其相互间的作用引力几乎为零,随着原子间距离的不断靠近,相互引力不断增大。当原子间距约为金属晶体原子点阵平均原子间距的1.5倍时,引力达到最大。如果原子进一步靠近,则引力和斥力的大小相等,原子间相互作用力为零,从能量角度看此状态最稳定。这时,自由电子成为共有,与晶格点阵的金属离子相互作用形成金属键,使两材料间形成冶金结合。通过上述过程和机理来实现连接的方法即为扩散连接。

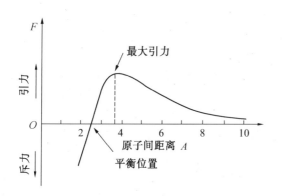

图5.3 原子间作用力与原子间距的关系

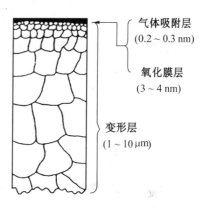

图5.4 固体金属的表面结构

但由于实际的材料表面不可能完全平整和清洁,因而实际的扩散连接过程要比上述过程复杂得多。固体金属的表面结构如图5.4所示,除在微观上表面呈凹凸不平外,最外层表面还有 $0.2 \sim 0.3$ nm 的气体吸附层,主要是水蒸气、$O_2$、$CO_2$ 和 $H_2S$。在吸附层之下为 $3 \sim 4$ nm 厚的氧化层,是由氧化物的水化物、氢氧化物和碳酸盐等组成。在氧化层之下是 $1 \sim 10$ $\mu$m 的变形层。

也就是说,不管进行怎样的精密加工和严格的清洗,实际的待连接表面总是存在微观凹凸、加工硬化层、气体吸附层、有机物和水分吸附层以及氧化物层。再有,两母材在连接表面的晶体位向不同,不同材料的晶体结构也不相同。这些因素都会影响到连接过程及连接机理。

扩散连接时,通过对连接界面加压和加热,使得表面的氧化膜破碎、表面微观凸出部位发生塑性变形和高温蠕变,因此,在若干微小区域出现金属之间的结合。这些区域进一步通过连接表面微小凸出部位的塑性变形、母材之间发生的原子相互扩散得以不断扩大,当整个连接界面均形成金属键结合时,也就最终完成了扩散连接过程。

### 一、扩散连接机理

研究表明:扩散连接过程主要受扩散控制。故扩散连接机理从冶金理论来看,扩散现象具有最重要的意义。根据原子扩散的途径,金属系的扩散通常可分为三个不同的过程,即体积扩散、晶界扩散和表面扩散,而且每种扩散过程又具有不同的扩散系数。晶界扩散和表面扩散的速率高于体积扩散的速率。但是,因为这些区域内的原子数量少,所以它们对整个扩散过程的作用也小。目前已提出的有关扩散连接的机理有以下四种。

1)原子穿过原始界面运动使界面结合,这种结合是通过体积扩散实现的。

2)界面发生再结晶和晶粒长大,从而形成穿过原始界面的新的晶粒组织。曾有人指出,再结晶时金属的屈服强度实际上等于零。因此,施加很小的压力或不加压力都可以通过变形达到界面的紧密接触,这就使表面原子贴靠得非常紧密而完成界面的冶金结合。

3)表面扩散和烧结作用使界面迅速生长在一起。

4)表面薄膜或氧化物被基体溶解,从而消除了阻止形成冶金结合的因素,在没有干扰膜存在的情况下,能自然形成冶金结合。

实际上把体积扩散简化为由于原子穿过原始界面运动而促进界面结合的概念是不妥当的。从理论上看,在穿过界面的原子间距约等于其点阵常数前,不可能发生体积中的原子置换。当原始界面接近这种状态时,就变成了晶界。

从上述讨论看出,要提出一个适用于所有扩散连接的简单通用模型是十分困难的,由于连接方法、材料和实验条件的不同,扩散连接机理可能是一种,也可能是冶金和机械等几种机理的综合,只能确定何种机理起主导作用。为了便于分析与研究,通常把扩散连接分为三个阶段进行讨论:第一阶段为塑性变形使连接界面接触;第二阶段为扩散、晶界迁移和孔洞消失;最后阶段为界面和孔洞消失。下面分别叙述各阶段的过程和机理。

(1) 塑性变形使连接表面接触

扩散连接时,材料表面通常是进行机械加工后再进行研磨、抛光(包括化学抛光)和清洗,加工后材料表面在微观上仍然是粗糙的,存在许多 $0.1 \sim 5~\mu m$ 的微观凹凸,且表面还常常有氧化膜覆盖。将这样的固体表面相互接触,在不施加任何压力的情况下,只会在凸出的顶峰处出现接触,如图 5.5(a)所示。初始接触区面积的大小与材料性质、表面加工状态以及其他许多因素有关。尽管初始接触点的数量可能很多,但实际接触面积通常只有名义面积的 $1/100~000 \sim 1/100$,且很难达到金属之间的真实接触。即使在这些区域形成金属键,整体接头的强度仍然很低。因此,只有在高温下通过对连接体施加压力,才能使表面微观凸出部位发生塑性变形,氧化膜破坏,使材料间紧密接触面积不断增大,直到接触面积可以抵抗外载引起的变形,这时局部应力低于材料的屈服强度,如图 5.5(b)所示。图 5.6 反映在扩散连接初期随着塑性变形的进行表面粗糙度下降导致紧密接触面积增大。

在金属紧密接触后,原子相互扩散并交换电子,形成金属键连接。由于开始时连接压力仅

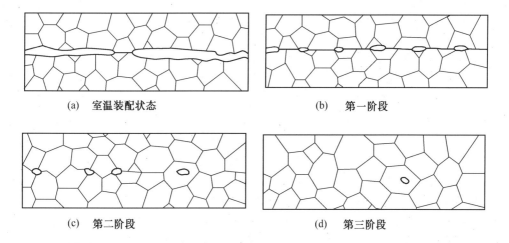

(a)　室温装配状态　　　　　　　(b)　第一阶段

(c)　第二阶段　　　　　　　(d)　第三阶段

**图 5.5　扩散连接过程三阶段示意图**

施加在极少部分初始接触的凸起处,故压力不
大即可使这些凸起处的压应力达到很高的数
值,超过材料的屈服限而发生塑性变形。但随
着塑性变形的发展,接触面积迅速增大,一般
可达连接表面积的 40% ~ 75%,使其所受的压
应力迅速减小,塑性变形量逐渐减小。以后的

**图 5.6　扩散连接初期表面粗糙度的下降**

接触过程主要依靠蠕变进行,最后可达到 90% ~ 95%。剩下的 5% 左右未能达到紧密接触的
区域逐渐演变成界面孔洞,其中大部分能依靠进一步的原子扩散而逐渐消除。个别较大的孔
洞,特别是包围在晶粒内部的孔洞,有时经过很长时间(几小时至几十小时)的保温扩散也不能
完全消除而残留在连接界面区,成为连接缺陷。

因此,焊接表面应尽可能光洁平整,以减少界面孔洞。该阶段对整个扩散连接十分重要,
为以后通过扩散形成冶金连接创造了条件。尽管达到的紧密接触的面积越多越好,但必须认
识到不能完全靠增大连接压力,提高连接温度,产生宏观塑性变形来实现。

(2)扩散、晶界迁移和孔洞消失

与第一阶段的变形机制相比,该阶段中扩散的作用就要大得多。连接表面达到紧密接触
后,由于变形引起的晶格畸变、位错、空位等各种缺陷大量堆集,界面区的能量显著增大,原子
处于高度激活状态,扩散迁移十分迅速,很快就形成以金属键连接为主要形式的接头。由于扩
散的作用,大部分孔洞消失,而且也会产生连接界面的移动。关于孔洞消失的机制阐述如下。

借助扩散和物质传递使孔洞闭合的模型示于图 5.7。从图可见,物质传递有多种途径,其
中机制 2 为从表面源至颈部的表面扩散;机制 3 为从表面源至颈部的体积扩散;机制 4 为从表
面源蒸发并在颈部沉积;机制 5 为从界面至颈部的晶界扩散;机制 6 为从界面至颈部的体积扩
散。机制 2 ~ 4 的驱动力是由于表面曲率的差异,物质从低曲率点向高曲率区传输,这时,孔洞

从椭圆状变为圆形。当孔洞的长短轴之比等于
1时,这些机制就不再起作用。机制 1 和机制 7
分别为塑性变形和强化蠕变使孔洞闭合。凸面
的微观蠕变能加速孔洞的闭合,这种闭合过程
包括:孔洞高度的变化;孔洞的闭合,即凸度下
降,多余的物质移向孔洞,从而增大连接面积。

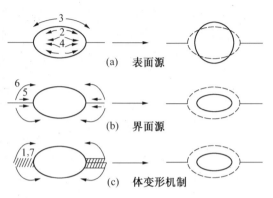

图 5.7　扩散连接过程中物质传递机制示意图

该阶段通常还会发生越过连接界面的晶粒
生长或再结晶以及晶界迁移,使第一阶段建成
的金属键连接变成牢固的冶金连接,这是扩散
连接过程中的主要阶段,如图 5.5(c)所示。但
这时接头组织和成分与母材差别较大,远未达
到均匀化的状况,接头强度并不很高。因此,必须继续保温扩散一定时间,完成第三阶段,使扩
散层达到一定深度,以获得高质量的接头。

(3)界面和孔洞消失阶段

通过继续扩散,进一步加强已形成的连接,扩大连接面积,特别是要消除界面、晶界和晶粒
内部的残留孔洞,使接头组织与成分均匀化,如图 5.5(d)所示。在这个阶段中主要是体积扩
散,速度比较缓慢,通常需要几十分钟到几十小时,最后才能达到晶粒穿过界面生长,原始界面
完全消失。

由于需要时间很长,第三阶段一般难以进行彻底。只有当要求接头组织和成分与母材完
全相同时,才不惜时间来完成第三阶段。如果在连接温度下保温扩散引起母材晶粒长大,反而
会降低接头强度,这时可以在较低的温度下进行扩散,但所需时间更长。

上述三个阶段是扩散连接过程的主要特征,但实际上这三个阶段并不是截然分开、依次进
行的。实验结果表明,这三个阶段彼此是交叉和局部重叠的,很难确定其开始与终止时间,之
所以分为三个阶段,主要是为了便于分析与研究。

**二、扩散连接模型**

人们为了更精确地描述扩散连接机理,提出了各种各样的扩散连接模型。如 Hamilton 模
型,他仅考虑初始阶段的塑性变形,未考虑以后的扩散作用。在 Allen 和 White 的模型中,他们
提出假设:无蠕变发生;孔洞收缩时,形状不变化;仅沿接合界面发生晶界扩散;在表面无杂质
污染。然而,Hill 和 Wallach 的分析表明:在连接的最后阶段,蠕变是非常重要的。蠕变的程度
及晶界扩散都与该连接温度下的晶粒长大行为有关,并且,接合界面附近的晶粒尺寸影响孔洞
的收缩。

在上述的模型中,孔洞的形状将影响其结果的准确性。在 Allen 和 White 的模型中,孔洞为
圆柱体,而根据连接中不同阶段的 SEM 照片可知:孔洞的纵横比$[H(高)/L(长)]$很小,并且形
状十分复杂。对此,Hill 和 Wallach 提出椭圆形的孔洞。在此条件下,主要的扩散机理将与孔

洞的 $H/L$ 的大小有关。

根据 Hill 和 Wallach 的分析,塑性屈服引起的接合长度为

$$L_{\text{yield}} = \frac{3^{1/2}(p\,b - \gamma)}{2\sigma_y\left(1 + \dfrac{r_c}{L_{\text{yield}}}\right)\ln\left(1 + \dfrac{L_{\text{yield}}}{r_c}\right)} \qquad (5.1)$$

式中　　$p$——施加的压力;

$\sigma_y$——屈服应力;

$\gamma$——表面能;

$b$——模型中单元胞的宽度;

$r_c$——椭圆主半轴上曲线的半径。

扩散连接模型中单元胞如图 5.8 所示。

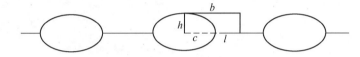

**图 5.8　扩散连接模型中单元胞的定义**

在第二阶段,机理 2 ~ 4 对接合长度的贡献为

$$\Delta L_i = \frac{\Delta h_i C}{h} \qquad (5.2)$$

式中　　$\Delta L_i$——接合长度变化率;

$\Delta h$——单元胞高度的变化率,与接合温度有关;

$C$——椭圆的主半轴;

下标 $i$——扩散接合机理 2 ~ 4。

界面作用引起的接合长度为

$$\Delta L_i = -\frac{\Delta h_i}{h}\left[ b\left(\frac{4}{\pi} - 1\right) + L\right] \qquad (5.3)$$

式中　　$L$——总的接合长度;

$b$——单元胞的宽度;

下标 $i$——扩散接合机理 5 ~ 7。

则所有机理引起的接合长度相加,就获得总的接合长度,即

$$L = L_{\text{yield}} + \sum_i \Delta L_i \qquad (5.4)$$

该模型虽能预测接合长度与接合时的温度、压力、时间的关系,但很难用实验进行验证。总之,优质接头的形成主要与空洞的闭合有关,此外,两种母材之间的内扩散也是重要的。

**三、连接过程中表面氧化膜的行为**

研究表明:铝和铝合金的扩散连接,一般都比较困难,接头的强度也较低。通过表面分析,

已认识到铝及铝合金表面氧化膜的存在严重阻碍了扩散连接过程的进行。图 5.4 表明,在材料的表面总是存在一层氧化膜,因此,实际上材料在扩散连接初期均为表面氧化物之间的相互接触。那么在随后的连接过程中,表面氧化膜的去向实际上对扩散连接质量具有很大的影响,大量的试验结果均证实了这个观点。

关于氧化膜的去向,一般认为是在连接过程中首先发生分解,然后向母材中扩散和溶解。例如,扩散连接钛或钛合金时,由于氧在钛中的固溶度和扩散系数大,所以氧化膜很容易通过分解、扩散、溶解机制而消除。但铜和钢铁材料中氧的固溶度较小,氧化膜就较难向金属中溶解。这时,氧化膜会在连接过程中聚集形成夹杂物,夹杂物数量随连接时间增加逐步减少。这类夹杂物常常能在接头拉断的断口上观察到,如图 5.9 所示。扩散连接铝时,由于氧在铝中几乎不溶,因此,氧化膜在连接前后几乎没有变化。

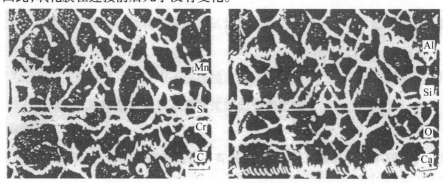

**图 5.9 不锈钢扩散连接接头断口表面的夹杂物(白线为分析位置)**

$T = 1\ 100\ ℃$, $t = 64\ \text{min}$, $p = 6\ \text{MPa}$

氧化膜的行为一直是扩散连接研究的重点问题之一。不同材料的表面氧化膜在扩散连接过程中的行为是不同的。总结归纳氧化膜的行为特点,可将材料分为三种类型,其特征如图 5.10 所示。

1)钛、镍型。这类材料扩散连接时,氧化膜可迅速通过分解、向母材溶解而去除,因而在连接初期氧化膜即可消失。如镍表面的氧化膜为 NiO,1 427K 时氧在镍中的固溶度为 0.012%,5nm 厚的氧化膜在该温度只要几秒即可溶解,钛也属此类。这类材料的氧化膜在不太厚的情况下一般对扩散连接过程没有影响。

2)铜、铁型。由于氧在基体金属中溶解度较小,所以表面的氧化膜在连接初期不能立即溶解,界面上的氧化物会发生聚集,在空隙和连接界面上形成夹杂物。随连接过程进行,通过氧向母材的扩散,夹杂物数量逐步减少。铜、铁和不锈钢均属此类。母材为钢铁材料时,夹杂物主要是钢中所含的 Al、Si 和 Mn 等元素的氧化物及硫化物。

3)铝型。这类材料的表面有一层稳定而致密的氧化膜,它们在基体金属中几乎不溶,因而在扩散连接中不能通过溶解、扩散机制消除。但可以通过微区塑性变形使氧化膜破碎,露出新鲜金属表面,但能实现的金属之间的连接面积仍较小。通过用透射电镜对铝合金扩散连接进

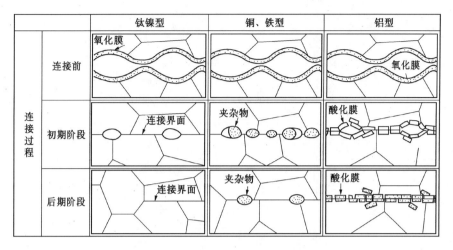

**图5.10 扩散连接过程中氧化膜的行为**

行深入系统的研究,发现6063铝合金扩散连接时氧化膜为粒状AlMgO,$w(\text{Mg}) = 1\% \sim 2.4\%$时,就会形成MgO。为了克服氧化膜的影响,可以在真空连接过程中用高活性金属如镁将铝表面的氧化膜还原,或采用超声波振动的方法使氧化膜破碎以实现可靠的连接。

氧化膜的行为近年来主要是采用透射电子显微镜进行研究。此外,还可根据电阻变化来研究扩散连接时氧化膜行为、连接区域氧化膜的稳定性以及紧密接触面积的变化。

**四、孔洞内气体的行为**

扩散连接后未能消除的微小界面孔洞中还残留有气体,图5.11总结了在不同保护气氛中扩散连接时孔洞内所含的主要气体,可见材料种类对气体也有影响。

其中,第一阶段是指两个存在微观凹凸的表面相互接触并加热和加压时,凸出部分首先发生塑性变形,在一些区域实现了连接。连接表面之间显然充满了保护气氛,这样,随着连接过程的进行,孔洞内的残留气体就被封闭。

第二阶段是指被封闭在孔洞中的气体将和母材发生反应,使其含量和组成发生变化。如前所述,氩气等惰性气体不与母材反应,仅残留在孔洞中。相反,当气体能与母材发生反应时,如形成氧化物、氮化物或氢化物时,则孔洞内不会残留氧、氮以及氢。当气体与母材反应,但不形成化合物而是固溶时,设气体为$A_2$,则气体向金属M的溶解反应为

$$A_2 \longrightarrow 2[A] \tag{5.5}$$

最终溶解反应达到平衡时孔洞内气体分压$p_{A_2}$可表示为

$$p_{A_2} = a_A^2 \exp(\Delta G^0/RT) \approx s_A^2 \exp(\Delta G^0/RT) \tag{5.6}$$

式中    $a_A$—— 溶解在金属中组元的活度;

      $\Delta G^0$—— 反应式(5.5)的标准自由能变化;

      $s_A$—— 气体在金属中的溶解度。

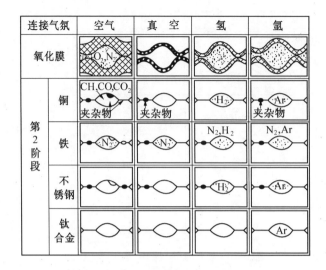

**图 5.11　各种气氛中连接时连接界面空隙中的残留气体**

真空扩散连接时,孔洞中也会有气体残存。例如,母材为铁(Fe)时,由于其中有固溶氮存在,尽管是在真空中进行扩散连接,但固溶在母材中的氮会向孔洞扩散,使得孔洞中氮分压大大增加。与氮类似,因大多数材料也能固溶氢,所以在孔洞中也发现少量氢的存在。

**五、扩散连接时扩散孔洞问题**

异种材料扩散连接时,由于母材化学成分不同,不同元素的原子具有不同的扩散速度,扩散速度大的原子大量越过界面向另一侧金属内扩散,而反方向扩散过来的原子数量较少,这样就造成了通过界面向其两侧扩散迁移的原子数量不等,移出量大于移入量的一侧就出现了大量的空穴,集聚起来达到一定密度后即凝聚为孔洞,这种孔洞称为扩散孔洞。这一现象是 1947 年 Kerkendal 和 Smigeiskas 等人研究铜和黄铜扩散焊的过程中首先发现的,故称 Kerkendal 效应。扩散孔洞可在连接过程中产生,也会在连接后长期高温工作时产生。图 5.12 为 Ni – Cu 扩散连接示意图,可见扩散孔洞与界面孔洞不同,其特征是集聚在离界面一段距离的区域。这是因为 Cu 原子向 Ni 中扩散速度比 Ni 原子向 Cu 中扩散大造成的。另外,在原始分界面附近铜的横截面由于丧失原

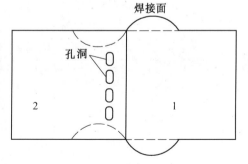

**图 5.12　Ni – Cu 扩散连接中 Kerkendal 效应示意图**

1—Ni; 2—Cu

子而缩小,在表面形成凹陷,而镍的横截面由于得到原子而膨胀,在表面形成凸起。

在无压力的情况下连接与退火都会产生扩散孔洞。扩散孔洞的存在严重影响接头的质量,特别是使接头强度降低。压力可减少孔洞,提高接头强度。随着压力的增大,扩散孔洞减少。对已形成扩散孔洞的接头,加压退火可有效地减少孔洞。

# 5.3 扩散连接方法及工艺

广义的扩散连接可分为两类。一类是温度低、压力大、时间短,通过塑性变形促进表面的紧密接触和氧化膜破裂,塑性变形是形成接头的主要因素,扩散则不是主要因素。属于这类的工艺方法有摩擦焊(FRW)、爆炸焊(EXW)、高压滚轧焊(HPWROW)以及锻焊(FOW)等。一般把这类方法称之为压力焊。另一类则是通常意义上的扩散连接,温度高、压力小、时间长,且一般要在保护气氛下进行。连接过程中仅产生微量的塑性变形,扩散是形成接头的主要因素。属于这类的工艺方法有热等静压扩散焊、真空扩散焊、共晶液相扩散焊等。以前的教材也常把这类方法归到压力焊范畴,但以扩散为主导因素的扩散连接和以塑性变形为主导的压力焊在连接机理、方法及工艺上是有区别的,特别是近年来随着各种新型结构材料(如陶瓷、复合材料、金属间化合物、非晶态金属材料等)的迅猛发展,扩散连接技术的研究与应用又达到了一个新的高潮,新的扩散连接方法不断涌现,如瞬间液相扩散连接(TLP 连接)、超塑性成形 – 扩散连接(SPF/DB 连接)等。再把这类方法通称为压力焊已不适宜,现在把以扩散为主导因素的扩散连接列为一种独立的连接方法已逐渐成为大家的共识。

扩散连接设备包括加热系统、加压系统和保护系统(在加热和加压过程中,保护工件不被氧化的真空或可控气氛)。加热方法常用感应加热和电阻辐射加热,对工件进行局部或整体加热。加压系统目前大多数扩散连接设备均采用液压和机械加压。近年来,国内外已出现采用气压将所需的压力从各个方向均匀地施加到工件上,称为热等静压技术(HIP)。保护系统可以是真空或惰性气体。低真空 $100 \times 10^{-3}$Pa 的保护性能比 $\varphi(O_2) = 0.05\%$、$\varphi(N_2) = 0.23\%$ 的工业氩气还要好,故目前扩散连接设备一般采用真空保护。真空系统一般由机械泵和扩散泵组成,用机械泵只能达 $133.3 \times 10^{-3}$Pa 的真空度,加扩散泵可以达到 $133.3 \times 10^{-6} \sim 133.3 \times 10^{-7}$Pa,它可以满足所有材料扩散连接的要求。真空度越高,越有利于被连接表面的杂质和氧化物的分解与蒸发,促进扩散连接的顺利进行。图 5.13 为典型的感应加热扩散焊机示意图。

扩散连接工艺主要包括温度、压力、时间、真空度以及焊件表面处理和中间层材料的选择等,这些因素对扩散连接过程及接头质量有极其重要的影响,因此,下面着重讨论连接工艺参数和中间层材料的合理选择以及对连接过程与接头质量的影响。

**一、连接温度**

温度是扩散连接极其重要的工艺参数之一,其原因如下。

1)温度是最容易控制和测量的工艺参数。

2)在任何热激活过程中,温度递增引起动力学过程的变化比其他参数大得多。

3)扩散连接的所有机理都对温度敏感。连接温度的变化会对连接初期表面凸出部位的塑性变形、扩散系数、表面氧化物向母材内的溶解以及界面孔洞的消失过程等产生显著影响。

4)连接温度决定了母材的相变、析出以及再结晶过程。此外,材料在连接加热过程中由于温度的变化伴随着一系列物理的、化学的、力学的和冶金方面的性能变化,而这些变化都要直接或间接地影响到扩散连接过程及接头质量。

从扩散规律可知,扩散系数 $D$ 与温度为指数关系,即

$$D = D_0 \exp\left(-\frac{Q}{RT}\right) \quad (5.7)$$

式中　　$D_0$——扩散常数;

　　　　$R$——气体常数;

　　　　$Q$——扩散激活能;

　　　　$T$——温度。

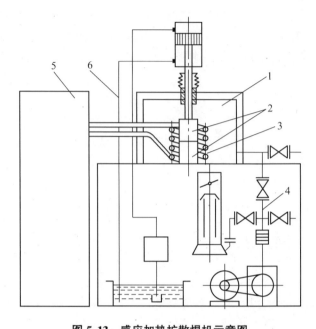

**图 5.13　感应加热扩散焊机示意图**

1—真空室;2—扩散连接工件;3—感应圈;4—机械泵和扩散泵组成的真空系统;5—高频电源;6—加压系统

由式(5.7)可知:温度越高,扩散系数越大。同时,温度越高,金属的塑性变形能力越好,连接表面达到紧密接触所需的压力越小。从这两方面考虑,似乎连接温度越高越好。但是,加热温度的提高受到被焊材料的冶金物理特性方面的限制,如再结晶、低熔共晶和中间金属化合物的生成等。此外,提高加热温度还会造成母材软化及硬化,因此要特别注意。因此,不同材料组合的连接接头,应根据具体情况,通过实验来选定连接温度。

应该指出,选择连接温度时必须同时考虑连接时间和压力的大小,而不能单独确定。温度–时间–压力之间具有连续的相互依赖关系,一般温度升高能使强度提高,增加压力和延长时间,也可提高接头的强度。连接温度的选择还要考虑母材成分、表面状态、中间层材料以及相变等因素。从大量研究试验结果看,由于连接引起的变形量很小,因而在实用连接时间范围内大多数金属和合金的扩散连接温度范围一般为 $T_L \approx (0.6 \sim 0.8)T_m$($T_m$ 为母材金属的熔点,异种材料连接时 $T_m$ 为熔点较低的母材的熔点),该温度范围与金属的再结晶温度基本一致,故扩散连接也可称为再结晶连接。

一些金属材料的连接温度与熔化温度的关系见表 5.2,不同接头组合的最佳连接温度见表 5.3。

表 5.2　金属和合金的扩散连接温度与熔化温度关系

| 被连接材料 | 扩散连接温度 $T$/K | 熔化温度 $T_m$/K | $T/T_m$ |
|---|---|---|---|
| 铜 | 433 | 1 356 | 0.32 |
| 钛 | 811 | 2 088 | 0.39 |
| 1045 钢 | 1 073($p$ = 50 MPa) | 1 763 | 0.61 |
| 1045 钢 | 1 372($p$ = 10 MPa) | 1 763 | 0.78 |
| Nimonic25 | 1 373 | 1 623 | 0.84 |
| S47 不锈钢 | 1 472($p$ = 14 MPa) | 1 727 | 0.85 |
| 铌 | 1 422 | 2 688 | 0.53 |
| 钽 | 1 589 | 3 269 | 0.49 |

表 5.3　金属和合金不同组合的最佳扩散连接规范

| 被连接金属 | 连接温度 $T$/K | 连接压力 $p$/MPa | 连接时间 $t$/min | 熔化温度 $T$/K | $T/T_m$ |
|---|---|---|---|---|---|
| 铝 + 可伐合金 | 723 | 1 ~ 2 | 5 | 913 | 0.8 |
| 铝 + 铜 | 723 | 3 | 8 | 913 | 0.8 |
| 铜 + 铜 | 1 153 | 56 | 8 | 1 356 | 0.84 |
| 铜 + 可伐合金 | 1 123 | 3 | 10 | 1 356 | 0.83 |
| 铜 + 45 号钢 | 1 123 | 5 | 10 | 1 356 | 0.83 |
| 钼 + 铌 | 1 673 | 10 | 20 | 2 743 | 0.61 |
| 钼 + 钨 | 2 173 | 20 | 30 | 2 898 | 0.75 |

　　温度对接头强度的影响见图 5.14,连接时间为 5 min。由图可见,随着温度的提高,接头强度迅速增加,但随着压力的继续增大,温度的影响逐渐缩小。如压力 $p$ 为 5 MPa 时,1 273 K 的接头强度比 1 073 K 的大一倍多,而压力 $p$ 为 20 MPa 时,1 273 K 的接头强度比 1 073 K 的只增加了约 0.4 倍。此外,温度只能在一定范围内提高接头的强度,过高反而使接头强度下降(图 5.14 中曲线 3、4),这是由于随着温度的增高,母材晶粒迅速长大及其他变化的结果。

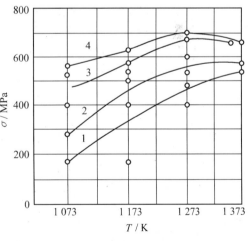

图 5.14　接头强度与连接温度的关系

1— $p$ = 5 MPa;2— $p$ = 10 MPa;3— $p$ = 20 MPa;4— $p$ = 50 MPa

　　温度对接头质量的影响可用图 5.15 所示的工业纯钛扩散连接接头金相组织的变化加以说明。连接温度 1 033 K 时,接头界面十分明显,大小不等的界面孔洞分布在界面上,没有晶粒穿越界面生长;1 089 K 时,界面孔洞明显减少,晶粒开始穿越界面生长,局部地区界面已消失;

1 116 K时,晶粒继续生长,大部分界面已消失,但残留下一些断续的界面孔洞;1 143 K时,界面已完全消失,但在一些晶粒内部仍残存了一些孔洞。这些孔洞只有通过长时间的扩散才能消除,其中较大的将无法消除而残留晶内成为缺陷。

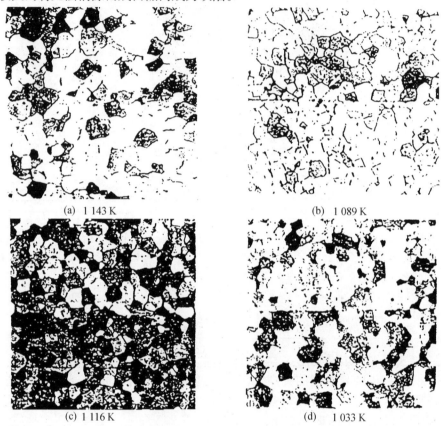

图 5.15　不同连接温度下工业纯钛真空扩散连接接头组织(250×)

(压力为 7 MPa,真空度 $10^{-3}$ Pa,时间 60 min)

　　总之,扩散连接温度是一个十分关键的工艺参数。选择时可参照已有的研究试验结果,在尽可能短的时间内、尽可能小的压力下达到良好的冶金连接,而又不损害母材的性能。

**二、连接压力**

　　压力也是扩散连接的重要参数,同温度和时间相比,压力是一个不易控制的工艺参数。对任何给定的时间 – 温度值来说,提高压力必然获得较好的连接,但扩散连接时的加压必须保证不引起宏观塑性变形。加压的作用如下。

　　1)连接初期促使连接表面微观凸起部分产生塑性变形。

　　2)使表面氧化膜破碎并使金属直接接触实现原子间的相互扩散。

3)使界面区原子激活,加速扩散与界面孔洞的弥合及消除。

4)防止扩散孔洞的产生。

所以,压力越大、温度越高,紧密接触的面积也越大。但不管压力多大,在扩散连接第一阶段不可能使连接表面达到100%的紧密接触状态,总有一小部分演变为界面孔洞。所谓界面孔洞就是由未能达到紧密接触的凹凸不平部分交错而构成的孔洞。这些孔洞不但损害接头性能,而且还像销钉一样,阻碍着晶粒的生长和晶界穿过界面的推移运动。在第一阶段形成的孔洞,如果在第二阶段仍未能通过蠕变而弥合,则只能依靠原子扩散来消除,这样就需要很长的时间,特别是消除那些包围在晶粒内部的大孔洞更是十分困难。因此,在加压变形阶段,一定要设法使绝大部分表面达到紧密接触。压力的另一个重要作用,是在连接某些异种金属材料时,防止扩散孔洞的产生。

为了防止连接构件产生过度塑性变形和蠕变以实现精密连接,有时仅在连接开始时施加压力或短时提高温度以促进塑性变形。

目前,扩散连接规范中应用的压力范围很宽,最小只有0.07 MPa(瞬时液相扩散焊),最大可达350 MPa(热等静压扩散连接),而一般常用压力约为3~10 MPa。通常,扩散连接时存在一个临界压力,即使实际压力超过该临界压力,接头强度和韧性也不会继续增加,如图5.16所示。连接压力与温度和时间的关系非常密切,所以获得优质连接接头的压力范围很大。但在实际工作中选择压力还必须考虑接头几何形状和设备条件的限制。从经济和加工方面考虑,一般降低连接压力有利。

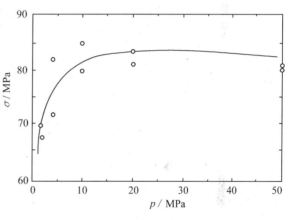

图5.16　高速钢扩散连接压力与连接强度的关系

在连接同类材料时,压力的主要作用是在第一阶段使连接表面紧密接触,而在第二和第三阶段压力的作用就不明显了,甚至完全可以撤去。有试验表明:在连接过程的第二和第三阶段撤去压力,结果并未发现对接头质量有不良的影响。异种材料连接时,压力显得格外重要。

### 三、连接保温时间

扩散连接所需的保温时间与温度、压力、中间扩散层厚度和对接头成分及组织均匀化的要求密切相关,也受材料表面状态和中间层材料的影响。原子扩散走过的平均距离(扩散层深度)与扩散时间的平方根成正比,异种材料连接时常会形成金属间化合物等反应层,反应层厚度也与扩散时间的平方根成正比,即抛物线定律,则

$$x = k\sqrt{t} \tag{5.8}$$

式中　　$x$——扩散层深度或反应层厚度(cm);

$t$—— 扩散连接时间(s);

  $k$—— 常数$(cm \cdot s^{-\frac{1}{2}})$。

  因此,要求接头成分均匀化的程度越高,保温时间就将以平方的速度增长。扩散连接接头强度与保温时间的关系如图 5.17 所示。与压力的影响相似,也有一个临界保温时间。开始连接的最初几分钟内,接头强度随时间的增大而增大,待 6 ~ 7 min 后,接头强度即趋于稳定,不再明显增高。相反,时间过长还常常会导致接头脆化。接头的塑性、延伸率和冲击韧性与保温扩散时间的关系与此相似。因此,扩散连接时间不宜过长,特别是异种金属连接形成脆性金属间化合物或扩散孔洞时,就要避免连接时间超过临界连接时间。

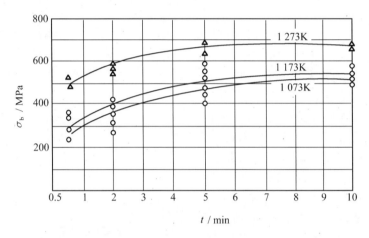

**图 5.17　真空扩散连接接头强度与时间的关系 (压力 20 MPa,结构钢)**

  实际扩散连接工艺中保温时间从几分钟到几小时,甚至长达几十小时。但从提高生产率考虑,保温时间越短越好,缩短保温时间,必须相应提高温度与压力。对那些不要求成分与组织均匀化的接头,保温时间一般只需十分钟到半小时。

**四、材料表面处理**

  连接表面的清洁度和平整度是影响扩散连接接头质量的重要因素。下面首先讨论表面清洁问题。常用的表面处理手段如下。

  1)除油是扩散连接前的通用工序。一般采用酒精、三氯乙烯、丙酮等。

  2)机械加工、磨削、研磨和抛光获得所需要的平直度和光滑度,以保证不用大的变形就可使其界面达到紧密接触。另外,机械加工使材料表面产生塑性变形,导致材料再结晶温度降低,但这种作用有时不明显。

  3)采用化学腐蚀或酸洗,清除材料表面的非金属膜,最常见的是氧化膜。对不同的材料来说,适用的化学溶剂不同。

4)有时也可采用真空烘烤以获得洁净的表面。是否采用真空烘烤,在很大程度上取决于材料及其表面膜的性质。实际上真空烘烤不易分解钛、铝或含大量铬的一些合金表面上氧化物。但在高温下可以溶解一些基体材料上粘附的氧化物。真空烘烤容易清除有机膜、水膜和气膜。

不管材料表面经过如何精心的清洗(包括酸洗、化学抛光、电解抛光、脱脂和清洗等),也难以避免氧化层和吸附层引起的污染,此外,表面上还常常会存在加工硬化层。虽然加工硬化层内晶格发生严重畸变,晶体缺陷密度很高,使得再结晶温度和原子扩散激活能下降,有利于扩散连接过程的加速,但表面加工硬化层会严重阻碍微观塑性变形。对那些氧化层影响严重的金属应避免用机械方法来加工表面,或应在加工之后再用化学侵蚀与剥离,将氧化层去除。根据理论计算,即使在低真空条件下,清洁金属的表面瞬间就会形成单分子氧化层或吸附层。因此,为了尽可能使扩散连接表面清洁,可在真空或保护气氛中对连接表面进行离子轰击或进行辉光放电处理。此外,采用能与母材金属发生共晶反应的金属作中间层进行扩散连接,也有助于氧化膜和污染层的去除。

表面处理的要求还受连接温度和压力的影响。随着连接温度和压力的提高,对表面的要求就越来越低。一般为了降低连接温度或压力,才需要制备较洁净的表面。异种材料连接时,表面平整度也与材料组配有关,一般来讲,在连接温度下较硬的金属的表面平整度更为重要。例如,铝和钛扩散连接时,借助钛表面凸出部位来破坏铝表面的氧化膜,并形成金属之间连接。因此,这时钛合金表面凸出部的高度和形状就十分重要。

通过对不同粗糙度表面的扩散连接试验发现,随着粗糙度的降低,铜的扩散连接接头强度和韧性均得到提高。最近,采用金刚石工具对连接表面进行纳米级加工,由于试件表面十分平整,可使连接温度降低200℃。

**五、中间层材料**

为能促进扩散连接过程的进行,降低扩散连接温度、时间、压力,提高接头性能,扩散连接时常会在待连接材料之间插入中间层。有关中间层的研究是扩散连接的一个重要方面。使用中间层时,就改变了原来的连接界面性质,使连接均成为异种材料之间的连接。中间层可采用箔、粉末、镀层、蒸镀膜、离子溅射和喷涂层等多种形式。过厚的中间层连接后会以层状残留在界面区,有时会影响到接头的物理、化学和力学性能。因此,通常中间层厚度不超过100 $\mu$m,且应尽可能使用小于10 $\mu$m的中间层。但为了抑制脆性金属间化合物的生成,有时也会故意加大中间层厚度使其以层状残留在连接界面,起到隔离层的作用。

中间层的选择从5方面考虑,也就是说,合适的中间层具有如下的效果。

1)促进原子扩散,降低连接温度,加速连接过程。

2)异种材料连接时,抑制脆性金属间化合物的形成。

3)使用比母材软的金属作为中间层,借助其塑性变形,促进连接界面的紧密接触。

4)借助中间层材料与母材的合金化,如固溶强化和析出强化,提高接头强度。

5)连接热膨胀系数相差大的异种材料时,中间层能缓和接头冷却过程中形成的巨大残余应力。

一般来说,中间层材料是比母材金属低合金化的改型材料,以纯金属应用较多。例如,非合金化的钛常用做钛合金的中间层。含铬的镍基高温合金扩散连接用纯镍作中间层。含快速扩散元素的中间层也可使用,如含铍的合金可用于镍合金的扩散连接,以提高接头形成速率。合理地选择中间层材料是扩散连接重要的工艺之一。

中间层的厚度对接头性能有很大的影响。研究表明:用 Cu、Ni 等软金属或合金扩散连接各种高温合金时,接头的性能取决于中间层的相对厚度 $x$,相对厚度 $x$ 为中间层厚度与试件直径的比值。中间层相对厚度小时,由于变形阻力大,使表面物理接触不良,接头性能差;只有中间层的相对厚度为某一最佳值时,才可以得到理想的接头性能。如对于 жс6у 高温合金,镍箔厚度在 $0.05 \sim 0.5$ mm 之间变化,试件尺寸为 $\varphi 12.5$ mm,得到接头强度与镍箔相对厚度的关系如图 5.18 所示。在 1 363 K,当 $x$ 为 0.05 时,虽然中间层有较大的塑性变形,但在母材上出现破坏,形成强度最大值;当 $x$ 小于 0.05 时,则可能出现脆性破坏,认为是 $x$ 值太小。中间层材料和相对厚度对高温合金接头的高温性能也有影响。试验表明:用镍作中间层接头的高温性能比母材差,接头的高温持久强度要低于不加镍中间层的。如果用镍合金作中间层,则可以改善接头的高温性能。中间层的相对厚度对高温性能同样存在一最佳值。图 5.19 为 жс6у 高温合金,用 Ni80 - Co20 合金作中间层,相对厚度对接头性能的影响。

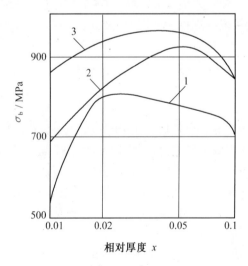

图 5.18　жс6у 合金接头强度与镍层
　　　　　相对厚度的关系

$p = 20$ MPa;1—1 323 K;2—1 363 K;3—1 403 K

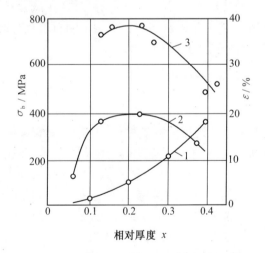

图 5.19　用 Ni80 - Co20 作中间层接头性能
　　　　　与相对厚度的关系

$T = 1$ 393 K;$p = 30$ MPa;$t = 20$ min;1—焊接时接头的变形率;2—1 173 K时接头的强度;3—293 K时接头的强度

### 六、扩散连接工艺参数选择原则

在制定扩散连接工艺参数时,还必须考虑一些重要的冶金因素。例如材料的同素异晶转变和显微组织,它们对扩散速率的变化有很大的影响。常用的合金钢、钛、锆和钴等均有同素异晶转变,铁的自扩散速度在体心立方晶体 $\alpha-Fe$ 中比在同一温度下的面心立方晶体 $\alpha-Fe$ 中的扩散速度约大 1 000 倍。显然,选择在体心立方晶体状态下进行扩散连接将可以大大缩短连接时间。另外,进行同素异晶转变时金属的塑性非常大,所以当连接温度在相变温度上下反复变动时可产生相变超塑性,利用相变超塑性也可大大促进扩散连接过程。除相变超塑性外,例如当 $Ti-6Al-4V$ 合金的晶粒足够小时也产生超塑性,对连接十分有利。凡母材能产生超塑性时,扩散连接就容易进行。增加扩散速率的另一种途径是合金化,更确切地说是在中间层合金系中加入高扩散系数的元素。高扩散系数元素除了加快扩散速率外,必须注意高扩散系数元素在母材中通常有一定的溶解度,不和母材形成稳定的化合物,但降低局部金属的熔点。因此,必须控制合金化导致的熔点降低,否则在接头界面处可能产生液化。

异种材料连接时,有时会形成 Kerkendal 孔洞,有时还会形成脆性金属间化合物,使得接头的力学性能下降。此外,将线膨胀系数不同的两种母材在高温进行扩散连接,冷却时由于界面的约束还会产生很大的残余内应力。构件尺寸越大、形状越复杂、连接温度越高,产生的线膨胀差就越大,残余内应力也越大,甚至可使接头中立即形成裂纹。因此,在接头设计时一定要设法减少由线膨胀差引起的内应力,特别要避免硬脆材料承受拉应力。为解决此类问题,在工艺上可降低连接温度,或插入适当的中间层,以吸收应力、转移应力和减小热膨胀差。

总结上述讨论,连接参数的正确选择是获得致密的连接界面和优良的接头性能的重要保证。图 5.20 所示为连接机理、连接缺陷和连接参数选择的关系。

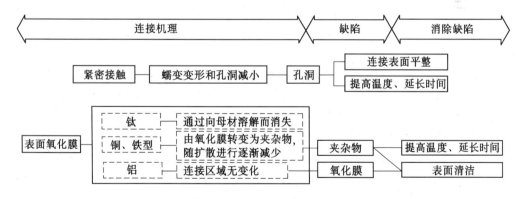

**图 5.20　连接机理、连接缺陷和连接参数选择**

# 5.4 瞬间液相扩散连接

## 一、固相扩散连接的局限性

与熔化焊相比,固相扩散连接虽有许多优点,解决了许多用熔化焊难以连接的材料的可靠连接,但由于其连接过程中材料均处于固相,因而也存在某些不足。

首先,固体材料塑性变形较难,为了使连接表面达到紧密接触和消除界面孔洞,常常需要较高的连接温度并施加较大的压力,这样仍然会有引起连接件宏观变形的可能性;其次,固相扩散速度慢,因而要完全消除界面孔洞,并使界面区域的成分和组织与母材相近,通常需要很长的连接时间,生产效率较低;再有,因为要同时加热和加压,固相扩散连接设备也比钎焊设备复杂得多,连接接头的形式也受到限制。

为了克服固相扩散连接的上述不足,人们又发明了瞬间液相扩散连接方法,该方法首先在弥散强化 Ni 基超合金的连接上得到应用。

## 二、瞬间液相连接的基本特征

瞬间液相连接是在连接过程开始时中间层熔化形成液相,液体金属浸润母材表面填充毛细间隙,形成致密的连接界面。随后,在保温过程中,借助固液相之间的相互扩散使液相合金的成分向高熔点侧变化,最终发生等温凝固和固相成分均匀化,接合区域组织与母材相近,不会残留凝固铸态组织,这种连接方法称为瞬间液相连接(TLP 连接)。

用于 TLP 连接的中间层主要有两类,一类是低熔点合金中间层,其成分常常与母材相近,但添加了少量能降低熔点的元素,使其熔点低于母材,因此,加热时中间层直接熔化形成液相。另一类是与母材能发生共晶反应形成低熔点合金的中间层。

在 TLP 连接中,通过中间层的熔化或中间层与母材的界面反应形成的液态合金,起着钎料的作用,由于有液相参与,因而 TLP 连接初始阶段与钎焊类似,在理论上不需连接压力,实际使用的压力比固相连接的要小得多,有人认为连接压应力约大于 0.07 MPa 即可。此外,与固相扩散连接相比,由于形成的液态金属能填充材料表面的微观孔隙,从而降低了对待连接材料表面加工精度的要求,这也是应用上的便利之处。

但 TLP 连接与钎焊又有着本质的区别。在普通的钎焊中,钎料的熔点显然要超过连接接头的使用温度,对于要在高温使用的接头,连接温度就很高。而 TLP 连接则有在较低温度或在低于最终使用温度的条件下进行连接的能力。以最简单的 A – B 匀晶相图系统为例,图 5.21 示意地画出了不同连接方法中连接温度所处的范围。图中 A 端的阴影区表示连接后中间层或钎缝最终所要达到的成分。这时,钎焊温度和固相扩散连接温度显然要超过或接近难熔金属 A 的熔点,分别如图中点 1 和点 2 所示。而 TLP 的连接温度则取决于低熔点金属 B 的熔点

（或 A–B 间的共晶温度），如图中点 3，如果连接后均匀中间层的成分达到点 3′，就与固相扩散连接的情况几乎一致。由于 A 的熔点和 B 的熔点（或共晶温度）可能相差很大，因而用 TLP 连接通常能显著地降低连接温度。

### 三、瞬间液相扩散连接过程与模型

TLP 连接时，首先将中间层插入待连接的两材料之间，如用银 TLP 连接 Cu 时为 Cu/Ag/Cu，用 Ni–B 合金作中间层连接 Ni 基合金时为 Ni/Ni–B/Ni。为简化分析，假设母材为 A，中间层为 B，即为 A/B/A（A 和 B 为纯金属，A–B 为共晶或包晶系统）的 TLP 连接。以图 5.22 所示的二元共晶系统为例，图 5.23 示意地表示了在 TLP 连接的不同阶段连接区域中成分的变化。迄今，已有许多学者对 TLP 连接的数学模型进行了研究，下面做简要介绍。

模型的建立基于以下几点假设：① 固液界面呈局部平衡，因此，相界面上各个相的成分可由相图决定；② 由于中间层的厚度很薄，所以可以忽略液体的对流，从而把 TLP 连接作为一个纯扩散问题处理；③ 液相和固相中原子的相互扩散系数 $D_S$ 和 $D_L$ 与成分无关，并且 α、β 和液相（L）各个相的偏摩尔体积相等，这就可直接用摩尔分数来表达菲克第二定律。

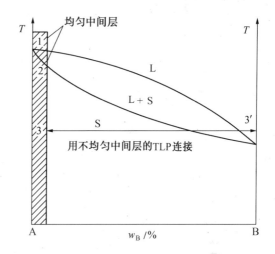

**图 5.21　不同连接方法连接温度选择示意图**
1—钎焊；2—固相扩散连接；3—TLP 连接

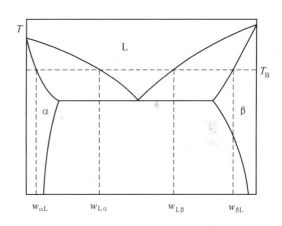

**图 5.22　A–B 二元共晶平衡相图示意图**

研究表明，TLP 连接过程可分为四个阶段：中间层溶解或熔化；液相区增宽和成分均匀化；等温凝固；固相成分均匀化。以下对各个过程进行详细分析。

（1）中间层溶解或熔化

A/B/A 在其共晶温度以上进行 TLP 连接时，由于母材和中间层之间存在极高的初始浓度梯度，因而相互扩散十分迅速，立即导致在 A/B 界面上形成液相。随着原子的进一步扩散，液相区同时向母材 A 和中间层 B 侧推移，使液相区逐步增宽。由于中间层厚度要比母材薄得多，因

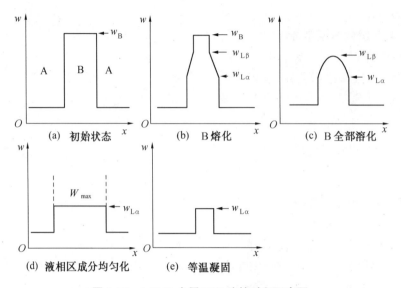

| (a) 初始状态 | (b) B 熔化 | (c) B 全部溶化 |

(d) 液相区成分均匀化    (e) 等温凝固

**图 5.23  A/B/A 金属 TLP 连接过程示意图**

而中间层最终就被全部溶解成为液相。如假设固液界面仅向中间层方向移动（单方向移动），连接温度为 $T_B$，中间层 B 的厚度为 $W_0$，则中间层完全被溶解所需时间 $t_1$ 为

$$t_1 = \frac{W_0^2}{16K_1^2 D_L} \tag{5.9}$$

（2）液相区增宽和成分均匀化

中间层 B 完全溶解时，由于液相区成分不均匀，如图 5.23(b) 所示，液体和固态母材之间进一步的相互扩散导致液相区成分均匀化和固相母材被不断熔化。当液相区达到最大宽度 $W_{max}$ 时，液相区成分也正好均匀化，为 $w_{L\alpha}$，如图 5.23(d) 所示。根据质量平衡原理，并忽略材料熔化时发生的体积变化，最大液相区宽度 $W_{max}$ 可用下式估算，即

$$W_0 w_{B\rho_B} = W_{max} w_{L\alpha}\rho_L \tag{5.10}$$

式中    $\rho_A, \rho_B, \rho_L$——金属 A、B 和液体（成分为 $w_{L\alpha}$）的密度。

液相区达到最大宽度和成分均匀化的时间由下式决定，即

$$t_2 = \frac{(W_{max} - W_0)^2}{16K_2^2 D_{eff}} \tag{5.11}$$

式中    $D_{eff}$——有效扩散系数。

$D_{eff}$ 取决于过程的控制因素，如原子在液相中的扩散，或在固相中的扩散，或界面反应。Poku 认为 $D_{eff}$ 可表达为

$$D_{eff} = D_L^{0.7} D_S^{0.3} \tag{5.12}$$

（3）等温凝固

当液相区成分达到 $w_{La}$ 后，随着固液界面上液相中的溶质原子 B 逐渐扩散进入母材金属 A，液相区的熔点就随之升高，开始发生等温凝固，晶粒从母材表面向液相内生长，液相逐渐减少，如图 5.23(e) 所示，最终液相区全部消失。液相区完全等温凝固所需时间可用下式计算，即

$$t_3 = \frac{W_{max}^2}{16K_3^2 D_S} \tag{5.13}$$

式(5.9)、(5.11) 和式(5.13) 中的 $K_1$、$K_2$ 和 $K_3$ 对特定的连接材料系统在给定的温度下均为无量纲常数。值得注意的是，液相区等温凝固过程受原子在固相中的扩散控制，因而需要较长的时间。但由于实际多晶材料中存在大量晶界、位错，它们为扩散提供了快速通道，因此实际等温凝固时间通常要比理论计算的时间短得多。

（4）固相成分均匀化

液相区完全等温凝固后，液相虽然全部消失，但接头中心区域的成分与母材仍有相差，通过进一步保温，促使成分进一步均匀化，从而可得到成分和组织与母材几乎一致的连接接头。但这一过程需要的时间更长。

TLP 连接时间主要取决于液相区等温凝固和固相成分均匀化的时间。

**四、陶瓷的部分瞬间液相扩散连接**

虽然固相扩散连接和活性钎焊解决了许多陶瓷连接的实际问题，但在耐高温连接上仍然有很多困难。因此，人们在瞬间液相连接的基础上又开发了部分瞬间液相连接（PTLP 连接）方法用于陶瓷的连接。在固相扩散连接中通常使用化学成分均匀的单一中间层；在活性钎焊中，除了使用化学成分均匀的钎料合金外，尽管也可以用活性金属的镀层或直接使用活性金属箔的方法来"原位"形成活性钎料，但这些多层箔在连接过程中全部熔化。相反，PTLP 连接则使用不均匀中间层（如 B/A/B 的形式），并且中间层在连接过程中并不全部熔化，仅在靠近陶瓷表面处形成局部液相区。获得局部液相区的方法有两种，一种方法是把一层薄的低熔点金属或合金层（B）沉积到高熔点的金属或合金箔（A）上，连接温度超过 B 的熔点时，B 熔化形成液相。另一种方法是选择具有共晶相图关系的金属系统，即 A 与 B 之间为共晶相图关系，且 B 的厚度比 A 的厚度小得多，这时可通过在它们共晶点温度以上的界面共晶反应获得液相。

陶瓷 PTLP 连接过程与金属材料 TLP 连接基本类似，也包括四个阶段。但它们的最大区别在于前者连接过程中会形成反应层。

图 5.24 示意地表示了 PTLP 连接的几个阶段，并把反应层分为两部分，一是在液相区成分均匀化过程中形成的，其厚度用 $Z_2$ 表示；另一是在等温凝固过程阶段形成的，其厚度用 $Z_3$ 表示。根据质量平衡原理，PTLP 连接中形成的液相区最大宽度 $W_{max}^R$ 可用下式计算，即

$$W_0 w_B \rho_B = W_{max}^R w_{La} \rho_L + Z_2 w_R \rho_R \tag{5.14}$$

式中　　$w_R$——反应层中 B 组元的平均质量分数；

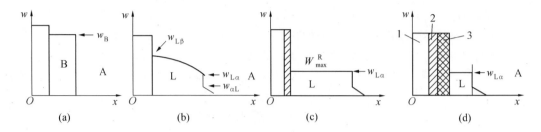

**图 5.24　陶瓷 PTLP 连接过程的示意图**

1— 陶瓷;2— 液相区均匀化过程中形成的反应层;3— 等温凝固过程中形成的反应层

$\rho_R$—— 反应层的平均密度。

假设反应层生长因子 $k_p$ 不随液体合金的成分而变化,$Z_2$ 可根据式(5.11) 和式(5.14) 进行计算,则

$$Z_2 = k_p \sqrt{t_2} = k_p \sqrt{\frac{(W_{max}^R - W_0)^2}{4K_2^2 D_{eff}}} = k_p \frac{W_{max}^R - W_0}{2K_2 \sqrt{D_{eff}}} \tag{5.15}$$

其中

$$t_2 = \frac{(W_{max}^R - W_0)^2}{4K_2^2 D_{eff}} \tag{5.16}$$

将方程(5.15) 代入方程(5.14),得到 $W_{max}^R$ 的表达式为

$$W_{max}^R = \left( \frac{w_B \rho_B + m w_R \rho_R}{w_{L\alpha} \rho_L + m w_R \rho_R} \right) W_0 = n W_0 \tag{5.17}$$

其中

$$m = \frac{k_p}{2K_2 \sqrt{D_{eff}}} \tag{5.18}$$

$$n = \frac{w_B \rho_B + m w_R \rho_R}{w_{L\alpha} \rho_L + m w_R \rho_R} \tag{5.19}$$

比较方程(5.17) 和方程(5.10),可以看出,$W_{max}^R$ 不等于 $W_{max}$,它们之间的相差反映了成分均匀化过程中界面反应层的形成对 $W_{max}$ 的影响,具体表现为 $W_{max}^R$ 的表达式中多了一项因子 $m w_R \rho_R$。但共同点在于,$W_{max}^R$ 和 $W_{max}$ 均与 $W_0$ 成线性关系。

在 PTLP 连接的第三阶段(液相区的等温凝固) 中,界面反应和等温凝固将同时进行,该阶段形成的反应层厚度和等温凝固层的厚度可分别用式(5.20) 和式(5.21) 计算,即

$$Z_3 = k_p \sqrt{t} \tag{5.20}$$

$$\xi = 2K_3 \sqrt{D_S t} \tag{5.21}$$

因此,PTLP 连接中液相区完全等温凝固时间应根据下式进行计算(见图 5.25),即

$$Z_3 + \xi = W_{max}^R \tag{5.22}$$

将方程(5.20)、(5.21) 代入式(5.22),得到

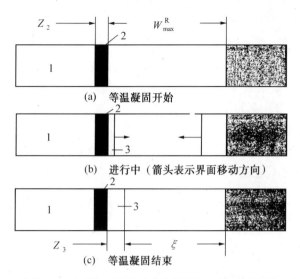

**图 5.25　陶瓷 PTLP 连接中界面反应和等温凝固同时进行的示意图**

1— 陶瓷;2— 反应层;3— 液相

$$t_3 = \left( \frac{W_{max}^R}{k_p + 2K_3\sqrt{D_S}} \right)^2 = \left( \frac{nW_0}{k_p + 2K_3\sqrt{D_S}} \right)^2 \qquad (5.23)$$

比较方程(5.23)和方程(5.13)可得出,在连接温度一定时,由于在 PTLP 连接的等温凝固阶段反应层仍在继续生长,活性元素不断富集于反应层中,因此,用中间层 B(厚度为 $W_0$)/A/B 进行陶瓷 PTLP 连接的完全等温凝固时间要小于 {A/B(厚度为 $2W_0$)/A}TLP 连接的完全等温凝固时间。

## 5.5　超塑性成形扩散连接

材料的超塑性是指在一定温度下,组织为等轴细晶粒且晶粒尺寸小于 3 μm,但变形速率小于 $10^{-3} \sim 10^{-5}/s$ 时,拉伸变形率可达到 100% ~ 1 500%,这种行为称为材料的超塑性。

从前面有关扩散连接理论的讨论已知,连接界面的紧密接触和界面孔洞的消除与材料的塑性变形、蠕变及扩散过程关系密切。材料超塑性的发现,使人们联想到可利用超塑性材料的高延性来加速界面的紧密接触过程,由此发展了超塑性成形扩散连接方法。

### 一、超塑性扩散连接机理

从以上扩散连接过程的讨论可知,扩散连接主要依靠变形和扩散来实现连接。人们已经发现利用材料的超塑性可加速扩散连接过程,特别是在具有最大超塑性的温度范围时,扩散连接速率最高,这表明超塑性变形与扩散连接之间有着密切的联系。

在连接初期的变形阶段,由于超塑性材料具有低流变应力的特征,所以塑性变形能迅速在连接界面附近发生,甚至有助于破坏材料表面的氧化膜,因而大大加速了紧密接触过程。实际上,真正促进连接过程的是界面附近的局部超塑性。有人用激光快速熔凝技术在 TiAl 合金表面制备超细晶粒组织,即表层材料(厚约 100 μm)具有超塑性特性时,即可实现超塑性扩散连接。另外,连接时发生的宏观平均应变非常小(≤1%)。

由于超塑性材料所具有的超细晶粒,大大增加了界面区的晶界密度和晶界扩散的作用,显著加速了孔洞与界面消失的过程。

进行超塑性扩散连接时,可以是两母材均具有超塑性特性,也可以是只有一边母材具有超塑性,甚至在两母材均不是超塑性时,只要插入具有超塑性特性的材料作为中间层,就可实现超塑性连接。

### 二、钛合金的超塑性成形/扩散连接

目前应用最成功的是钛及钛合金的超塑性成形/扩散连接(SPF/DB)。钛及钛合金在 760~927℃温度范围内具有超塑性,即在高温和非常小的载荷下,达到极高的拉伸伸长而不产生缩颈或断裂。SPF/DB 是一种两阶段加工方法,用此法连接时钛不熔化。第一阶段主要是机械作用,包括加压使粗糙表面产生塑性变形,从而达到金属与金属的紧密接触。第二阶段是通过跨越接头界面的原子扩散和晶粒长大来进一步提高强度。这是置换原子迁移的作用,通过将材料在高温下按所需时间保温来完成。因为钛合金的超塑性成形和扩散连接是在相同温度下进行的,所以可将两个阶段组合在一个制造循环中。然而对于同样的钛合金材料,这种扩散连接的压力(2 MPa)比常用扩散连接所需压力(14 MPa)低得多。图 5.26 所示为 Ti – 6Al – 4V 的超塑性成形/扩散连接示意图。超塑性成形和扩散连接均在 927℃下在密封模具内对钛合金薄板膜片施加低压氩气来完成,超塑性成形时氩气压力为 1.03 MPa,扩散连接时的压力为 2 MPa。加热采用压铸陶瓷加热板,既可加热又可加压。加热元件直接铸在陶瓷模内,以保证连接时加热均匀。

超塑性扩散连接的工艺参数直接影响接头性能。超塑性成形扩散连接所用的温度与通常扩散连接的温度一致,TC4 钛合金比较理想的温度范围为 1 143~1 213K,达到了该合金的相变温度。超过 1 213K,α 相开始转变为 β 相,将使晶粒粗大,降低接头的性能。超塑性成形扩散连接与一般的扩散连接不一样,必须使变形速率小于一定的数值,所加的压力比较小,同时压力与时间有一定的联系。为了达到 100% 的连接,必须保证连接面可靠接触,接头连接质量与压力和时间的关系如图 5.27 所示。在实线以上为质量保证区域,在虚线以下不能获得良好的连接质量,接头连接率小于 50%。

钛合金原始晶粒度对扩散连接质量也有影响,原始晶粒越细,获得良好扩散连接接头所需要的时间越短,压力越小,在超塑成形过程中也希望晶粒越细越好,如图 5.28 所示。所以,对超塑性成形扩散连接工艺,要求钛及钛合金材料必须是细晶组织。

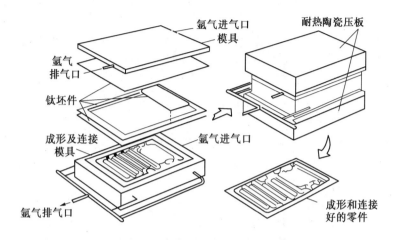

图5.26 钛合金的超塑性成形/扩散连接

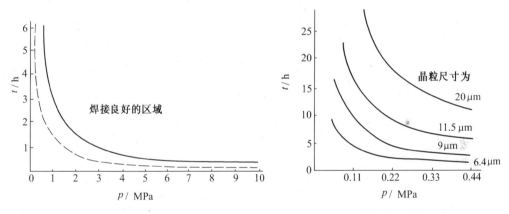

图5.27 超塑性成型扩散连接接头质量与压力和时间的关系

$T = 1\ 213$ K;真空度小于 $1.33 \times 10^{-3}$ Pa

图5.28 钛合金超塑成型扩散连接时晶粒度与连接时间和压力的关系

# 习 题

1. 何为扩散连接？有何特点？
2. 简述扩散连接的过程和消除界面孔洞的机制。
3. 根据表面氧化膜在扩散连接时的不同行为，可将材料分为哪几类？其特点如何？
4. 试述扩散孔洞形成的原因和消除方法。
5. 扩散连接的工艺参数有哪些？它们对扩散连接质量有何影响？

6．扩散连接温度与被连接材料有何关系？

7．阐述中间层在扩散连接中的作用。

8．选择扩散连接参数时，应从哪些方面进行考虑？

9．简述异种材料扩散连接时可能会遇到的问题。

10．何为超塑性成形扩散连接？

11．试述瞬间液相扩散连接过程。它与固相扩散连接和钎焊有何区别与联系？

12．瞬间液相扩散连接包括哪些过程？

13．简述陶瓷与金属部分瞬间液相扩散连接的特点。

# 参 考 文 献

1　赵喜华.压力焊.北京：机械工业出版社，1997

2　园城敏男.固相溶接——基础篇.熔接学会志，1981，50(4)

3　大桥修.扩散接合——扩散接合的概略和装置.熔接技术，1987，35(1)

4　大桥修.扩散接合——扩散接合应用.熔接技术，1987，35(2)

5　大桥修.扩散接合——扩散接合过程.熔接技术，1987，35(3)

6　大桥修.扩散接合——扩散接合的评价方法.熔接技术，1987，35(4)

7　周飞，陈铮.陶瓷超塑性扩散连接的研究进展.材料科学与工程，1996，14(1)

8　陈铮.陶瓷与金属部分瞬间液相扩散连接的界面反应、强度和模型：[博士学位论文].杭州：浙江大学，1997

9　Z Chen. Interfacial Reaction and Diffusion Path in Partial Transient Liquid Phase Bonding of $Si_3N_4/Ti/Ni/Ti/Si_3N_4$. The Chinese Journal of Nonferrous metals, 1999, 9(4)

10　陈铮.陶瓷/陶瓷(金属)部分瞬间液相连接模型.硅酸盐学报，1999，27(2)

11　冯吉才.SiC陶瓷与金属扩散连接的界面反应机理：[博士学位论文].大阪：大阪大学，1995

12　大桥修.扩散接合.熔接学会志，2000，69(5)

13　O M Akselsen. Review: Diffusion Bonding of Ceramics. J. Mater. Sci, 1992, 27

14　A Hill. Modelling of Solid – state Diffusion Bonding. Acta. Metall, 1989, 37(9)

15　F J J Van Loo. Reaction and Diffusion in Multiphase System: Phenomenology and Frames. Mater. Sci. Forum, 1994

16　Isaac Tuah – Poku. A Study of the Transient Liquid Phase Bonding Process Applied to a Ag/Cu/Ag Sandwich Joint. Metall Trans, 1988, 19A(3)

17　李志远，张九海.先进连接方法.北京：机械工业出版社，2000

18　张九海，何鹏.扩散连接接头行为数值模拟的发展现状.焊接学报，2000，21(4)

19　林建国，吴国清.Ti – Al基合金超塑性扩散连接.金属学报，2001，37(2)

20　任家烈，吴爱萍.先进材料的连接.北京：机械工业出版社，2000

# 第六章　其他连接技术

随着新材料技术的不断发展,对材料连接技术的要求越来越高,在有些情况下,前面讨论的冶金连接技术很难满足产品的要求,因此除了冶金连接之外的其他连接技术也得到了飞速的发展。本章主要论述除冶金连接外其他连接技术的原理、工艺及生产应用方面的基本知识。

## 6.1　机械连接技术

在机械制造过程中,一些零件或部件运行一段时间后需要维护、保养或更换,有时希望与其他零部件之间的连接为可拆的连接形式,如活塞头与活塞杆、曲柄与连杆机构、离合器和制动器与轴的连接,工装夹具中的定位与夹紧元件及组合夹具中的各元件之间的连接等,这些都是典型的机械连接结构。在机械制造中机械连接也是一种重要的连接工艺。

### 一、机械连接的分类、特点及应用

1.分类

按连接件的形式不同机械连接可分为螺纹连接、铆钉连接、销钉连接、扣环连接和快动连接件连接五类。

(1)螺纹连接

螺纹连接的连接件包括螺钉、螺栓、螺母和螺纹嵌入件,如图 6.1 所示。

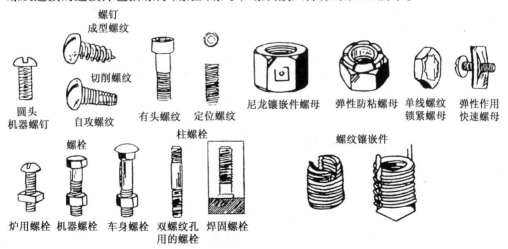

**图 6.1　常用螺纹连接件**

螺钉一般是与螺孔一起使用,但有时也和螺母一起使用,如机器螺钉和炉用螺栓。一般螺钉比螺栓小。

螺母常有与螺纹本身不同的锁紧或摩擦紧固作用。另一种结构是螺母已经拧紧并达到装配表面,在螺纹上有压紧作用的情况下仍能旋转。

标准的螺柱在两端都有螺纹,中间部分没有螺纹,以便夹紧拧入螺孔中。工业上经常采用电阻焊把螺柱焊到基板上去。

螺纹镶嵌件在软材料中形成高强度螺纹特别有用。镶嵌件可以钉入、压入或拧入母材中,大多数镶嵌件是自锁紧式的,用钢或铝合金制造。

(2)铆钉连接

铆接常常是作永久性连接用。铆钉是用钉体部分的直径和长度来代表其规格的。铆钉帽可以采用各种不同的形式,以满足各种具体需要。一般用装在动力锤上的模具进行铆接,在背面的顶铁或锤砧作用下使铆钉固定就位,如图 6.2(a)所示。图 6.2(b)所示是盲铆钉结构,通过推和拉中间铆钉体(及小轴),产生镦锻铆钉头的作用。

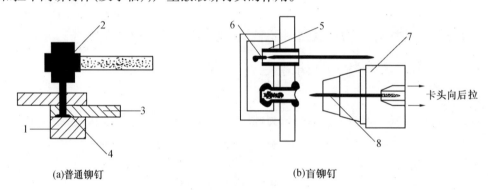

(a)普通铆钉　　　　　　　　　　　(b)盲铆钉

图 6.2　铆钉连接接头

1—顶铁或锤砧;2—动力锤;3—连接件;4—铆钉;5—盲铆钉;6—铆钉体;7—夹头;8—小轴

(3)销钉连接

销钉经常代替铆钉或螺栓来实现零件之间的连接和定位,如图 6.3 所示。最常用的销钉有槽销、滚销、锥形销和开口销等。

把环销在轴上　　槽销　滚销　锥形销　　　无尾销　　　开口销　　　活叶销

图 6.3　销钉连接接头及销钉

（4）扣环

扣环是用冲压或金属丝做成的盘状零件,能牢固地嵌入槽中,起限位或人工轴肩的作用,如图6.4所示。通常用在轴上,作轴向定位器用。

（5）快动连接

快动连接件连接是用来放开和扣紧弹簧压力的,如图6.5所示。主要用于薄金属板组装。

图6.4　扣环连接件　　　　　图6.5　快动连接件

2.特点及应用

机械连接的优点是强度易于保证,可靠性高,可目检性好,并且易于现场修理。缺点是接头易产生松动,密封性差,安装工艺复杂。

因此,机械连接主要用于受力不大,没有密封性要求,但要求可靠性高,可目检性好和易于修理的机器零部件的连接。如各类轮与轴之间的连接,连杆与活塞的连接,凸轮挺杆之间的连接等。

**二、机械连接工艺**

1.螺钉螺栓连接工艺

螺钉和螺栓的基本结构为螺纹结构,螺纹分粗牙和细牙螺纹两种形式,见表6.1。

表6.1　国际标准公制螺纹参数

| 直径/mm | | 螺距/mm | |
|---|---|---|---|
| 主要的 | 次要的 | 粗　牙 | 细　牙 |
| 6 | | 1 | |
| | 7 | 1 | |
| 8 | | 1.25 | 1 |
| 10 | | 1.50 | 1.25 |
| 12 | | 1.75 | 1.25 |

续表6.1

| 直径/mm | | 螺距/mm | |
| --- | --- | --- | --- |
| 主要的 | 次要的 | 粗　牙 | 细　牙 |
| 16 | | 2.0 | 1.5 |
| 20 | | 2.0 | 1.5 |
| | 14 | 2.5 | 1.5 |
| | 18 | 2.5 | 1.5 |
| | 22 | 2.5 | 1.5 |
| 24 | | 3.0 | 2.0 |
| | 27 | 3.0 | 2.0 |
| 30 | | 3.5 | 2.0 |
| 36 | | 4.0 | 3.0 |

(1)接头形式

螺钉螺栓连接的接头形式如图6.6所示,分为搭接、对接和角接三种。

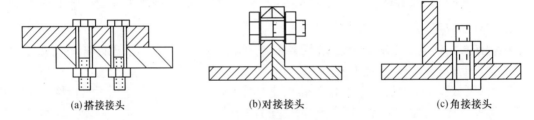

(a)搭接接头　　　　　　(b)对接接头　　　　　　(c)角接接头

图6.6　螺栓连接接头

(2)接头设计

1)搭接接头。当工件两端受拉伸载荷 $p$ 的作用时,连接件螺杆部分将受到剪切力的作用。设连接件的数量为 $n$,直径为 $d_0$,连接件材料的许用剪切强度为 $\tau_0$,则连接件的许用面积为

$$n\frac{\pi}{4}d_0^2 \geqslant \frac{kp}{\pi\tau_0} \tag{6.1}$$

式中　　$k$——安全系数,一般取 1.5 ~ 2。

由式(6.1)可得

$$nd_0^2 \geqslant \frac{4kp}{\pi\tau_0} \tag{6.2}$$

式(6.2)可决定连接件的数量和直径。

2)对接接头。当两端受拉伸载荷 $p$ 的作用时,连接件近似也受拉力的作用。当螺栓头部和螺母直径足够大时,如果连接件的许用拉应力为 $\sigma_0$,则式(6.2)变为

$$nd_0^2 \geqslant \frac{4kp}{\pi\sigma_0} \tag{6.3}$$

2.铆接工艺

铆接是用铆钉在力的作用下产生变形实现零件间连接的一种机械连接方法。与螺纹连接相比,铆钉价格低,铆接工艺过程的价格也低。但铆钉的疲劳强度比螺钉螺栓小,大的拉伸载荷能将铆钉头拉脱,剧烈的震动会使接头松弛。其接头对水和气体都不密封,维修不便,精度只能达到0.03mm。

(1)铆接工艺过程

铆接工艺过程包括接头铆接铆钉孔的准备、铆钉的装钉和压钉成形的几个过程,如图6.7所示。

(2)铆接接头设计

铆接接头的形式与螺纹连接相同。大多情况下,铆接接头为受剪搭接接头,计算铆钉有效剪切面积时,通常按钉孔的尺寸来考虑。但在空心铆钉铆接的情况下,应按铆钉的尺寸来计算。

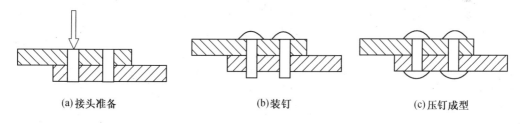

(a)接头准备　　　　　　　　(b)装钉　　　　　　　　(c)压钉成型

图6.7　铆接工艺过程

# 6.2　胶接原理与工艺

随着科学技术的不断发展,大量新材料和新技术的应用,使得冶金连接和机械连接在某些情况下难以保证构件的质量,这时必须考虑采用胶接技术。胶接技术是在高分子化学、有机化学、胶体化学和材料力学等学科的基础上发展起来的技术科学。胶接是利用胶粘剂把两种性质相同或不同的物质牢固地粘合在一起的连接方法。它同焊接、机械连接统称为三大连接技术。胶粘剂亦称粘接剂,俗称"胶"。凡是能形成一薄膜层,并通过这层薄膜将一物体与另一物体的表面紧密连接起来,起着传递应力的作用,而且满足一定的物理、化学性能要求的媒介物质统称胶接剂。

胶接具有以下特点。

1)胶接对材料的适应性强,既可用于各种金属、非金属的连接,也可用于金属与非金属的连接。

2)能减轻结构质量。采用胶接可省去很多螺钉、螺栓等连接件,并可用于较薄的金属和非金属材料的连接。因此,粘接比铆接、焊接减轻结构质量约25%~30%。

3)胶接接头的应力分布均匀,应力集中较小,因此它的耐疲劳性能好。

4)胶接接头的密封性能好,并具有耐磨蚀和绝缘等性能。

5)胶接工艺简单,操作容易,效率高,成本低。

但是,胶接也存在以下一些缺点。

1)胶接强度比较低,一般仅能达到金属母材强度的 10%~50%。胶接接头的承载能力主要依赖于较大的粘接面积。

2)使用温度低,一般长期工作温度只能在 150℃ 以下,仅有少数可在 200~300℃ 范围内使用。

3)胶接接头长期与空气、热和光接触时,易老化变质。

4)胶接质量因受多种因素影响不够稳定,而且质量难以检验。

**一、胶接接头的形成机理**

胶接过程是一个比较复杂的物理、化学过程。胶接质量的好与坏用胶接力来衡量。胶接力的大小主要与胶粘剂的技术状态、被胶接物表面特征和胶接过程的工艺条件等有关。

1.实现胶接的条件

两个被胶接物表面实现胶接,必要条件是胶粘剂应与被胶接物表面紧密地结合在一起,也就是通过胶粘剂能充分地浸润物体表面,并形成足够的胶接力,得到满意的接头强度。那么被胶接物体胶接力是如何形成的呢?

由物理化学中的浸润理论可知,界面张力小的液体能良好地浸润在界面张力大的固体表面。表 6.2 是部分常用材料的界面张力。金属及其氧化物、无机盐的界面张力一般都比较大,而固体聚合物、胶粘剂、有机物、水等的界面张力比较小,所以,金属及其氧化物、无机盐很容易被胶粘剂浸润。影响浸润的因素除了胶粘剂与被胶接物的界面张力外,还与工艺条件、环境温度等因数有关。

表 6.2　部分常用材料的界面张力

| 材料名称 | 界面张力/(N·cm$^{-1}$) | 材料名称 | 界面张力/(N·cm$^{-1}$) |
|---|---|---|---|
| 铜 | $1.27 \times 10^{-2}$(1 120℃) | 水 | $7.3 \times 10^{-4}$ |
| 铁 | $1.84 \times 10^{-2}$(1 570℃) | 酚醛树脂胶粘剂 | $7.8 \times 10^{-4}$ |
| 氧化铝 | $7.0 \times 10^{-3}$(2 080℃) | 脲醛树脂胶粘剂 | $7.1 \times 10^{-4}$ |
| 铝 | $7.50 \times 10^{-3}$(700℃) | 环氧树脂胶粘剂 | $4.7 \times 10^{-4}$ |
| 锌 | $5.38 \times 10^{-3}$(700℃) | 丙酮 | $2.4 \times 10^{-4}$ |

被胶接物体表面涂胶后,胶粘剂通过流动、浸润、扩散和渗透等作用,当间距小于 $5 \times 10^{-10}$ m 时,被胶接物体在界面上就产生了物理和化学的结合力。它包括化学键、氢键、范德华力等。化学键是强作用力,范德华力是弱作用力,其中结合力大小顺序为化学键、氢键、范德华力。

（1）化学键力（又称主价键力）

化学键力是胶粘剂与被胶接物表面能够形成的化学键。它包括离子键、金属键和共价键，键长通常约为 0.09 ~ 0.2 nm，力作用距离短，结合力强，键能高，所以形成主价键的结合是很牢固的。

（2）分子间力（又称次价键力）

次价键力作用的距离比主价键的长，一般在 0.25 ~ 0.5 nm。次价键力是界面分子间的物理作用力，包括色散力、诱导力、取向力（常称这三种力为范德华力）和氢键力。表 6.3 为原子或分子间的作用能的比较。

**表 6.3　几种作用能的比较**

| 键的名称 | 作用力种类 | 键距/$10^{10}$ m | 键能/（kJ·mol$^{-1}$） |
|---|---|---|---|
| 化学键 | 离子键 | 1 ~ 2 | 600 ~ 1 000 |
| | 共价键 | | 60 ~ 700 |
| | 金属键 | | 110 ~ 350 |
| 氢　键 | 氢　键 | 2 ~ 3 | < 50 |
| 范德华力 | 取向力 | 3 ~ 5 | < 20 |
| | 诱导力 | | < 2 |
| | 色散力 | | < 40 |

（3）机械结合力

胶接的对象是固体，任何固体表面都不是绝对的平整。肉眼看来十分光滑的表面，从微观上看表面都是非常粗糙、凹凸不平、遍布沟痕，有些表面还是多孔的，如果这样两个固体表面接触，只有最高的点接触，有的还出现镶嵌作用。胶粘剂利用它的流动性和毛细作用渗入被胶接物体凹凸不平的多孔表面，填充凹凸不平的地方，固化后在界面区产生啮合力，好像木箱边角的嵌接，钉子与木材的接合或树根植入泥土的作用（见图 6.8）。简言之，就是把胶接看成是纯粹的机械镶嵌作用。在胶接多孔材料、布、织物及纸等时，机械作用力是很重要的。

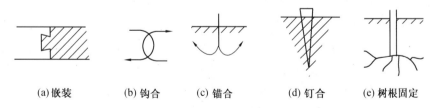

| (a)嵌装 | (b)钩合 | (c)锚合 | (d)钉合 | (e)树根固定 |

**图 6.8　各种机械连接的模型**

（4）界面静电引力

当金属与高分子胶粘剂密切接触时，由于金属对电子的亲和力低，容易失去电子；而非金属对电子亲和力高,容易得到电子,故电子可从金属移向非金属,使界面两侧产生接触电势,并形成双电层,双电层电荷相反,从而产生了静电引力。

在干燥环境中从金属表面快速剥离胶层时,可以直接感受到放电的火花和声音。这就证明了金属与胶粘剂之间静电的存在。静电作用仅存在于能够形成双电层的胶接体系。具有电子供给体和电子接受体性质的两种物质接触时,才可能产生静电引力。

(5)分子扩散形成的接合力

扩散理论又称分子渗透理论,主要用于聚合物之间的胶接。如塑料、橡胶采用高分子胶粘剂胶接时,由于胶粘剂分子链本身或其链段通过热运动引起相互扩散,使两个物体界面上的分子相互扩散,互渗成一个过渡层,中间界面逐渐消失,固化后达到牢固地接合。

以上形成胶接力的理论,各有千秋,并非完善,各种胶接力的大小问题至今仍在研究中。不管哪种理论,所有的胶接体系中范德华力是普遍存在的,其他作用仅在特殊情况下成为胶接力的来源。

实际测定的胶接强度,仅为理论胶接力的一小部分。理论胶接力需要扣除许多影响因素才具有实际意义,如图6.9所示。

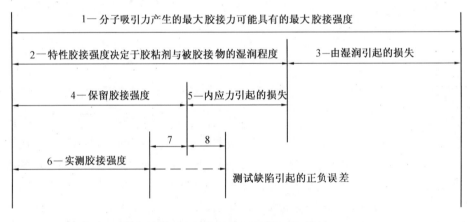

**图6.9 理论胶接力与实际胶接力**

2.胶接具备的条件

(1)胶粘剂必须容易流动

两个被胶接物体表面合拢后,胶粘剂能自动流向凹面和镶嵌缝隙处填满凹坑,在被胶接物表面形成均匀的胶粘剂液体薄层。粘度是对流动阻抗的一种度量。流动是高分子链段在熔体空穴之间协同运动的结果,并受链缠结、分子间力、增强材料的存在和交联等因素所制约。从物理化学的观点看,胶粘剂的粘度越低越有利于界面区分子接触的提高。为此,采用低相对分子质量聚合物作基料、用高相对分子质量的应用溶剂或水搅制成溶液或乳液,还可采用稀释剂调制降低其粘度,根据特殊要求也可加入触变剂,在压力的作用下提高胶粘剂的流动性。

(2)液体对固体表面的湿润

当液体与被胶接物在表面上接触时能够自动均匀浸润地展开,液体与被胶接物体的表面浸润的越完全,两个界面的分子接触的密度越大,吸附引力越大。

(3)固体表面的粗糙化

胶接主要发生在固体和液体表面薄层,故固体表面的特征对胶接接头强度有着直接的影响。对被胶接物表面适当地进行粗糙处理或增加人为的缝隙,可增大胶粘剂与被胶接物体接触的表面积,提高胶接强度。同时界面有了缝隙又可将缝隙视为毛细管,表面产生毛细现象对湿润是非常有利的。

(4)被胶接物和胶粘剂膨胀系数差要小

胶粘剂本身的膨胀系数与胶层和被胶接物的膨胀系数差值越大,固化后胶接接头内的残余内应力也越大,工作中对接头的破坏也越严重。因此,应设法降低被胶接物体和胶粘剂膨胀系数差值。

(5)形成胶接力是建立胶接接头的一个因素

固化后胶层或被胶接物本身的内聚强度是建立胶接接头的另一个因素。胶粘剂在液相时内聚强度接近等于零。因此,液相胶粘剂必须通过蒸发(溶剂或分散介质)、冷却、聚合或其他各种交联方法固化以提高内聚强度等。

3.胶接机理

胶接机理最早是从浸润角的热力学概念提出来的,已有将近 200 年。19 世纪 Dupré 提出了平衡时最大热力学粘附功与自由表面能的关系式。20 世纪 50 年代 W. A. Zisman 又提出浸润角与表面能的关系式。与此同时,各派学者又提出了静电理论、扩散理论、弱界面层理论等。20 世纪 40 年代后期以来各国学者提出三种不同的理论。

(1)吸附理论

吸附理论是 20 世纪 40 年代末提出来的,也是应用最普遍的理论。吸附理论是以表面能为基础,认为粘附作用主要来源是由胶粘剂分子和被胶接物分子间的作用力。胶粘剂与被胶接物体界面的胶接力与吸附力具有某种相同的性质。

吸附理论认为,胶粘剂分子与被胶接物表面分子产生的胶接力,首先是胶粘剂中的大分子通过链段与分子链的运动逐渐相互靠近,达到胶粘剂分子由微布朗运动向被胶接物表面扩散;当胶粘剂与被胶接物两种分子间的距离小于 $5 \times 10^{-10}$m 时,分子间就产生了范德华力或氢键的接合,胶粘剂高分子被吸附,形成胶接。在这个过程中对胶接接头进行加热、施加压力和降低胶粘剂的粘度等都有利于胶粘剂的扩散。

产生胶接力的最主要的力是分子间作用力。吸附理论正确地把胶接现象与分子间力的作用联系起来。但用吸附理论不能解释胶粘剂与被胶接物之间的胶接力有时大于胶粘剂本身强度和极性胶粘剂在非极性表面上胶接等问题。

(2)扩散理论

扩散理论是由 Voyutskii 和 Vakula 提出的,根据相似相分子的扩散或相互扩散,或者是一相的分子与另一相分子的相互渗透,可以对不同聚合物之间的胶接做出非常满意的解释。例如,在一分子群里有一空穴存在,那么第二相的分子就有进入这一空穴的可能。这一理论对某些聚合物可能是适用的,但是,理所当然地,要求有足够大的界面力,才能使聚合物穿过界面进行扩散。此理论也是以在胶粘剂和母材之间处于理想的润湿状态的假设为前提的。

(3)静电理论

静电理论是由前苏联科学家 Б.В.Дерягин 等提出的,后由科学家进一步完善。其理论认为高分子胶粘剂与被胶接物金属相互接触时,组成一种电子的接受体和供给体的组合形式。在胶粘剂和金属界面两侧产生接触电势,并形成了双电层,双电层电荷的性质相反,从而产生了静电引力。但是,静电理论似乎有点错误。已用试验方法验证,把胶粘剂涂敷到各种各样的母材上时,其性能变化甚微。如果胶粘剂的性能取决于各种母材的静电能级的话,那么,性能变化甚微这一点是不真实的。所以,目前认为静电力仅存在于某些特殊胶接体系,故该理论有很大的局限性。

**二、影响胶接强度的因素**

除了以上理论对胶接强度有影响外,还有许多因素对胶接强度有显著的影响。其中胶接过程的物理作用、化学作用以及胶接过程中的工艺条件和被胶接物表面的性质等,与胶接强度有着密切的联系。

1.物理因素的影响

(1)被胶接物表面的清洁度

物体的胶接主要发生在被胶接物表面和胶粘剂的界面,界面存在油脂、污染物、氧化物等将显著影响胶接的强度。

例如,金属的表面易形成氧化膜,氧化膜吸水性强,如果膜是 $Fe_2O_3$,此膜很疏松,强度极低;如果膜是 $Cr_2O_3$,其胶接活性很差,胶接强度低。这些杂质的存在都会阻碍胶粘剂的充分的浸润,降低胶接强度。

(2)被胶接物表面的粗糙度和表面形态

适当增加被胶接物表面的粗糙度,就相当于增加了接触的表面积,接触的表面积越大,胶接的强度越高。

被胶接物表面在能良好润湿的前提下,胶接前采用喷砂、机械或化学等适当粗化处理,增加表面积,同时,使被胶接物表面生成有极性、结构致密、结合牢固的产物,提高被胶接物的表面能,有利于形成低能量的结合,提高胶接强度。但过于粗糙会在胶接面产生胶层断裂或存有气泡,反而影响了胶接强度。

(3)内应力

内应力是影响胶接强度和耐久性的重要因素之一。内应力包括收缩应力和热应力。收缩应力产生原因,主要是胶粘剂在固化过程中伴随着溶剂的挥发和化学反应中释放出挥发性低的分子化合物,导致发生了体积收缩产生收缩应力。例如,不饱和聚酯树脂固化过程中因两个双键由范德华力结合转变为共价键结合,原子间距离缩短,产生较大的体积收缩,其体积收缩率达 10%。热应力产生的原因是由于被胶接物和胶粘剂的热膨胀系数不同,在固化过程和使用时遇到温度变化就会在胶接界面产生热应力。热膨胀系数相差越大,温度变化越大,热应力就越大。此外,材料的物理状态和弹性模量对热应力也有不同程度的影响。

这两种应力的存在必然会降低胶接强度,甚至当内应力大于胶接力时,胶接接头会自动脱开。为了减少界面上的内应力,可在胶粘剂中加入增韧剂,使柔性链节移动,逐渐减少或消除内应力;在胶粘剂中加入无机填料,调节热膨胀系数,降低内应力,例如,在胶接金属时,在胶粘剂中加入适量的金属粉末作填料,在 100 份环氧树脂中加入 100~280 份硅粉,膨胀系数可由 $(2~3) \times 10^{-5}/℃$ 增加到 $(5~6) \times 10^{-5}/℃$;改革固化或熔融冷却工艺,如逐步升温,随炉冷却等工艺措施降低内应力,减少应力集中,达到提高胶接强度的目的。

(4)弱界面层

在被胶接物体和胶粘剂无外界因素影响的条件下,胶接力大小主要取决于两界面的润湿程度和胶接特性。当被胶接物体、胶粘剂及环境中的低分子物或杂质,通过渗析、吸附及聚集过程,在部分或全部界面内产生了这些低分子物的富集区,在拉应力的作用下会在低分子物和杂质富集区产生破坏,这个区就称弱界面层。

例如,聚乙烯胶接铝实验结果证明,其胶接后的接头强度仅为聚乙烯本身拉伸强度的百分之几。如果除去聚乙烯中的含氧杂质或低分子物,其胶接强度有明显的提高。为防止弱界面层产生,可采用在惰性气体中活化交联法(CASING)使聚乙烯表面的低分子物转化成高分子交联结构,提高胶接强度。

(5)胶层厚度

被胶接物的连接是由胶粘剂完成的。胶层的厚薄对胶接强度均有一定的影响。胶层过厚,使胶层内形成气泡等缺陷的倾向增大,同时胶层过厚使胶粘剂的热膨胀量增加,引起的热应力也增加;当然胶层厚度也不是越薄强度越高。因此,胶层厚度应根据胶粘剂的类型来确定,大多数合成胶粘剂胶层厚度以 0.05~0.10 mm 为宜,无机胶粘剂胶层厚度以 0.1~0.2 mm 为宜。在实际操作时,可用涂胶量和固化时加压来保证厚度要求。

此外,当胶接头承受单纯的拉应力、压缩或剪切时,胶层越薄强度越高,对脆、硬的胶粘剂更为明显。对受冲击负荷小,而弹性模量小的胶来说,胶层稍厚则冲击强度高;弹性模量大的胶,冲击强度与胶层厚度无关。

除了以上因素影响胶强度外,还有环境作用、胶粘剂本身的粘度等。

2.化学因素的影响

(1)聚合物的极性

物质中原子在构成分子时,若正负电荷中心不重合,则分子存在两极(偶极)即为极性结构;若正负电荷重合,分子的电性为中性即为非极性结构,分子偶极中的电荷 $e$ 和两极之间距离 $L$ 的乘积称为偶极矩 $\mu = e \cdot L$,如图 6.10(a)所示。

当极性分子相互靠近时,同性电荷互相排斥,异性电荷互相吸引,故极性分子之间的作用力是带方向性的次价键结合力,如图 6.10(b)所示。对非极性分子来说。其次价键力没有方向性,如图 6.10(c)所示。

某些理论认为高表面能被胶接物的胶接,其胶接力是随着胶粘剂的极性增强而增大的。对于低表面能的,则是极性增强胶接体系的湿润变差,胶接力下降。这是因为低能的非极性材料不易再与极性胶粘剂形成低能结合,故浸润不好,胶接强度受到影响。

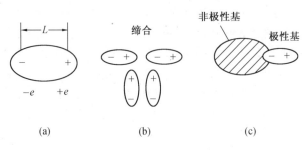

图 6.10　极性分子的偶极

(2)相对分子质量与相对分子质量分布

聚合物的性能不仅与相对分子质量有关,而且与相对分子质量的分布有关。通常,聚合物的性能,如强度和熔体粘度主要决定于相对分子质量较大的分子。相对分子质量越低,粘度越小,流动性能越好,浸润物体越好,易获得良好的胶接强度。以直链状不支化结构的聚合物为例,有两种情况。其一是在胶接体系均为内聚破坏的情况下,胶接强度随相对分子质量增加而升高,升高到一定范围后渐渐趋向一个定值;其二是当相对分子质量较低时,会发生内聚破坏;当相对分子质量增大到使胶层的内聚力等于界面的胶接力时会发生混合破坏;相对分子质量继续增大,胶层内聚力增高,粘度也增加,不利于浸润,导致发生界面破坏等。由此看出,聚合物中的相对分子质量在一定范围内才能既有良好的粘附性,又有较大的内聚力,胶接强度才能达到要求。

表6.4是聚异丁烯相对分子质量与胶接强度的关系。由表看出,聚异丁烯相对分子质量在 20 000 时剥离强度最大,破坏形式为混合破坏;聚异丁烯的相对分子质量在 7 000 时,胶接强度几乎为零,破坏形式为内聚破坏;当相对分子质量增加到 100 000 时剥离强度又大幅度地减少,破坏为界面破坏。由此看出,聚异丁烯的相对分子质量过大、过小对胶接强度都不利。所以,在选择胶粘剂的相对分子质量时,一定要注意合适。

表 6.4　聚异丁烯相对分子质量与胶接强度的关系

| 相对分子质量 | 剥离强度/$(N \cdot cm^{-1})$ | 破坏形式 |
|---|---|---|
| 7 000 | 0 | 内　聚 |
| 20 000 | 3.62 | 混　合 |
| 100 000 | 0.66 | 界　面 |
| 150 000 | | |
| 200 000 | 0.67 | |

(3)主链结构

一般高分子的主链多有一定的内旋转自由度,可以使主链弯曲而具有柔性,并由于分子的热运动,柔性链的形状可以不断改变。聚合物的柔性大,有利于其分子或链段的运动或摆动,使胶接体系中两种分子容易相互靠近并产生吸附力。刚性聚合物在这方面的性能较差,但耐热性好。

聚合物分子主链若全部由单键组成,由于每个键都能发生内旋转,因此,聚合物的柔性大。此外,单键的键长和键角增大,分子链内旋转作用变强,聚硅氧烷有很大的柔性就是此原因造成的。

主链中如含有芳杂环结构,由于芳杂环不易内旋转,故此类聚合物刚性较大,如聚砜、聚酰亚胺等。

含有孤立双键的大分子,虽然双键本身不能内旋转,但它使邻近单键的内旋转易于产生,如聚丁二烯的柔性大于聚乙烯等。

含有共轭双键的聚合物,其分子没有内旋转作用,刚性大、耐热性好,但其胶接性能较差。

胶粘剂中含有苯基的聚合物会降低链节的柔顺性,妨碍分子的扩散,从而使胶接力下降,但提高了耐热性。

(4)侧链结构

胶粘剂聚合物含有侧链的种类、体积、位置和数量等对胶粘剂的胶接强度也有较大影响。

侧链基团的极性小,吸引力低,分子的柔性好,如果侧链基团为极性基团,聚合物分子内和分子间的吸引力高,而柔性降低;两个侧链基团在主链上的间隔距越远,它们之间的作用力及空间位阻作用越小,分子内旋作用的阻力也越小,柔性好;侧链基团体积越大,位阻也越大,刚性也越大;直链状的侧链,在一定范围内随其链长增大,位阻作用下降,聚合物的柔性增大,如果侧链过长,使其柔性及胶接性能下降;侧链基团的位置也影响聚合物的胶接性能。

(5)聚合物的交联

交联型聚合物的化学反应,交联点密度和溶解性质对反应活性有重要的影响。聚合物经化学交联形成体型网状结构常可提高材料的性能。例如橡胶交联后具有高弹性,而适应各方面的要求;线型结构的聚合物分子易于滑动,内聚力低,可溶可熔,耐热、耐溶剂性能差,若把线型结构交联成体型结构,则可显著地提高其内聚力,一般随交联密度的增加而增大。聚合物的交联密度可以有所不同,硫化橡胶中的交联密度比较低,而硬质橡胶的交联密度较高。但交联密度过大,交联间距太短,则聚合物刚性过大,导致变脆、变硬,强度反而下降。线形和支化聚合物都是热塑性的,可是经交联的三维网状聚合物是热固性聚合物。

(6)结晶度

结晶是聚合物分子呈有规则排列的聚集状态。晶体结构的不同,使同一种聚合物可以具有不同的性质。结晶作用与聚合物胶接性能有密切关系,尤其是在玻璃化温度到熔点之间的温度区间内有很大影响。结晶性对胶接性能的影响决定于其结晶度(结晶部分的含量)、晶粒大小及晶体结构。

一般聚合物结晶度增大,其屈服应力、强度和模量均有提高,而抗张伸长率及耐冲击性能降低,聚合物的结晶度大小与聚合物的结构以及结晶条件有关,规整结构的聚合物可以达到较高的结晶度。高结晶的聚合物,其分子链排列紧密有序,孔隙率较低,结晶使分子间的相互作用力增大,分子链难于运动并导致聚合物硬化和脆化,胶接性能下降。但结晶化提高了聚合物的软化温度,使聚合物的力学性能对温度变化的敏感性减小。

在某些情况下,结晶作用也可以提高胶接强度。

聚合物球晶尺寸大小,对力学性能的影响比结晶度更明显。大球晶的存在使聚合物内部有可能产生较多的空隙和缺陷,使力学性能下降。

### 三、胶粘剂的组成与分类

1.胶粘剂的分类

胶粘剂的品种繁多,组成不同,用途各异。分类方法很多,目前常按胶粘剂基本组分的类型分类,如图 6.11 所示。

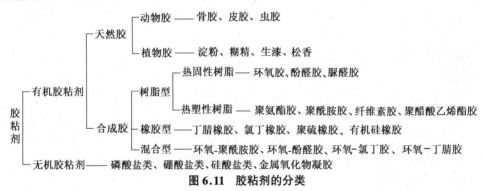

图 6.11　胶粘剂的分类

另外,还可按主要用途分为结构胶、修补胶、密封胶、软质材料用胶、特种胶(如高温胶、导电胶、点焊胶等)。

2.胶粘剂的组成

现在使用的胶粘剂均是采用多种组分合成树脂胶粘剂,单一组分的胶粘剂已不能满足使用要求。其组分通常是具有胶接性或弹性体的天然高分子化合物和合成高分子化合物为基料,加入固化剂、增塑剂或增韧剂、稀释剂、填料等。

胶粘剂的组成根据具体的要求与用途还可包括阻燃剂、促进剂、发泡剂、消泡剂、着色剂和防腐剂等。总而言之,除了基料是胶粘剂中必加之外,其他成分可根据其用途和状况条件来决定取舍。

胶粘剂的物理、化学性能包括凝胶强度、耐热性、耐寒性、耐油性、耐水性、导电性、绝缘性、耐蚀性、耐老化性、耐溶剂性、收缩性和密封性等。

（1）基料

它是胶粘剂的基本组分，通常由一种或几种高聚物混合而成。它对胶粘剂的粘接强度、耐热性、韧性、耐老化性影响很大。常用基料包括合成树脂（如环氧树脂、酚醛树脂等）和合成橡胶（如丁腈橡胶、聚硫橡胶等）。

（2）固化剂

它能使线型结构的树脂转变成网状或体型结构，从而使胶粘剂固化。固化剂的种类和用量对胶粘剂的使用性能和工艺操作都有影响。

（3）增塑剂

一般树脂固化后都是很脆的，加入增塑剂能够改善胶粘剂的塑性和韧性，降低脆性，提高接头的抗剥离及抗冲击能力。

（4）稀释剂

它的作用是为了降低胶粘剂的粘度，以便于涂胶施工。同时也能增加胶粘剂对被粘材料的浸润能力和分子活动能力，从而提高粘合力。

（5）填料

它能够增加胶粘剂的强度，改善耐老化性能，降低成本。常用的填料有金属或金属氧化物的粉末、非金属矿物粉末、玻璃及石棉纤维等。常用的填料有氧化铜、氧化镁、银粉、瓷粉、云母粉、石棉粉、滑石粉等。

除此以外，依据某些特殊要求，在胶粘剂中还可加入一些偶联剂、防老剂、颜料及其他常用胶粘剂。

**四、胶接工艺**

胶接工艺包括胶接前的准备、接头设计、配制胶粘剂、涂敷、合拢、固化和质量检测等。

1.胶接前的准备

胶粘剂对被胶接材料胶接强度的大小，主要取决于胶粘剂与被胶接物之间的机械连接，分子间的物理吸附、相互扩散及形成化学键等因素综合作用的结果。被胶接物表面的结构状态对胶接接头强度有着直接的影响。

被胶接物在加工、运输、贮存过程中，表面会存在氧化、油污、灰尘及其他杂质等，在胶接前必须清除干净。常用的表面清除方法有脱脂处理法、机械处理法和化学处理法。

（1）表面脱脂处理法

目前，常用脱脂方法分为有机溶剂法、碱液法与表面活性剂法。常用的脱脂溶剂有丙酮、甲苯、二甲苯、三氯乙烯、四氯化碳、醋酸乙酯、香蕉水、汽油等。对于大批量小型胶接件，可采用在三氯乙烯蒸气槽内放置半分钟左右的方法除油脂。对于大面积的胶粘表面，采用从上至下或从左到右一个方向清洗的方法。采用溶剂脱脂时，应有一定的晾干时间，防止胶接表面残留溶剂影响接头强度。对采用碱液清洗的胶接表面，清洗后必须再用热水、冷水冲洗干净表面的碱液,然后用热风干燥。

使用后的胶接物,表面容易吸附或沉积油污。如果允许高温处理,可将胶接物置于200～250℃热风干燥箱中,使油脂渗出,然后用干净棉纱揩擦,再用溶剂除油。特别强调的是溶剂一定离开火源,以防意外事故。

(2)机械处理法

机械处理法有手工方法和机械方法。手工方法常用的工具有钢丝刷、铜丝刷、刮刀、砂纸、风动工具等;机械方法有车削、刨削、砂轮打磨、喷砂等。采用机械方法处理表面,给表面提供了适当的粗糙度,增加了有效的胶接面积,改善了胶接性能。

(3)化学处理法

化学处理法有酸性溶液和碱性溶液两种处理方法。经化学处理的金属可在表面形成一层均匀致密、坚固的活性层,该活性层容易使胶粘剂润湿展开,可明显提高胶接强度。对允许化学处理的聚合物如聚四氟乙烯、聚乙烯、聚丙烯、氟橡胶等,可使其表面带有极性基团,从而提高表面的自由能,增加润湿性,大幅度地改善胶接强度。

2.胶接接头设计

(1)胶接接头的受力形式

一个胶接接头在实际的使用中,不会只受到一个方向的力,而是受到一种或几种力的集合。为了便于受力分析,把实际的胶接接头受力简化为剪切力、拉力、剥离、劈裂几种形式,如图6.12所示。

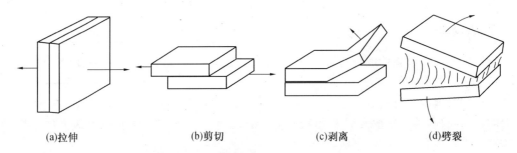

(a)拉伸　　　　　(b)剪切　　　　　(c)剥离　　　　　(d)劈裂

**图6.12　胶接接头的几种受力形式**

(2)设计胶接接头时应遵守的原则

制造一个高质量的胶接接头主要与胶粘剂的性能、合理的胶接工艺和正确的胶接接头形式等三个方面有着密不可分的关系。设计胶接接头时应考虑以下几点。

1)尽可能使胶接接头胶层受压、受拉伸和剪切作用,不要使接头受剥离和劈裂作用,如图6.13所示。图6.13(b)接头胶层的受力要好于图6.13(a)。对于不可避免受剥离和劈裂的胶接接头,应采用图6.14所示的措施来降低胶层的受剥离和劈裂的作用。

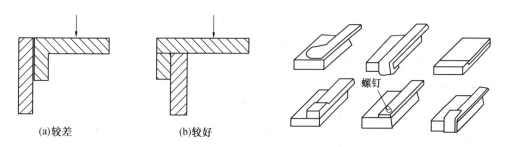

(a)较差　　　　　(b)较好

图 6.13　接头受力对比　　　　　　图 6.14　降低胶层受剥离和劈裂的措施

（位于图6.14中标注：螺钉）

2)合理设计较大的胶接接头面积,提高接头承载能力。

3)为了进一步提高胶接接头的承载能力,应采用胶－焊、胶－铆、胶－螺栓等复合联结的接头形式。

4)设计的胶接接头应便于加工,表 6.5 是几种常用的胶接接头形式。

表 6.5　常用的胶接接头形式

| 接头形式 | | 接 头 形 状 |
|---|---|---|
| 平板接头 | 对接 | |
| | 斜接 | |
| | V 型对接 | |
| | 盖板对接 | |
| 搭接 | 板　板 | |
| L接　T接 | L接　T接 | |
| 套接 | 管　材 | |
| 嵌接 | 棒　材 | |

387

3.胶粘剂的配制与涂敷

(1)胶粘剂的配制

胶粘剂配制的性能好坏将直接影响胶接接头的实用性能,因此配制胶粘剂要科学合理。配制要按合理的顺序进行。

胶粘剂有单组分、双组分和多组分等多种类型。单组分的胶粘剂可直接使用。配制双组分或多组分的胶粘剂时,必须准确计算、称取各组分,质量误差不得超过 2% ~ 5%。例如固化剂用量过多,会使胶层变脆;加入量不足,则使胶粘剂的固化不完全。

胶粘剂在配制前,应放在温度为 15 ~ 25℃(特殊的品种例外)、阴暗不透明、对胶粘剂没有破坏作用的密闭容器内。

配制胶粘剂要根据用量而定。用量小可采用手工搅拌;用量较大时,应选用电动搅拌器进行搅拌。搅拌中各组分一定要均匀一致。对一些相容性差、填料多、存放时间长的胶粘剂,在使用前要重新进行搅拌。对粘度变大的胶粘剂,还需加入溶剂稀释后搅拌。

(2)胶粘剂的涂敷

涂敷就是采用适当的方法和工具将胶粘剂涂敷在胶接部位表面。涂敷方法有刷涂、浸涂、喷涂、刮涂等。

根据胶粘剂使用目的、胶粘剂的粘度、被胶接物的性质,可选用不同的涂胶方法。

如果配制时的气温过低,胶粘剂粘度过大,可采用水浴加热或先将胶粘剂放入烘箱中预热。涂敷的胶层要均匀,为避免粘合后胶层内存有空气,涂胶时均采用由一个方向到另一个方向涂敷,速度以 2 ~ 4 cm/s 为宜。胶层厚度一般为 0.08 ~ 0.15 mm。对溶剂型胶接剂和带孔性的被胶接物,需涂胶 2 ~ 3 遍,要准确掌握第一道胶溶剂挥发完全后再涂第二遍。如果胶层内残存过多的溶剂会降低胶接强度,但过分干燥胶层会失去粘附性。

对于不含溶剂的热固性胶粘剂,涂敷后要立即粘合,避免长时间放置吸收空气中的水分,或使固化剂(如环氧胶粘剂的脂肪胺类固化剂)挥发。

(3)胶粘剂的固化

所谓固化就是胶粘剂通过溶剂挥发、熔体冷却、乳液凝聚等物理作用,或通过缩聚、加聚、交联、接枝等化学反应,使其胶层变为固体的过程。

胶接物合拢后,为了获得硬化后所希望的连接强度,必须准确地掌握固化过程中压力、温度、时间等工艺及参数。

1)固化压力。加压有利于胶粘剂对表面的充分浸润,排出胶层内的溶剂或低分子挥发物,控制胶层厚度,防止因收缩引起的被胶接物之间的接触不良,提高胶粘剂的流动性等。

适中的压力可很好地控制胶层厚度,充分发挥胶粘剂的胶接作用,保证胶层中无气孔等。加压的大小与胶粘剂及被胶接物的种类有关,对于脆性材料或加压后易变形的塑料,压力不易过大。一般情况下,对无溶剂胶粘剂加压要比溶剂性胶粘剂小;对环氧树脂胶粘剂,采用接触压力即可。常用的几种加压方法如图 6.15 所示。

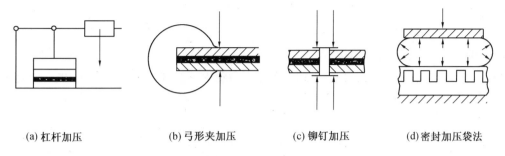

(a) 杠杆加压    (b) 弓形夹加压    (c) 铆钉加压    (d) 密封加压袋法

**图 6.15　常用加压方法**

2)温度和时间。固化温度主要根据胶粘剂的成分来决定。固化温度过低,基体的分子链运动困难,致使胶层的交联密度过低,固化反应不完全,要使固化完全必须增加固化时间;如果温度过高会引起胶液流失或使胶层脆化。固化温度高低均会降低接头的胶接强度。对一些可在室温下固化的胶粘剂,通过加温可适当加速交联反应,并使固化更充分、更完全,从而缩短固化时间。

固化温度与固化时间是相辅相成的,固化温度高,固化时间即可短一些;固化温度低,固化时间应长一些。表 6.6 是几种胶粘剂的固化条件、使用温度。

**表 6.6　几种胶粘剂的固化条件、使用温度**

| 序号 | 胶粘剂 | 固化条件 | | 使用温度/℃ |
| --- | --- | --- | --- | --- |
| | | 温度/℃ | 压力/MPa | |
| 1 | 环氧 – 脂肪胺 | 室温 ~ 100 | 接触 | – 40 ~ 80 |
| 2 | 环氧 – 芳香胺 | 120 ~ 160 | 接触 | – 40 ~ 150 |
| 3 | 环氧 – 聚硫 | 室温 ~ 100 | 接触 | – 73 ~ 80 |
| 4 | 酚醛 – 丁腈 | 150 ~ 180 | 0.3 ~ 1.5 | – 73 ~ 200 |
| 5 | 聚氨酯 | 室温 ~ 100 | 0.05 ~ 0.1 | – 253 ~ 80 |
| 6 | 第二代丙烯酸酯 | 室温 | | – 51 ~ 150 |

**五、胶接技术的应用举例**

(1)蜂窝夹层结构

蜂窝夹层结构是由蜂窝夹心和上下蒙皮粘接在一起组成的三层结构材料。这种夹层材料的单位结构质量所能承受的强度(比强度)和刚度(比刚度),要比其他结构材料高得多。此外,它还具有表面平整、密封、隔热和易实现机械化生产等优点,因而在现代技术中,尤其是在航空和航天工业中得到广泛的应用。制造蜂窝夹层是将涂有平行胶条的金属箔,按胶条相互交错排列叠合起来,胶条固化后将多层金属箔粘接在一起,再在专用设备上拉伸成蜂窝格子。蜂窝夹层结构主要用酚醛 – 缩醛型、酚醛 – 丁腈型、环氧 – 丁腈型胶粘剂,也可用再活化组装工艺制造。

（2）金属切削刀具的粘接

硬质合金刀具大多采用焊接方法将刀片固定在刀杆上。由于焊接高温的影响，刀片容易产生裂纹，从而缩短了使用寿命，若采用粘接则可避免上述影响。粘接刀具所用的胶粘剂多数采用无机胶粘剂。

（3）铸件的修补

生产中铸件经常会产生气孔或砂眼，对这些缺陷用胶粘剂修补，使可能报废的铸件得到利用，这对一些较大型的铸件是十分有意义的。铸件的修补应根据气孔、砂眼的大小、位置采取不同的措施。对于微小的气孔，应采用低粘度的胶液，采用抽真空的方法，使胶液能更多地进入气孔中。对于较大的气孔或砂眼，可采用含填料的胶粘剂涂敷。当气孔或砂眼很大时，可采用扩孔，再用粘接的方法镶入一个金属塞。

# 6.3　电场辅助阳极连接概述

电场辅助阳极连接是利用电和热联合作用实现材料固态连接的一种非传统的特殊连接方法。开始阳极连接技术是用于金属或半导体对玻璃的封接，后来 Trick 和 Cawly 又将其推广到金属与陶瓷的连接上。传统的连接方法一般都有连接温度高（如电弧焊、扩散焊等）、工件变形和残余应力大等缺点，特别在对玻璃与金属的封接时，传统方法用热封接或胶接，前者温度高，接头应力大，有损于玻璃的光学性质，而后者连接强度低，不耐腐蚀，易老化。阳极连接的特点是连接温度低（在玻璃软化温度以下），无需添加中间层材料就可实现固态直接连接，工件变形小，结合强度高，工艺简单，连接可在真空或保护气氛甚至可在空气中进行。所以，近年来，阳极连接技术日益受到重视，虽然阳极连接易受连接材料的表面结构和表面粗糙度的限制和影响，一般只适用于平面结构的封接，但是低温快速的特点使其应用前景越来越广阔。现在此方法可用于各种硼硅酸盐玻璃、钠钙硅酸盐玻璃、氧化铝硅酸盐玻璃、纤维光学玻璃、石英、蓝宝石、微晶玻璃、$\beta - Al_2O_3$ 陶瓷等非金属介质材料与可伐 FeNi、Al、Cu、Ti 等合金和金属以及 Si、GaAs 等半导体材料的匹配与非匹配封接。近年来，发达国家如美国、日本和德国等相继研究和开发玻璃与金属、半导体与半导体、半导体与金属等的电场辅助阳极连接技术，取得了一些突破性的进展和理论研究成果，对信息产业、微传感器和各种功能材料的应用起到了积极的推动作用。例如，利用这种方法可使硅片密封，制造出具有标准密封空腔的压力传感器和加速度传感器；可用于气体层析、喷墨控制装置以及太阳能电池的制造中。此外，电场辅助阳极连接作为一项精密连接技术已经在微型机械、微型传感器的制造以及电真空、航空航天领域中得到了较多的应用。特别是随着这项连接技术的不断完善和成熟，其应用领域有望扩展到陶瓷和复合材料中。所以，阳极连接技术的研究及应用前景是相当广阔的。

电场辅助阳极连接于 1968 年由 Pomerantz 首创以来，至今已有 30 多年的时间了。在对阳极连接技术具体的工艺过程和连接机理的研究过程中,也逐步形成了对其基本原理的看法。由于可伐合金具有优异的封接性能以及有与硼硅酸玻璃相近的热膨胀系数,所以在阳极连接的研究中被广泛使用。下面以可伐合金与钠硼硅玻璃的封接为例来说明阳极连接研究的实验方法和基本原理,实验装置如图 6.16 所示。对可伐合金的待连接表面用 $1~\mu m$ 的金刚石研磨膏进行最终抛光。可伐合金接阳极,玻璃接阴极,阳极连接在 $10^{-3}$ Pa 的真空室中进行,连接温度由点焊在参考试样上的热电偶进行控制。当加热到预定的温度时,对连接试样施加直流电压并保持不同的时间(连接时间),并记录连接电流的变化情况。实验结果表明,典型的连接电压为 $200 \sim 2~000$ V,连接温度为 $200 \sim 700$℃,连接时间通常为数分钟,温度较低时,则要几十分钟甚至更长。连接后透过玻璃可清楚地看到在玻璃与金属间出现一块紧密接触暗区,其边缘会出现清晰的牛顿环。

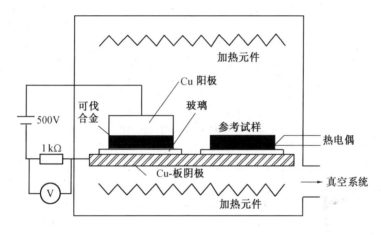

**图 6.16　电场辅助阳极连接装置示意图**

随着研究的不断深入,人们普遍认为:在阳极连接过程中,玻璃中的 Na、K 等碱离子在电场作用下不断向阴极迁移,导致在阳极附近形成 Na 离子耗尽层和负电荷区,这样电压就主要施加在该耗尽层上,从而在玻璃和金属的界面间隙两端形成极高的电场强度和电场吸引力,再通过玻璃的弹性变形或粘性流动即可实现待连接表面的紧密接触。而随后进行的界面反应和氧化更是形成界面结合的关键。

# 习　题

1. 试述机械连接的原理?
2. 机械连接的类型及连接种类?
3. 螺纹连接与铆接相比各有什么特点? 应用范围怎样?
4. 试述机械连接的优缺点?

5.简述胶接机理和胶接应具备的条件?

6.影响胶接强度的主要因素有哪些?

7.胶粘剂有哪些基本组成成分?其中哪种成分对胶粘剂的性能起决定性作用?

8.胶接工艺包括哪些基本工序?

9.胶接接头设计应遵循哪些原则?并从接头受力角度加以分析。

10.有哪些涂敷方法?涂敷时应注意哪些事项?

11.胶粘剂固化时压力、温度和时间等工艺参数对固化质量有什么影响?

12.电场辅助阳极连接的原理及特点?

## 参 考 文 献

1　沈其文编.材料成型工艺基础.武汉:华中理工大学出版社,1999

2　鞠鲁粤主编.现代材料成型技术基础.上海:上海大学出版社,1999

3　王孟钟,黄应昌编.胶粘剂应用手册.北京:化学工业出版社,1987

4　曹惟诚,龚云表编.胶接技术手册.上海:上海科学技术出版社,1988

5　傅水根编.机械制造工艺基础.北京:清华大学出版社,1998

6　周雍鑫,周俊编.胶粘剂、粘接技术实用问答.北京:机械工业出版社,1998

7　王庆元编.胶粘剂用户小手册.北京:化学工业出版社,1995

8　陈道义,张军营编著.胶接基本原理.北京:科学出版社,1992

9　翟海潮,李印柏,林新松著.粘接与表面粘涂技术.北京:化学工业出版社,1993

10　张德庆,张东兴,刘立柱主编.高分子材料科学导论.哈尔滨:哈尔滨工业大学出版社,1999

11　叶青萱主编.胶粘剂.北京:中国物资出版社,1999

12　陈铮,周飞,王国凡编.材料连接原理.哈尔滨:哈尔滨工业大学出版社,2001